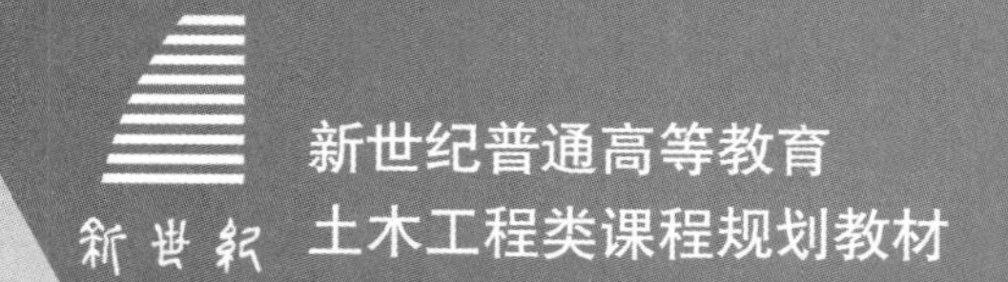

新世纪普通高等教育
土木工程类课程规划教材

混凝土结构设计

（第二版）

总主编 李宏男
主 编 张玉敏 朱 辉
主 审 宋玉普

Design of Concrete Structure

运用 AR+3D 技术，打造互动学习新体验

大连理工大学出版社

图书在版编目(CIP)数据

混凝土结构设计 / 张玉敏，朱辉主编. — 2版. — 大连 ：大连理工大学出版社，2019.9(2021.8 重印)
新世纪普通高等教育土木工程类课程规划教材
ISBN 978-7-5685-2182-6

Ⅰ. ①混… Ⅱ. ①张… ②朱… Ⅲ. ①混凝土结构－结构设计－高等学校－教材 Ⅳ. ①TU370.4

中国版本图书馆 CIP 数据核字(2019)第 170950 号

混凝土结构设计
HUNNINGTU JIEGOU SHEJI

大连理工大学出版社出版
地址:大连市软件园路 80 号　邮政编码:116023
发行:0411-84708842　邮购:0411-84708943　传真:0411-84701466
E-mail:dutp@dutp.cn　URL:http://dutp.dlut.edu.cn
大连永盛印业有限公司印刷　　大连理工大学出版社发行

幅面尺寸:185mm×260mm　印张:18.75　字数:456 千字
2016 年 2 月第 1 版　　2019 年 9 月第 2 版
2021 年 8 月第 2 次印刷

责任编辑:王晓历　　责任校对:张雪琪
封面设计:对岸书影

ISBN 978-7-5685-2182-6　　定　价:47.80 元

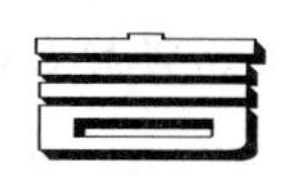

前　言

《混凝土结构设计》(第二版)是新世纪普通高等教育教材编审委员会组编的土木工程类课程规划教材之一。

混凝土结构设计是土木工程专业的专业核心课程，本教材的编写力求贯彻全国高等学校土木工程专业指导委员会审定通过的《高等学校土木工程本科指导性专业规范》和培养卓越工程师的精神，在培养学生分析问题和解决问题的能力以及创新意识的同时，注重提高学生的应用能力。

本教材主要依据《混凝土结构设计规范》(GB 50010—2010)、《建筑结构荷载规范》(GB 50009—2012)、《建筑抗震设计规范》(GB 50011—2010)及相关标准、规范编写，反映了我国混凝土结构在土木工程领域的新进展以及可持续发展的要求。本教材主要包括绪论、混凝土梁板结构、单层厂房结构、多层框架结构等，内容侧重于混凝土结构的整体设计，与《混凝土结构设计原理》一书配套使用。本教材既可供高等学校土木工程专业教学使用，又可供从事实际工作的建筑结构设计人员参考使用。

在编写本教材的过程中，编者注重对工程概念和理论分析方法的讲解，力求语言通俗易懂，内容深入浅出、图文并茂。混凝土梁板结构、单层厂房结构、多层框架结构都附有完整的工程设计实例，有利于学生对基本概念的理解和设计方法的掌握。各章均有提要、小结、思考题和习题，供学生巩固和提高。

在互联网+新工科背景下，编者也在不断探索创新型教材的建设，将传统与创新融合、理论与实践统一，采用 AR 技

术打造实时3D互动教学环境。编者在教材中精选十几个知识点，涉及教学中的重点和难点，将静态的理论学习与AR技术结合，在教材中凡是印有AR标识的知识点，打开印象书院App，对着教材中复杂的建筑施工等平面效果图轻轻一扫，屏幕上便马上呈现出生动的3D模型，随着手指的滑动，可以从不同的角度观看模型中各个部位的结构，将普通的纸质教材转换成制作精美的立体模型，使观者可以720°观察其中的丰富细节，给教师和学生带来全新的教学与学习体验。

本教材由济南大学张玉敏、山东协和学院朱辉任主编，云南工商学院黄杨彬、山东协和学院房其娟和李雪萍参与了编写。具体编写分工如下：第1章由朱辉编写；第2章由张玉敏编写，第3章由张玉敏、黄杨彬和李雪萍编写；第4章由朱辉、房其娟编写。全书由张玉敏统稿并定稿。大连理工大学宋玉普教授审阅了书稿，并提出许多宝贵意见，在此谨致谢忱。

在编写本教材的过程中，编者参考、引用和改编了国内外出版物中的相关资料以及网络资源，在此表示深深的谢意！相关著作权人看到本教材后，请与出版社联系，出版社将按照相关法律的规定支付稿酬。

限于水平，书中仍有疏漏和不妥之处，敬请专家和读者批评指正，以使教材日臻完善。

编 者

2019年9月

所有意见和建议请发往：dutpbk@163.com

欢迎访问高教数字化服务平台：http://hep.dutpbook.com

联系电话：0411-84708445 84708462

目　录

第1章 绪 论

浅谈建筑结构

本章提要

本章介绍了建筑结构的组成和类型；讲述了工程项目的建设程序-工程设计阶段(即初步设计阶段，技术设计阶段和施工图设计阶段)和内容及结构设计的一般原则；较为详细地讲述了混凝土结构分析的基本原则、分析模型和分析方法；同时，对本教材的主要内容及特点进行了简单介绍。

1.1 建筑结构的组成和类型

建筑物是人们为了满足社会生活需要，利用所掌握的物质技术手段，并运用一定的科学规律、风水理念和美学法则，通过对空间的限定、组织而创造的供人在内居住、工作、学习、娱乐、储藏物品或进行其他活动的空间场所，如住宅、办公楼、体育馆、钢铁厂等。建筑结构是由各种材料(砖、石、混凝土、钢材和木材等)建造的，通过结构构件(板、梁、柱、墙、杆、拱、壳、索等)正确的连接，能承受并传递自然界和人为的各种作用，并能形成使用空间的受力承重骨架。

建筑结构的作用，首先是服务于人类对空间的功能应用和舒适美观需求；其次是抵御自然界和人为对建筑物产生的各种作用，使建筑物安全、适用、耐久，并在突发偶然事件时能保持整体稳定性；最后是利用并充分发挥所使用材料的效能。因此，对要建造的建筑结构，首先需要选择合理的结构形式和受力体系，其次是选择结构材料并充分发挥其作用，使结构具有抵抗自然的和人为的各种作用的能力，如自重、使用荷载、风荷载和地震作用等。一个优质的建筑结构，在应用上，要充分满足空间和多项使用功能要求；在安全上，要满足承载力和耐久性要求；在造型上，要能够与环境规划和建筑艺术融为一体；在技术上，要力争体现科学、技术和工程的新发展；在建造上，要合理用材、节约能源，与施工实际密切结合。

建筑结构由竖向承重结构体系、水平承重结构体系和下部承重结构(天然地坪或±0.000以下)三部分组成。竖向承重结构体系由墙、柱等构件组成，承受竖向荷载和水平荷载的作用，并将其传给下部结构，主要有墙体结构、框架结构、排架结构、筒体结构和复合结构(框架-剪力墙、框架-筒体、框架-支撑、转换结构等)。由于整个结构抵抗侧向力的能力是非常重要的，所以常把竖向结构体系称为抗侧力结构体系，并且整个结构是以竖向结构的类型来命名的。水平承重结构体系是指各层的楼盖和顶部的屋盖，它们一方面承受楼、屋面的竖向荷载，并将竖向荷载传递给竖向承重结构体系；另一方面将作用在各楼层处的水平力传递和分配给竖向承重结构体系，主要有梁板结构、平板结构、密肋结构和大跨度结构等。下部承重结构体系主要由地下室和基础组成，其主要作用是将上部结构传来的力传给天然地基或人工地基。基础主要采用钢筋混凝土，当荷载较小时也可采用砌体。

建筑结构按其材料可分为混凝土结构、砌体结构、钢结构、木结构、组合结构和混合结构等。混凝土结构取材方便、节约钢材，耐久性、耐火性好，可模性好，现浇式或装配整体式结构的整体性好、刚度大。因此，虽然混凝土结构的历史距今也仅160多年，但发展非常迅速，是目前土木工程中应用十分广泛的一种结构形式。

建筑结构按其主要结构形式可划分为拱结构、墙体结构、排架结构、框架结构、筒体结构、折板结构、网架结构、壳体结构、索结构、膜结构等。

高层建筑是相对而言的，多少层的建筑或多少高度的建筑为高层建筑，在国际上至今尚无统一的划分标准，不同国家、不同地区、不同时期均有不同规定。中华人民共和国国家标准《高层建筑混凝土结构技术规程》(JGJ 3—2010)以10层及10层以上或房屋高度超过28 m的住宅建筑和房屋高度大于24 m的其他高层民用建筑为高层建筑。中华人民共和国国家标准《高层民用建筑设计防火规范》(GB 50045—2005)以10层及10层以上居住建筑和高度超过24 m的公共建筑为高层建筑。中华人民共和国国家标准《民用建筑设计通则》(GB 50352—2005)以10层及10层以上或大于24 m为高层住宅，大于100 m的民用建筑为超高层建筑。故可认为，10层及10层以上的住宅和24 m以上高度的其他建筑为高层建筑，2～9层或高度不超过24 m的建筑称为多层建筑，40层或高度超过100 m的建筑称为超高层建筑。多、高层混凝土建筑结构的应用较为广泛，可采用框架、板柱、剪力墙、框架-剪力墙、板柱-剪力墙和筒体等结构体系，其中，混凝土框架结构是多、高层建筑中常见的结构形式。

1.2 结构设计的过程和内容

1.2.1 工程项目建设程序

工程项目建设程序是指工程项目从策划、评估、决策、勘察、设计、施工到竣工验收、投入生产或交付使用的整个建设过程，各项工作必须遵循的先后工作次序，如图1-1所示。

工程项目的策划、评估和决策，又称为建设前期工作阶段，主要包括编报项目建议书、可行性研究报告和项目申请报告三项内容。工程勘察是进行工程设计的前提，掌握建设场地的地质、水文、气象等详细情况和有关数据，为设计提供可靠的依据。建筑工程设计可分为初步设计阶段、技术设计阶段和施工图设计阶段三个阶段进行。工程项目开工前，需要准备施工图纸、组织施工招投标、择优选定施工单位、委托工程监理、组织材料及设备订货、办理工程质量监督和开工手续等，并以工程正式破土开槽(不需开槽的以正式打桩)作为开工时间。工程竣工验收是全面考核建设成果、检验设计和施工质量的重要步骤，也是建设项目转入生产和使用的标志。验收合格后，建设单位编制竣工决算，项目正式投入使用。

由图1-1可知，其主导线分工程勘察、设计和施工三个环节，对主导线起保护作用的有两条辅线，其一为对投资的控制，其二为对质量和进度的监控。工程项目建设程序是工程建设过程客观规律的反映，是工程项目科学决策和顺利进行的重要保证，不能任意颠倒，但可以合理交叉。

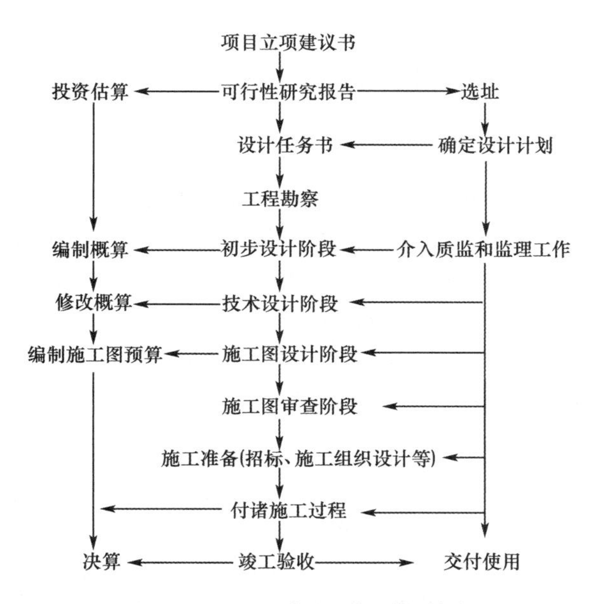

图 1-1 工程项目建设工作程序和内容

1.2.2 工程设计阶段和内容

建筑结构设计是建筑工程设计中一个重要内容，既是一项创造性工作，又是一项全面、具体、细致的综合性工作。建筑工程的设计需要建筑师、结构工程师和设备工程师的通力合作，特别是建筑师和结构工程师的相互沟通和密切配合。其中，结构工程师的基本任务是在结构和经济之间选择一种合理的平衡，力求以最低的代价，使所建造的结构在规定的条件下和规定的使用期限内，能满足预定的安全性、适用性和耐久性等功能要求。

大型建筑工程设计可分三个阶段进行，即初步设计阶段、技术设计阶段和施工图设计阶段。对于一般的建筑工程，可按初步设计和施工图设计两个阶段进行。对存在总体部署问题的项目，还应在设计前进行总体规划设计或总体设计。

1. 初步设计阶段

初步设计阶段主要是进行建设项目可行性分析，确定基本规模、重要工艺和设备，以及进行项目的方案设计、核定概算总投资等。可行性分析主要是进行调查工作，调查内容包括环境状况，水、电、交通状况，地形、地质、气象情况，材料供应及施工条件等。土建专业需要完成的文件有：总平面图，建筑平面、立面、剖面图，结构形式和结构体系说明，结构平面布置及缝的划分，设备系统说明，工程概算等。

在此阶段，结构设计的工作内容包括：

(1)了解工程背景

了解项目的来源、投资规模，了解工程项目的建设规模、用途及使用要求，了解与项目建设有关的各单位及合作方式等。

(2)掌握结构设计所需要的原始资料

原始资料主要包括：建筑的位置和周围环境、工程地质条件和气象条件、建筑物的层数与高度、施工队伍的技术和机械化水平、当地材料供应和运输条件、工期条件等。

(3)收集设计参考资料

应收集国家和地方标准,如各种设计规范、规程、标准图集等,查找相关设计资料及参考文献,选择结构分析软件等。

(4)确定结构方案

结构方案的确定主要是指配合建筑设计的功能和造型要求,综合所选结构材料的特征,从结构受力、安全、经济以及地基基础和抗震等条件出发,综合确定合理的结构形式。它是结构设计中最重要的一项工作,是结构设计成败的关键。对混凝土结构设计而言,结构方案的确定主要包括:确定上部主要承重结构、楼(屋)盖结构和基础的形式、结构缝的设计、结构构件的布置及连接等。在初步设计阶段,一般须提出两种以上不同的结构方案,然后进行方案比较,综合考虑,选择较优的方案。

2. 技术设计阶段

技术设计是针对技术上复杂或有特殊要求而又缺乏设计经验的建设项目而增设的一个设计阶段,其目的是进一步解决初步设计阶段一时无法解决的一些重大问题。在初步设计文件批准的基础上解决工艺技术标准、主要设备类型、主要工程项目的控制尺寸以及单项工程预算等主要技术问题。对技术关键问题应做出处理,协调并解决各专业存在的矛盾。

在此阶段,结构设计主要是调整建筑结构尺寸,满足工艺、设备控制尺寸要求,调整结构形式,协调与其他专业的相互矛盾。

3. 施工图设计阶段

施工图设计阶段是项目施工前最重要的一个设计阶段,要求以图纸和文字的形式解决工程建设中预期的全部技术问题,并编制相应的对施工过程起指导作用的施工预算。施工图按专业内容分为建筑、结构、水、电、暖等部分。

在此阶段,结构设计主要包括以下内容:

(1)结构布置并确定结构计算简图

①结构布置　就是在结构选型的基础上,选用构件形式和布置,确定各结构构件之间的相互关系和传力途径,初步确定结构的各部分尺寸,主要包括定位轴线、构件布置和结构缝的设置等。

②确定结构计算简图　在对结构进行内力分析之前,应对实际结构进行简化,使得所选取的计算简图既能反映结构的实际工作性能,又便于计算。这种经过抽象和简化用来代替实际结构的力学模型称为结构计算简图。结构计算简图确定后,应采取适当的构造措施使实际结构尽量符合结构计算简图的特点。

(2)结构分析与设计计算

结构分析是指结构在各种作用(荷载)下的内力和变形等作用效应的计算,设计计算是指界面设计计算和构造设计计算。

①建筑结构作用的计算　确定结构上的作用(包括直接作用和间接作用)是进行结构分析的前提。中华人民共和国国家标准现行《建筑结构荷载规范》(GB 50009—2012)将结构上的荷载分为永久荷载、可变荷载和偶然荷载三类。按照结构尺寸和建筑构造计算永久荷载和可变荷载,并应考虑建筑可能存在的其他作用,如地震作用、基础的不均匀沉降、温度变化的影响等。

②内力的计算　混凝土结构应按结构类型、材料性能和受力特点等选择合理的内力分

析方法。

③荷载效应组合和最不利活荷载的布置　结构上的恒荷载是一直作用在结构上，而活荷载则可能出现也可能不出现。不同类型的活荷载的出现情况有多种不同的组合，根据规范和经验，可确定不同荷载同时出现的组合并计算相应组合值。活荷载除了在出现时间上是变化的，在空间位置上也是变化的。活荷载（如楼面活荷载）在结构上出现的位置不同，在结构上产生的荷载效应也不相同。因此，为得到结构某点处的最不利的荷载效应，应在空间上对活荷载进行多种不同的布置，找出最不利的活荷载的布置和相应的荷载效应。

④截面设计　根据结构荷载效应组合的结果，选取对配筋起控制作用截面的最不利组合内力设计值，按承载能力极限状态和正常使用极限状态分别进行截面配筋计算和裂缝宽度、变形验算及必要的尺寸修改。如果尺寸修改较大，则应重新进行上述分析。

⑤构造设计　构造设计主要是指配置计算所需之外的钢筋（如分布钢筋、架立钢筋等）、钢筋锚固、截断的确定、构件支撑条件的正确实现以及腋角等细部尺寸的确定等，这些方面可参考规范和构造手册确定。

(3)结构设计成果

①结构方案说明书　应对结构方案予以说明，并解释理由。

②结构设计计算书　对结构计算简图的选取、结构所承受的荷载、结构内力分析方法及结果、结构构件截面尺寸、配筋结果等予以说明。

③结构设计图　所有设计成果，最后必须以施工图的形式反映出来。施工图是全部设计工作的最后成果，是施工的主要依据，是设计意图的最准确、最完整的体现，是保证工程质量的重要环节。结构施工图编号前一般冠以“结施”字样，其绘制应遵守一般的制图规定和要求，能完整、准确反映设计意图，包括结构布置、选用的材料、构件尺寸、配筋、各构件的相互关系、施工方法、采用的有关标准和图集号等，最终应做到按照施工图即可施工的要求。绘制过程中应注意以下事项：

● 图纸应按以下内容和顺序编号：结构设计总说明、基础平面图及基础详图、柱（剪力墙）结构平面图、梁结构平面图、板结构平面图、楼梯平面图和详图及其他构件。

● 结构设计总说明一般包括工程概况、设计标准、设计依据、图纸说明、建筑分类等级、抗震等级、荷载取值、设计计算程序、主要结构材料强度等级（级别）、基础及地下室工程、上部结构说明、检测（观测）要求、施工需要特别注意的问题等。

● 按平法设计绘制结构施工图时，应将所有柱、剪力墙、梁和板等构件进行编号，编号中含有类型代号和序号等。其中，类型代号的主要作用是指明所选用的标准构造详图；在标准构造详图上，已经按其所属构件类型注明代号，以明确该详图与平法施工图中该类型构件的互补关系，使两者结合构成完整的结构设计图。应准确标明定位轴线或柱网尺寸、各构件关系及各构件和纵横定位轴线的位置关系、孔洞及预埋件的位置及尺寸；同时应表示出墙厚及圈梁的位置和构造做法；如选用标准构件，其构件代号应与标准图集一致，并注明标准图集的编号和页码。

● 在按结构（标准）层绘制的平面布置图（柱、剪力墙、梁、板等）上直接表示各构件尺寸、配筋。应当用表格或其他方式注明包括地上和地下各层的结构层楼（地）面标高、结构层高及相应的结构层号。对复杂的工业与民用建筑，尚需增加模板、开洞和预埋件等平面图。只有在特殊情况下才需增加剖面配筋图。

● 基础平面布置图的内容和要求基本同上述平面布置图。应采用表格或其他方式注明基础底面基准标高、±0.000 的绝对标高。

● 绘制的依据是计算结果和构造规定，同时，应充分发挥设计者的创造性，力求简明清楚，图纸数量少，但不能与计算结果和构造规定相抵触。

施工图交付施工，并不意味着设计已经完成。在施工过程中，根据情况变化，还需不断修改设计。建筑物交付使用后，经过最关键的实践检验后，做出工程总结，设计工作才算最后完成。

1.2.3 结构设计的一般原则

1. 遵循现行技术政策和规范、规程、标准

在建筑结构设计中，要严格贯彻执行国家、省、市的技术政策和现行的规范、规程、标准。结合工程具体情况，做到安全适用、技术先进、经济合理、确保质量、保护环境。要积极采用成熟的新技术、新结构、新工艺、新材料。结构设计中采用的新技术、新材料可能影响建设工程质量和安全，对于没有国家技术标准的，应由国家认可的检测机构进行试验论证，出具检测报告，并经国务院有关部门审定后方可使用。

2. 进行充分调查研究

设计前必须对建筑物的使用要求、工程特点、材料供应、施工技术条件、场地自然条件、地质地形等进行充分调查和研究分析，设计条件及设计要求应收集齐备，形成书面的设计任务书，并归档备查。

3. 注意设计标准的时效性、适用性

对结构设计所采用的标准图、试用图、单位内部通用图，必须使用有效版本；选择构件及节点，应进行必要的核算，并根据实际情况进行修改补充。

4. 要重视结构方案设计、结构分析和结构构造三个环节

结构方案设计是结构设计的首要环节，要进行多方案的比较，选用承载能力高，抗风力及抗震性能好，施工方便的结构体系和结构布置方案，选用的结构体系应受力明确，传力简捷，并进行概念设计阶段的估算。

结构分析或核算是结构设计的基础，要选择合理的计算假定、计算方法和计算程序，计算结果要进行分析，并与方案设计阶段的计算结果进行对照比较，判定结果的合理性。

结构构造是结构设计的保证，从概念设计入手，加强构件中连接构造，保证结构有较好的整体性和足够的强度、刚度，对抗震结构，尚应保证结构的弹塑性和延性，对结构的关键部位和薄弱部位应加强构造措施。

5. 结构设计应考虑施工方便

结构设计应与建筑专业密切配合，建筑的开间、进深、层高等尺寸尽量统一、规则，选用的构件类型应尽量减少，每一配筋构件尽量减少钢筋规格，这些做法有利于施工方便。

6. 结构设计选材应考虑建筑防火的需要

结构设计尚应符合建筑专业的防火设计规范中的有关条文的要求，与建筑专业配合，根据建筑物的耐火等级，材料的燃烧性、耐火极限，正确选用结构构件的材料，正确选择结构构件的保护层及其做法。

1.3　混凝土结构分析

混凝土结构分析是指根据已确定的结构方案和结构布置以及构件截面尺寸和材料性能等，确定合理的计算简图与结构分析方法，通过科学的计算分析准确地求出结构内力和变形，以便于进行构件截面配筋计算并采取可靠的构造措施。《混凝土结构设计规范》(GB 50010—2010)对混凝土结构分析的基本原则和各种分析方法均作了明确规定。

1.3.1　基本原则

在所有的情况下均应对结构的整体进行分析，必要时还应对结构中的重要部位、形状突变部位以及内力和变形有异常变化部位(如较大孔洞周围、节点及其附近、支座和集中荷载附近等)的受力状况进行更详细的分析。基本原则如下：

(1)确定不利作用组合

结构在施工和使用期的不同阶段(如结构的施工期、检修期和使用期，预制构件的制作、运输和安装阶段等)，以及出现偶然事故的情况下，都可能出现多种不利的受力状况，应分别进行结构分析，并确定其可能的不利作用组合。

(2)结构分析应以结构的实际工作状况和受力条件为依据

结构上可能的作用及其组合、初始应力和变形状况等，应符合结构的实际工作状况；结构分析采用的计算简图、几何尺寸、计算参数、边界条件、结构材料性能指标和构造措施等也应符合实际工作状况；结构分析中所采用的各种近似假定和简化，应有理论、试验依据或经工程实践验证；计算结果的精度应符合工程设计的要求。

(3)结构分析方法及选择

结构分析方法的建立都是基于三类基本方程，即力学平衡方程、变形协调(几何)条件和本构(物理)关系。其中，结构的整体和其部分必须满足力学平衡条件；在不同程度上符合结构的变形协调条件，包括节点和支座的约束条件；选用合理的材料或构件单元的本构关系。结构分析时，应根据结构类型、材料性能和受力特点等选择下列分析方法：弹性分析方法、塑性内力重分布分析方法、弹塑性分析方法、塑性极限分析方法、试验分析方法。

(4)计算软件的使用

为了确保计算结果的正确性，结构分析所采用的计算软件应经考核和验证，其技术条件应符合现行国家规范和有关标准的要求；计算分析结果应经判断和校核，在确认其合理、有效后方可应用于工程设计。

(5)构造措施

结构分析的结果应有相应的构造措施加以保证。例如，固定端和刚结点的承受弯矩能力和对变形的限制；塑性铰充分转动的能力；钢筋截面的配筋率或受压区相对高度的限制等。

1.3.2　结构分析模型

工程结构往往都是十分复杂的，一般都不可能完全按其实际状况进行结构分析，通常都是依据理论或试验分析进行必要的简化和近似假定，使其既能较正确地反映结构的真实受力状态，又能够适应所选用分析软件的力学模型和运算能力，从根本上保证所分析结构的可靠性。结构分析模型确定的一般原则如下：

（1）确定结构计算简图的一般原则

结构计算简图应根据结构的实际形状、构件的受力和变形情况、构件间的连接和支座约束条件以及各种构造措施等，进行合理的简化后确定。梁、柱等一维构件的轴线取截面几何中心的连线，墙、板等二维构件的中轴面取截面中心线组成的平面或曲面。现浇结构和装配整体式结构的梁柱节点、柱与基础连接处等可作为刚性连接；非整体现浇的次梁两端及板跨两端可近似作为铰接。梁、柱等杆件的计算跨度或计算高度可按其两端支承长度的中心距或净距确定，并应根据支承节点的连接刚度或支承反力的位置加以修正；梁柱等杆件间连接部分的刚度远大于杆件中间截面的刚度时，在计算模型中可按刚域处理。

（2）空间协同作用的考虑

从严格意义上来说，结构整体分析模型一般都可以看作是三维空间结构，并宜考虑结构构件的弯曲、轴向、剪切和扭转变形对结构内力的影响。如对体型规则的空间结构，可沿柱列或墙轴线分解为不同方向的平面结构，考虑平面结构的空间协同工作进行计算，这实际上是一种近似的三维空间分析；当构件的轴向、剪切和扭转变形对结构内力分析影响不大时，可不予考虑。

（3）楼盖变形的考虑

对于现浇钢筋混凝土楼盖或有现浇面层的装配整体式楼盖，可近似假定楼板在其自身平面内的刚度为无穷大，以减少结构的自由度，简化结构分析。实践证明，采用刚性楼盖假定对大多数建筑结构的分析精度都能够满足工程设计的需要。如果楼板上开洞较大或其局部会产生明显的平面内变形时，结构分析应考虑楼板平面内变形的影响，根据楼面结构的具体情况，楼盖面内弹性变形可按全部楼盖、部分楼层或部分区域考虑。

（4）楼面梁刚度及地基与结构相互作用的考虑

对于现浇钢筋混凝土楼盖和有现浇面层的装配整体式楼盖，可近似采用增加梁翼缘计算宽度的方式来考虑楼板作为翼缘对梁刚度和承载力的贡献。当地基与结构的相互作用对结构的内力和变形有显著影响时，结构分析中应考虑地基与结构相互作用的影响。

1.3.3 结构分析方法

1. 弹性分析方法

弹性分析方法是假定结构材料的本构关系和构件的受力-变形关系均是弹性的，当忽略二阶效应影响时，荷载效应与荷载大小成正比，这种结构分析计算理论最为成熟，可用于任何形式结构的承载能力极限状态及正常使用极限状态作用效应的分析。混凝土结构弹性分析宜采用结构力学或弹性力学等分析方法。

杆系结构是指由长度大于3倍截面高度的构件所组成的结构，如建筑结构中的连续梁、由梁和柱组成的框架结构等，可采用解析法、有限元法或差分法等分析方法，编制计算机程序进行计算。对于体型规则的结构，可根据作用（荷载）的种类和受力特点采用有效的简化分析方法，如力矩分配法、迭代法、分层法、反弯点法和 D 值法等。内力求出后，对与支承构件整体浇筑的梁端，可取支座或节点边缘截面的内力值进行设计。

非杆系的二维或三维结构可采用弹性理论分析、有限元分析或试验方法求解。通常假定结构为完全匀质材料，不考虑钢筋的存在和混凝土开裂及塑性变形的影响，利用最简单的材料各向同性本构关系，即只需要弹性模量和泊松比两个物理常数。结构分析后所得结果为其弹性正应力和剪应力分布，经转换可求得主应力，根据主拉应力图形面积确定所需的配筋量和布置，并按多轴应力状态验算混凝土强度。

结构构件的刚度计算时，混凝土的弹性模量按《混凝土结构设计规范》(GB 50010—2010)的规定采用；截面惯性矩可按匀质的混凝土全截面计算，既不计钢筋的换算面积，也不扣除预应力钢筋孔道等的面积；T形截面杆件的截面惯性矩宜考虑翼缘的有效宽度进行计算，也可由截面矩形部分面积的惯性矩作修正后确定。对于端部加腋的构件，应考虑其截面变化对结构分析的影响。考虑到混凝土开裂、徐变等因素的影响，对不同受力状态下的构件，其截面刚度值可予以折减。

结构中二阶效应是指作用在结构上的重力或构件的轴压力在变形后的结构或构件中引起的附加内力和附加变形，包括重力侧移二阶效应(P-△效应)和受压构件的挠曲二阶效应(P-δ效应)两部分。当结构或构件的变形对其内力的影响显著增大时，在结构分析时应考虑二阶效应的不利影响。重力侧移二阶效应计算属于结构整体层面的问题，可考虑混凝土构件开裂对构件刚度的影响采用结构力学等方法分析，也可采用《混凝土结构设计规范》给出的简化分析方法。受压构件的挠曲二阶效应计算属于构件层面的问题，一般在构件设计时考虑。

对于钢筋混凝土双向板，当边界支承位移对其内力和变形有较大影响时，在分析中需要考虑边界支承竖向变形及扭转等的影响。

2. 塑性内力重分布分析方法

塑性内力重分布分析方法是用弹性分析方法获得结构内力后，按照塑性内力重分布的规律，确定结构控制截面的内力。该方法具有充分发挥结构潜力、节约材料、简化设计和方便施工等优点。弯矩调幅法是钢筋混凝土超静定结构考虑塑性内力重分布分析方法中的一种，该方法计算简单，在我国有广泛应用。

钢筋混凝土连续梁和连续单向板，宜采用考虑塑性内力重分布分析方法，其内力值可由弯矩调幅法确定。竖向荷载作用下的框架、框架-剪力墙结构中的现浇梁以及双向板等，经弹性分析求得内力后，可对支座或节点弯矩进行适度调幅，并确定相应的跨中弯矩。

按考虑塑性内力重分布分析方法设计的结构和构件，由于塑性铰的出现，构件的变形和抗弯能力较小部位的裂缝宽度均较大，应进行构件变形和裂缝宽度验算，以满足正常使用极限状态的要求或采取有效的构造措施。对于直接承受动力荷载的结构，以及要求不出现裂缝或处于严重侵蚀环境等情况下的结构，不应采用考虑塑性内力重分布分析方法。

3. 弹塑性分析方法

弹塑性分析方法是以钢筋混凝土的实际力学性能为依据，通过引入相应的弹塑性本构关系，借助计算机分析软件，可准确地分析结构受力全过程的各种荷载效应，详尽地描述结构从开始受力直至破坏全过程的内力、变形和塑性发展等。该方法可分为静力弹塑性分析和动力弹塑性分析两大类，是目前一种较为先进的结构分析方法，适用于任意形式和受力复杂的结构分析，已在国内外一些重要结构的设计中采用。但由于这种分析方法比较复杂，计算工作量大，且各种弹塑性本构关系尚不够完善和统一，故其应用范围仍然有限。

弹塑性分析方法主要用于重要或受力复杂结构的整体或局部分析，根据结构类型和复杂性、要求的计算精度等选择相应的计算模型。结构弹塑性分析时，结构形状、尺寸和边界条件，以及所用材料的强度等级和主要配筋等应预先设定，根据实际情况采用不同的离散尺度，确定相应的本构关系，如材料的应力-应变关系、杆件截面的弯曲-曲率关系、杆件或结构的内力-变形关系等。钢筋和混凝土的材料特征值及本构关系宜根据试验分析确定，也可采用规范规定的材料强度平均值、本构关系或多轴强度准则，必要时还应考虑结构的几何非线性对作用效应的不利影响。

混凝土结构的弹塑性分析。梁、柱等杆系结构，其一个方向的正应力明显大于另外两个正交方向的应力，则可简化为一维单元，且宜采用纤维束模型或塑性铰模型，根据材料的应力-应变关系来建立杆件截面的弯曲-曲率关系和杆件的内力-变形关系，采用杆系有限元方法求解。墙、板等构件，其两个方向的正应力均显著大于另一个方向的应力，则可简化为二维单元，宜采用板单元、壳单元、膜单元等，根据材料的应力-应变关系来建立不同形状有限元的本构关系，采用平面问题有限元方法求解。复杂的混凝土结构、大体积混凝土结构、结构的节点或局部区域等，其三个方向的正应力无显著差异。当对其需作精细分析时，应按三维块体单元考虑，采用空间问题有限元方法求解。结构的弹塑性分析均须编制电算程序，利用计算机来完成大量繁琐的数值运算和求解。

4. 塑性极限分析方法

塑性理论考虑了材料的塑性性能，其分析结果更符合结构在承载能力极限状态时的受力状况，通常用于确定结构的极限承载力。混凝土结构（板、连续梁、框架等）的承载能力极限状态设计可采用塑性极限分析方法，又称为塑性分析法或极限平衡法。特别是对承受均布荷载周边支承的双向矩形板，可采用塑性铰线法或条带法等塑性极限分析方法进行设计。对承受均布荷载的板柱体系，根据结构布置和荷载的特点，可采用弯矩系数法或等代框架法计算承载能力极限状态的内力设计值。需要注意的是，塑性极限分析方法得到的结果对应结构的承载能力极限状态，结构材料的承载潜力得到完全利用，因此实际运用时应注意其适用条件，而且对于正常使用极限状态需要另行计算。

5. 试验分析方法

当结构或其部位的体型不规则和受力状态复杂，如不规则的空间壳体、异形框架、剪力墙及其孔洞周围等，或采用了无实用经验的新型材料及构造，对现有结构分析方法的计算结果没有充分把握时，可采用试验分析方法对结构的承载能力极限状态和正常使用极限状态进行分析或复核。

混凝土结构的试验应经专门的设计。对试件的模型比例、形状、尺寸和数量、材料的品种和性能指标、支承和边界条件、加载方式、加载数值和加载制度、量测项目和测点布置等应做出周密的规划，以确保试验结果的有效性和准确性。在试验过程中，应及时地观察试件的宏观作用效应，如混凝土开裂、裂缝的发展、钢筋的屈服、黏结破坏和滑移等，量测和记录的各种数据应及时整理。试验结束后，对试件的各项性能指标和所需的设计常数应进行分析和计算，并对试验的准确度做出评估，得出合理的结论。

1.4 本课程的主要内容及特点

1.4.1 本课程的主要内容

本课程是"混凝土结构设计原理"的后续课程，为土木工程专业的主干专业必修课。"混凝土结构设计原理"课程的主要内容为各类混凝土构件的基本原理和设计方法。由各类基本构件可组成不同的建筑结构体系，本课程的内容是针对不同的混凝土房屋建筑结构体系，阐述混凝土结构设计的基本原理和设计方法，具体内容如下：

(1)混凝土梁板结构设计，主要内容包括：钢筋混凝土整体式单向板肋梁楼盖、整体式双向板肋梁楼盖、整体式无梁楼盖和楼梯等结构布置的原则和设计计算方法，给出了整体式肋梁楼盖的设计实例。

(2)装配式单层厂房排架结构设计，主要内容包括：单层厂房结构的组成及其布置，主要构件的选型，排架结构内力分析方法，内力组合以及排架柱、牛腿和柱下独立基础的受力性能及其设计方法，常用节点的连接构造以及预埋件设计方法等，并给出了一个装配式单层单跨厂房排架结构的设计实例。

(3)多层混凝土框架结构设计，主要内容包括：混凝土框架结构的承重方案、结构布置、梁柱截面尺寸估算、计算简图确定、荷载计算和结构内力分析方法、内力组合、梁柱构件的配筋计算和构造要求，以及柱下单独基础的设计等内容，并给出了一个钢筋混凝土框架结构的设计实例。

1.4.2 本课程的特点

本课程具有很强的工程背景，学习混凝土房屋建筑结构设计基本理论和方法的目的是为了更好地进行混凝土结构设计。本课程具有以下特点，在学习中应特别予以注意：

(1)本课程具有较强的实践性，有利于学生工程实践能力的培养。一方面要通过课堂学习、思考题与习题的演练来掌握混凝土结构设计的基本理论和方法，通过课程设计和毕业设计等实践性教学环节，学习工程结构计算、设计说明书的编写和整理、施工图纸的绘制等基本技能，逐步熟悉和正确运用这些理论知识来进行结构设计和解决工程中的技术问题；另一方面，要通过现场参观，了解实际工程的结构布置、配筋构造、施工技术等，积累感性认识，增加工程设计经验，加强对基础理论知识的理解，培养学生综合运用理论知识解决实际工程问题的能力。

(2)这门课程综合性很强，有利于学生设计工作能力的培养。在形成结构方案、构件选型、材料选用、确定结构计算简图和分析方法以及配筋构造和施工方案等过程中，除应遵循安全适用和经济合理的设计原则外，尚应综合考虑各方面的因素。同一工程设计有多种方案和设计数据，不同的设计人员会有不同的选择，因此设计的结构不是唯一的。设计时应综合考虑使用功能、材料供应、施工条件、造价等各项指标的可行性，通过对各种方案的分析比较，选择最佳的设计方案。

(3)结构设计工作是一项创新性的工作，有利于学生创新精神的培养。结构设计时，须按照中华人民共和国国家标准《混凝土结构设计规范》(GB 50010-2010)(2015版)以及其他相关规范和标准进行。由于混凝土结构是一门发展很快的学科，其设计理论及方法在不断地更新，结构设计工作者可在有足够的理论根据及实践经验等基础上，充分发挥主动性和创造性，采取先进的结构设计理论和技术。

(4)结构方案和布置以及构造措施在结构设计中应给予足够的重视。结构设计由结构方案和布置、结构计算、构造措施三部分组成。其中，结构方案和布置的确定是结构设计是否合理的关键；混凝土结构设计固然离不开计算，但现行的使用计算方法一般只考虑了结构的荷载效应，其他因素影响，如混凝土收缩、徐变、温度影响以及地基不均匀沉降等，难以用计算来考虑。《混凝土结构设计规范》(GB 50010—2010)根据长期的工程实践经验，总结出了一些考虑这些影响的构造措施，同时计算中的某些条件须有相应的构造措施来保证，所以在设计时应检查各项构造措施是否得到满足。

作为一名土木工程专业的大学生，应在熟练、扎实掌握建筑结构的基本概念和基本理论的基础上，通过反复的设计训练和实践，不断培养分析问题、解决问题的能力和创新意识，未来成为一名优秀的结构工程师。

本章小结

1. 建筑结构由竖向承重结构体系、水平承重结构体系和下部承重结构三部分组成，除应满足功能应用和舒适美观需求外，还应能抵御自然界的各种作用。建筑结构按其材料可分为混凝土结构、砌体结构、钢结构、木结构、组合结构和混合结构等，按其主要结构形式可划分为拱结构、墙体结构、排架结构、框架结构、筒体结构、折板结构、网架结构、壳体结构、索结构、膜结构等。多、高层建筑混凝土结构的应用较为广泛，可采用框架、板柱、剪力墙、框架-剪力墙、板柱-剪力墙和筒体等结构体系，其中，混凝土框架结构是多、高层建筑中常见的结构形式。

2. 大型建筑工程设计可分为三个阶段进行，即初步设计阶段、技术设计阶段和施工图设计阶段。对于一般的建筑工程，可按初步设计和施工图设计两个阶段进行。对于存在总体部署问题的项目，还应在设计前进行总体规划设计或总体设计。

3. 结构分析是指根据已确定的结构方案和结构布置以及构件截面尺寸和材料性能等，确定合理的结构计算简图与结构分析方法，通过科学的计算分析准确地求出结构内力和变形，以便于进行构件截面配筋计算并采取可靠的构造措施。

4. 合理地确定力学模型和选择分析方法是提高设计质量、确保结构安全可靠的重要环节。目前混凝土结构分析方法主要有线弹性分析方法、塑性内力重分布分析方法、弹塑性分析方法、塑性极限分析方法、试验分析方法等。结构设计时，应根据结构的重要性和使用要求、结构体系的特点、荷载(作用)状况、要求的计算精度等选择合理的分析方法。

思考题

1. 混凝土房屋建筑结构的功能要求有哪些？其分类是怎样划分的？
2. 钢筋混凝土结构的形式主要有哪些？各种形式的结构主要由哪几个部分组成？
3. 水平承重结构和竖向承重结构的主要作用是什么？
4. 混凝土房屋建筑工程设计可分为几个阶段？各阶段主要任务是什么？
5. 钢筋混凝土结构分析时应遵循哪些基本原则？
6. 混凝土结构的分析方法有哪些？各适合于什么情况？各有何优、缺点？

第2章 混凝土梁板结构

梁板结构的特点及应用

本章提要

本章介绍了楼盖的结构平面布置、选型、现浇整体肋梁楼盖按弹性理论和考虑塑性内力重分布理论计算内力的方法及连续梁、板截面设计特点；建立了折算荷载、内力包络图、塑性铰、内力重分布、弯矩调幅等概念；给出了结构的构造要求。此外，还介绍了井式楼盖、无梁楼盖的受力特点、设计方法及应用场合，板式楼梯、梁式楼梯和雨篷的受力特点、设计方法及配筋构造要点，并附有单向板、双向板肋梁楼盖和楼梯的设计实例及配筋图。

2.1 概 述

梁板结构是由梁和板组成的水平承重结构体系，其支承体系一般由柱或墙等竖向构件组成。梁板结构广泛应用于工业与民用建筑的楼盖、屋盖、阳台、雨篷、楼梯和筏形基础等，还可应用于桥梁的桥面结构、水池的底板和顶板、挡土墙等。

楼盖是最典型的梁板结构，本章主要阐述房屋建筑中楼盖结构的设计方法，同时对楼梯和雨篷等构件的设计方法也作简要介绍。

2.1.1 楼盖的结构类型

根据结构布置形式，现浇混凝土楼盖可分为肋梁楼盖、井式楼盖、无梁楼盖和密肋楼盖，如图 2-1 所示。其中，肋梁楼盖应用最普遍。

用梁将楼板分成多个区格，从而形成整浇的连续板和连续梁，因板厚也是梁高的一部分，故梁的截面形状为T形。这种由梁板组成的现浇混凝土楼盖，通常称为肋梁楼盖。随着板区格平面尺寸比的不同，又可分为单向板肋梁楼盖和双向板肋梁楼盖，如图 2-1(a)、图 2-1(b)所示。

肋梁楼盖一般由板、次梁和主梁组成。次梁承受板传来的荷载，并通过自身的受弯将荷载传递到主梁上，主梁作为次梁的不动支点承受次梁传来的荷载，并将荷载传递给主梁的支承——柱或墙，即传力路线为：板→次梁→主梁→柱或墙→基础。肋梁楼盖中的主梁可以是连续梁，也可以与柱子构成框架结构，即主梁是框架梁。

用梁将楼板划分成若干个正方形或接近正方形的小区格，两个方向的梁截面相同，不分主梁和次梁，都直接承受板传来的荷载，整个楼盖支承在结构周边的墙、柱或边梁上，这种楼盖称为井式楼盖，如图 2-1(c)所示。

不设梁，将板直接支承在柱上，楼面荷载直接由板传给柱，这种楼盖称为无梁楼盖，如图

2-1(d)所示。无梁楼盖与柱构成板柱结构,在柱的上端通常要设置柱帽。

由间距较密、肋高较小的小梁作为楼板的支承构件而形成的楼盖称为密肋楼盖,分为单向板密肋楼盖(图 2-1(e))、双向板密肋楼盖(图 2-1(f))。

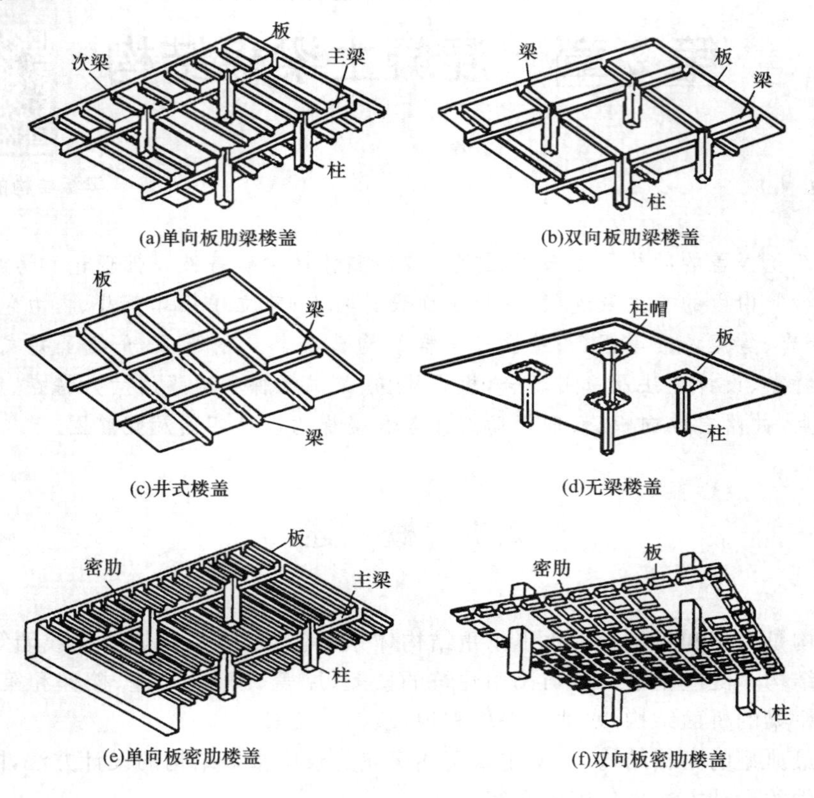

图 2-1 现浇混凝土楼盖的结构类型

按施工方法,可将混凝土楼盖分为现浇式、装配式和装配整体式三种。

现浇式楼盖的整体性好,刚度大,抗震性强,防水性能好。现浇式楼盖适用于各种特殊的情况。例如,有较重的集中设备荷载或有较复杂的孔洞,有振动荷载作用,平面布置不规则,高层建筑以及抗震结构等。缺点是需要大量模板,工期较长。

装配式楼盖是采用混凝土预制件在现场安装连接而成,其施工速度快,但整体刚度差,不利于抗震,在一些地区的建筑中,装配式楼盖的使用已受到某些限制。

装配整体式楼盖是在预制板和预制梁上现浇一叠合层而将整个楼盖形成整体,兼有现浇式楼盖和装配式楼盖的优点,刚度和抗震性能也介于上述两种楼盖之间。

按结构的初始应力状态,可将混凝土楼盖分为钢筋混凝土楼盖和预应力混凝土楼盖两种。

钢筋混凝土楼盖施工简单,但刚度和抗裂性较预应力混凝土楼盖差。

预应力混凝土楼盖用得最广泛的是无黏结预应力混凝土平板楼盖。预应力混凝土楼盖可有效地减轻结构自重,降低建筑物层高,增大楼板跨度,减小裂缝的发生和发展。

2.1.2 单向板和双向板

对于四边支承的板,荷载将通过板的双向受弯传给四周的支承,当板上荷载主要沿短跨方向传递给支承构件，而沿长跨方向传递的荷载可忽略不计时，这种主要沿短跨方向弯曲的板称为单向板。当板上的荷载将沿两个方向传递给支承构件时，其中任一方向的受力均不能忽略，这种在两个方向弯曲的板称为双向板。

图 2-2 所示为承受竖向均布荷载作用的四边简支矩形板，l_{01}、l_{02} 分别为短跨、长跨方向的计算跨度，下面来研究荷载 q 在短跨、长跨方向的传递情况。在板中心点 A 处，取出两个单位宽度的正交板带进行分析。设沿短跨方向传递的荷载为 q_1，沿长跨方向传递的荷载为 q_2，则 $q=q_1+q_2$。假定相邻的板带对它们没有影响，这两条板带的受力如同简支梁一样，根据两个板带在跨中 A 点处挠度 f_A 相等及竖向荷载平衡条件，可求出荷载 q 在短跨、长跨方向的分配值 q_1、q_2 为

$$f_A=\frac{5q_1l_{01}^4}{384EI_1}=\frac{5q_2l_{02}^4}{384EI_2}$$

$$q=q_1+q_2$$

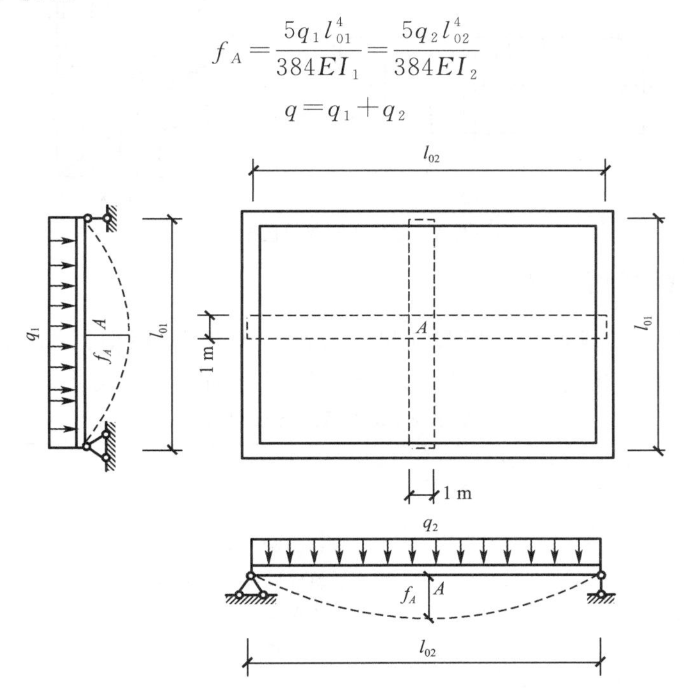

图 2-2　承受竖向均布荷载作用的四边简支矩形板

如果忽略钢筋在两个方向的位置差别和数量不同等影响，取 $I_1=I_2$，则

$$q_1=\frac{l_{02}^4}{l_{01}^4+l_{02}^4}q=k_1q，q_2=\frac{l_{01}^4}{l_{01}^4+l_{02}^4}q=k_2q$$

$$k_1=\frac{l_{02}^4}{l_{01}^4+l_{02}^4}，k_2=\frac{l_{01}^4}{l_{01}^4+l_{02}^4}$$

式中　　k_1、k_2——短跨、长跨方向的荷载分配系数。

当 $l_{02}/l_{01}=2$ 时，$k_1=0.941$，$k_2=0.059$。可见，当 $l_{02}/l_{01}>2$ 时，板上的荷载主要沿短跨方向传递给支承构件，而在长跨方向分配到的荷载不到 6%，以至可以忽略不计；这样的四边支承的板，荷载大部分是沿板的短跨方向传递，其受力情况基本上为单向板。当 $l_{02}/l_{01}\leqslant 2$ 时，板上的荷载将沿两个方向传递给支承构件，故称为双向板。

只有两对边或只有一系列平行的边支承的板，无论简支、连续、固定或自由都称为单向支承板，板上的荷载通过板的受弯传到两边（或一边）支承的梁或墙上。

为设计上的方便,《混凝土结构设计规范》(GB 50010—2010)规定:两对边支承的板应按单向板计算。对于四边支承的板,当长边与短边长度之比不大于 2.0 时,应按双向板计算;当长边与短边长度之比大于 2.0,但小于 3.0 时,宜按双向板计算,如按单向板计算,应沿长边方向布置足够数量的构造钢筋;当长边与短边长度之比不小于 3.0 时,宜按沿短边方向受力的单向板计算,并应沿长边方向布置构造钢筋。

根据上述荷载传递原则,在肋梁楼盖设计中,对于单向板通常沿板跨中将板面均布荷载传给板两长边的支承梁或墙,而忽略传给板两短边的支承梁或墙,如图 2-3(a)所示;对于双向板一般近似按沿 45°线划分,将板面均布荷载传给相邻的周边支承梁或墙,如图 2-3(b)所示。

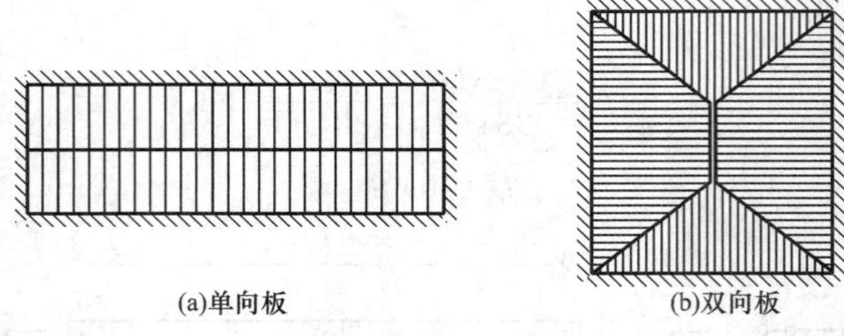

(a)单向板　　(b)双向板

图 2-3　均布荷载下单向板与双向板板面荷载的传递

2.1.3　梁、板截面尺寸

楼盖结构由梁、板组成,其梁、板截面尺寸应满足承载力、刚度、舒适度及经济等要求。根据受力分析和工程经验,表 2-1 给出了混凝土梁、板截面的常规尺寸。

表 2-1　　混凝土梁、板截面的常规尺寸

构件类别		高跨比(h/l)	梁、板截面尺寸	合理跨度
单向板	简支 两端连续	≥1/30 ≥1/40	最小板厚: 屋面板:h≥60 mm 民用建筑楼板:h≥60 mm 工业建筑楼板:h≥70 mm 行车道下的楼板:h≥80 mm	1.7~2.7 m
双向板	单跨简支 多跨连续	≥1/40 ≥1/50 (按短向跨度)	最小板厚:h≥80 mm	3.0~6.0 m
密肋板	单跨简支 多跨连续	≥1/20 ≥1/25 (h 为肋高)	最小板厚:h≥50 mm 肋高:h≥250 mm	单向板≤6.0 m 双向板≤10.0 m
悬臂板(根部)		≥1/12	悬臂长度不大于 500 mm:h≥60 mm 悬臂长度 1 200 mm:h≥100 mm	—
无梁楼板	无柱帽 有柱帽	≥1/30 ≥1/35	最小板厚:h≥150 mm 柱帽宽度 $c=(0.2\sim0.3)l$	≤6.0 m
多跨连续次梁 多跨连续主梁 单跨简支梁		1/18~1/12 1/14~1/10 1/12~1/8	最小梁高: 次梁:$h \geq l/25$ 主梁:$h \geq l/15$ 宽高比(b/h)一般为 1/3~1/2,并以 50 mm 为模数	4.0~6.0 m 5.0~8.0 m

浅析现浇单向板肋梁楼盖

2.2　现浇单向板肋梁楼盖设计

现浇单向板肋梁楼盖的设计步骤为：结构选型及平面布置，确定板厚和主、次梁的截面尺寸；确定梁、板的计算简图；梁、板的内力计算；截面配筋；结构构造设计及绘制施工图。

2.2.1　结构平面布置

现浇单向板肋梁楼盖的结构平面布置包括柱网布置、主梁布置、次梁布置。柱网间距决定了主梁的跨度，主梁间距决定了次梁的跨度，次梁的间距决定了板的跨度。根据工程实际，单向板、次梁和主梁的常用跨度为：

单向板：1.7～2.7 m，一般不宜超过 3.0 m，荷载较大时宜取较小值；

次梁：4～6 m；

主梁：5～8 m。

现浇单向板肋梁楼盖的结构平面布置方案通常有以下三种：

(1)主梁横向布置，次梁纵向布置，板的四边支承在次梁、主梁或砌体墙上，如图 2-4(a)所示。这种房屋主梁和柱形成横向框架体系，增强了房屋的横向侧移刚度，各榀横向框架间由纵向的次梁相连，房屋的整体性能较好。此外，由于外纵墙处仅布置次梁，故窗户高度可开得大些，有利于室内采光。

(2)主梁沿房屋纵向布置，次梁横向布置，如图 2-4(b)所示。这种布置方案适用于横向柱距大于纵向柱距较多的情况，这样可以减小主梁的截面高度，增加室内净高。

(3)只布置次梁，不设主梁，如图 2-4(c)所示。它仅适用于中间有走廊、纵墙间距较小的混合结构房屋。

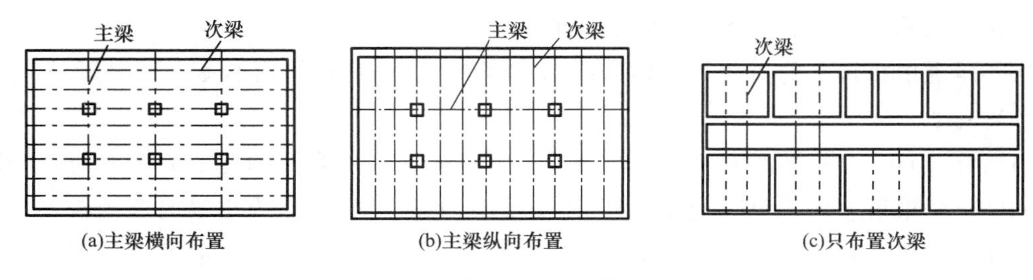

图 2-4　现浇单向板肋梁的结构平面布置

2.2.2　计算简图

现浇单向板肋梁楼盖是由板、次梁和主梁组成。楼盖则支承在柱、墙等竖向承重构件上。其楼面荷载的传递路线是：荷载→板→次梁→主梁→柱或墙→基础，即板的支座为次梁，次梁的支座为主梁，主梁的支座为柱或墙，如图 2-5 所示。

结构内力分析时，常常不是对整个结构进行分析，而是从实际结构中选取有代表性的一部分作为计算对象，称为计算单元。

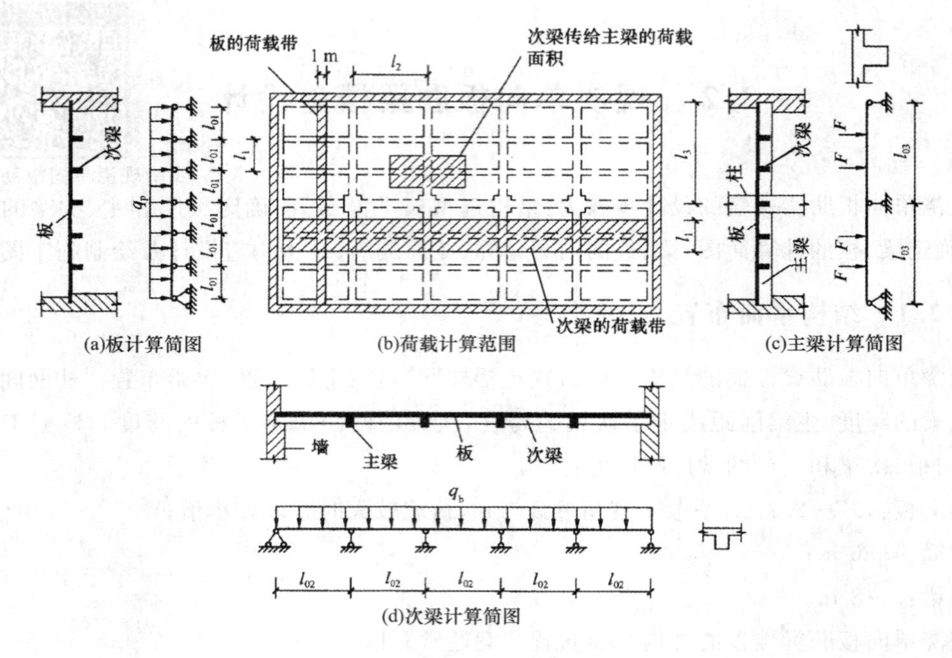

图 2-5　现浇单向板肋梁楼盖的计算简图

1. 支承条件和荷载计算

(1)板

板承受均布荷载。由于沿板长边方向的荷载分布相同,可取 1 m 宽度的板带作为计算单元进行设计计算,板支承在次梁或墙上,其支座按不动铰支座考虑,故单位宽板带可简化为连续梁计算,计算简图如图 2-5(a)所示。

(2)次梁

次梁支承在主梁上,当主、次梁线刚度之比大于 8 时,主梁可作为次梁的不动铰支座,次梁可简化为支承于主梁和砌体墙上的连续梁。

次梁承受由板传来的荷载及次梁自重,都是均布荷载,计算简图如图 2-5(d)所示。

(3)主梁

当梁柱节点两侧梁的线刚度之和与节点上下柱的线刚度之和的比值大于 5 时,柱端对主梁的转动约束可忽略,而柱的受压变形通长很小,此时可将柱作为主梁的不动铰支座,主梁可简化为支承于柱或砌体墙上的连续梁。当梁、柱的线刚度之和的比值小于 3 时,则应考虑柱端对主梁的转动约束作用,这时应按框架结构计算。

主梁承受次梁传来的集中荷载和均布的自重荷载。由于主梁自重所占荷载比例较小,为简化计算,可将主梁的自重按就近集中的原则化为集中荷载,作用在集中荷载作用点和支座处,计算简图如图 2-5(c)所示。

2. 计算跨度

梁、板的计算跨度 l_0 是指在内力计算时所采用的跨间长度,该值与支座反力分布有关,也与构件的支承长度和构件本身的刚度有关。从理论上讲,某一跨的计算跨度应取为两端支座处转动点之间的距离。在实际计算中，计算跨度可按表 2-2 取小值。

表 2-2　　梁、板的计算跨度

<table>
<tr><td rowspan="7">按弹性理论计算</td><td rowspan="3">单跨</td><td colspan="2">两端搁置</td><td>$l_0=l_n+h$
且 $l_0 \leqslant l_n+a$(板)
$l_0=1.05l_n$ 且 $l_0 \leqslant l_n+a$(梁)</td></tr>
<tr><td colspan="2">一端搁置、一端与支承构件整浇</td><td>$l_0=l_n+h/2+b/2$ 且 $l_0 \leqslant l_n+a/2+b/2$(板)
$l_0=1.025l_n+b/2$ 且 $l_0 \leqslant 1.025l_n+a/2+b/2$(梁)</td></tr>
<tr><td colspan="2">两端与支承构件整浇</td><td>$l_0=l_c$</td></tr>
<tr><td rowspan="3">多跨</td><td rowspan="2">边跨</td><td>两端与支承构件整浇</td><td>$l_0=l_c$</td></tr>
<tr><td>一端搁置、一端与支承构件整浇</td><td>$l_0=\min[1.025l_n+b/2, l_n+(h+b)/2]$(板)
$l_0=\min[1.025l_n+b/2, l_n+(a+b)/2]$(梁)</td></tr>
<tr><td colspan="2">中间跨</td><td>$l_0=l_c$</td></tr>
<tr><td colspan="3">两端搁置</td><td>$l_0=l_n+h$ 且 $l_0 \leqslant l_n+a$(板)
$l_0=1.05l_n$ 且 $l_0 \leqslant l_n+a$(梁)</td></tr>
<tr><td rowspan="3">按塑性理论计算</td><td colspan="3">两端搁置</td><td>$l_0=l_n+h$ 且 $l_0 \leqslant l_n+a$(板)
$l_0=1.05l_n$ 且 $l_0 \leqslant l_n+a$(梁)</td></tr>
<tr><td colspan="3">一端搁置、一端与支承构件整浇</td><td>$l_0=l_n+h/2$ 且 $l_0 \leqslant l_n+a/2$(板)
$l_0=1.025l_n$ 且 $l_0 \leqslant l_n+a/2$(梁)</td></tr>
<tr><td colspan="3">两端与支承构件整浇</td><td>$l_0=l_n$</td></tr>
</table>

注：表中的 l_c 为支座中心线间的距离，l_n 为板、梁的净跨，h 为板的厚度，a 为板、梁在砌体墙上的支承长度，b 为中间支座的支承宽度。

3. 折算荷载

在上述板、次梁的计算简图中，支座均简化为理想铰接，梁在支座上可自由转动。而实际现浇混凝土楼盖中，板与次梁整浇，次梁与主梁整浇，计算简图忽略了次梁对板、主梁对次梁的弹性约束作用，即忽略了支座抗扭刚度对梁、板内力的影响，仍按一般连续梁分析计算，但采用折算荷载以考虑支座的转动约束作用。

对于多跨连续梁、板，在恒荷载作用下，由于各跨荷载基本相等，$\theta \approx 0$，支座抗扭刚度的影响较小，几乎不影响结构内力，如图 2-6(a)、图 2-6(b)所示。但在活荷载不利布置下，如图 2-6(c)、图 2-6(d)所示，由于支座约束，使结构在支座处的实际转角 θ' 小于铰支承的转角 θ，并且导致跨中正弯矩计算值大于实际值，而支座负弯矩计算值小于实际值。为考虑计算模型与实际情况的这种差别所带来的影响，实际计算中采用折算荷载方法作近似处理。折算荷载方法是通过适当增加恒荷载和相应减少活荷载的办法，使按计算模型计算得到的支座转角和内力值与实际情况相近。根据次梁抗扭刚度对板的影响程度和主梁抗扭刚度对次梁的影响程度分析，折算荷载的取值如下：

连续板　　折算恒荷载 $g'=g+\frac{q}{2}$，折算活荷载 $q'=\frac{q}{2}$　　(2-1)

连续次梁　　折算恒荷载 $g'=g+\frac{q}{4}$，折算活荷载 $q'=\frac{3q}{4}$　　(2-2)

式中 g、q——单位长度上恒荷载、活荷载设计值；

g'、q'——单位长度上折算恒荷载、折算活荷载设计值。

当板、次梁搁置在砌体或钢结构上时，荷载不作调整，按实际荷载进行计算。

由于主梁的重要性高于板和次梁，且它的抗弯刚度通常比柱的大，故对主梁一般不作调整。

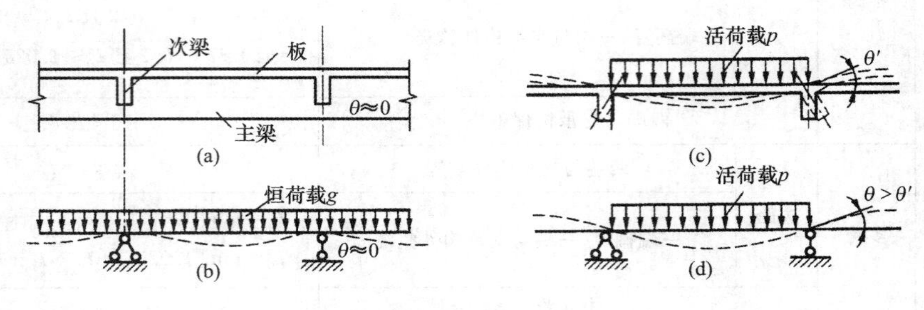

图 2-6 次梁抗扭刚度对板的影响

2.2.3 连续梁、板按弹性理论的内力计算

1. 活荷载的最不利布置

活荷载是按一整跨为单元来改变其位置的，因此在设计连续梁、板时，应研究活荷载如何布置将使梁、板内支座截面或跨内截面的内力绝对值最大，这种布置称为活荷载的最不利布置。将活荷载最不利布置下的内力与恒荷载作用下的内力进行组合，即得到所考虑截面的内力设计值。

图 2-7 为单跨承载时连续梁的内力图，即当活荷载分别布置在不同跨间时 5 跨连续梁的弯矩图和剪力图。由图 2-7 可知，当求 1、3、5 跨跨中最大正弯矩时，活荷载应布置在 1、3、5 跨(图 2-8(a))；当求 2、4 跨跨中最大正弯矩或 1、3、5 跨跨中最小弯矩时，活荷载应布置在 2、4 跨(图 2-8(b))；当求 B 支座最大负弯矩及 B 支座最大剪力时，活荷载应布置在 1、2、4 跨(图 2-8(c))。由此可知，活荷载在连续梁各跨满布时，并不是最不利情况。

根据图 2-7 所示内力图的特点和不同组合的效果，可知活荷载的不利布置规律如下：

(1)求某跨跨中最大正弯矩时，除将活荷载布置在该跨以外，两边应每隔一跨布置活荷载。

(2)求某支座截面最大负弯矩时，除该支座两侧应布置活荷载外，两侧每隔一跨还应布置活荷载。

(3)求梁支座截面(左侧或右侧)最大剪力时，活荷载布置与求该截面最大负弯矩的布置相同。

(4)求某跨跨中最小弯矩(或负弯矩)时，该跨应不布置活荷载，而在两相邻跨布置活荷载，然后再每隔一跨布置活荷载。

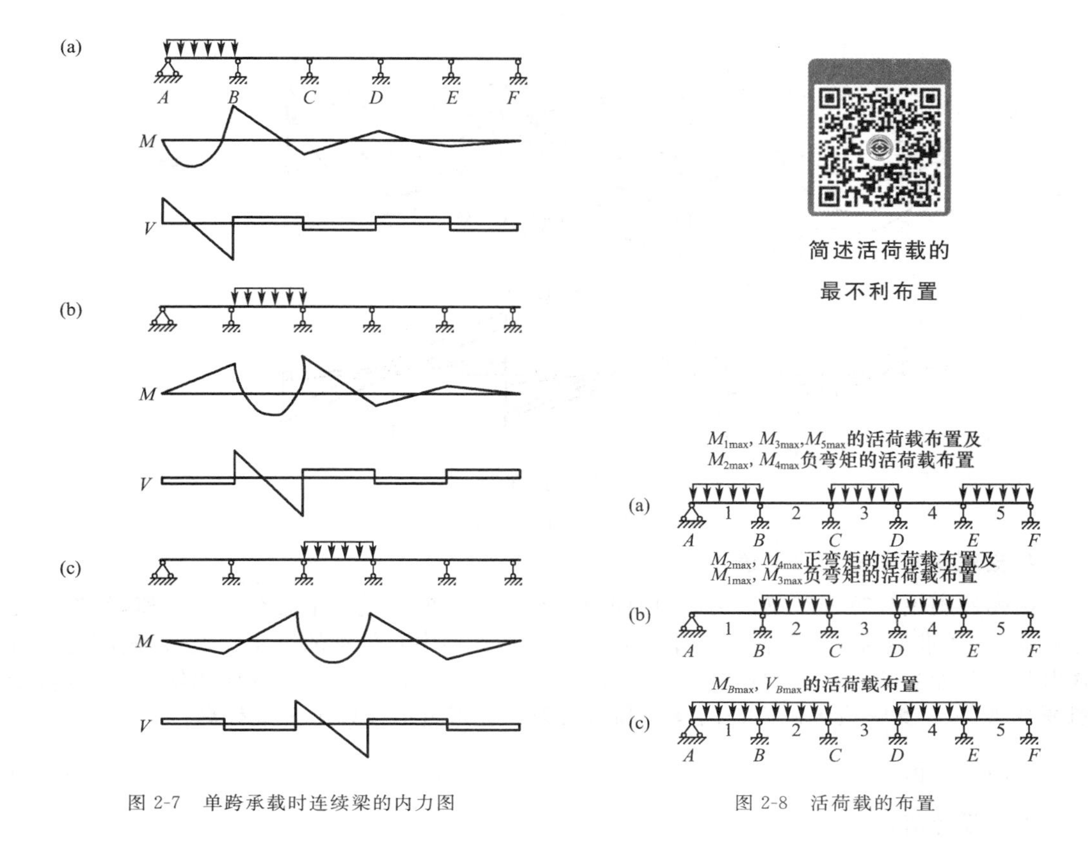

图 2-7　单跨承载时连续梁的内力图

图 2-8　活荷载的布置

2. 内力计算

按弹性理论计算连续梁的内力可采用结构力学的方法。对于常用荷载作用下的等跨、等截面连续梁，其内力系数已编制表格供设计计算时查用，见附录 1。5 跨以上的等跨连续梁可简化为 5 跨计算，即所有中间跨的内力均取与第 3 跨相同；对于非等跨，但跨度相差不超过 10%的连续梁可按等跨计算。

3. 内力包络图

将恒荷载在各截面所产生的内力与各相应截面最不利活荷载布置时所产生的内力相叠加，便得到各截面可能出现的最不利内力。将各截面可能出现的最不利内力图全部叠画于同一基线上，其外包线就是内力包络图。

现以承受均布线荷载的 5 跨连续梁的弯矩包络图来说明。根据活荷载的不同布置情况，每一跨都可画出四个弯矩图形，分别对应于跨内最大正弯矩、跨内最小正弯矩（或负弯矩）和左、右支座截面的最大负弯矩。当端支座为简支时，边跨只能画出三个弯矩图形。把这些弯矩图形全部叠画在同一基线上，称为弯矩叠合图，这些图的外包线所构成的图形称为弯矩包络图，它给出了连续梁各截面可能出现的弯矩设计值的上、下限，如图 2-9(a)所示。

同理可画出剪力包络图，如图 2-9(b)所示。剪力叠合图可只画两个：左支座最大剪力和右支座最大剪力。

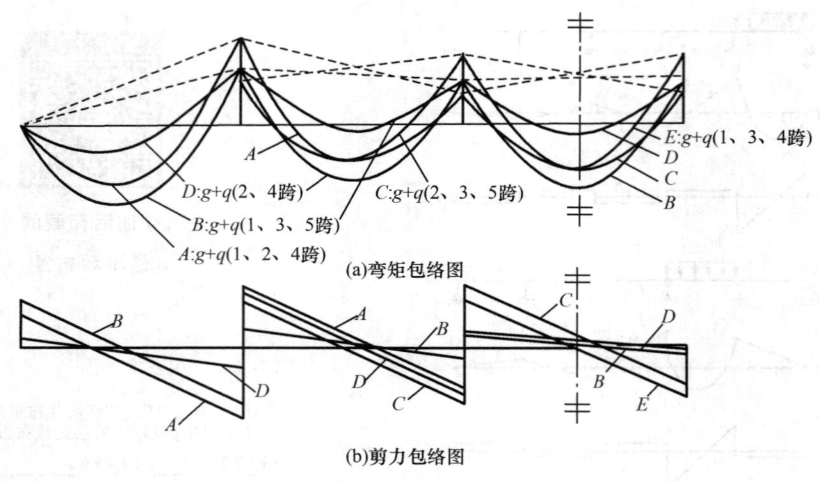

图 2-9 内力包络图

4. 支座弯矩和剪力设计值

按弹性理论计算连续梁内力时，中间跨的计算跨度取为支座中心线间的距离，忽略了支座宽度，这样求得的支座截面负弯矩和剪力值都是支座中心位置的。实际上，正截面受弯承载力和斜截面受剪承载力的控制截面应在支座边缘，内力设计值应按支座边缘截面确定，如图 2-10 所示。支座边缘截面处的弯矩和剪力设计值可近似按以下公式计算：

弯矩设计值：

$$M=M_c-V_0\frac{b}{2} \tag{2-3}$$

剪力设计值：

均布荷载

$$V=V_c-(g+q)\frac{b}{2} \tag{2-4}$$

集中荷载

$$V=V_c \tag{2-5}$$

式中 M_c、V_c——支承中心处的弯矩、剪力设计值；

V_0——按简支梁计算的支座中心处的剪力设计值，取绝对值；

b——支座宽度；

g、q——均布恒荷载和活荷载设计值。

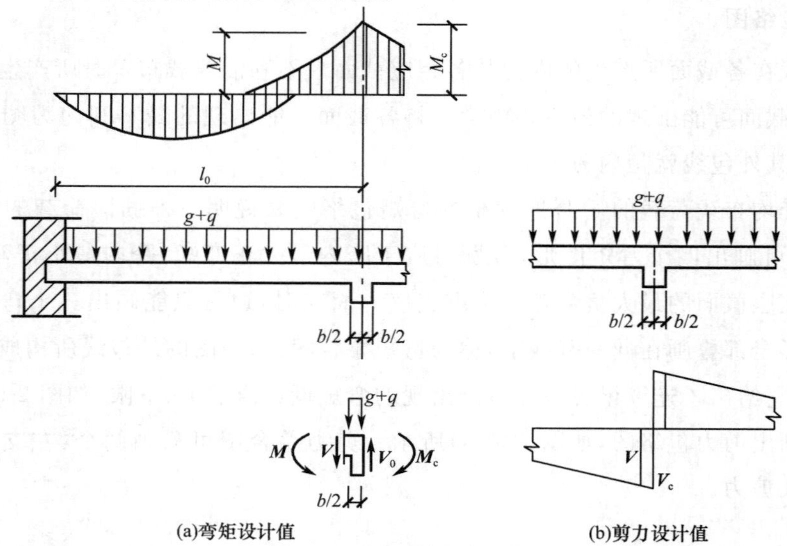

图 2-10 支座边缘的内力值

2.2.4　连续梁、板按塑性理论的内力计算

1. 基本概念

(1)应力重分布与内力重分布

超静定结构的内力不仅与荷载大小有关,而且还与结构的计算简图以及各部分抗弯刚度的比值有关。如果计算简图或刚度的比值发生了变化,内力分布也要随之改变。由于钢筋混凝土结构材料的非线性,其截面的受力全过程一般有三个工作阶段:开裂前的弹性阶段、开裂后的带裂缝阶段和钢筋屈服后的破坏阶段。在弹性阶段,刚度不变,内力和荷载成正比。进入带裂缝阶段后,各截面的刚度比值发生了变化,故各截面间内力的比值也将随之改变。内力最大的截面受拉钢筋屈服后进入破坏阶段而形成塑性铰,引起结构计算简图改变,从而导致各截面内力变化规律发生变化。混凝土结构由于刚度比值改变或出现塑性铰引起结构计算简图变化,从而引起结构各截面内力之间的关系不再服从线弹性规律的现象,称为内力重分布或塑性内力重分布。

内力重分布与应力重分布两者之间既有相同之处,也有区别。应力重分布是指由于材料非线性导致截面上应力分布与截面弹性应力分布不一致的现象,无论是静定的还是超静定的混凝土结构都存在应力重分布现象。内力重分布则是针对结构内力分布而言的。静定结构是不存在内力重分布的,因为静定结构的内力分布与截面刚度无关,只有超静定结构才会有内力重分布现象。

(2)钢筋混凝土受弯构件的塑性铰

现以图 2-11(a)所示跨中受一集中荷载作用的简支梁为例,说明塑性铰的形成。图 2-11(b)、图 2-11(c)分别给出了梁在不同荷载下的弯矩图和 M-ϕ 关系曲线。图中,M_y 为受拉钢筋刚屈服时的截面弯矩,对应的截面曲率为 ϕ_y;M_u 为破坏时截面的极限弯矩,对应的截面曲率为 ϕ_u。在破坏阶段,由于受拉钢筋已屈服,塑性应变增大而钢筋应力维持不变。随着裂缝继续向上开展,截面受压区高度减小,内力臂略有增大,截面的弯矩也有所增加,但弯矩的增量(M_u-M_y)不大,而截面的曲率增值($\phi_u-\phi_y$)却很大,在 M-ϕ 关系曲线上大致是一条水平线。这样,在弯矩基本维持不变的情况下,截面曲率急剧增加,在钢筋屈服的截面好像形成了一个能转动的“铰”,这种铰称为塑性铰,如图 2-11(d)所示。

试验表明,跨中截面弯矩从 M_y 增加到 M_u 的过程中,上述截面“屈服”并不仅限于受拉钢筋首先屈服的那个截面,而与它相邻的一些截面也进入屈服产生塑性转动。理论上可以认为梁弯矩图上相应于 $M>M_y$ 的部分为塑性铰的区域(由于钢筋与混凝土间黏结力的局部破坏,实际的塑性铰区域更大),如图 2-11(b)所示。通常将这一塑性变形集中产生的区域理想化为集中于一个截面上的塑性铰,该范围称为塑性铰长度 l_p,所产生的转角称为塑性铰的转角 θ_p。

可见,塑性铰在破坏阶段开始时形成,它是有一定长度的,它能承受一定的弯矩,并在弯矩作用方向转动,直至截面破坏。

与理想铰相比,塑性铰的主要特点是:①塑性铰能承受极限弯矩,而理想铰不能承受弯矩;②塑性铰只能沿弯矩作用方向转动,而理想铰可正反向转动;③塑性铰分布在一定长度区域,而理想铰集中于一点;④塑性铰的转动能力受到配筋率等的限制,与理想铰相比,可转动的转角值较小。

静定结构的某一截面一旦形成塑性铰,结构即转化为几何可变体系而达到极限承载能力。

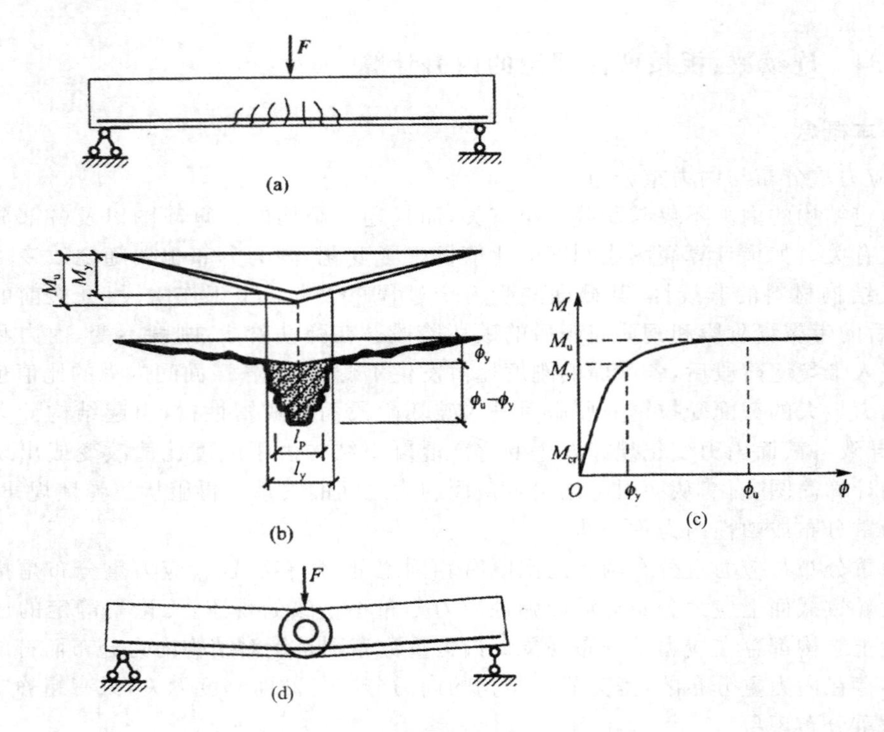

图 2-11　钢筋混凝土受弯构件的塑性铰

但对超静定结构则不同，由于存在多余约束，构件某一截面形成塑性铰，只是减少了一次超静定次数，结构仍可继续承载，直至整个结构成为几何可变体系，才达到其极限承载能力。

超静定结构出现塑性铰后，结构的受力状态与按弹性理论计算所得的结果有很大不同。由于结构发生显著的塑性内力重分布，结构的实际承载力要高于按弹性理论计算的承载力。

2. 连续梁、板按调幅法的内力计算

(1)弯矩调幅法的概念和原则

弯矩调幅法是考虑塑性内力重分布确定连续梁设计弯矩的一种实用计算方法，其基本概念是将按弹性理论算得的弯矩分布进行适当调整作为考虑塑性内力重分布后的设计弯矩。通常是对支座弯矩进行调整，支座弯矩的调整幅度用弯矩调幅系数 β 表示，即

$$\beta=1-M_a/M_e \tag{2-6}$$

式中　M_a——调幅后的弯矩设计值；

M_e——按弹性理论算得的弯矩设计值。

支座弯矩调整后，应根据各跨受力平衡条件，确定跨中设计弯矩，以保证各跨的受力平衡和安全。

弯矩调幅法按下列步骤进行：

①按弹性方法计算连续梁的内力，并确定荷载最不利布置下的结构控制截面的弯矩最大值 M_e；

②采用调幅系数 β 降低各支座截面弯矩，即设计值按下式计算：

$$M=(1-\beta)M_e \tag{2-7}$$

调幅后应满足静力平衡条件，即调整后的每跨两端支座弯矩平均值与跨中弯矩之和不得小于按简支梁计算的跨中弯矩 M_0 的 1.02 倍(图 2-12)，即

$$\frac{M_A+M_B}{2}+M_l \geqslant 1.02M_0 \tag{2-8}$$

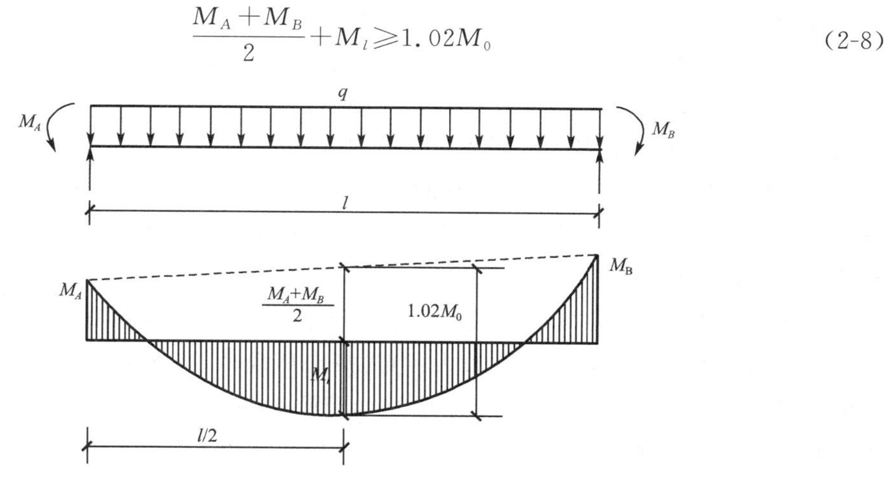

图 2-12　连续梁任意跨内外力的极限平衡

③调幅后，支座和跨中截面的弯矩值均应不小于简支梁最大弯矩值 M_0 的 1/3；

④各控制截面的剪力设计值按荷载最不利布置和调幅后的支座弯矩由静力平衡条件计算确定。

如图 2-13 所示三跨等跨连续梁，在每跨中点各作用有集中荷载 F。按弹性理论计算，支座弯矩 $M_{Be}=M_{Ce}=-0.150Fl$，跨度中点的弯矩 $M_1=0.175Fl$，$M_2=0.100Fl$。现将支座弯矩调整为 $M_{Ba}=M_{Ca}=-0.12Fl$，则支座弯矩调幅系数 $\beta=1-0.12Fl/0.15Fl=0.20$，即调幅值为 20%。此时，跨度中点的弯矩值可根据静力平衡条件确定。按简支梁确定的跨度中点弯矩为 $M_0=Fl/4$，由图 2-13(c)可求得

$$M_1'=1.02M_0-\frac{M_{Aa}+M_{Ba}}{2}=1.02\times\frac{1}{4}Fl-\frac{0+0.12Fl}{2}=0.195Fl$$

$$M_2'=1.02M_0-\frac{M_{Ba}+M_{Ca}}{2}=1.02\times\frac{1}{4}Fl-\frac{0.12Fl+0.12Fl}{2}=0.135Fl$$

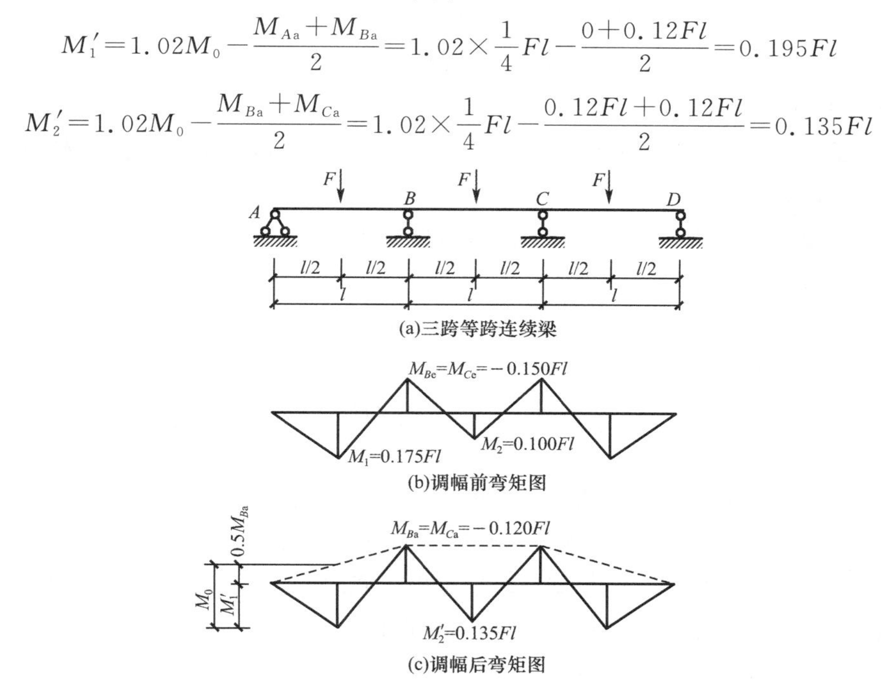

图 2-13　弯矩调幅法中力的平衡

应用弯矩调幅法在设计时应遵守下列原则：

①对于钢筋混凝土梁支座或节点边缘截面的负弯矩调幅系数不宜大于25%，钢筋混凝土板的负弯矩调幅系数不宜大于20%。控制调幅系数是为了避免塑性铰的塑性转角需求过大，并使得正常使用阶段的裂缝宽度不致过大。

②为保证塑性铰具有足够的转动能力，弯矩调幅后的梁端截面相对受压区高度应满足$\xi \leqslant 0.35$且$\xi \geqslant 0.1$；受力钢筋宜采用HRB400级和HRB500级热轧钢筋，也可采用HPB300级热轧钢筋；混凝土强度等级宜采用C25～C45。

③为避免梁因受剪破坏影响塑性内力重分布，应在可能出现塑性铰的区段将计算所需的箍筋面积增大20%。增大的区段为：当为集中荷载时，取支座边至最近一个集中荷载之间的区段；当为均布荷载时，取距支座边为$1.05h_0$的区段，此处h_0为梁截面的有效高度，如图2-14所示。为了避免斜拉破坏，配置的受剪箍筋配筋率的下限值应满足下式要求：

$$\rho_{sv}=\frac{A_{sv}}{bs}\geqslant\frac{0.36f_t}{f_{yv}} \tag{2-9}$$

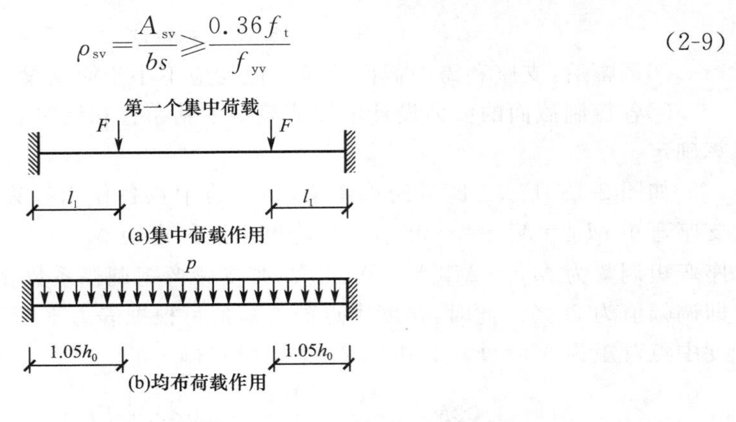

图2-14　受剪箍筋增大区段示意图

(2)用调幅法计算等跨连续梁、板

对于承受均布荷载和间距相同、大小相等的集中荷载的连续梁、板，控制截面内力可直接按下列公式计算。

①等跨连续梁各跨跨中及支座截面的弯矩设计值

承受均布荷载时有

$$M=\alpha_m(g+q)l_0^2 \tag{2-10}$$

承受集中荷载时有

$$M=\eta\alpha_m(G+Q)l_0 \tag{2-11}$$

式中　M——弯矩设计值；

α_m——连续梁考虑塑性内力重分布的弯矩系数，按表2-3采用；

g、q——沿梁单位长度上的恒荷载设计值、活荷载设计值；

η——集中荷载修正系数，根据一跨内集中荷载的不同情况按表2-4采用；

G、Q——一个集中恒荷载设计值、活荷载设计值；

l_0——计算跨度，按表2-2采用。

表 2-3 连续梁和连续单向板考虑塑性内力重分布的弯矩系数 α_m

<table>
<tr><th colspan="2" rowspan="3">端支座支承情况</th><th colspan="6">截面位置</th></tr>
<tr><th>端支座</th><th>边跨跨中</th><th>离端第 2 支座</th><th>离端第 2 跨跨中</th><th>中间支座</th><th>中间跨跨中</th></tr>
<tr><th>A</th><th>Ⅰ</th><th>B</th><th>Ⅱ</th><th>C</th><th>Ⅲ</th></tr>
<tr><td colspan="2">梁、板搁置在墙上</td><td>0</td><td>1/11</td><td rowspan="4">二跨连续
−1/10
三跨以上连续
−1/11</td><td rowspan="4">1/16</td><td rowspan="4">−1/14</td><td rowspan="4">1/16</td></tr>
<tr><td>板</td><td rowspan="2">与梁整浇连接</td><td>−1/16</td><td rowspan="2">1/14</td></tr>
<tr><td>梁</td><td>−1/24</td></tr>
<tr><td colspan="2">梁与柱整浇连接</td><td>−1/16</td><td>1/14</td></tr>
</table>

注：1. 表中系数适用于荷载比 $q/g>0.3$ 的等跨连续梁和连续板；

2. 连续梁和连续单向板的各跨长度不等，但相邻两跨的长跨与短跨之比小于 1.10 时，仍可采用表中弯矩系数值。计算支座弯矩时应取相邻两跨中的较长跨度值，计算跨中弯矩时应取本跨长度。

表 2-4 集中荷载修正系数 η

<table>
<tr><th rowspan="2">荷载情况</th><th colspan="6">截面位置</th></tr>
<tr><th>A</th><th>Ⅰ</th><th>B</th><th>Ⅱ</th><th>C</th><th>Ⅲ</th></tr>
<tr><td>在跨中二分点处作用有一个集中荷载</td><td>1.5</td><td>2.2</td><td>1.5</td><td>2.7</td><td>1.6</td><td>2.7</td></tr>
<tr><td>在跨中三分点处作用有两个集中荷载</td><td>2.7</td><td>3.0</td><td>2.7</td><td>3.0</td><td>2.9</td><td>3.0</td></tr>
<tr><td>在跨中四分点处作用有三个集中荷载</td><td>3.8</td><td>4.1</td><td>3.8</td><td>4.5</td><td>4.0</td><td>4.8</td></tr>
</table>

梁、板截面名称如图 2-15 所示。

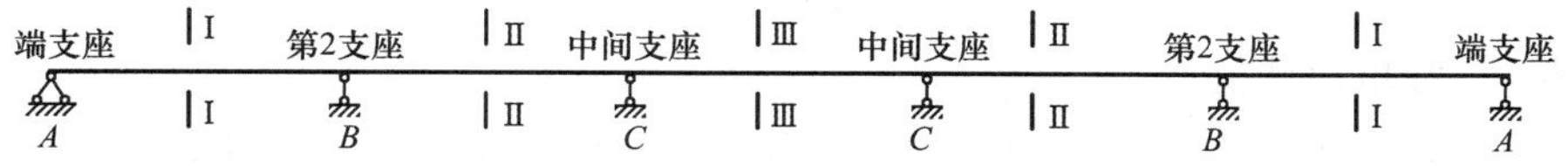

端支座 Ⅰ 第2支座 Ⅱ 中间支座 Ⅲ 中间支座 Ⅱ 第2支座 Ⅰ 端支座

A Ⅰ B Ⅱ C Ⅲ C Ⅱ B Ⅰ A

图 2-15 塑性计算梁、板截面名称

②等跨连续梁剪力设计值

承受均布荷载时有

$$V=\alpha_v(g+q)l_n \tag{2-12}$$

承受集中荷载时有

$$V=\alpha_v n(G+Q) \tag{2-13}$$

式中 V——剪力设计值；

α_v——连续梁考虑塑性内力重分布的剪力系数，按表 2-5 采用；

l_n——净跨度；

n——一跨内集中荷载的个数。

表 2-5　　连续梁考虑塑性内力重分布的剪力系数 α_v

荷载情况	端支座支承情况	截面位置				
		端支座右侧	离端第 2 支座左侧	离端第 2 支座右侧	中间支座左侧	中间支座右侧
均布荷载	梁搁置在墙上	0.45	0.60	0.55	0.55	0.55
	梁与梁或梁与柱整浇连接	0.50	0.55			
集中荷载	梁搁置在墙上	0.42	0.65	0.60	0.55	0.55
	梁与梁或梁与柱整浇连接	0.50	0.60			

均布荷载作用下，当 $q/g>0.3$ 时，对于端支座梁搁置在墙上的五跨连续梁，表 2-3 和表 2-5 中的 α_m 和 α_v 值如图 2-16 所示。

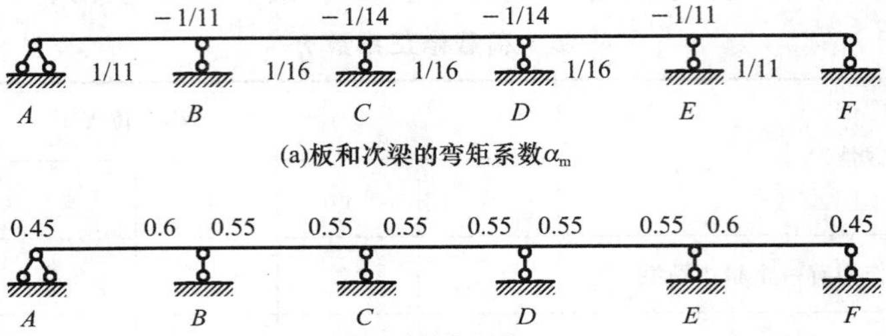

(a)板和次梁的弯矩系数 α_m

(b)次梁的剪力系数 α_v

图 2-16　搁置在墙上的板和次梁考虑塑性内力重分布的弯矩系数、剪力系数

③承受均布荷载的等跨连续单向板，各跨跨中及支座截面的弯矩设计值 M 可按下式计算：

$$M=\alpha_m(g+q)l_0^2 \tag{2-14}$$

式中　M——弯矩设计值；

α_m——连续单向板考虑塑性内力重分布的弯矩系数，按表 2-3 采用；

g、q——沿板单位长度上的恒荷载设计值、活荷载设计值；

l_0——计算跨度，按表 2-2 采用。

例 2-1　一等跨度等截面三跨连续梁，计算跨度 $l_0=5$ m，承受均布恒荷载设计值 $g=10$ kN/m，均布活荷载设计值 $q=25$ kN/m。试采用弯矩调幅法确定该梁的弯矩。

解：

①计算弹性弯矩。梁的计算简图如图 2-17 所示。现对各跨的跨内及支座截面分别考虑活荷载最不利组合，将所得弹性弯矩列于表 2-6，调幅前的弯矩叠合图如图 2-18 所示。

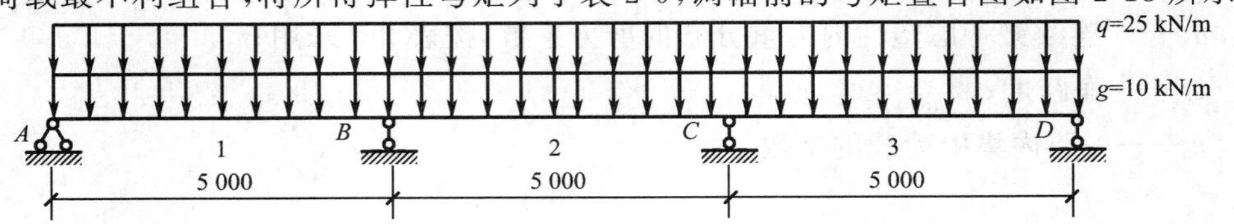

图 2-17　连续梁的计算简图

表 2-6　　三跨连续梁的弹性弯矩和调幅后的弯矩　　kN·m

活荷载最不利组合作用			截面				
			1	B	2	C	3
弹性弯矩	①	$M_{1\max}$、$M_{3\max}$、$M_{2\min}$	82.81	−56.25	−25.00	−56.25	82.81
	②	$M_{2\max}$、$M_{1\min}$、$M_{3\min}$	7.50	−56.25	53.13	−56.25	7.50
	③	$-M_{B\max}$	65.59	−98.13	39.14	−45.63	11.75
	④	$-M_{C\max}$	11.75	−45.63	39.14	−98.13	65.59
塑性弯矩	$\beta/\%$		——	20.00	——	20.00	——
	ΔM		——	19.63	——	19.63	——
	调整弯矩		72.31	−78.50	33.06	−78.50	72.31
调幅后的弯矩			82.81	−78.50	53.13	−78.50	82.81

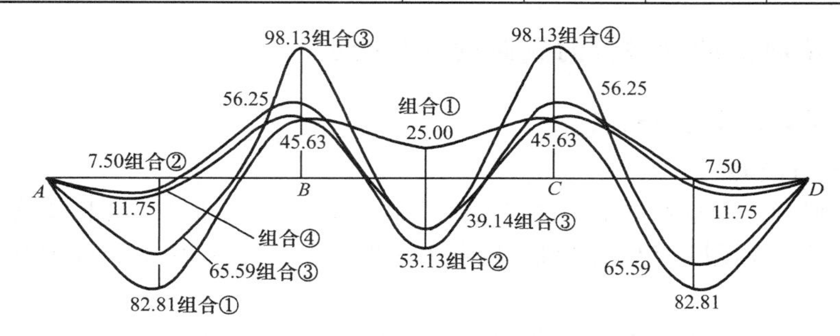

图 2-18　调幅前的弯矩叠合图

②调整支座弯矩。将支座 B、C 截面的最大弯矩降低 20%。调幅后的 B、C 支座弯矩为

$$M_B = M_C = (1-0.2)\times(-98.13) = -78.50\ \text{kN}\cdot\text{m}$$

③跨中截面弯矩不调整。因按式(2-8)计算得到的跨内弯矩为

$$M_1 = M_3 = 1.02M_0 - \frac{1}{2}(M^A + M^B) = 1.02\times 109.375 - \frac{78.5}{2} = 72.31\ \text{kN}\cdot\text{m} < 82.81\ \text{kN}\cdot\text{m}$$

$$M_2 = 1.02M_0 - \frac{1}{2}(M^B + M^C) = 1.02\times 109.375 - \frac{78.5+78.5}{2} = 33.06\ \text{kN}\cdot\text{m} < 53.13\ \text{kN}\cdot\text{m}$$

均小于按弹性理论求得的跨内最大弯矩值，故不调整。

调幅后的弯矩图如图 2-19 所示。

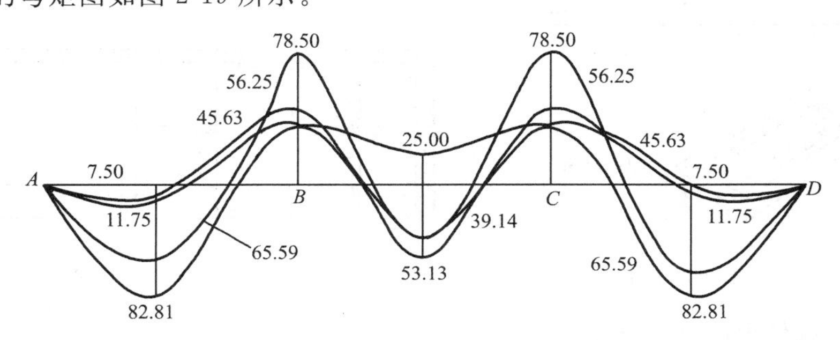

图 2-19　调幅后的弯矩图

从上例表 2-6 可以看出，支座截面最大弯矩和跨内截面最大弯矩并不是同时出现的，它

们对应了不同的活荷载不利布置。将最大支座弯矩调整后，如果相应的跨中弯矩(此时跨中弯矩相应地会增加)并没有超过最大的跨内弯矩，则支座截面的配筋可以减少，而跨中配筋不需要增加。由此可见，考虑塑性内力重分布设计的梁，不仅能改善支座配筋拥挤的状况，而且能获得较好的经济效果。此外，由于支座截面的弯矩调幅值可以在一定范围内任意选择，因而设计并不是唯一的，设计人员有相当大的自由度。

(3)塑性内力重分布方法的适用范围

考虑塑性内力重分布的设计与弹性理论计算结果相比，可节省材料，方便施工。但在正常使用阶段的变形较大，应力水平较高，裂缝宽度较大。因此对下列情况不能采用，而应按弹性理论进行设计：

①直接承受动力荷载的构件；

②要求不出现裂缝或处于三 a、三 b 类环境情况下的结构；

③重要结构构件，如主梁。

2.2.5 单向板肋梁楼盖的截面设计与构造

1.单向板的截面设计与构造

(1)板的设计要点

由于板的混凝土用量约占整个楼盖的50%以上，因此，在满足刚度和裂缝要求、经济和施工条件的前提下，板厚应尽可能设计得薄一些。板厚详见表 2-1，板的配筋率一般为0.3%～0.8%。

连续单向板按考虑内力重分布计算时，板带形成的破坏机构是：支座截面在负弯矩作用下出现上部开裂，跨内则由于正弯矩的作用在下部开裂，这就使支座和跨内实际中和轴连线成为拱形，如图 2-20 所示。因此在荷载作用下，板将有如拱的作用而产生水平推力，对于四周有梁约束的板，梁能对板提供这种水平推力，从而减少该板在竖向荷载作用下的截面弯矩值。

单向板肋梁楼盖中，当楼盖的四周支承在砌体上时，其端区格的单向板与中间区格的单向板的边界条件是不同的。对于边区格板，它们三边与梁浇筑在一起，角区格板仅两相邻边与梁浇筑，故边跨的跨中截面弯矩和第一支座截面弯矩一律不予折减；中间区格单向板的四周与梁浇筑在一起，其跨中截面弯矩和支座截面弯矩的设计值可减少 20%，如图 2-21 所示。

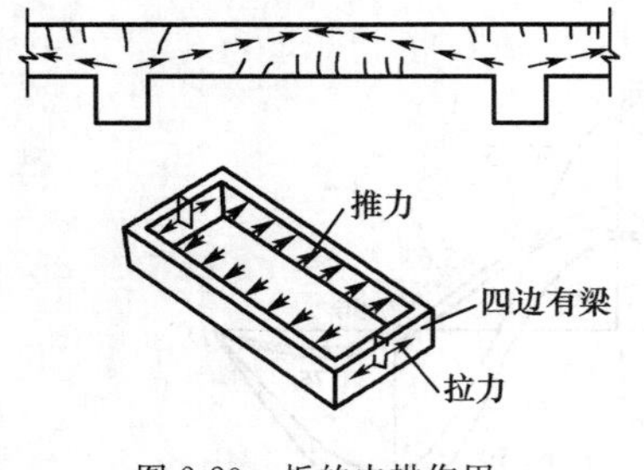

图 2-20　板的内拱作用

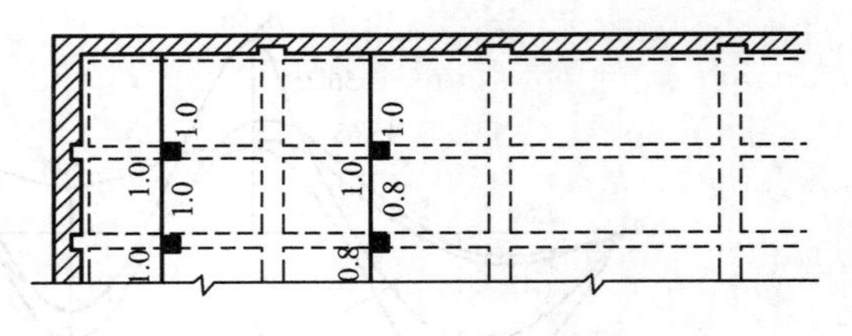

图 2-21　弯矩折减系数

现浇板在砌体上的支承长度不宜小于 120 mm。

由于板的跨高比远比梁大，对于一般工业与民用建筑楼盖，仅混凝土就足以承担剪力，故不必进行斜截面受剪承载力计算。

(2)板中受力钢筋

配置在板中的钢筋有承受正弯矩的正筋和承受负弯矩的支座负筋两种。设计内容包括:选择受力纵向钢筋的直径、间距,明确配筋方式,确定弯起钢筋的数量以及钢筋的弯起和截断位置。

钢筋直径:常用直径为 6 mm、8 mm、10 mm、12 mm。为了便于钢筋施工架立且不易被踩下,支座负筋宜采用较大直径的钢筋,一般不宜小于 8 mm。

钢筋间距:钢筋间距不宜小于 70 mm;当板厚 $h \leqslant 150$ mm 时,钢筋间距不宜大于 200 mm;当板厚钢筋间距 $h > 150$ mm 时,钢筋间距不宜大于 1.5 h 且不宜大于 250 mm。

配筋方式:连续板受力钢筋的配筋方式有弯起式和分离式两种,如图 2-22 所示。

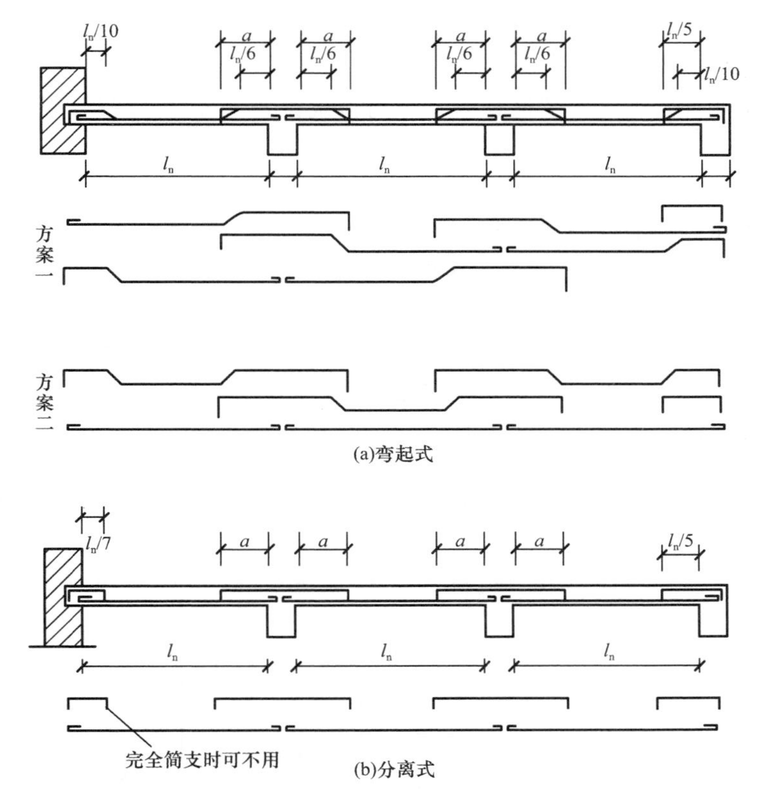

图 2-22 连续单向板受力钢筋的配筋方式

弯起式配筋可先按跨中正弯矩确定所需钢筋的直径和间距,然后在支座附近将一部分钢筋弯起,并伸过支座后作负弯矩钢筋使用,如果弯起钢筋面积不满足支座截面负弯矩钢筋要求,再另外配置负弯矩钢筋。确定连续板的钢筋时,应注意相邻两跨跨内钢筋和中间支座钢筋直径和间距的相互配合,通常做法是采用相同的间距,调整钢筋直径,钢筋直径不宜多于两种。弯起式配筋可节省钢材,整体性和锚固性都好,但施工较复杂。

对于分离式配筋,跨中正弯矩钢筋宜全部伸入支座,支座负弯矩钢筋另行设置。支座负弯矩钢筋向跨内延伸的长度应根据负弯矩图确定,并满足钢筋锚固的要求。分离式配筋的锚固性稍差,耗钢量略高,但设计和施工都比较方便,是目前常用的配筋方式。当板厚超过 120 mm,且承受的动荷载较大时,不宜采用分离式配筋。

为了保证锚固可靠，光圆钢筋末端一般采用半圆弯钩。但上部负弯矩钢筋通常做成直钩支撑在模板上，以保证施工时不改变其有效高度和位置。

钢筋的弯起：跨中正弯矩钢筋可在距支座边 $l_n/6$ 处部分弯起，但至少要有 1/2 跨中正弯矩钢筋伸入支座，且间距不应大于 400 mm。弯起角度一般为 30°，当板厚 $h>120$ mm 时，可采用 45°。

钢筋的截断：当跨中正弯矩钢筋部分截断时，截断位置可取在距支座边 $l_n/10$ 处；支座负弯矩钢筋可在距支座边不小于 a 的距离处截断，如图 2-22 所示，图中 a 的取值如下：

$$a=l_n/4(q/g\leqslant 3)$$

$$a=l_n/3(q/g>3)$$

g、q——板上均布恒荷载、均布活荷载；

l_n——板的净跨长。

如果连续板相邻跨度之差超过 20%或各跨荷载相差较大时，应按弯矩包络图确定钢筋的弯起和截断点。

(3)板中构造钢筋

①嵌固在承重砌体墙内的现浇混凝土板，虽然按简支计算此处弯矩为零，但由于墙体对板的实际约束作用，板在墙边也存在一定的负弯矩，因此应沿支承周边配置上部构造钢筋，其直径不宜小于 8 mm，间距不宜大于 200 mm，并应符合下列规定：

● 沿板的受力方向配置的上部构造钢筋，其截面面积不宜小于该方向跨中受力钢筋截面面积的 1/3；沿非受力方向配置的上部构造钢筋，可适当减少。

● 伸入板内的长度从墙边算起不宜小于 $l_0/7$（l_0 为单向板的跨度或双向板的短边跨度），如图 2-23 所示。

● 对两边嵌固于墙内的板角部分，应双向配置上部构造钢筋，伸入板内的长度从墙边算起不宜小于 $l_0/4$，如图 2-23 所示。

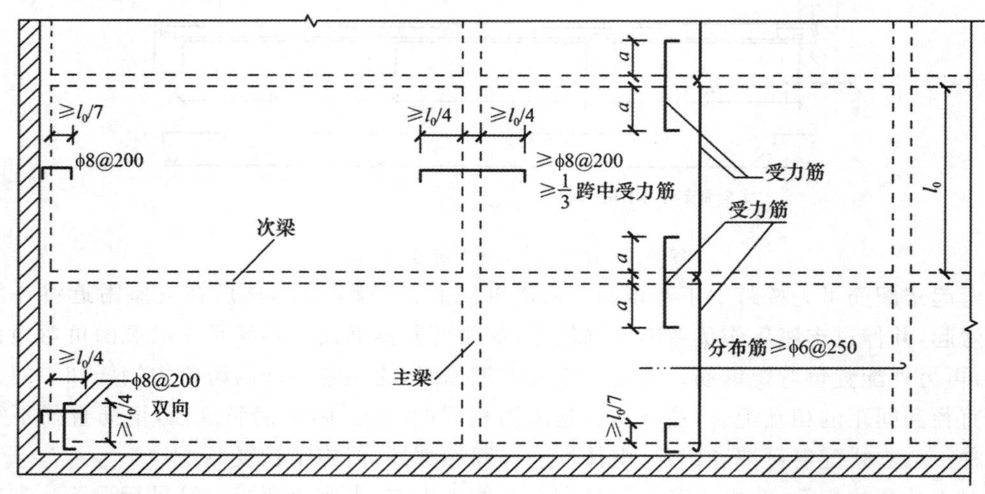

图 2-23 梁边、墙边和板角处的构造钢筋

②在单向板非受力边（长跨方向支座）处，为了承担实际存在的负弯矩，应沿非受力边配置上部构造钢筋，其直径不宜小于 8 mm，间距不宜大于 200 mm，并应符合下列规定：

● 与混凝土梁、混凝土墙整体浇筑单向板的非受力方向，钢筋的截面面积不宜小于受力方向跨中板底钢筋截面面积的1/3。

● 钢筋从混凝土梁边、柱边、墙边伸入板内的长度不宜小于$l_0/4$，如图2-23所示。

● 在楼板角部，宜沿两个方向正交、斜向平行或放射状布置。

● 当柱角或墙的阳角凸出到板内且尺寸较大时，构造钢筋伸入板内的长度应从柱边或墙边算起。

● 应按受拉钢筋锚固在梁内、墙内或柱内。

③当按单向板设计时，应在垂直于受力的方向布置分布钢筋，单位宽度上的配筋不宜小于单位宽度上的受力钢筋的15%，且配筋率不宜小于0.15%；分布钢筋直径不宜小于6 mm，间距不宜大于250 mm；当集中荷载较大时，分布钢筋的配筋面积尚应增加，且间距不宜大于200 mm。分布钢筋应均匀布置于受力钢筋的内侧，且在受力钢筋的转折处也都应布置分布钢筋。

分布钢筋的作用是：浇筑混凝土时固定受力钢筋的位置；抵抗混凝土收缩和温度变化产生的内力；承担并分布板上局部荷载产生的内力；对四边支承的单向板，可承担在长跨方向内实际存在的弯矩。

④由于混凝土收缩和温度变化会在现浇楼板内引起约束拉应力，可能使现浇板产生温度收缩裂缝。为了减少这种裂缝，在温度、收缩应力较大的现浇板区域，应在板的表面双向配置防裂构造钢筋。配筋率均不宜小于0.10%，间距不宜大于200 mm。防裂构造钢筋可利用原有钢筋贯通布置，也可另行设置钢筋并与原有钢筋按受拉钢筋的要求搭接或在周边构件中锚固。

2. 次梁的截面设计和构造

(1)设计要点

①计算由板传来的次梁荷载时，可忽略板的连续性，即次梁两侧板跨上的荷载各有一半传给次梁，如图2-5(b)、图2-5(d)所示。次梁通常可按塑性内力重分布方法计算内力，等跨连续次梁的内力系数按表2-3、表2-5采用。

②当次梁与板整体连接时，板可作为次梁的上翼缘，在跨内正弯矩区段，板位于受压区，故应按T形截面计算受力钢筋的面积；在支座附近的负弯矩区段，板处于受拉区，应按矩形截面计算受力钢筋的面积。

(2)配筋构造

梁中受力钢筋的弯起和截断，原则上应按弯矩包络图确定。但对于相邻跨的跨度相差不大于20%、承受均布荷载且活荷载与恒荷载之比$q/g \leqslant 3$的次梁，可按图2-24所示布置钢筋。

3. 主梁的截面设计和构造

(1)设计要点

①主梁是重要构件，通常按弹性理论方法计算内力，不考虑塑性内力重分布。

②与次梁相同，主梁跨内截面按T形截面计算受力钢筋的面积，支座截面按矩形截面计算受力钢筋的面积。

③在主梁支座处截面，次梁和主梁承受负弯矩的纵向钢筋相互交叉，因次梁截面高度小，为保证次梁支座截面的有效高度和主筋的位置，主梁的纵向钢筋须放在次梁和板的纵向钢筋下面，如图2-25所示，这样致使主梁承受负弯矩的纵向钢筋位置下移，梁的有效高度减小，所以在计算主梁支座截面负弯矩钢筋时，截面有效高度h_0可取：单排钢筋时，$h_0=h-(60\sim65)$mm；双排钢筋时，$h_0=h-(80\sim85)$mm。

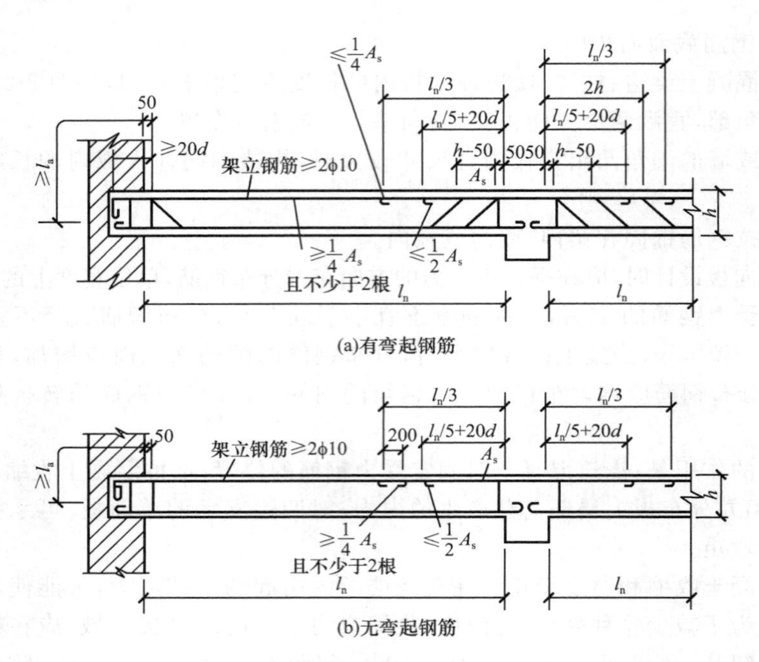

图 2-24　次梁的钢筋布置

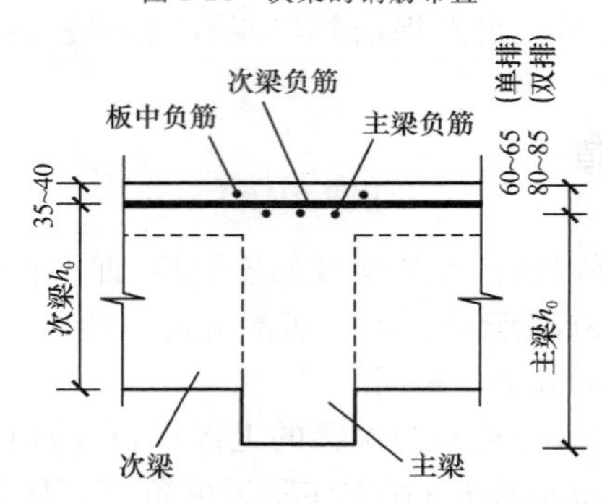

图 2-25　主梁支座处截面的有效高度

(2)配筋构造

①主梁受力钢筋的弯起和截断，原则上应按弯矩包络图确定。

②在次梁和主梁相交处，次梁顶部在负弯矩作用下产生裂缝，集中荷载只能通过次梁的剪压区传给主梁腹部，如图 2-26(a)所示。所以在主梁局部长度上将引起主拉应力，特别是当集中荷载作用在主梁的受拉区时，会在梁腹部产生斜裂缝。为了防止这种破坏的发生，应在次梁两侧设置附加横向钢筋，宜优先采用附加箍筋。

附加横向钢筋应布置在长度为 $s=2h_1+3b$ 的范围内，如图 2-26(b)所示。附加横向钢筋所需的总截面面积应按下式计算：

$$A_{sv}\geqslant\frac{F}{f_{yv}\sin\alpha} \tag{2-15}$$

式中　A_{sv}——承受集中荷载所需的附加横向钢筋总截面面积，当采用附加吊筋时，A_{sv} 应为左、右弯起段截面面积之和；

F——作用在梁的下部或梁截面高度范围内的集中力设计值；

α——附加横向钢筋与梁轴线间的夹角。

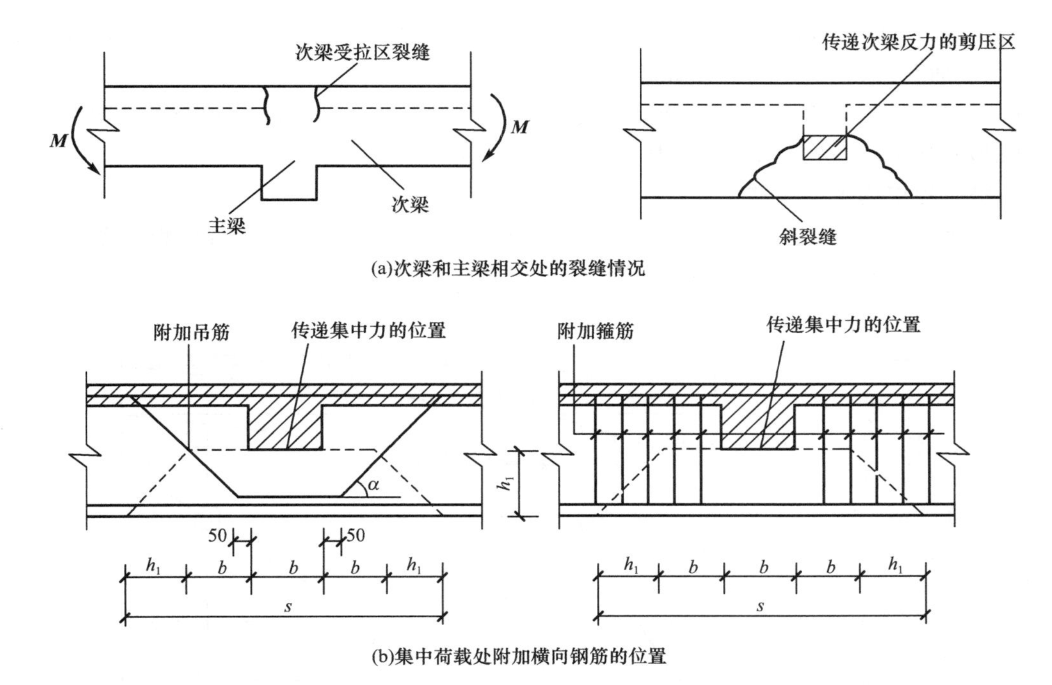

图 2-26　附加横向箍筋和吊筋布置

2.2.6　单向板肋梁楼盖设计实例

1. 设计资料

某多层工业建筑采用混合结构方案，其标准层楼面布置如图 2-27 所示，楼面拟采用现浇钢筋混凝土单向板肋梁楼盖，对此楼面进行设计。

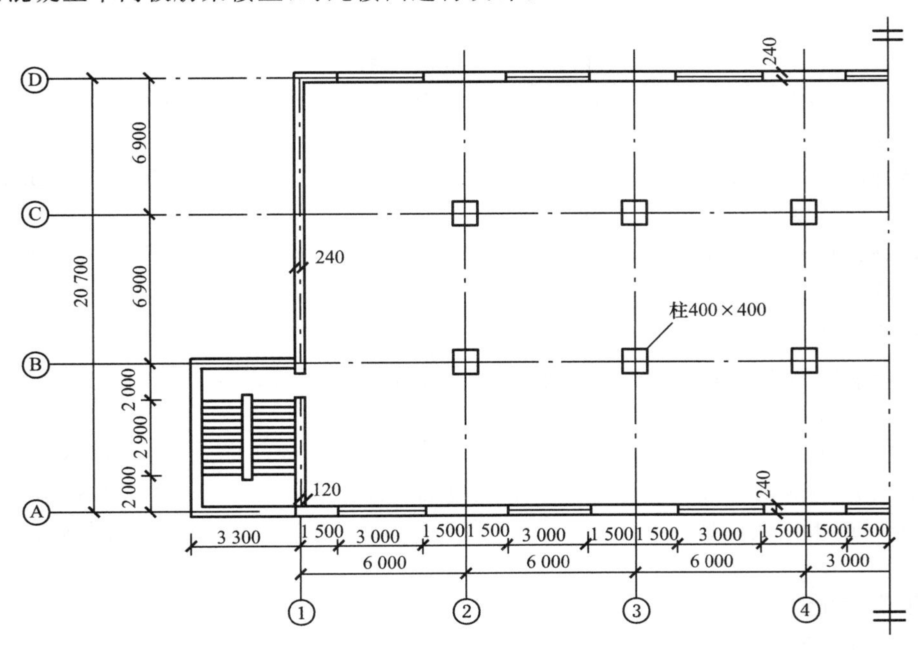

图 2-27　标准层楼面

(1)楼面做法:30 mm 厚水磨石地面;钢筋混凝土现浇板;20 mm 厚底板石灰砂浆抹灰。

(2)楼面荷载:均布的活荷载标准值为 6 kN/m^2。

(3)材料:梁板混凝土强度等级均采用 C30,梁内受力纵向钢筋采用 HRB400 级,板内受力纵向钢筋和梁内箍筋均采用 HRB335 级,其余钢筋采用 HPB300 级。

2. 楼面的结构平面布置

主梁横向布置,跨度为 6.9 m,则次梁的跨度为 6 m,主梁每跨内布置两根次梁,板跨为 2.3 m,楼面的结构平面布置如图 2-28 所示。

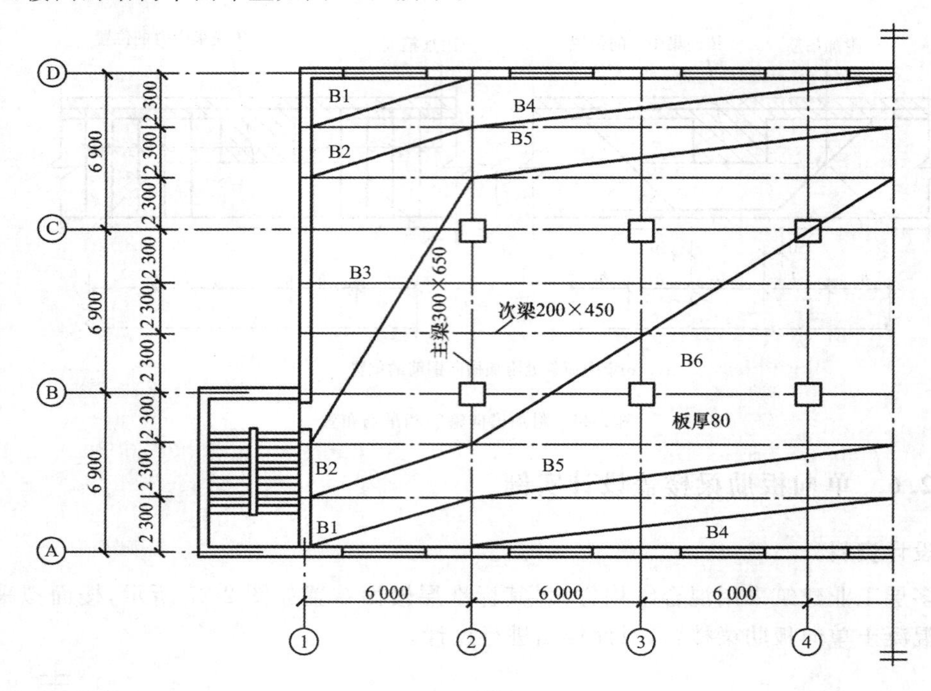

图 2-28　楼面结构平面布置

板厚:工业建筑楼板的最小厚度为 70 mm,取 $h=80$ mm,2 300/80=28.75<40,满足高跨比条件。

次梁:截面高度应满足 $h=l/18\sim l/12=6\ 000/18\sim 6\ 000/12=(333\sim 500)$mm,取 $h=450$ mm,截面宽度取为 $b=200$ mm。

主梁:截面高度应满足 $h=l/14\sim l/10=6\ 900/14\sim 6\ 900/10=(493\sim 690)$mm,取 $h=650$ mm,截面宽度取为 $b=300$ mm。

3. 板的设计

板按考虑塑性内力重分布方法计算,取 1 m 宽板带为计算单元。

(1)荷载计算

30 mm 厚水磨石地面	(1.0×0.03×22)kN/m=0.66 kN/m
80 mm 厚现浇钢筋混凝土板	(1.0×0.08×25)kN/m=2.0 kN/m
20 m 厚底板白灰砂浆抹灰	(1.0×0.02×17)kN/m=0.34 kN/m
恒荷载标准值	3.0 kN/m
活荷载标准值	(1.0×6)kN/m=6 kN/m

恒荷载分项系数分别取 1.2 和 1.35；因为是工业建筑楼盖且楼面活荷载标准值大于 4.0 kN/m^2，所以活荷载分项系数取 1.3，于是板的荷载总设计值为

由可变荷载效应控制的组合 $g+q=1.2\times3.0+1.3\times6=11.4$ kN/m

由永久荷载效应控制的组合 $g+q=1.35\times3.0+0.7\times1.3\times6=9.51$ kN/m

可见，对板而言，由可变荷载效应控制的组合所得荷载设计值较大，所以板内力计算时取 $g+q=11.4$ kN/m。

(2)计算简图

板在墙上的支承长度取为 $a=120$ mm，次梁的截面为 $b\times h=200\text{ mm}\times450\text{ mm}$。根据结构平面布置，板的实际支承情况如图 2-29(a)所示。

由表 2-2 的规定，板的计算跨度如下：

边跨：$l_{01}=l_n+h/2=(2\ 300-120-100)+80/2=2\ 120\text{ mm}<l_n+a/2=(2\ 300-120-100)+120/2=2\ 140$ mm，取 $l_{01}=2\ 120$ mm

中间跨：$l_{02}=l_n=2\ 300-200=2\ 100$ mm

边跨与中间跨的跨度差 $(2\ 120-2\ 100)/2\ 100=0.95\%<10\%$，故可按等跨连续板计算内力，板的计算简图如图 2-29(b)所示。

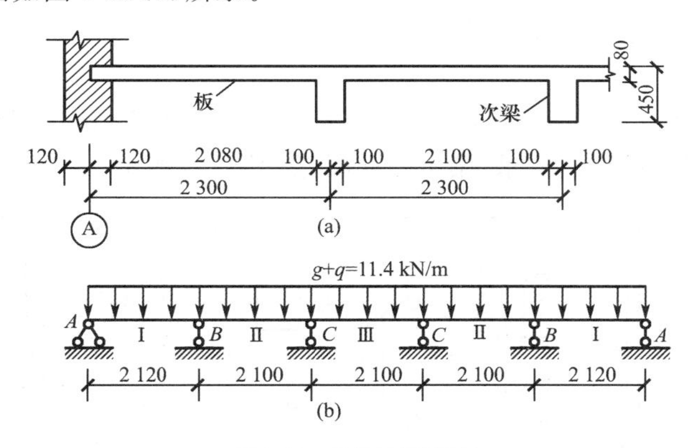

图 2-29　板的计算简图

(3)内力计算

板各控制截面的弯矩设计值见表 2-7。

表 2-7　板的弯矩设计值计算

截面	边跨跨中（Ⅰ）	离端第二支座（B）	离端第二跨跨中（Ⅱ）和中间跨跨中（Ⅲ）	中间支座（C）
弯矩系数 α_m	1/11	−1/11	1/16	−1/14
$M=\alpha_m(g+q)l_0{}^2/(\text{kN}\cdot\text{m})$	$\frac{1}{11}\times11.4\times2.12^2=4.66$	$-\frac{1}{11}\times11.4\times2.12^2=-4.66$	$\frac{1}{16}\times11.4\times2.1^2=3.14$	$-\frac{1}{14}\times11.4\times2.1^2=-3.59$

(4)正截面承载力计算

板宽 1 000 mm，板厚 80 mm，$h_0=80-20=60$ mm。混凝土强度等级为 C30，$\alpha_1=1$，$f_c=14.3\text{ N/mm}^2$，$f_t=1.43\text{ N/mm}^2$；纵向钢筋采用 HRB335 级钢筋，$f_y=300\text{ N/mm}^2$。考虑到②－④轴线跨中板带的内区格四周与梁整浇，故跨中Ⅱ、Ⅲ截面和中间支座 C 截面的

弯矩设计值可折减 20%。板的配筋计算过程见表 2-8。

表 2-8 板的配筋计算

截面位置	Ⅰ	B	Ⅱ(Ⅲ)		C	
			①—②轴线	②—④轴线	①—②轴线	②—④轴线
$M/(\mathrm{kN\cdot m})$	4.66	−4.66	3.14	3.14×0.8	−3.59	−3.59×0.8
$\alpha_S=M/\alpha_1 f_c bh_0^2$	0.0905	0.0905	0.0610	0.0488	0.0697	0.0558
$\xi=1-\sqrt{1-2\alpha_s}$	0.0950	0.0950<0.1,取 0.1	0.0630	0.0501	0.0723<0.1,取 0.1	0.0575<0.1,取 0.1
$A_s=\xi bh_0\alpha_1 f_c/f_y/\mathrm{mm}^2$	271.7	286	180.18	143.29	286	286
选用配筋	ϕ8@180	ϕ8@160	ϕ6/8@180	ϕ6@160	ϕ8@160	ϕ8@160
实际配筋面积/mm²	279	314	218	177	314	314

由表 2-8 可见,对支座 B、C 截面,边板带和跨中板带的相对受压区高度 ξ 均小于 0.1,故在计算配筋时均取 0.1。

验算适用条件:

$\rho_{\min}$ 取 0.20%和 $45f_t/f_y$ 中的较大值,$45f_t/f_y(\%)=45\times1.43/300(\%)=0.21\%$,故取 $\rho_{\min}=0.21\%$。

$A_{s,\min}=\rho_{\min}bh=0.21\%\times1\ 000\times80=168\ \mathrm{mm}^2<A_s=177\ \mathrm{mm}^2$,满足要求。

根据计算结果和板的构造要求,画出配筋图,如图 2-30 所示。

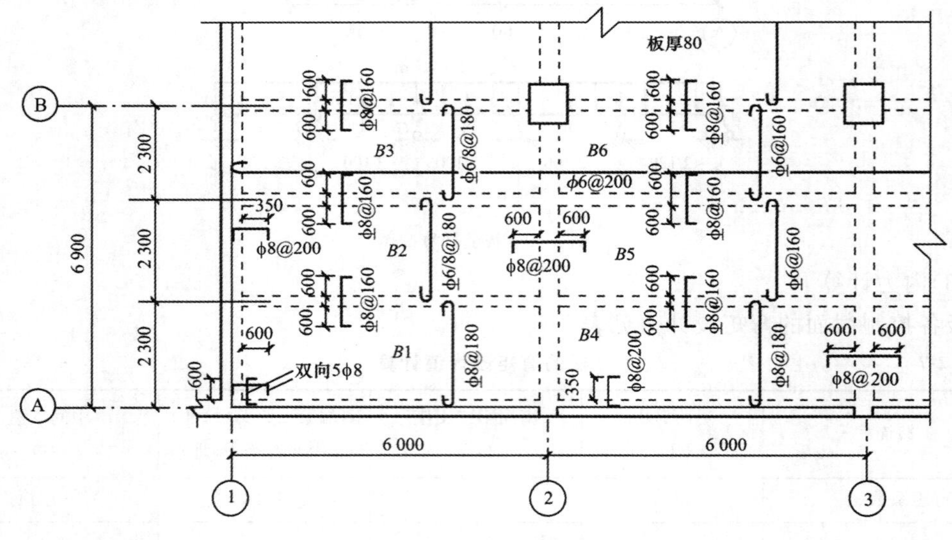

图 2-30 板的配筋图

4. 次梁设计

主梁的截面为 $b\times h=300\ \mathrm{mm}\times650\ \mathrm{mm}$。次梁的几何尺寸及支承情况如图 2-31(a)所示。

(1)荷载计算

由板传来的恒荷载 $3.0\times2.3=6.90\ \mathrm{kN/m}$

次梁自重 $25\times0.2\times(0.45-0.08)=1.85\ \mathrm{kN/m}$

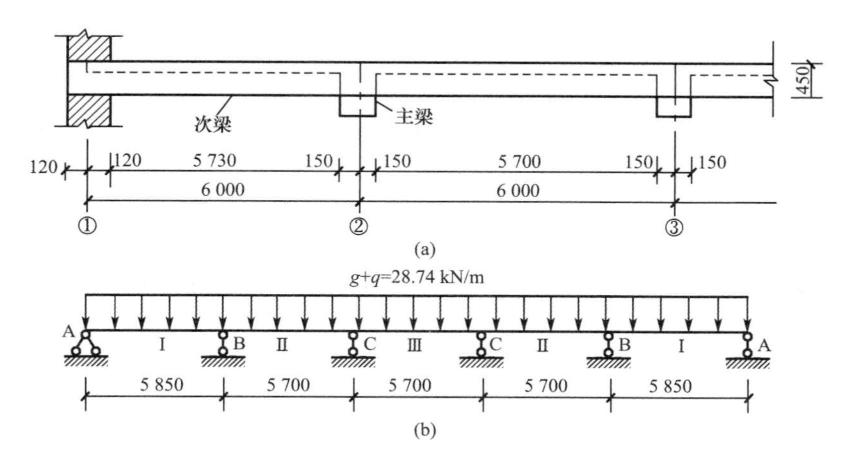

图 2-31　次梁的计算简图

次梁粉刷	$17\times0.02\times(0.45-0.08)\times2=0.25$ kN/m
恒荷载标准值	9.0 kN/m

活荷载标准值　　$6\times2.3=13.8$ kN/m

荷载总设计值：

由可变荷载效应控制的组合　　$g+q=1.2\times9.0+1.3\times13.8=28.74$ kN/m

由永久荷载效应控制的组合　　$g+q=1.35\times9.0+0.7\times1.3\times13.8=24.71$ kN/m

所以，次梁内力计算时取 $g+q=28.74$ kN/m。

(2)计算简图

次梁按考虑塑性内力重分布方法计算内力。次梁在墙上的支承长度为 $a=240$ mm，主梁的截面为 300 mm×650 mm，由表 2-2 可得次梁的计算跨度如下：

边跨：$l_{01}=l_n+a/2=(6\ 000-120-300/2)+240/2=5\ 850\ \text{mm}<1.025l_n=5\ 873$ mm，取 $l_{01}=5\ 850$ mm

中间跨：$l_{02}=l_n=6\ 000-300=5\ 700$ mm

边跨与中间跨的跨度差(5 850−5 700)/5 700＝2.63%<10%，故可按等跨连续梁计算内力，计算简图如图 2-31(b)所示。

(3)内力计算

次梁各控制截面的弯矩设计值和剪力设计值分别见表 2-9 和表 2-10。

表 2-9　　次梁的弯矩设计值计算

截面	边跨跨中(Ⅰ)	离端第二支座(B)	离端第二跨跨中(Ⅱ)和中间跨跨中(Ⅲ)	中间支座(C)
弯矩系数 α_m	1/11	−1/11	1/16	−1/14
$M=\alpha_m(g+q)l_0^2/(\text{kN}\cdot\text{m})$	89.41	−89.41	61.47	−70.25

表 2-10　　次梁的剪力设计值计算

截面	A 支座(右)	B 支座(左)	B 支座(右)	C 支座(左、右)
剪力系数 α_v	0.45	0.6	0.55	0.55
$V=\alpha_v(g+q)l_n/\text{kN}$	74.11	98.81	90.10	90.10

(4)承载力计算

①正截面受弯承载力

支座按矩形截面计算；跨中按T形截面计算，翼缘高 $h_f'=80$ mm，翼缘宽度取为：

边跨：按计算跨度 l_0 考虑 $b_f'=\frac{l_0}{3}=\frac{1}{3}\times 5\ 850=1\ 950$ mm

按梁(肋)净距 s_n 考虑 $b_f'=b+s_n=2\ 300$ mm

按翼缘高度 h_f'考虑 $h_f'/h_0=80/415=0.193>0.1$，不按翼缘高度考虑，取 $b_f'=1\ 950$ mm

中跨：按计算跨度 l_0 考虑 $b_f'=\frac{l_0}{3}=\frac{1}{3}\times 5\ 700=1\ 900$ mm

按梁(肋)净距 s_n 考虑 $b_f'=b+s_n=2\ 300$ mm

按翼缘高度 h_f'考虑 $h_f'/h_0=80/415=0.193>0.1$，不按翼缘高度考虑，取 $b_f'=1\ 900$ mm

跨中及支座截面的纵向受力钢筋均布置一排，取 $h_0=450-35=415$ mm，翼缘厚度 $h_f'=80$ mm。

次梁采用混凝土强度等级为C30，$\alpha_1=1$，$f_c=14.3\ \text{N/mm}^2$，$f_t=1.43\ \text{N/mm}^2$，纵向钢筋采用HRB400级钢筋，$f_y=360\ \text{N/mm}^2$，箍筋采用HRB335级钢筋，$f_{yv}=300\ \text{N/mm}^2$。

$\alpha_1 f_c' b_f' h_f'(h_0-\frac{h_f'}{2})=1\times 14.3\times 1\ 900\times 80\times (415-40)=815.10\ \text{kN}\cdot\text{m}>89.41\ \text{kN}\cdot\text{m}$

所以，次梁跨中截面均可按第一类型T形截面计算。次梁正截面承载力计算过程见表2-11。

表 2-11　次梁正截面受弯承载力计算

截面位置	边跨跨中(Ⅰ)	离端第二支座(B)	离端第二跨跨中(Ⅱ)和中间跨跨中(Ⅲ)	中间支座(C)
$b(b_f')$/mm	1 950	200	1 900	200
M/(kN·m)	89.41	−89.41	61.47	−70.25
$\alpha_S=M/\alpha_1 f_c b h_0^2$	0.019	0.182	0.013	0.143
$\xi=1-\sqrt{1-2\alpha_s}$	0.019	0.203<0.35 >0.1	0.013	0.155<0.35 >0.1
$A_s=\xi b h_0 \alpha_1 f_c/f_y$ /mm²	610.76	669.28	407.17	511.03
选用配筋	2Φ16(直)+1Φ16(弯)	2Φ18(直)+1Φ16(弯)	2Φ12(直)+1Φ16(弯)	2Φ14(直)+1Φ16(弯)
实际配筋面积/mm²	603	710.1	427.1	509.1

验算适用条件：

ρ_{min} 取0.20%和 $45f_t/f_y$ 中的较大值，$45f_t/f_y(\%)=45\times 1.43/360(\%)=0.18\%$，故取 $\rho_{min}=0.20\%$。

$A_{s,min}=\rho_{min}bh=0.20\%\times 200\times 450=180\ \text{mm}^2<A_s=427.1\ \text{mm}^2$，满足要求。

②斜截面受剪承载力

$h_w=h_0-h_f'=415-80=335$ mm，因 $h_w/b=335/200=1.675<4$，次梁斜截面受剪承载力计算见表2-12。当考虑塑性内力重分布时，箍筋数量应增大20%，故计算时将 A_{sv}/s 乘以1.2。

表 2-12　　次梁斜截面受剪承载力计算

截面	A 支座(右)	B 支座(左)	B 支座(右)、C 支座(左、右)
V/kN	74.11	98.81	90.10
$0.25\beta_c f_c bh_0$/kN	296.73>V	296.73>V	296.73>V
$0.7f_t bh_0$/kN	83.08>V（按构造配筋）	83.08<V	83.08<V
$\frac{A_{sv}}{s}=1.2\left(\frac{V-0.7f_t bh_0}{f_{yv}h_0}\right)$	—	0.152	0.068
箍筋肢数和直径	2 Φ 6	2 Φ 6	2 Φ 6
计算间距 s/mm	—	372	832
实配间距 s/mm	160	160	160

考虑弯矩调幅时要求的配箍率下限为

$$0.36\frac{f_t}{f_{yv}}=0.36\times\frac{1.43}{300}=0.172\%$$

实际配箍率 $\rho_{sv}=\frac{A_{sv}}{bs}=\frac{56.6}{200\times160}=0.177\%>0.172\%$，满足要求。

由于次梁的 $q/g=13.8/9=1.53<3$，且跨度相差不大于 20%，故可按如图 2-24 所示的构造要求确定纵向受力钢筋的弯起和截断，次梁配筋图如图 2-32 所示。

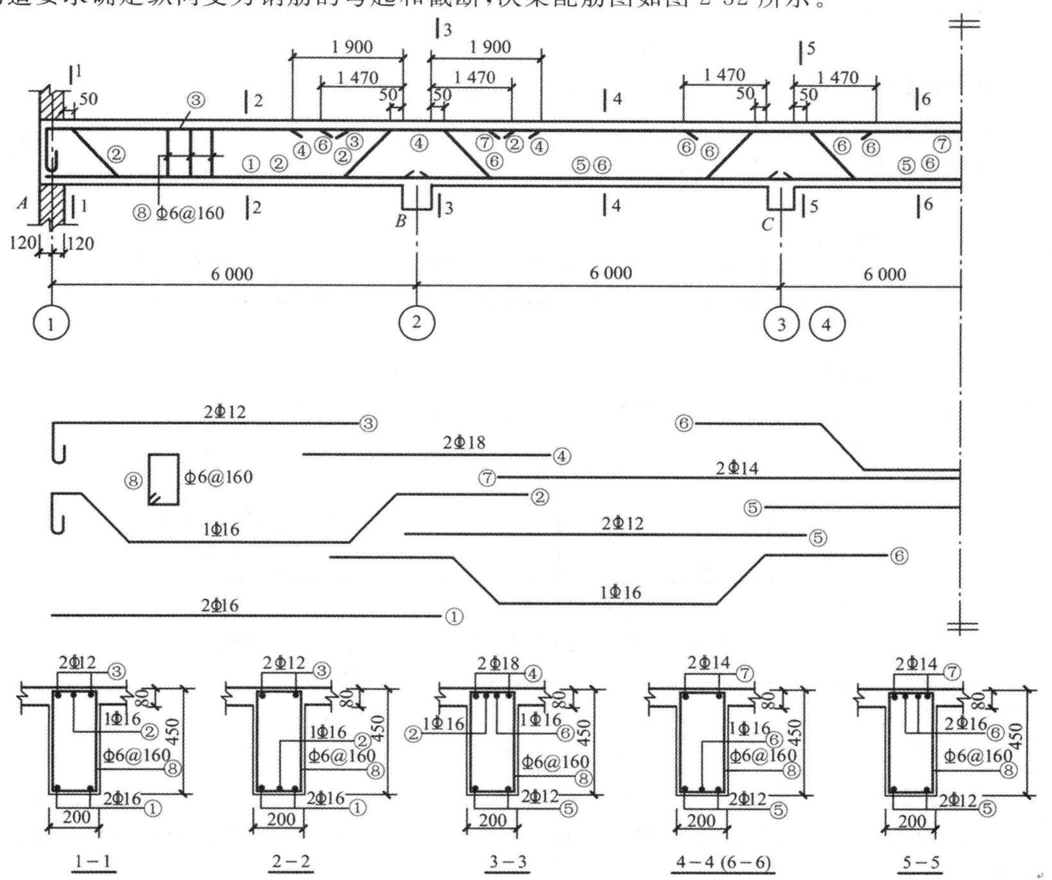

图 2-32　次梁配筋图

5. 主梁设计

主梁按弹性理论计算内力。柱的截面为 400 mm×400 mm,主梁几何尺寸及支承情况如图 2-32(a)所示。

(1)荷载计算

主梁的自重等效为集中荷载。

由次梁传来的恒荷载	9.0×6.0=54.0 kN
主梁自重	25×0.3×(0.65−0.08)×2.3=9.83 kN
主梁粉刷	17×0.02×(0.65−0.08)×2.3×2=0.89 kN
恒荷载标准值	64.72 kN
活荷载标准值	6×2.3×6=82.8 kN
恒荷载设计值	G=1.2×64.72=77.66 kN 或 G=1.35×64.72=87.37 kN
活荷载设计值	Q=1.3×82.8=107.64 kN 或 Q=0.7×1.3×82.8=75.35 kN

可见,取可变荷载效应控制的组合,即 G=77.66 kN,Q=107.64 kN。

(2)计算简图

由于主梁线刚度较柱线刚度大很多,故中间支座按铰支座考虑。主梁在墙上的支承长度为 240 mm,则主梁的计算跨度如下:

边跨:$l_{01}=1.025l_{n1}+b/2=1.025(6\,900-120-200)+400/2=6\,944.5$ mm

$l_{01}=l_{n1}+a/2+b/2=(6\,900-120-200)+240/2+400/2=6\,900$ mm

故边跨的计算跨度取 $l_{01}=6\,900$ mm

中间跨:$l_{02}=6\,900$ mm

计算简图如图 2-33(b)所示。

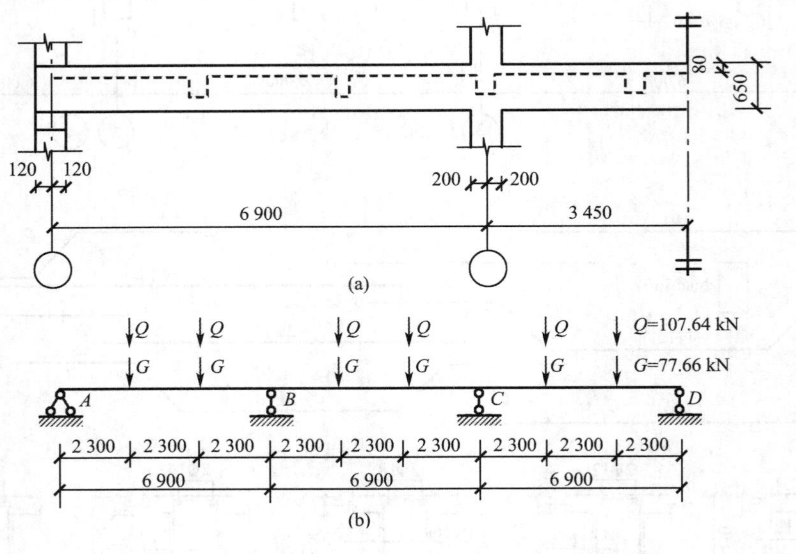

图 2-33 主梁的计算简图

(3)内力计算

主梁为等截面的三等跨连续梁,可通过查附录中附表 1-2 内力系数计算各控制截面内力,即

弯矩设计值 $M=k_1Gl+k_2Ql$，剪力设计值 $V=k_3G+k_4Q$

其中，k_1、k_2、k_3、k_4 为内力计算系数，由附表 1-2 中相应栏内查得。

不同荷载组合下主梁弯矩和剪力计算见表 2-13。

表 2-13　　主梁弯矩和剪力计算

项次	荷载简图	弯矩/(kN·m)				剪力/kN		
		(k) M_1	(k) M_B	(k) M_2	(k) M_c	(k) V_A	(k) V_{Bl}	(k) V_{Br}
①	G G G G G G A B C D	(0.244) 130.75	(−0.267) −143.07	(0.067) 35.90	(−0.267) −143.07	(0.733) 56.92	(−1.267) −98.40	(1.00) 77.66
②	Q Q Q Q A B C D	(0.229) 170.08	(−0.311) −230.98	(0.170) 126.26	(−0.089) −66.10	(0.689) 74.16	(−1.311) −141.12	1.222 131.54
③	Q Q Q Q A B C D	(0.289) 214.64	(−0.133) −98.78	(−0.133) −98.78	(−0.133) −98.78	0.866 93.22	(−1.134) −122.06	(0) 0
④	Q Q A B C D	(−0.044) −32.68	(−0.133) −98.78	(0.200) 148.54	(−0.133) −98.78	(−0.133) −14.32	(−0.133) −14.32	(1.00) 107.64
内力不利组合	①+②	300.83	**−374.05**	162.16	−209.17	131.08	**−239.52**	**209.20**
	①+③	**345.39**	−241.85	**−62.88**	**−241.85**	**150.14**	−220.46	77.66
	①+④	**98.07**	−241.85	**184.44**	**−241.85**	42.60	−112.72	185.30

(4)内力包络图

根据表 2-13 中各控制截面的组合弯矩值和组合剪力值绘出的弯矩和剪力包络图如图 2-34 所示。绘制弯矩包络图时以相邻支座弯矩值的连线为基线来判断最大(小)值的位置，通过做平行线的方法来确定另一集中荷载作用点处的弯矩值，或在基线上叠加集中荷载作用下简支梁弯矩的方法来确定跨内集中荷载作用点处的弯矩值。

(5)承载力计算

主梁采用混凝土强度等级为 C30，$\alpha_1=1$，$f_c=14.3\ \text{N/mm}^2$，$f_t=1.43\ \text{N/mm}^2$，纵向钢筋采用 HRB400 级钢筋，$f_y=360\ \text{N/mm}^2$，箍筋采用 HRB335 级钢筋，$f_{yv}=300\ \text{N/mm}^2$。

①正截面受弯承载力

在正弯矩作用下主梁跨中截面按 T 形截面计算，因 $h_f'/h_0=80/585=0.137>0.1$，边跨及中间跨的翼缘宽度均按下列两者中的较小值采用，即

$$b_f'=l_0/3=6\ 900/3=2\ 300\ \text{mm},\quad b_f'=b+s_n=300+5\ 700=6\ 000\ \text{mm}$$

取 $b_f'=2\ 300$ mm，纵向受力钢筋布置两排，取 $h_0=650-65=585$ mm。

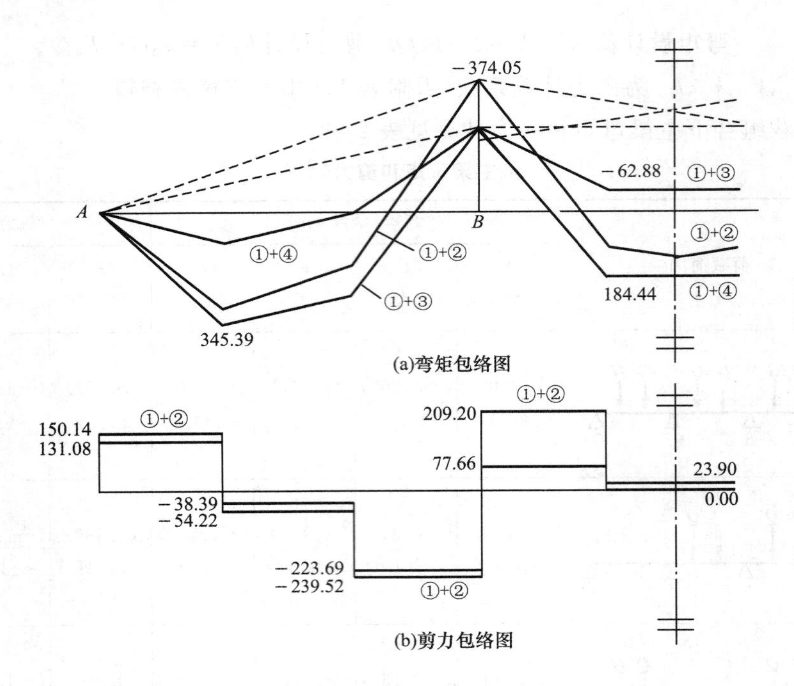

图 2-34　主梁的内力包络图

因为 $\alpha_1 f_c b_f' h_f' (h_0 - h_f'/2) = 1.0 \times 14.3 \times 2\,300 \times 80 \times (585 - 80/2) = 1\,434\ \text{kN}\cdot\text{m}$，此值大于 M_1 和 M_2，故属于第一类 T 形截面。

主梁支座截面及负弯矩作用下的跨中截面按矩形截面计算，支座截面取 $h_0 = 650 - 80 = 570\ \text{mm}$，跨中上部纵向受力钢筋布置为一排，取 $h_0 = 650 - 40 = 610\ \text{mm}$。$V_0$ 为按简支梁计算的支座中心处的剪力设计值，$V_0 = (G+Q) = 77.66 + 107.64 = 185.3\ \text{kN}$；$B$ 支座边缘的弯矩设计值 $M_B = M_{B\max} - V_0 \dfrac{b}{2} = 374.05 - 185.3 \times 0.4/2 = 336.99\ \text{kN}\cdot\text{m}$。

主梁正截面受弯承载力计算过程见表 2-14。

表 2-14　　主梁正截面受弯承载力计算

截面位置	1	B	2	
$b(b_f')$/mm	2 300	300	2 300	300
M/(kN·m)	345.39	−336.99	184.44	−62.88
$\alpha_S = M/\alpha_1 f_c b h_0^2$	0.031	0.242	0.016	0.04
$\xi = 1 - \sqrt{1-2\alpha_s}$	0.031	0.282	0.016	0.04
$A_s = \xi b h_0 \alpha_1 f_c / f_y$/mm²	1 656.83	1 915.49	855.14	290.77
选用配筋	2Φ18+6Φ16(弯 2)	4Φ22+3Φ16(弯 2)	2Φ18+2Φ16(弯)	2Φ22
实际配筋面积/mm²	1 715	2 123	911	760

验算适用条件：

$\rho_{\min}$ 取 0.20% 和 $45 f_t/f_y$ 中的较大值，$45 f_t/f_y(\%) = 45 \times 1.43/360(\%) = 0.18\%$，故取 $\rho_{\min} = 0.20\%$。

$A_{s,\min} = \rho_{\min} bh = 0.20\% \times 300 \times 650 = 390\ \text{mm}^2 < A_s = 760\ \text{mm}^2$，满足要求。

主梁纵向钢筋的弯起和截断按弯矩包络图来确定。

②斜截面受剪承载力

$h_w = h_0 - h_f' = 570 - 80 = 490$ mm，因 $h_w/b = 490/300 = 1.633 < 4$，主梁斜截面受剪承载力计算过程见表 2-15。

表 2-15　　主梁斜截面受剪承载力计算

截面	A 支座(右)	B 支座(左)	B 支座(右)
V/kN	150.14	239.52	209.20
$0.25\beta_c f_c bh_0$/kN	627.41>V	611.33>V	611.33>V
$0.7f_t bh_0$/kN	175.68>V (按构造配箍筋)	171.17<V	171.1<V
$\frac{A_{sv}}{s}=\left(\frac{V-0.7f_t bh_0}{f_{yv}h_0}\right)$	—	0.400	0.223
箍筋肢数和直径	2 Φ 8	2 Φ 8	2 Φ 8
计算间距 s/mm	—	252	451
实配间距 s/mm	200	200	200

验算配箍率：

最小配箍率 $\rho_{sv,min} = 0.24\frac{f_t}{f_{yv}} = 0.24 \times \frac{1.43}{300} = 0.114\%$

实际配箍率 $\rho_{sv} = \frac{A_{sv}}{bs} = \frac{100.6}{300 \times 200} = 0.168\% > 0.114\%$，满足要求。

③附加横向钢筋计算

由次梁传给主梁的集中荷载设计值为

$$F = 1.2 \times 54 + 1.3 \times 82.8 = 172.44 \text{ kN}$$

附加横向钢筋的布置范围为

$$s = 2h_1 + 3b = 2 \times (650 - 450) + 3 \times 200 = 1\ 000 \text{ mm}$$

方案 1：仅配置箍筋

由 $F \leqslant A_{sv} f_{yv} \sin\alpha = mnA_{sv1} f_{yv} \sin\alpha$ 并取双肢Φ 8 的箍筋，则

$$m \geqslant \frac{F}{nA_{sv1} f_{yv} \sin\alpha} = \frac{172\ 440}{2 \times 50.3 \times 300 \times \sin 90^\circ} = 5.71$$

取 $m=6$，在主次梁相交处的主梁内，每侧附加 3 Φ 8 双肢箍筋，间距 200 mm。

方案 2：选择吊筋

附加横向钢筋总截面面积为

$$A_{sv} = \frac{F}{f_{yv} \sin\alpha} = \frac{172\ 440}{360 \times \sin 45^\circ} = 678 \text{ mm}^2$$

则一侧所需附加吊筋的截面面积为 $678/2 = 339$ mm^2，选 2 Φ 16($A_{sv} = 402$ mm^2)吊筋。

本例集中荷载不大，优先选方案 1 配附加箍筋。

主梁边支座下需设置梁垫，计算从略。根据计算结果和主梁的构造要求，绘主梁配筋图，如图 2-35 所示。

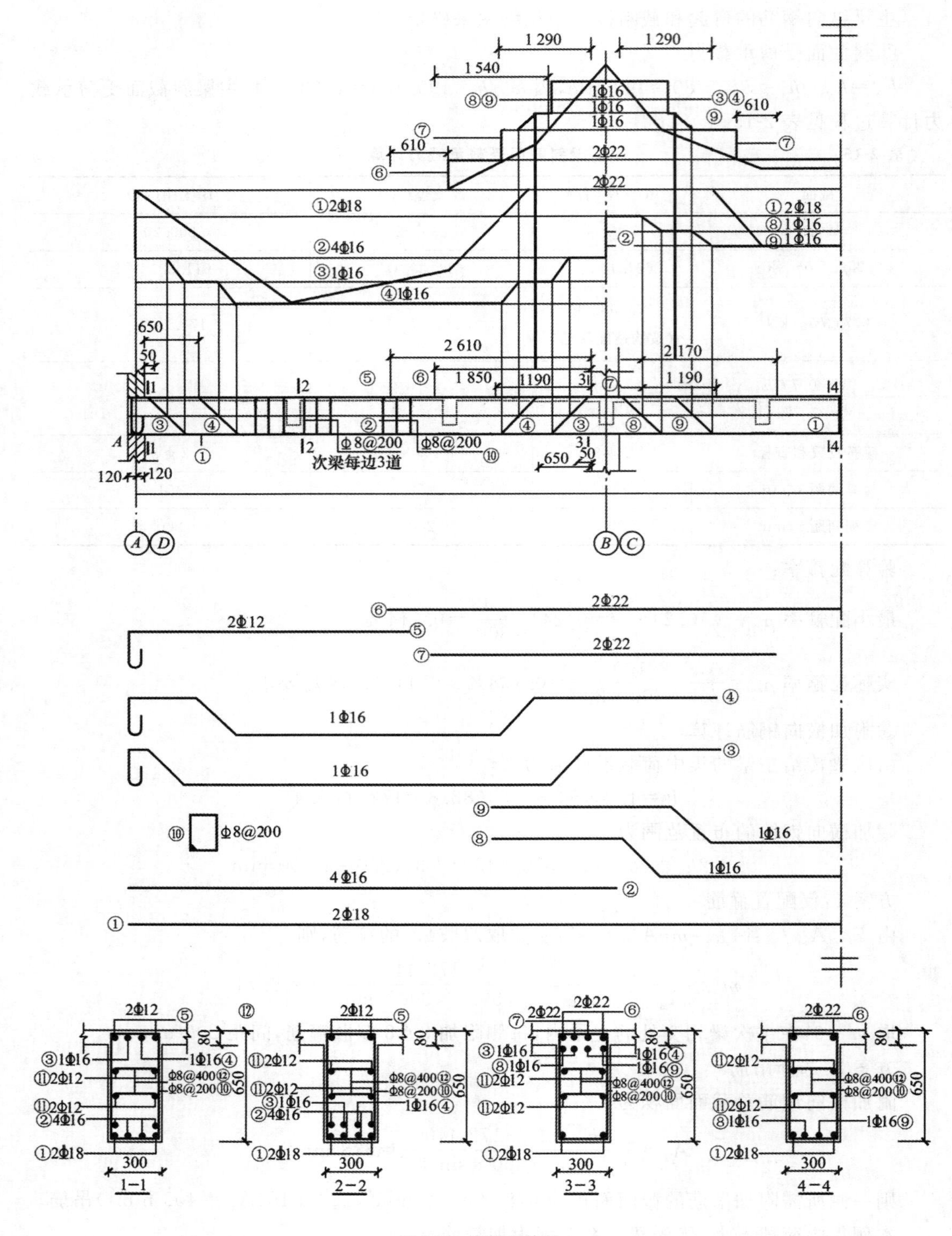

图 2-35　主梁配筋图

2.3　双向板肋梁楼盖设计

如 2.1 节中所述，双向板上的荷载沿两个方向传递，因此板上单元在两个方向均受弯，故受力钢筋也应沿板的两个方向布置。

由双向板和梁组成的现浇楼盖即双向板肋梁楼盖。双向板的内力计算有两种方法：弹性理论计算方法和塑性理论计算方法。

2.3.1　双向板按弹性理论计算

1. 单跨(单区格)双向板的计算

双向板按弹性理论计算，属于弹性力学中的薄板弯曲问题，计算较为复杂。对于常用的荷载分布及支承情况的双向板，可利用已有的计算手册图表中的弯矩系数计算其内力。附录 2 中列出了均布荷载作用下四边简支，三边简支、一边固定，两对边简支、两对边固定，两邻边简支、两邻边固定，三边固定、一边简支，四边固定 6 种支承情况的双向板的弯矩系数和挠度系数，可供计算时查用。

计算板的弯矩时，只需根据实际支承情况和短跨与长跨的比值，从附录 2 中直接查出相应的弯矩系数，按下式计算：

$$m = \text{表中弯矩系数} \times p l_x^2 \tag{2-16}$$

式中　m——跨中或支座截面单位板宽内的弯矩设计值(kN·m/m)；

p——均布荷载设计值(kN/m²)，$p = g + q$；

l_x——短跨方向的计算跨度(m)。

附录 2 中的系数是按泊松比 $\upsilon = 0$ 得来的。当 $\upsilon \neq 0$ 时，其挠度和支座处负弯矩仍可按式(2-16)计算；但求跨内正弯矩时，可按下列公式计算：

$$m_x^{(\upsilon)} = m_x + \upsilon m_y \tag{2-17}$$

$$m_y^{(\upsilon)} = m_y + \upsilon m_x \tag{2-18}$$

式中　m_x, m_y——$\upsilon = 0$ 时的弯矩，对于混凝土材料，可取 $\upsilon = 0.2$。

2. 多跨连续(多区格)双向板的计算

多跨连续双向板按弹性理论的精确计算相当复杂，在工程设计中多采用实用计算方法。实用计算方法的基本思路是设法将多跨连续双向板等效为单跨双向板，然后利用上述单跨双向板的计算方法进行计算。此法假定支承梁不产生竖向位移且不受扭，同时还规定双向板肋梁楼盖各区格沿同一方向相邻最小跨度与最大跨度之比不小于 0.75，以免产生较大误差。

(1)跨中最大正弯矩

与连续梁活荷载不利布置规律相似，当求连续双向板中某区格板的跨中最大正弯矩时，应在该区格布置活荷载，并在其左右前后每隔一个区格布置活荷载，形成如图 2-36(a)所示的棋盘式荷载布置。有活荷载作用区格的均布荷载为 $g + q$，无活荷载作用区格的均布荷载仅为 g。此时活荷载作用的各区格板内，均分别产生跨中最大正弯矩。

为了利用单区格板的计算表格，将活荷载 q 与恒荷载 g 分成由全部楼面满布荷载($g + q/2$)与间隔布置($\pm q/2$)两种荷载分布情况之和，如图 2-36 所示。

对于如图 2-36(b)、(d)所示的楼面各区格满布荷载($g+q/2$)情况，板在中间支座处的转角很小，可近似假定板在所有中间支座处均为固定支承，此时，中间部位区格板可视为四边固定支承的双向板，按四边固定板查表计算。对于边区格板和角区格板，其内部支承为固定，外部支承的边支座按实际情况考虑，即按相应支承情况的单区格板查表计算。如边支座为简支，则边区格板为三边固定、一边简支的双向板；而角区格为两邻边固定、两邻边简支的双向板。

对于如图 2-36(c)、(e)所示的楼面荷载为反对称($\pm q/2$)情况，可近似认为板在中间支座两侧的转角方向一致、大小相等，接近于简支支承边的转角，无弯矩产生，故此时每个区格均可按四边简支板情况考虑。

最后，将各区板在上述两种荷载作用下求得的跨中弯矩叠加，即得各区格板的跨中最大正弯矩。

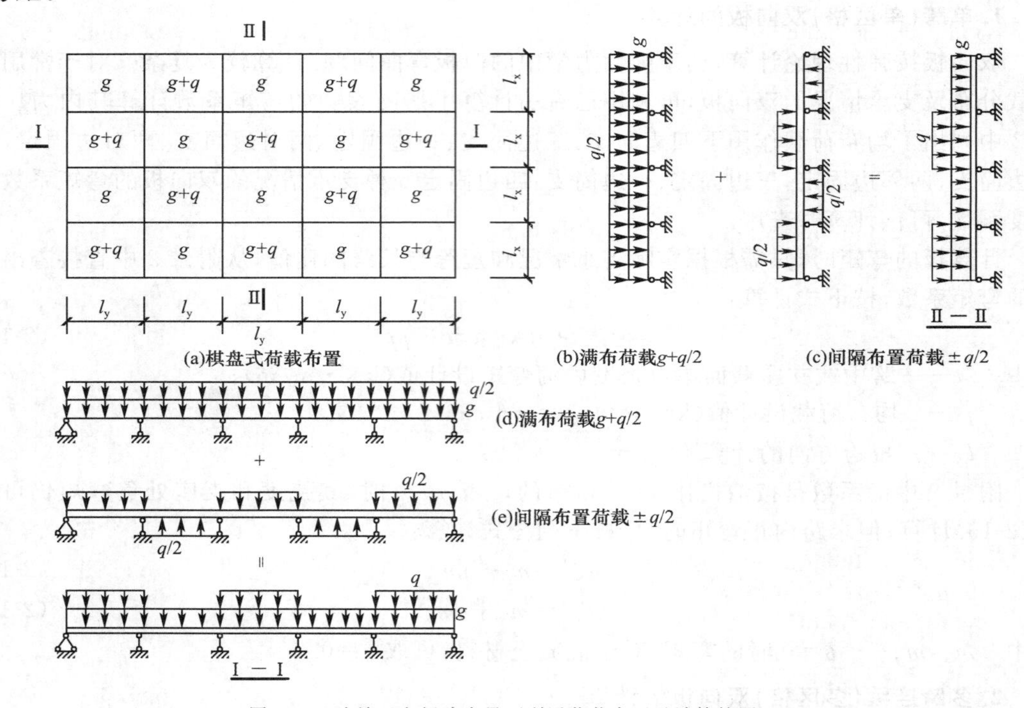

图 2-36　连续双向板跨中最不利活荷载布置及计算简图

(2)支座最大负弯矩

支座最大负弯矩可近似按所有区格均满布活荷载，即($g+q$)的情况计算。这样，所有中间部位区格板均按四边固定板计算支座弯矩；对于边区格板和角区格板，内部支承按固定考虑，外部支承的边支座按实际情况考虑，然后按单区格双向板计算各支座的负弯矩。当相邻区格板在同一支座上分别求出的负弯矩不相等时，可偏于安全地取较大值。

例 2-2　某楼面单跨钢筋混凝土双向板的结构平面布置如图 2-37 所示，承受均布面荷载 $p=10\ \mathrm{kN/m^2}$，混凝土泊松比 $\upsilon=0.2$，求下列不同支承情况下板的跨中和支座中点处的弯矩。

①B_1：四边简支，$l_x=6.40\ \mathrm{m}$，$l_y=7.40\ \mathrm{m}$；

②B_2：两邻边固定、两邻边简支，$l_x=5.4\ \mathrm{m}$，$l_y=6.40\ \mathrm{m}$；

③B_3：三边固定、一边简支，$l_x=5.44\ \mathrm{m}$，$l_y=6.80\ \mathrm{m}$；

④B_4：四边固定，$l_x=5.80$ m，$l_y=6.80$ m。

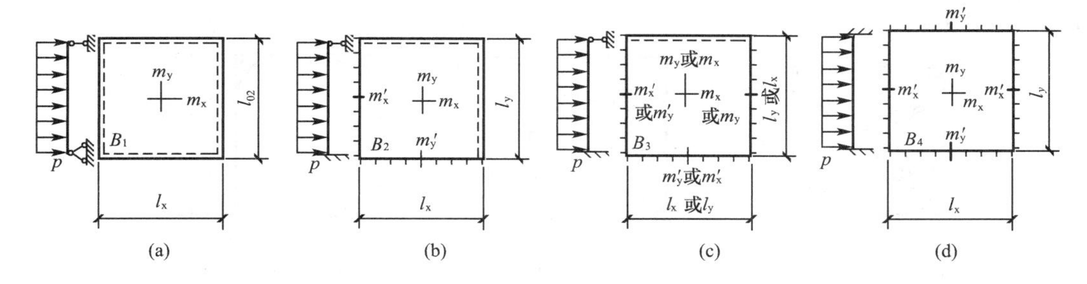

图 2-37　例 2-2 双向板的计算简图

解　根据楼面板 B_1、B_2、B_3、B_4 支承情况从附录 2 查弯矩系数。各个板的弯矩计算过程见表 2-16。

表 2-16　按弹性理论计算板的弯矩值　kN·m

板	B_1	B_2	B_3	B_4
l_x/m	6.40	5.40	5.44	5.80
l_y/m	7.40	6.40	6.80	6.80
l_x/l_y	0.86	0.84	0.80	0.85
m_x	$(0.0496+0.2\times0.035)\times10\times6.4^2=23.18$	$(0.0329+0.2\times0.0213)\times10\times5.4^2=10.84$	$(0.031+0.2\times0.0124)\times10\times5.44^2=9.91$	$(0.0246+0.2\times0.0156)\times10\times5.8^2=9.33$
m_y	$(0.035+0.2\times0.0496)\times10\times6.4^2=18.40$	$(0.0213+0.2\times0.0329)\times10\times5.4^2=8.13$	$(0.0124+0.2\times0.031)\times10\times5.44^2=5.50$	$(0.0156+0.2\times0.0246)\times10\times5.8^2=6.90$
m'_x	0	$-0.084\times10\times5.4^2=-24.49$	$-0.0722\times10\times5.44^2=-21.37$	$-0.0626\times10\times5.8^2=-21.06$
m'_y	0	$-0.0736\times10\times5.4^2=-21.46$	$-0.057\times10\times5.44^2=-16.87$	$-0.0551\times10\times5.8^2=-18.54$

2.3.2　双向板按塑性理论计算

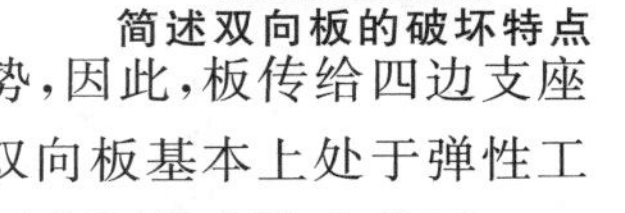

简述双向板的破坏特点

1. 双向板的破坏特点

四边简支双向板在均布荷载作用下的试验研究表明：

(1)在荷载作用下，板的竖向位移呈碟形，板的四周有翘起的趋势，因此，板传给四边支座的压力沿边长是不均匀分布的，中部大，两端小。在裂缝出现之前，双向板基本上处于弹性工作阶段，短跨方向的最大正弯矩出现在跨中截面，而长跨方向的最大正弯矩偏离跨中截面。

(2)在两个方向配筋相同的四边简支矩形板，在均布荷载作用下，第一批裂缝出现在板底中部，裂缝走向平行于长边，这是由于短跨跨中的正弯矩大于长跨跨中的正弯矩所致。随着荷载进一步增加，这些板底的跨中裂缝逐渐延伸，并大致沿 45°方向向四角扩展。当短跨跨中截面受力钢筋屈服后，裂缝明显扩展，形成塑性铰，所承担的弯矩不再增加。荷载继续增加，板内产生内力重分布，其他与裂缝相交的钢筋也逐渐依次屈服，将板分成四个板块。即将破坏时，板顶面四角也出现大体呈圆形的环状裂缝。最后板块绕屈服线转动，形成破坏

机构，顶部混凝土受压破坏，双向板达到其极限承载力。均布荷载作用下双向板的裂缝分布如图 2-38 所示。

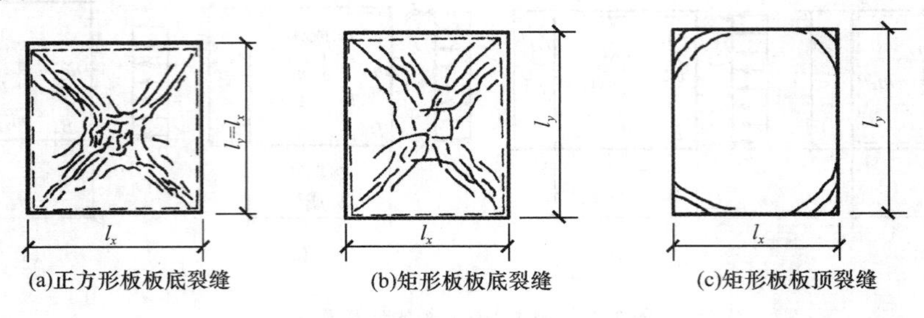

图 2-38　均布荷载作用下双向板的裂缝分布

整个破坏过程反映钢筋混凝土板具有一定的塑性性质，破坏主要发生在屈服线上，此屈服线称为塑性铰线，其基本性能与塑性铰相同。由正弯矩引起的称为正塑性铰线，由负弯矩引起的称为负塑性铰线。在此破坏线上，板所能承受的内力即极限弯矩。

2. 塑性铰线的确定

确定板的破坏机构，就是要确定塑性铰线的位置。塑性铰线的位置与很多因素有关，如板的平面形状、周边支承条件、荷载类型、纵横方向跨中及支座截面配筋情况等。确定塑性铰线的位置可根据下述规律判别：

(1)塑性铰发生在弯矩最大的地方，整个板由塑性铰线划分成若干个板块。例如，根据弹性理论得出的双向板短跨的跨中最大正弯矩的位置，可作为塑性铰线的起点。

(2)均布荷载作用下，塑性铰线是直线，因为它是两块板的交线。

(3)当板块产生竖向位移时，板块必绕一旋转轴产生转动。

(4)固定支座支承边必产生负塑性铰线。

(5)两相邻板块的塑性铰线必经过该两块板旋转轴的交点；板支承在柱上时，转动轴必定通过柱支承点。

(6)集中荷载作用下形成塑性铰线由荷载作用点呈放射状向外。

图 2-39 是一些常见双向板的塑性铰线位置和破坏机构。需要指出的是，根据上述塑性铰线形成规律，对于同一板，有时塑性铰线位置和破坏机构不止一个，如图 2-40 所示的三边固定一边自由的双向板的两种塑性铰线均可使板形成破坏机构。但按不同的破坏机构得到的极限荷载不同，根据塑性理论上限定理，应取所有可能破坏机构极限荷载的最小值作为计算极限荷载。

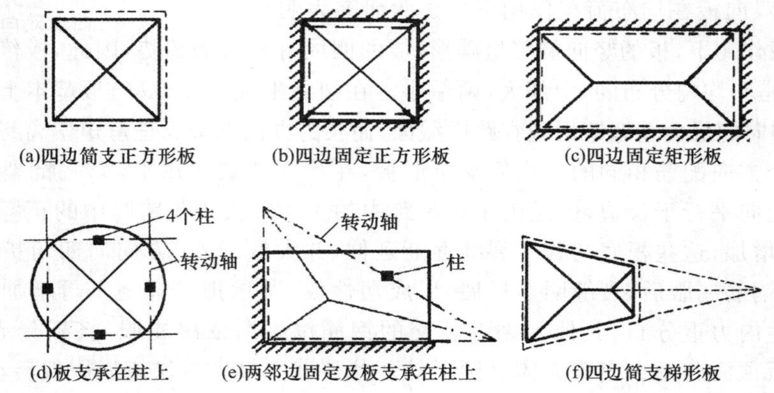

图 2-39　板的破坏机构

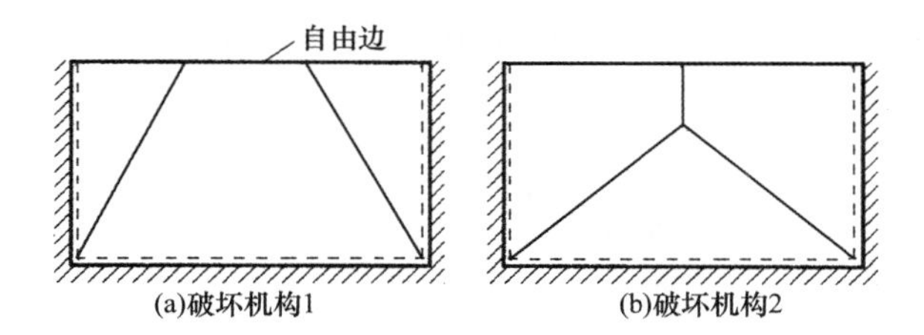

图 2-40 三边固定一边自由双向板的两种不同破坏机构

3. 按极限平衡法计算

极限平衡法是塑性理论的上限解法。

塑性理论的极限分析计算有两类解法,一类是上限解法,另一类是下限解法。上限解法满足板的机动条件和平衡条件,但不一定满足塑性弯矩条件,所求得的极限荷载大于或等于真实的破坏荷载;下限解法满足板的塑性弯矩条件和平衡条件,但不一定满足机动条件,所求得的极限荷载小于或等于真实的破坏荷载。如一个荷载既是荷载的上限,也是荷载的下限,则这个荷载一定是真实的极限荷载。

(1)内力计算

双向板基于塑性理论上限解计算极限承载力的基本假定如下:

①板被塑性铰线分成若干板块,形成可变体系;

②两个方向配筋合理时,通过塑性铰线上的钢筋都能达到屈服,且塑性铰线可以在保持极限弯矩的条件下产生很大的转角变形;

③板块本身的变形远小于塑性铰线的塑性变形,可视板块为刚体;

④塑性铰线上的扭矩和剪力均极小,可视为零。

下面以图 2-41(a)所示均布荷载作用下的典型四边固定双向板为例,讨论其塑性极限承载力的计算。

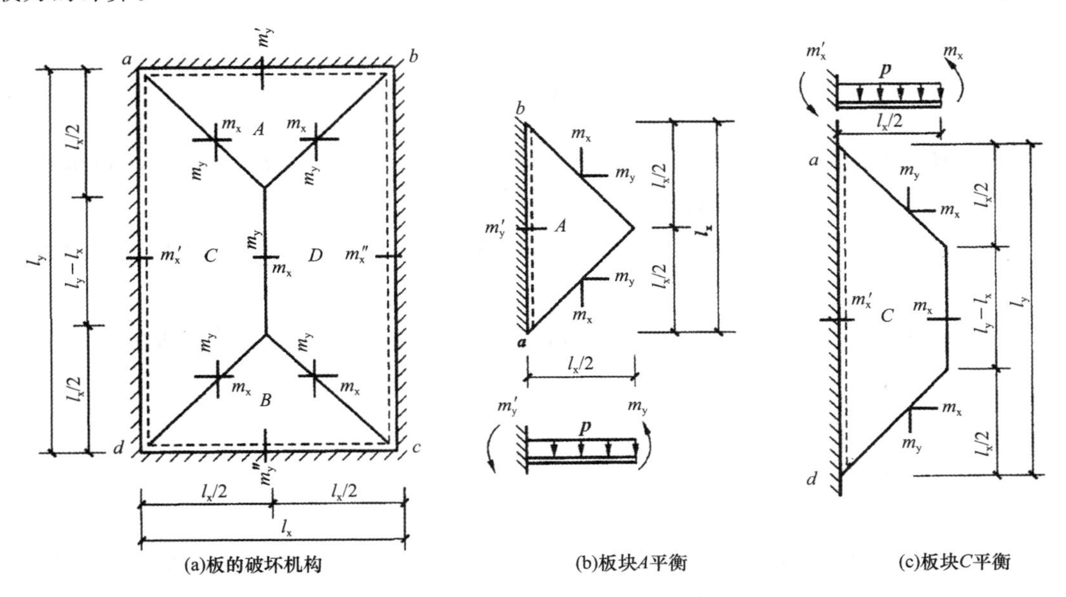

图 2-41 四边固定双向板的破坏机构及塑性铰线上的极限弯矩

取板块 A 为脱离体,对支座边缘 ab 取矩(图 2-41(b)),即

$$\sum M_{ab}=0,m_y'l_x+m_yl_x=\frac{1}{2}pl_x\times\frac{l_x}{2}\times\frac{1}{3}\times\frac{l_x}{2}=\frac{p}{24}l_x^3$$

令 $M_y'=m_y'l_x,M_y=m_yl_x$,则上式为

$$M_y'+M_y=\frac{p}{24}l_x^3 \tag{2-19}$$

同理,由板块 B 可得

$$M_y''+M_y=\frac{p}{24}l_x^3 \tag{2-20}$$

式中,$M_y''=m_y''l_x$。

再取板块 C 为脱离体,对支座边缘 ad 取矩(图 2-41(c)),即

$$\sum M_{ad}=0$$

$$m_x'l_y+m_xl_y=p\times\frac{l_x}{2}(l_y-l_x)\times\frac{l_x}{4}+\frac{1}{2}pl_x\times\frac{l_x}{2}\times\frac{1}{3}\times\frac{l_x}{2}=\frac{p}{24}l_x^2(3l_y-2l_x)$$

令 $M_x'=m_x'l_y,M_x=m_xl_y$,则上式为

$$M_x'+M_x=\frac{p}{24}l_x^2(3l_y-2l_x) \tag{2-21}$$

同理,由板块 D 可得

$$M_x''+M_x=\frac{p}{24}l_x^2(3l_y-2l_x) \tag{2-22}$$

式中,$M_x''=m_x''l_y$。

将式(2-19)~式(2-22)相加,得到双向板内塑性铰线上总抵抗弯矩所必须满足的平衡方程式为

$$M_x'+M_x''+M_y'+M_y''+2M_x+2M_y=\frac{p}{12}l_x^2(3l_y-l_x) \tag{2-23}$$

式中 M_x、M_y 和 m_x、m_y——相应于 l_x、l_y 方向跨中塑性铰线上整块板宽内和单位板宽内的极限弯矩;

M_x'、M_x''和 M_y'、M_y''——相应于 l_x、l_y 方向两对边支座塑性铰线上整块板宽内的极限弯矩;

m_x'、m_x''和 m_y'、m_y''——相应于 l_x、l_y 方向两对边支座塑性铰线上单位板宽内的极限弯矩;

l_x——短向计算跨度;

l_y——长向计算跨度。

(2)公式的应用

式(2-23)为四边连续双向板按极限平衡法计算的基本公式。如板的平面尺寸、板厚及配筋均为已知,由极限平衡法的计算公式可求得板所能承受的极限荷载 p。

如已知板面均布荷载设计值和平面尺寸,要求确定板中的弯矩和配筋时,此时有六个内

力未知量($m_x,m_y,m_x',m_y',m_x'',m_y''$),而只有一个方程式,不能求解,故需先补充五个条件方程,即

$$\alpha=\frac{m_y}{m_x},\beta_x'=\frac{m_x'}{m_x},\beta_x''=\frac{m_x''}{m_x}$$

$$\beta_y'=\frac{m_y'}{m_y},\beta_y''=\frac{m_y''}{m_y}$$

于是,跨中和支座极限弯矩的总值可以用 α、β 和 m_x 来表示,即

$$M_x=m_xl_y,M_y=m_yl_x=\alpha m_xl_x$$

$$M_x'=m_x'l_y=\beta_x'm_xl_y,M_x''=m_x''l_y=\beta_x''m_xl_y$$

$$M_y'=m_y'l_x=\alpha\beta_y'm_xl_x,M_y''=m_y''l_x=\alpha\beta_y''m_xl_x$$

β_x'、β_x''、β_y'、β_y''在1.5～2.5范围变化,通常取2;跨中两个方向单位板宽内的弯矩比值 α,根据两个方向板带在跨中交点处挠度相等的条件,可近似地确定,但应尽量使板两个方向跨中正弯矩的比值与弹性理论得出的弯矩比值相接近。对于四边简支的双向板,不难证明

$$\alpha=\left(\frac{l_x}{l_y}\right)^2 \tag{2-24}$$

对于其他边界条件的板,也可近似按上式计算。

对于四边简支板,$M_x'=M_y'=M_x''=M_y''=0$,由式(2-23)可得极限荷载的计算公式为

$$M_x+M_y=\frac{p}{24}l_x^2(3l_y-l_x) \tag{2-25}$$

取 $l_y=2l_x$,由 $m_y/m_x=\alpha=(l_x/l_y)^2=0.25$ 得 $m_y=0.25m_x$;

取 $l_y=3l_x$,由 $m_y/m_x=\alpha=(l_x/l_y)^2=0.11$ 得 $m_y=0.11m_x$。

上式说明,按塑性理论计算双向板时,当 $l_y/l_x=2$ 时,沿长方向的弯矩 m_y 为短方向弯矩 m_x 的25%;当 $l_y/l_x=3$ 时,m_y 为 m_x 的11%,故 l_y 方向按构造配筋即可。所以,按塑性理论计算时,双向板与单向板的分界通常取 $l_y/l_x=3$,而不是 $l_y/l_x=2$(弹性)。

(3)钢筋的切断与弯起

为了合理利用钢筋,可将连续板两个方向的跨中正弯矩钢筋,在距支座边 $l_x/4$ 处隔一弯一(或隔一断一),弯起钢筋可以承担部分支座负弯矩,如图2-42所示。由于弯起(或切断)的钢筋不通过塑性铰线,在计算中应扣除这部分钢筋承受的极限弯矩。这样在距支座 $l_x/4$ 以内的正塑性铰线上单位板宽的极限弯矩值分别为 $m_x/2$ 和 $m_y/2$(图2-43),故此时两个方向的跨中总弯矩 M_x、M_y 需修正为

$$M_x=m_x\left(l_y-\frac{l_x}{2}\right)+2\times\frac{l_x}{4}\times\frac{m_x}{2}=m_x\left(l_y-\frac{l_x}{4}\right)$$

$$M_y=m_y\frac{l_x}{2}+2\times\frac{m_y}{2}\times\frac{l_x}{4}=\frac{3}{4}m_yl_x$$

经上述修正后,仍可利用式(2-23)进行计算。

需要注意的是,支座上负弯矩钢筋仍各自沿全长布置,即各负塑性铰线上的总极限弯矩没有变化。

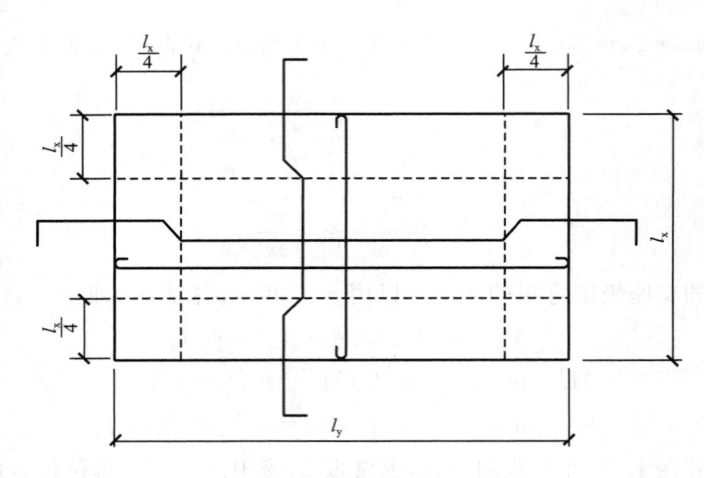

图 2-42　跨中钢筋的弯起位置

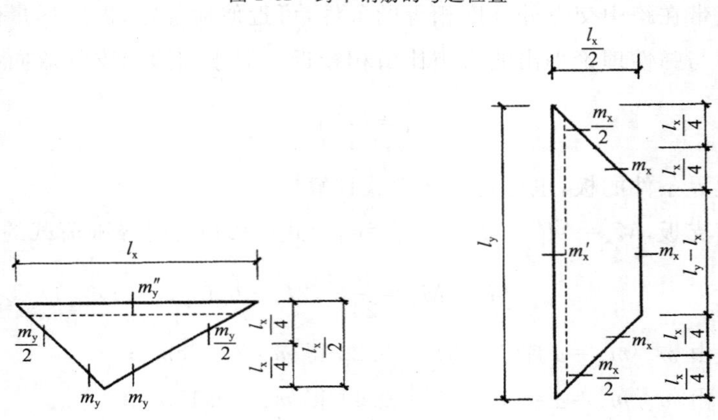

图 2-43　钢筋弯起或切断时的极限弯矩示意图

(4)多跨连续双向板的计算

双向板肋梁楼盖通常是由多跨连续的双向板区格组成。双向板区格四周支承在梁上，楼盖的四周支承也可能是砌体墙。对于内部双向板区格按四边固定的单块板计算，边区格和角区格按实际支承情况的单块板计算。对于如图 2-44 所示的多跨连续双向板，按极限平衡法的设计步骤可先从中间区格板 B_1 开始计算，然后计算边区格板 B_2 和 B_3，最后计算角区格板 B_4。

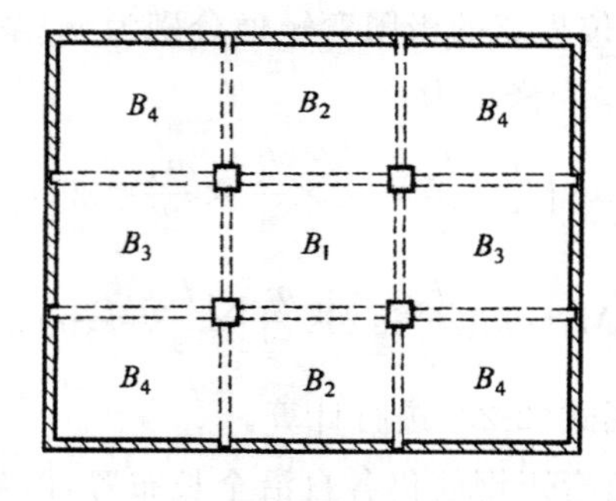

图 2-44　多跨连续双向板

板 B_1 为四边固定板，板区格上作用的荷载设计值为 $p=g+q$，计算 α 值和选定 β 各值，利用式(2-23)求出该区格板的跨中弯矩 m_x、m_y 和支座弯矩 m_x'、m_x''、m_y'、m_y''。

板 B_2、B_3 为三边固定，一边简支板，由于与之相邻板 B_1 的支座极限弯矩已求得，故可直接将 B_1 的支座极限弯矩作为相邻边的已知支座弯矩，再计算未知的 α 值，利用式(2-23)求出该区格板的跨中弯矩和未知的支座弯矩。

板 B_4 为两邻边固定、两邻边简支板，它与 B_2 和 B_3 的相邻边的支座极限弯矩也已知，同样可求出该区格板的跨中弯矩。

2.3.3 截面设计与构造要求

1.截面设计

(1)截面的弯矩设计值

对于周边与梁整体连接的双向板，由于支座的约束，导致周边支承梁对板产生水平推力，使整块板内存在内拱作用，从而使板内的弯矩有所降低。对于四边与梁整体连接的双向板，可通过将截面的弯矩设计值乘以下列折减系数予以考虑：

①对于连续板的中间区格，其跨中截面及中间支座截面折减系数为 0.8；

②对于边区格，其跨中截面及自楼板边缘算起的第二支座截面，当 $l_b/l<1.5$ 时，折减系数为 0.8；当 $1.5\leqslant l_b/l\leqslant 2.0$ 时，折减系数为 0.9；当 $l_b/l>2.0$ 时，不折减。其中，l_b 为沿楼板边缘方向的计算跨度，l 为垂直于楼板边缘方向的计算跨度。

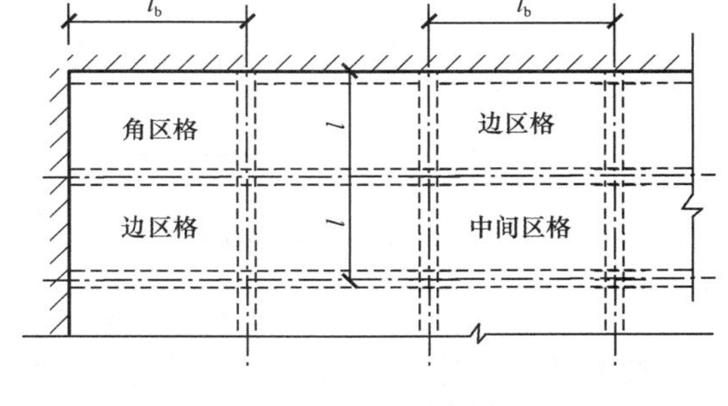

图 2-45 l_b、l 示意图

l_b、l 如图 2-45 所示。l_b/l 越小，内拱作用越大，弯矩减少得越多。

楼板的角区格不应折减。

(2)截面的有效高度

由于板下部受力钢筋纵横叠置，故计算时在两个方向应分别采用各自的截面有效高度 h_{0x} 和 h_{0y}。考虑到短跨方向的弯矩比长跨方向的大，故应将短跨方向的钢筋放在长跨方向钢筋的外侧。有效高度的取值如下：

$$\text{短跨方向}: h_{0x}=h-(20\sim25)(\text{mm})$$

$$\text{长跨方向}: h_{0y}=h-(30\sim35)(\text{mm})$$

式中 h——板厚(mm)。

(3)配筋计算

由单位宽度的截面弯矩设计值 m，按下式计算受拉钢筋的截面面积：

$$A_s=\frac{m}{\gamma_s h_0 f_y} \tag{2-26}$$

式中 γ_s——内力臂系数，可近似取 0.9～0.95。

2. 双向板的构造

(1)板厚

考虑到双向布置受力钢筋,双向板的厚度通常为 80～160 mm,跨度较大且荷载较大时,板厚有的也取 200 mm 以上。由于双向板的挠度一般不另作验算,故为了满足其刚度要求,简支板取 $h \geqslant l_x/40$;连续板取 $h \geqslant l_x/50$(l_x 为短向计算跨度)。

(2)钢筋的配置

双向板的配筋方式有弯起式和分离式两种。

按弹性理论方法计算时,其跨内正弯矩不仅沿板长变化,且沿板宽向两边逐渐减小。但计算求得的弯矩是跨中板带部分的最大弯矩;在靠近边缘的板带,弯矩已减小很多,故可将整个板按纵横两个方向划分成两个宽为 $l_x/4$(l_x 为短向计算跨度)的边缘板带和各一个跨中板带,如图 2-46 所示。在跨中板带均匀布置按跨中最大正弯矩求得的单位板宽内的板底钢筋,边缘板带内则减少一半,但每米宽度内不得少于 4 根。对于支座处板顶负弯矩钢筋,为了承受四角扭矩,钢筋沿全支座宽度均匀布置,即按最大支座负弯矩求得的配筋,在边缘板带内不得减少。

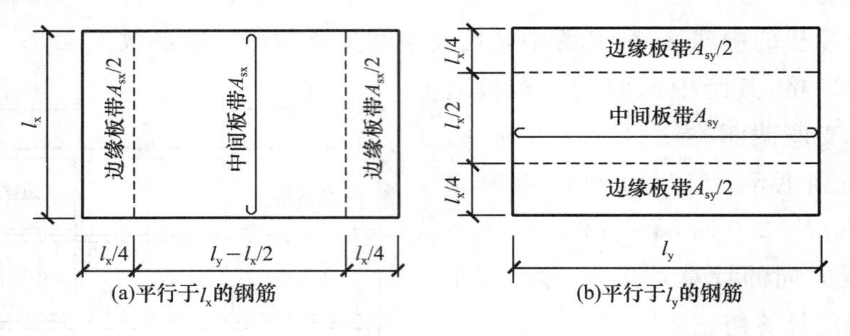

图 2-46　跨中板带与边缘板带的正弯矩钢筋配置

按塑性理论计算时,其配筋应符合内力计算的假定,跨内正弯矩钢筋可沿全板均匀布置。支座上的负弯矩钢筋按计算值沿支座均匀布置。

对于简支双向板,考虑到支座的实际约束情况,两方向的正弯矩钢筋均应弯起 1/3。对固定支座的双向板及连续的双向板,两方向的板底钢筋均可弯起 1/3～1/2 作为支座负弯矩钢筋,不足时需另加板顶负弯矩钢筋。角部板顶应布置双向的附加钢筋。

受力钢筋的直径、间距和弯起点、切断点的位置,以及沿墙边、墙角处的构造钢筋,均与单向板肋梁楼盖的有关规定相同。

2.3.4　双向板支承梁的计算

1. 支承梁上的荷载

确定双向板传给支承梁的荷载时,通常根据荷载传递路径就近的原则按下述方法近似确定:即从每一区格的四角作 45°分角线与平行于长边的中线相交,将每一区格板分为四块,每块小板上的荷载就近传至临近的支承梁上。因此,传给短跨支承梁上的荷载为三角形分布,传给长跨支承梁上的荷载为梯形分布,如图 2-47 所示。此外,尚需考虑梁自重(均布荷载)和直接作用在梁上的荷载(均布或集中荷载)。

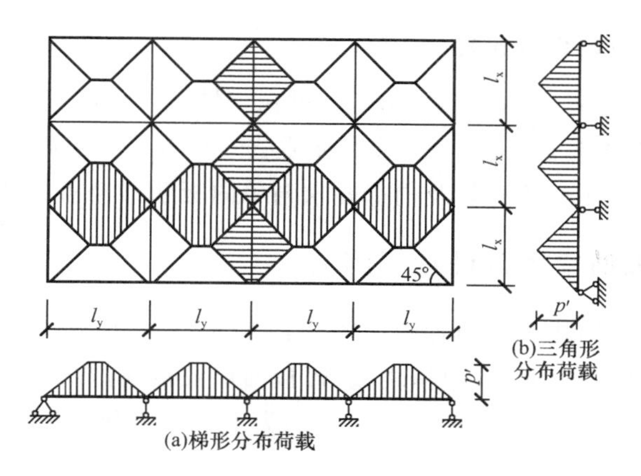

图 2-47　双向板支承梁承受的荷载及计算简图

支承梁的内力可按弹性理论或考虑塑性内力重分布的调幅法进行计算。

2. 按弹性理论计算

对于等跨或近似等跨(跨度相差不超过 10%)的连续支承梁,可根据固端弯矩相等的原则,先将支承梁上的三角形和梯形分布荷载转化为等效均布荷载,再利用均布荷载作用下等跨连续梁的表格计算支承梁的支座弯矩,如图 2-48 所示。

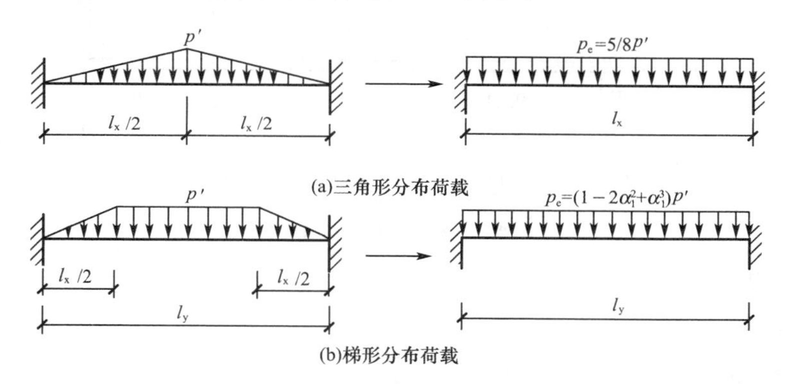

图 2-48　分布荷载转化为等效均布荷载

按下式将三角形荷载和梯形荷载等效为均布荷载 p_e:

三角形荷载作用时:
$$p_e=\frac{5}{8}p' \tag{2-27}$$

梯形荷载作用时:
$$p_e=(1-2\alpha_1^2+\alpha_1^3)p' \tag{2-28}$$

其中,$p'=\frac{1}{2}pl_x=\frac{1}{2}(g+q)l_x$(边梁),$p'=pl_x=(g+q)l_x$(中间梁)。

$$\alpha_1=\frac{l_x}{2l_y}$$

式中　l_x、l_y——短跨与长跨的计算跨度。

在按等效均布荷载求出支座弯矩后(此时仍需考虑各跨活荷载的最不利布置),然后根据所求得的支座弯矩和梁每跨的实际荷载分布(三角形或梯形分布荷载),由各跨平衡条件计算出梁的跨中弯矩和支座剪力。

3. 按考虑塑性内力重分布计算

考虑塑性内力重分布计算支承梁内力时，可在弹性理论求出的支座弯矩基础上，按调幅法确定支座弯矩(调幅不超过 25%)，再按实际荷载分布求出跨中弯矩。

双向板支承梁的截面配筋计算及构造要求与单向板肋梁楼盖中的梁完全一样。

2.3.5 双向板肋梁楼盖设计实例

某工业建筑的楼盖结构平面布置图如图 2-49 所示，楼板厚度为 100 mm，支承梁截面为 200 mm×500 mm。楼面恒荷载(包括楼板、楼板面层及板底抹灰等)为 3.4 kN/m²，楼面活荷载为 6 kN/m²。混凝土强度等级为 C25，钢筋为 HPB300 级，环境类别为一类，试设计此双向板。

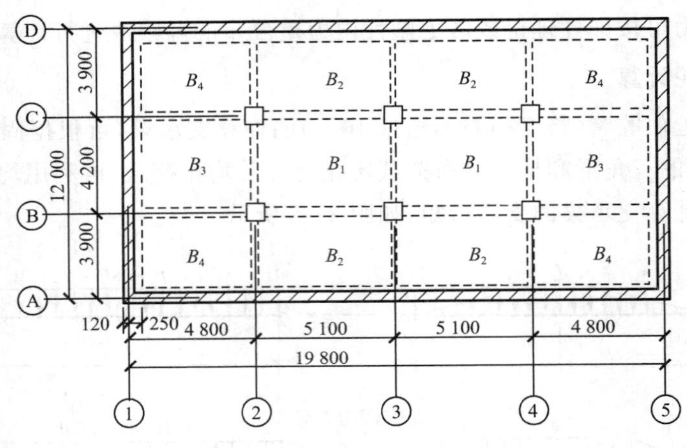

图 2-49 楼盖结构平面布置图

1. 按弹性理论设计

(1)荷载设计值

恒荷载设计值： $g=3.4\times1.2=4.08\ \text{kN/m}^2$

活荷载设计值： $q=6\times1.3=7.8\ \text{kN/m}^2$

$$q/2=3.9\ \text{kN/m}^2$$

$$g+q/2=4.08+3.9=7.98\ \text{kN/m}^2$$

$$g+q=11.88\ \text{kN/m}^2$$

(2)计算跨度

两端与梁整体连接：$l=l_c$(轴线间距)

一端与梁整体连接，另一端搁置在墙上：$l=\min[1.025l_n+b/2, l_n+(h+b)/2]$($b$ 为梁宽，h 为板厚)

B_1 区格板：$l_x=4.2\ \text{m}, l_y=5.1\ \text{m}$

B_2 区格板：$l_x=\min[1.025\times(3.9-0.25-0.1)+0.2/2, (3.9-0.25-0.1)+(0.1+0.2)/2]=3.7\ \text{m}, l_y=5.1\ \text{m}$

其余各区格板的计算跨度见表 2-17。

表 2-17　　按弹性理论计算的弯矩值

板区格	B_1	B_2	B_3	B_4
l_x/m	4.2	3.7	4.2	3.7
l_y/m	5.1	5.1	4.6	4.6
l_x/l_y	0.82	0.73	0.91	0.80
m_x	$(0.0261+0.2\times0.0149)\times7.98\times4.2^2+(0.0539+0.2\times0.0340)\times3.9\times4.2^2=8.270$	$(0.0345+0.2\times0.0202)\times7.98\times3.7^2+(0.0645+0.2\times0.0309)\times3.9\times3.7^2=7.984$	$(0.0264+0.2\times0.0159)\times7.98\times4.2^2+(0.0447+0.2\times0.0359)\times3.9\times4.2^2=7.733$	$(0.0356+0.2\times0.0204)\times7.98\times3.7^2+(0.0561+0.2\times0.0334)\times3.9\times3.7^2=7.687$
m_y	$(0.0149+0.2\times0.0261)\times7.98\times4.2^2+(0.0340+0.2\times0.0539)\times3.9\times4.2^2=5.913$	$(0.0202+0.2\times0.0345)\times7.98\times3.7^2+(0.0309+0.2\times0.0645)\times3.9\times3.7^2=5.299$	$(0.0159+0.2\times0.0264)\times7.98\times4.2^2+(0.0359+0.2\times0.0447)\times3.9\times4.2^2=6.066$	$(0.0204+0.2\times0.0356)\times7.98\times3.7^2+(0.0334+0.2\times0.0561)\times3.9\times3.7^2=5.389$
m'_x	$-0.0649\times11.88\times4.2^2=-13.601$	$-0.0863\times11.88\times3.7^2=-14.036$	$-0.0657\times11.88\times4.2^2=-13.768$	$-0.0883\times11.88\times3.7^2=-14.361$
m''_1 m''_x	−13.601	0	−13.768	0
m'_y	$-0.0556\times11.88\times4.2^2=-11.652$	$-0.0737\times11.88\times3.7^2=-11.986$	0	0
m''_y	−11.652	−11.986	$-0.0562\times11.88\times4.2^2=-11.777$	$-0.0748\times11.88\times3.7^2=-12.165$

(3)弯矩计算

混凝土的泊松比取 0.2。跨中最大弯矩取在 $g+q/2$ 作用下(内支座固定)的跨中弯矩值与在 $q/2$ 作用下(内支座简支)的跨中弯矩值之和,支座最大弯矩取在 $g+q$ 作用下(内支座固定)的支座弯矩。

根据不同的支承情况,整个楼盖可分为 B_1、B_2、B_3、B_4 四种区格板。

B_1 区格板:$l_x/l_y=0.82$,查附录 2 得

$$m_x=(0.0261+0.2\times0.0149)\times(g+q/2)\times l_x^2+(0.0539+0.2\times0.0340)\times q\times l_x^2/2$$
$$=4.094+4.176=8.270\ \text{kN}\cdot\text{m}$$
$$m_y=(0.0149+0.2\times0.0261)\times(g+q/2)\times l_x^2+(0.0340+0.2\times0.0539)\times q\times l_x^2/2$$
$$=2.832+3.081=5.913\ \text{kN}\cdot\text{m}$$
$$m'_x=m''_x=-0.0649(g+q)l_x^2=-13.601\ \text{kN}\cdot\text{m}$$
$$m'_y=m''_y=-0.0556(g+q)l_x^2=-11.652\ \text{kN}\cdot\text{m}$$

对边区格板的简支边,取 $m'=0$ 或 $m''=0$。各区格板分别算得的弯矩值,列于表 2-17。

(4)截面设计

由于混凝土强度等级为 C25,所以钢筋的混凝土保护层厚度取 20 mm。假定支座截面钢筋直径为 10 mm,跨中截面钢筋直径为 8 mm,则支座截面有效高度 $h_0=75$ mm;l_x 方向

跨中截面有效高度 $h_{0x}=76$ mm，l_y 方向跨中截面有效高度 $h_{0y}=68$ mm。

相邻区格板的支座负弯矩取绝对值较大者。楼盖的四周支承在砌体上，故只能将中间区格板 B_1 的跨中弯矩和 B_1-B_1 支座弯矩减少 20%，其余区格板均不折减。配筋计算时近似取内力臂系数 $\gamma_s=0.95$，钢筋为 HPB300 级，$f_y=270$ N/mm^2。

B_1 区格板：

l_x 方向跨中 $A_s=\dfrac{0.8m_x}{0.95h_{0x}f_y}=\dfrac{0.8\times 8.27\times 10^6}{0.95\times 76\times 270}=339.39$ mm^2

选配 ϕ8@150，实际配筋面积 $A_s=335$ mm^2。

l_y 方向跨中 $A_s=\dfrac{0.8m_y}{0.95h_{0y}f_y}=\dfrac{0.8\times 5.913\times 10^6}{0.95\times 68\times 270}=271.21$ mm^2

选配 ϕ8@160，实际配筋面积 $A_s=314$ mm^2。

B_1-B_1 板支座相邻边 $A_s=\dfrac{0.8m''_y}{0.95h_0f_y}=\dfrac{0.8\times 11.652\times 10^6}{0.95\times 75\times 270}=484.55$ mm^2

选配 ϕ10@160，实际配筋面积 $A_s=491$ mm^2。

B_1-B_2 板支座相邻边 $A_s=\dfrac{m'_x}{0.95h_0f_y}=\dfrac{14.036\times 10^6}{0.95\times 75\times 270}=729.62$ mm^2（取 B_1 板和 B_2 板的相邻边支座弯矩的较大值）

选配 ϕ10@100，实际配筋面积 $A_s=785$ mm^2。

各区格板截面配筋计算结果及实际配筋均见表 2-18。

表 2-18 按弹性理论设计的截面配筋

截面	区格	方向	h_0/mm	m/(kN·m)	A_s/mm^2	配筋	实际 A_s/mm^2
跨中	B_1	l_x	76	0.8×8.27	339.39	ϕ8@150	335.0
		l_y	68	0.8×5.913	271.21	ϕ8@160	314.0
	B_2	l_x	76	7.984	409.56	ϕ8@120	419.0
		l_y	68	5.299	303.81	ϕ8@160	314.0
	B_3	l_x	76	7.733	396.69	ϕ8@120	419.0
		l_y	68	6.066	347.78	ϕ8@150	335.0
	B_4	l_x	76	7.687	394.33	ϕ8@120	419.0
		l_y	68	5.389	308.97	ϕ8@160	314.0
支座	B_1-B_1		75	−0.8×11.652	484.55	ϕ10@160	491.0
	B_1-B_2		75	−14.036	729.62	ϕ10@100	785.0
	B_1-B_3		75	−11.777	612.19	ϕ10@120	654.0
	B_3-B_4		75	−14.361	746.51	ϕ10@100	785.0
	B_2-B_2		75	−11.986	623.05	ϕ10@120	654.0
	B_2-B_4		75	−12.165	632.36	ϕ10@120	654.0

2. 按塑性理论设计

(1)荷载设计值

$$P=g+q=11.88\ \text{kN/m}^2$$

(2)计算跨度

两端与梁整体连接：$l=l_n$(净跨)

一端与梁整体连接，另一端搁置在墙上：$l=l_n+h/2$ 且 $l\leqslant l_n+a/2$(h 为板厚，a 为板支承长度)

B_1 区格板：$l_x=4.0\ \text{m}, l_y=4.9\ \text{m}$

B_2 区格板：$l_x=(3.9-0.25-0.1)+0.1/2=3.6\ \text{m}<(3.9-0.25-0.1)+0.12/2=3.61\ \text{m}, l_y=4.9\ \text{m}$

其余各区格板的计算跨度见表 2-19。

表 2-19　　按塑性理论计算的弯矩值

板区格	B_1	B_2	B_3	B_4
l_x/m	4.0	3.6	4.0	3.6
l_y/m	4.9	4.9	4.5	4.5
M_x	$3.9m_x$	$4.0m_x$	$3.50m_x$	$3.60m_x$
M_y	$2.01m_x$	$1.458m_x$	$2.37m_x$	$1.728m_x$
M'_x	$9.8m_x$	39.416	$9.00m_x$	39.015
M''_x	$9.8m_x$	0	$9.00m_x$	0
M'_y	$5.36m_x$	$3.888m_x$	0	0
M''_y	$5.36m_x$	$3.888m_x$	21.560	21.420
m_x	4.022	5.510	4.335	6.249
m_y	2.695	2.975	3.425	3.999
m'_x	8.044	8.044	8.670	8.670
m''_x	8.044	0	8.670	0
m'_y	5.390	5.950	0	0
m''_y	5.390	5.950	5.390	5.950

(3)弯矩计算

首先假定边缘板带跨中配筋率与跨中板带相同，支座截面配筋率不随板带而变，取同一数值；每一区格板均取

$$m_y=\alpha m_x, \alpha=(l_x/l_y)^2$$

$$\beta'_x=\beta''_x=\beta'_y=\beta''_y=2$$

其中 l_x 为短跨跨长，l_y 为长跨跨长。

将跨中正弯矩区钢筋在离支座 $l_x/4$ 处间隔弯起，则跨中正塑性铰线上的总弯矩 M_x、M_y 应按下式计算：

$$M_x=m_x\left(l_y-\frac{l_x}{2}\right)+2\times\frac{l_x}{4}\times\frac{m_x}{2}=m_x\left(l_y-\frac{l_x}{4}\right)$$

$$M_y=m_y\frac{l_x}{2}+2\times\frac{m_y}{2}\times\frac{l_x}{4}=\frac{3}{4}m_y l_x$$

B_1 区格板：

$$\alpha=(l_x/l_y)^2=(4.0/4.9)^2=0.67$$

跨中正塑性铰线上的总弯矩为

$$M_x=m_x(l_y-l_x/4)=m_x(4.9-4.0/4)=3.9m_x$$

$$M_y=\frac{3}{4}m_y l_x=\frac{3}{4}\times 0.67m_x\times 4.0=2.01m_x$$

支座边负塑性铰线上的总弯矩为

$$M_x'=M_x''=\beta m_x l_y=2m_x\times 4.9=9.8m_x$$

$$M_y'=M_y''=\alpha\beta m_x l_x=0.67\times 2m_x\times 4.0=5.36m_x$$

由式(2-23)得

$$(9.8+9.8+5.36+5.36+2\times 3.9+2\times 2.01)m_x=\frac{11.88}{12}\times 4.0^2(3\times 4.9-4.0)$$

$$m_x=4.022\ \text{kN}\cdot\text{m}$$

$$m_y=\alpha m_x=0.67\times 4.022=2.695\ \text{kN}\cdot\text{m}$$

$$m_x'=m_x''=\beta m_x=2\times 4.022=8.044\ \text{kN}\cdot\text{m}$$

$$m_y'=m_y''=\beta m_y=2\times 2.695=5.390\ \text{kN}\cdot\text{m}$$

B_2 区格板:

$$\alpha=(l_x/l_y)^2=(3.6/4.9)^2=0.54$$

将 B_1 区格板的 m_x''作为 B_2 区格板 m_x'的已知值,并取 $m_x''=0$,则

$$M_x'=8.044\times 4.9=39.416\ \text{kN}\cdot\text{m}$$

$$M_x''=0$$

$$M_y'=M_y''=\alpha\beta m_x l_x=0.54\times 2m_x\times 3.6=3.888m_x$$

$$M_x=m_x(l_y-l_x/4)=m_x(4.9-3.6/4)=4m_x$$

$$M_y=\frac{3}{4}m_y l_x=\frac{3}{4}\times 0.54m_x\times 3.6=1.458m_x$$

由式(2-23)得

$$M_x'+M_x''+M_y'+M_y''+2M_x+2M_y=\frac{p}{12}l_x^2(3l_y-l_x)$$

$$39.416+(0+3.888+3.888+2\times 4+2\times 1.458)m_x=\frac{11.88}{12}\times 3.6^2(3\times 4.9-3.6)$$

$$m_x=5.510\ \text{kN}\cdot\text{m}$$

$$m_y=\alpha m_x=0.54\times 5.510=2.975\ \text{kN}\cdot\text{m}$$

$$m_x'=8.044\ \text{kN}\cdot\text{m}$$

$$m_y'=m_y''=\beta m_y=2\times 2.975=5.950\ \text{kN}\cdot\text{m}$$

对于其余区格板,也按同理进行计算。所有计算结果列于表 2-19。

(4)截面设计

由于混凝土强度等级为 C25,所以钢筋的混凝土保护层厚度取 20 mm。假定支座和跨中截面钢筋直径均为 8 mm,则支座截面和 l_x 方向跨中截面有效高度均为 $h_{0x}=76$ mm,l_y 方向跨中截面有效高度为 $h_{0y}=68$ mm。

配筋计算时近似取内力臂系数 $\gamma_s=0.95$,钢筋为 HPB300 级,$f_y=270\ \text{N/mm}^2$。各区

格板的截面配筋计算见表 2-20，板的配筋平面图如图 2-50 所示。

表 2-20　　**按塑性理论设计的截面配筋**

截面	区格	方向	h_0/mm	m/(kN·m)	A_s/mm^2	配筋	实际 A_s/mm^2
跨中	B_1	l_x	76	0.8×4.022	165.06	ϕ6/8@200	196.0
		l_y	68	0.8×2.695	123.61	ϕ6@200	141.0
	B_2	l_x	76	5.510	282.65	ϕ8/10@200	322.0
		l_y	68	2.975	170.57	ϕ6@160	177.0
	B_3	l_x	76	4.335	222.38	ϕ6/8@160	246.0
		l_y	68	3.425	196.37	ϕ6/8@200	196.0
	B_4	l_x	76	6.249	320.56	ϕ8@160	314.0
		l_y	68	3.999	229.27	ϕ6/8@160	246.0
支座	B_1-B_1		76	0.8×5.390	221.20	ϕ6@100	283.0
	B_1-B_2		76	8.044	412.64	ϕ8@100	503.0
	B_1-B_3		76	5.390	276.50	ϕ6@100	283.0
	B_3-B_4		76	8.670	444.75	ϕ6/8@80	491.0
	B_2-B_2		76	5.950	305.22	ϕ6@80	354.0
	B_2-B_4		76	5.950	305.22	ϕ6@80	354.0

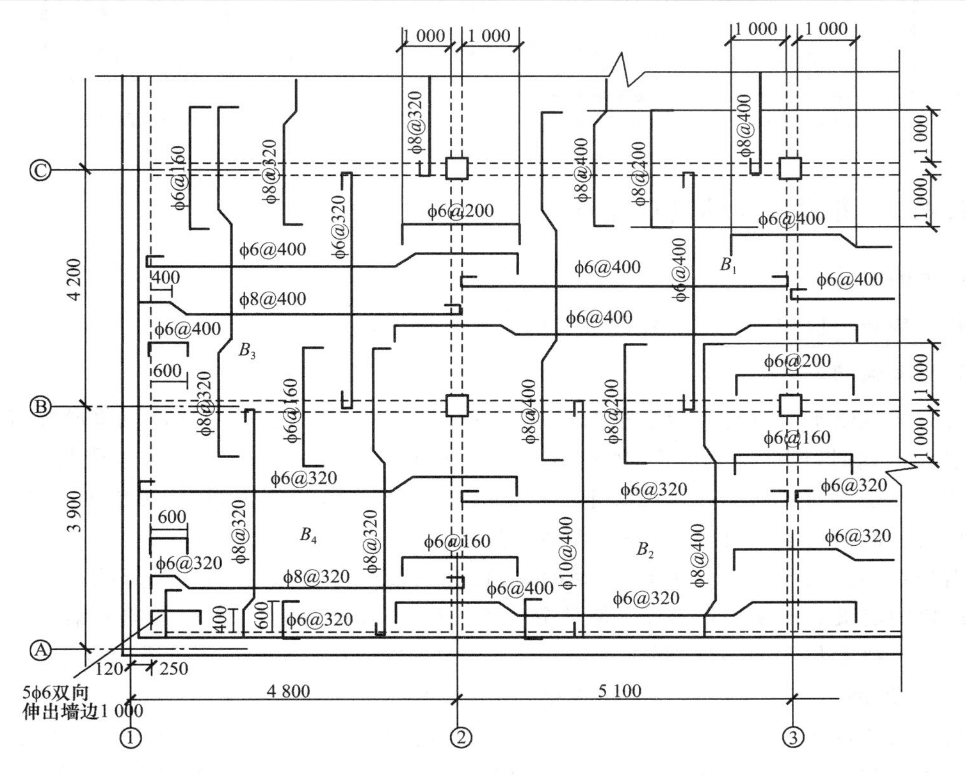

图 2-50　板的配筋平面图

2.4 井式楼盖设计

2.4.1 概　述

井式楼盖是由双向板和交叉梁系共同组成的楼盖，交叉梁的布置方式通常为正交正放和正交斜放两种。交叉梁不分主次梁，互为支承，其高度往往相同。交叉梁形成的网格边长，即双向板的边长一般为 2～3 m，且边长宜尽量相等。若网格肋距小于 1.5 m，也称为密肋楼盖。

井字梁内力受两个方向梁的跨度比影响较大，一般应控制网格长短边之比不大于 1.5。梁高可取(1/18～1/16)l，l 为井字梁的短边尺寸。当空间平面为矩形，且长短边之比不大于 1.5 时，梁可直接搁置在周边承重墙或周边支承主梁上，如图 2-51(a)所示，也可沿 45°线方向布置梁格，即正交斜放，如图 2-51(b)所示。当长短边之比大于 1.5 时，可用支柱将平面划分为同样形状的区格，使交叉梁支承在柱间主梁上，如图 2-51(c)所示，或者采用沿 45°线的正交斜放布置，如图 2-51(d)所示。

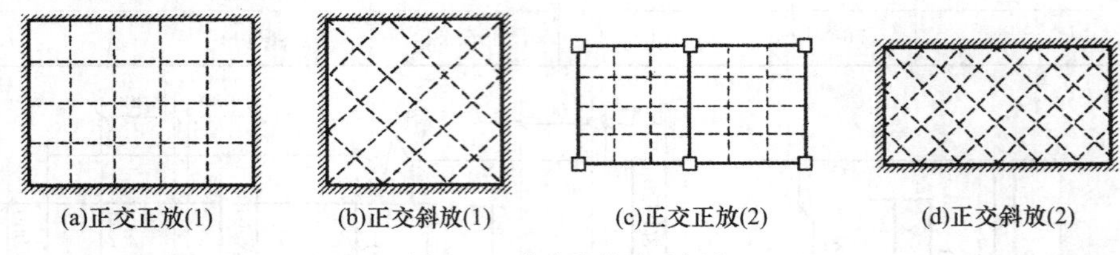

图 2-51　井式楼盖平面布置

2.4.2 井式楼盖的设计要点

1. 板的设计

井式楼盖中板的设计与一般四边支承的双向板相同。

2. 交叉梁的设计

交叉梁承受本身自重和板传来的荷载。当板边长相同时，承受的都是三角形分布荷载；当板边长不同时，则一个方向的梁承受三角形分布荷载，另一个方向的梁承受梯形分布荷载。井字梁是双向受力的高次超静定结构，其内力和变形计算十分复杂，需借助计算机求得内力和变形的精确解，否则只能采用近似的方法计算内力。

当井式楼盖的区格数少于 5×5 格时，可按交叉梁进行计算，忽略交叉点的扭矩影响，把梁荷载化为交叉点的集中荷载 F，将 F 分为 F_x、F_y，分别作用于两正交方向的梁上，利用两交叉梁节点挠度相等的条件，联立方程求出 F_x、F_y，进而求得两个方向梁的弯矩。根据上述特点，已编制出交叉梁的内力系数表格供查用，见相关计算手册。

当井式楼盖的区格数多于 5×5 格时，不宜忽略梁交叉点的扭矩，可近似按拟板法计算。拟板法是按截面抗弯刚度等价(按弹性分析即截面惯性矩等价)的原则，将井字梁及其板面比拟为等厚的板来计算内力。

2.5　无梁楼盖

2.5.1　概　述

无梁楼盖不设梁，是一种双向受力的板柱结构。由于没有梁，楼板直接支承在柱上，故与相同柱网尺寸的双向板肋梁楼盖相比，其板厚要大些。但建筑构造高度比肋梁楼盖的小，使得楼层内部的有效空间加大，同时平滑的底板可以大大改善采光、通风和卫生条件，故无梁楼盖常用于书库、商场、冷藏库、仓库等要求空间较大的房屋。

为了加强板与柱的整体连接，防止板柱连接部位受力集中，避免柱顶处平板的冲切破坏以及减少板的计算跨度，通常在柱顶设置柱帽，当柱网尺寸较小且楼面活荷载较小时，也可不设柱帽。通常柱和柱帽的截面形状为矩形，还可根据建筑要求设计成圆形。

无梁楼盖的周边可支承在边柱或边梁上，也可做成悬臂板，如图 2-52 所示。

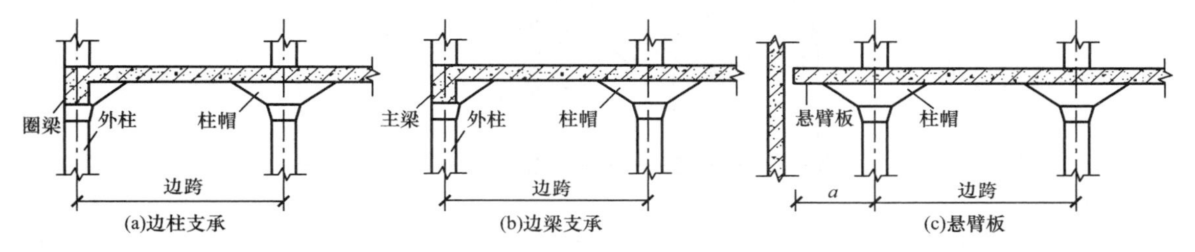

图 2-52　无梁楼盖边跨支承情况

悬臂板可减小边跨跨中弯矩和柱的不平衡弯矩。当悬臂板挑出的长度 a 接近 $l/4$ 时（l 为中间区格跨度），如图 2-52(c)所示，则边支座负弯矩约等于中间支座的弯矩值，弯矩分布较为合理。

无梁楼盖可布置为等跨或不等跨，每一方向的跨数通常不少于 3 跨，柱网为正方形时最为经济。根据以往经验，当楼面活荷载标准值在 5 kN/m^2 以上、柱距在 6 m 以内时，无梁楼盖比肋梁楼盖经济。

无梁楼盖因没有梁，抗侧刚度比较差，所以当房屋的层数较多或要求抗震时，宜设置剪力墙来抵抗水平荷载。

无梁楼盖有各种类型，按楼面结构形式分为平板式无梁楼盖和双向密肋式无梁楼盖；按有无柱帽分为无柱帽轻型无梁楼盖和有柱帽无梁楼盖；按施工方法分为现浇式无梁楼盖和装配整体式无梁楼盖；按平面布置可分为设置悬臂板无梁楼盖和不设置悬臂板无梁楼盖。

2.5.2　无梁楼盖的受力特点

无梁楼盖由柱网划分成若干区格，整个楼盖的受力可视为支承在柱上的交叉板带体系，如图 2-53 所示。柱轴线两侧各 $l_x/4$（或 $l_y/4$）宽的板带称为柱上板带，柱距中间宽度 $l_x/2$（或 $l_y/2$）的板带称为跨中板带。柱上板带相当于以柱为支承点的连续梁（当柱的线刚度相对较小时)或与柱形成框架,而跨中板带则可视为弹性支承在另一方向柱上板带上的连续梁。图 2-54 所示为均布荷载作用下中间区格的变形示意图。由图 2-54 可见,板在柱顶为峰形凸曲面,即板顶面双向受拉,钢筋放在板的顶部;在区格中部为碟形凹曲面,即板底双向受拉,钢筋放在板的底部。柱上板带的中间跨度因作为另一方向跨中板带的支座,故沿柱上板带方向的板底受拉,而垂直于柱上板带方向(即跨中板带的支座)的板顶受拉。设柱上板带跨中的挠度为 f_1,跨中板带相对于柱上板带的跨中挠度为 f_2,因此区格跨中的总挠度为 $f=f_1+f_2$,此挠度比相同柱网尺寸的肋梁楼盖的挠度要大,因而无梁楼盖的板厚应大些。

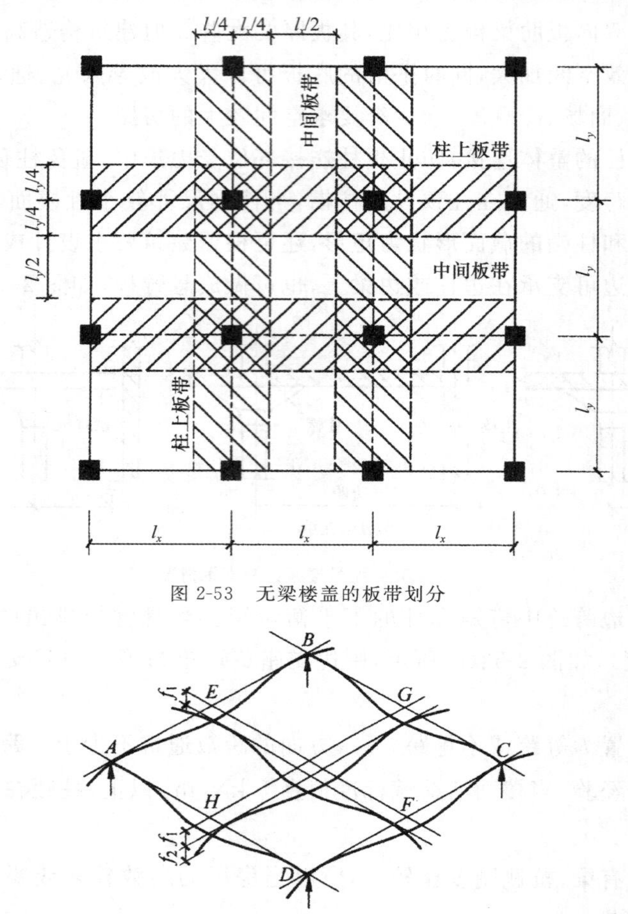

图 2-53　无梁楼盖的板带划分

图 2-54　均布荷载作用下中间区格的变形示意图

试验表明,在均布荷载作用下,无梁楼盖在开裂前基本上处于弹性工作阶段;随着荷载的增加,首先在沿柱(帽)边缘板顶面出现裂缝;继续加载,沿柱列轴线的板顶面上出现裂缝;随着荷载的不断增加,板顶面裂缝将不断延伸,在跨中中部 1/3 跨度处,相继出现成批的板底面裂缝,这些裂缝相互正交,且平行于柱列轴线。即将破坏时,在柱(帽)顶上和柱列轴线上的板顶面裂缝以及跨中的板底面裂缝中出现一些特别大的裂缝,在这些裂缝处,受拉钢筋屈服,受压混凝土的压应变达到极限应变,最终导致楼板破坏。破坏时无梁楼板的板顶面裂缝和板底面裂缝分布如图 2-55 所示。

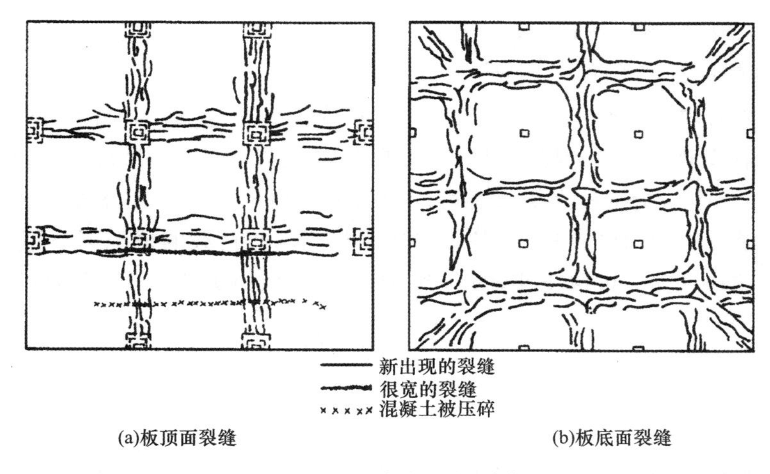

图 2-55　无梁楼盖的裂缝分布

2.5.3　无梁楼盖的内力计算

无梁楼盖按弹性理论的计算方法，有精确计算法、经验系数法和等代框架法等。精确计算法一般采用有限元分析进行。下面仅介绍工程设计中常用的经验系数法和等代框架法。

1. 经验系数法

经验系数法也称为直接设计法，是在试验研究和实践经验的基础上提出的。该方法先计算两个方向的截面总弯矩，然后再将截面总弯矩分配给同一方向的柱上板带和跨中板带，因此计算过程简捷方便。

(1)楼盖布置必须满足的条件

为了使各截面的弯矩设计值能适用于各种活荷载的不利布置，在应用该法时，要求无梁楼盖的布置必须满足下列条件：

①每个方向至少应有 3 个连续跨；

②同一方向最大跨度与最小跨度之比不大于 1.2，且两端跨的跨度不大于与其相邻的内跨；

③所有区格均为矩形，各区格的长边与短边之比不大于 1.5；

④活荷载与恒荷载的比值不大于 3；

⑤结构体系中必须有承受水平荷载的抗侧力支撑或剪力墙。

应用经验系数法计算时，不考虑活荷载的不利布置，按满布均布荷载计算。

(2)计算步骤和方法

①求出每个区格板 x 方向和 y 方向跨中弯矩和支座弯矩的总和，该值相当于简支受弯构件在均布荷载作用下的跨中弯矩，即

$$M_{0x}=\frac{1}{8}(g+q)l_y\cdot l_{0x}^2=\frac{1}{8}(g+q)l_y(l_x-\frac{2}{3}c)^2 \tag{2-29}$$

$$M_{0y}=\frac{1}{8}(g+q)l_x\cdot l_{0y}^2=\frac{1}{8}(g+q)l_x(l_y-\frac{2}{3}c)^2 \tag{2-30}$$

式中　g、q——区格板单位面积上作用的恒荷载和活荷载设计值；

l_x、l_y——x、y 方向的柱距；

c——柱帽的计算宽度。

②经验系数的确定。确定两个方向的总弯矩 M_{0x} 或 M_{0y} 后，下面需进一步确定它们在柱上板带和跨中板带之间的分配。因两个方向的分配规律是相同的，因此以下用 M_0 来代表总弯矩 M_{0x} 或 M_{0y}，给出柱上板带和跨中板带的弯矩分配的有关公式。

对于无梁楼盖的中间区格板，在各跨均作用相同均布荷载的情况下，可假设支座转角为零，相当于固定端的情况，可取支座弯矩与跨中弯矩的比值为 2∶1，于是有(图 2-56)

跨中弯矩 $M_1(+)=\frac{1}{3}M_0$

支座弯矩 $M_2(-)=\frac{2}{3}M_0$

再将上述弯矩分配给柱上板带和跨中板带。因柱上板带的支座截面刚度相对大得多，故对支座弯矩 $M_2(-)$，柱上板带承担 75%，跨中板带承担 25%；对跨中弯矩 $M_1(+)$，柱上板带承担 55%，跨中板带承担 45%。因此对内区格板有

柱上板带：

跨中正弯矩 $M_1=0.55\times\frac{1}{3}M_0\approx0.18M_0$

支座负弯矩 $M_2=0.75\times\frac{2}{3}M_0=0.50M_0$

跨中板带：

跨中正弯矩 $M_1=0.45\times\frac{1}{3}M_0=0.15M_0$

支座负弯矩 $M_2=0.25\times\frac{2}{3}M_0\approx0.17M_0$

对于边区格，板支座虽有边柱(柱帽)和圈梁，但和内支座相比，其抗弯刚度仍很弱，故边支座弯矩系数按经验取 −1/15，第一内支座仍为 −1/12，边跨跨中弯矩系数为 1/8−(1/15+1/12)/2=1/20，则边支座分配到的总弯矩为[(1/15)/(1/8)]$M_0=0.53M_0$，边跨跨中为[(1/20)/(1/8)]$M_0=0.40M_0$，第一内支座截面仍为 $2M_0/3$，即 $0.67M_0$，如图 2-57 所示。对边支座截面负弯矩的分配，因柱上板带有边柱(柱帽)约束，刚度很大，承受支座负弯矩的 90%，而跨中板带只有边梁约束，刚度很小，只承受 10%。第一内支座负弯矩和跨中正弯矩在柱上板带和跨中板带的分配系数同内区格。

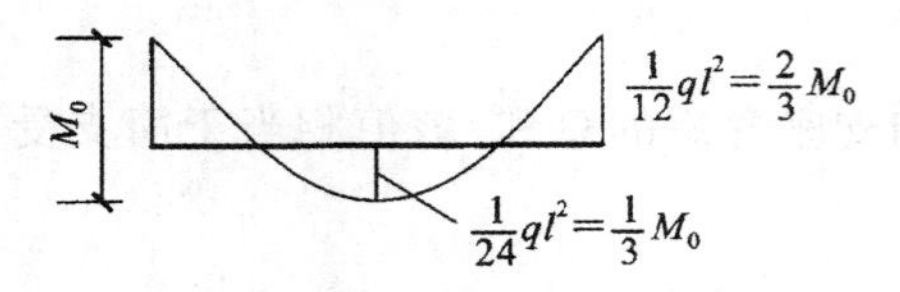

图 2-56　内区格弯矩

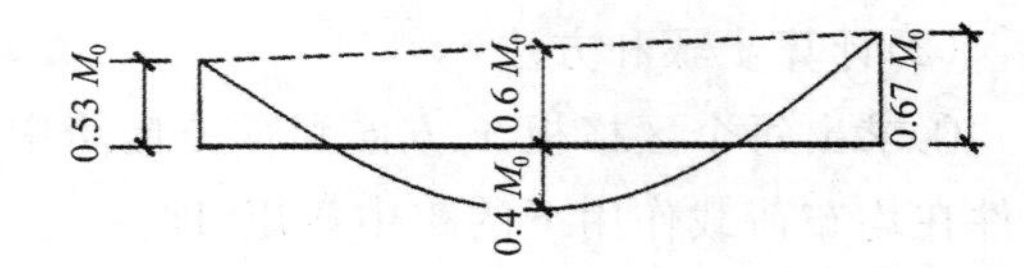

图 2-57　边区格弯矩

故对边区格板有

柱上板带：

边支座负弯矩 $M_2=0.90\times0.53M_0\approx0.48M_0$

跨中正弯矩 $M_1=0.55\times0.40M_0=0.22M_0$

第一内支座负弯矩 $M_2=0.75\times\frac{2}{3}M_0=0.50M_0$

跨中板带：

边支座负弯矩 $M_2=0.10\times0.53M_0\approx0.05M_0$

跨中正弯矩 $M_1=0.45\times0.40M_0=0.18M_0$

第一内支座负弯矩 $M_2=0.25\times\frac{2}{3}M_0\approx0.17M_0$

上述各分配系数与试验结果大体一致，汇总于表 2-21 中。

表 2-21　　经验系数法板带弯矩分配系数

截面		柱上板带	跨中板带
内跨	支座截面负弯矩	0.50	0.17
	跨中截面正弯矩	0.18	0.15
边跨	第一内支座截面负弯矩	0.50	0.17
	跨中截面正弯矩	0.22	0.18
	边支座截面负弯矩	0.48	0.05

注：1. 在总弯矩值不变的情况下，必要时允许将柱上板带负弯矩的 10%分给跨中板带负弯矩。

2. 此表为无悬臂板的经验系数，有较小悬臂板时仍可采用，当有较大悬臂板且其负弯矩大于边支座截面负弯矩时，应考虑悬臂弯矩对边支座及内跨的影响。

至于沿外边缘（靠墙）平行于边梁的跨中板带和半柱上板带的截面弯矩，由于沿外边缘设置有边梁，而边梁又承担了部分板面荷载，故可以比中区格和边区格的相应系数值有所降低。一般可采用下列方法确定：跨中板带每米宽的正、负弯矩为中区格和边区格跨中板带每米宽相应弯矩的 80%；柱上板带每米宽的正、负弯矩为中区格和边区格柱上板带每米宽相应弯矩的 50%。

2. 等代框架法

等代框架法是把整个结构分别沿纵、横柱列两个方向划分，并将其视为纵向等代框架和横向等代框架来分析，等代框架的划分如图 2-58 所示。

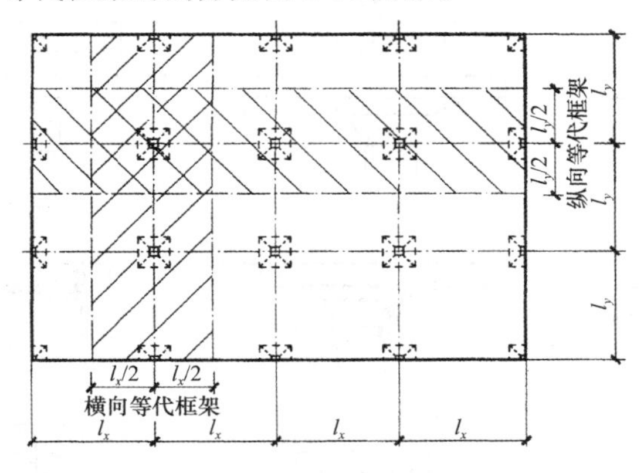

图 2-58　等代框架的划分

采用等代框架法计算时，可采用如下假定：

(1)等代框架梁就是各层的无梁楼板，故等代框架梁的高度取板厚；等代框架梁的宽度为：在竖向荷载作用下，取与梁跨方向相垂直的板跨中心线间的距离（l_x 或 l_y）；在水平荷载作用下，则取板跨中心线间距离的一半。这是因为竖向荷载时，主要靠板带的弯矩，把荷载传给柱；而水平荷载时，主要是由柱的弯矩把水平荷载传给板带，所以能与柱一起工作的板带宽度要小些。等代框架梁的跨度分别取$(l_x-2c/3)$或$(l_y-2c/3)$，其中c为柱(帽)顶宽或直径。

(2)等代框架柱的截面取本身截面；柱的计算高度，对于楼层取层高减去柱帽的高度；对于底层，取基础顶面至该层楼板底面的高度减去柱帽高度。

(3)当仅有竖向荷载作用时，等代框架的内力可采用分层法计算，即等代梁与上下相邻的柱组成框架，且柱的远端认为是固定的。

按等代框架计算时，应考虑活荷载的不利组合。但当活荷载不超过75%的恒荷载时，可按满布荷载法进行计算。

按框架进行内力分析得出的柱内力，可直接用于柱的截面设计。对于梁的内力还需分配给相应的板带，即将等代梁的弯矩乘以表2-22中的相应系数，得出柱上板带和跨中板带的弯矩设计值，用以进行板带的截面设计。

表2-22　　等代框架法板带弯矩分配系数

截面		柱上板带	跨中板带
内跨	支座截面负弯矩	0.75	0.25
	跨中截面正弯矩	0.55	0.45
边跨	第一内支座截面负弯矩	0.75	0.25
	边支座截面负弯矩	0.90	0.10
	跨中截面正弯矩	0.55	0.45

等代框架法适用于$l_y/l_x\leqslant 2$的无梁楼盖。

2.5.4 柱帽设计

为了增大板柱连接面的面积，提高板柱节点的抗冲切承载力，避免冲切破坏，在柱顶可设置柱帽。柱帽分为无顶板柱帽、折线形柱帽和有顶板柱帽，如图2-59所示。这些柱帽中的拉、压应力均很小，钢筋一般可按构造放置。边柱半柱帽的钢筋配置与中间柱帽相仿。

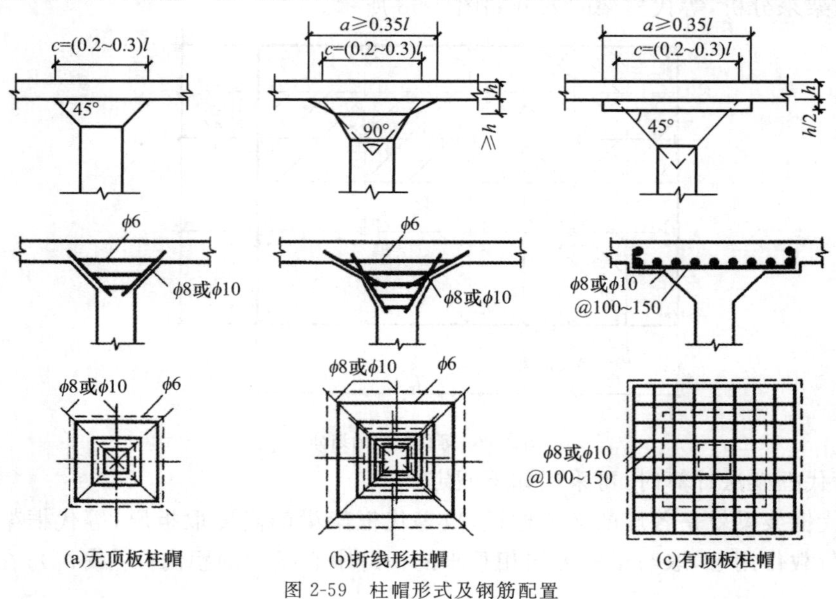

图2-59　柱帽形式及钢筋配置

确定柱帽尺寸及配筋时，应满足柱帽边缘处平板的抗冲切承载力的要求。当满布荷载时，无梁楼盖中的内柱柱帽边缘处的平板，可认为承受中心冲切作用。

1. 试验结果

平板的中心冲切，属于在局部集中荷载作用下具有均布反力的冲切情况。这种情况的试验表明：

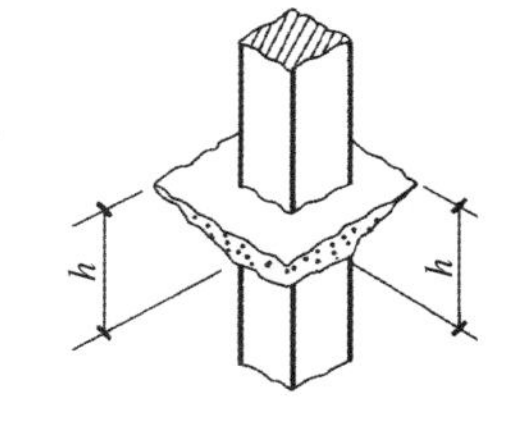

图 2-60　楼板受冲切破坏面

(1)冲切破坏时，形成破坏锥体的锥面与平板面大致呈 45°倾角，如图 2-60 所示。

(2)冲切承载力与混凝土抗拉强度基本呈正比，并与冲切锥体的周边长度(柱或柱帽周长)大体呈线性关系。

(3)配置弯起钢筋与箍筋时，可以大大提高抗冲切承载力。

2. 冲切承载力计算

(1)不配置箍筋或弯起钢筋时冲切承载力计算

在局部荷载或集中反力作用下，不配置箍筋或弯起钢筋的混凝土板，受冲切承载力按下式计算：

$$F_l \leqslant 0.7\beta_h f_t \eta u_m h_0 \tag{2-31}$$

$$\eta = \min\begin{cases} \eta_1 = 0.4 + \dfrac{1.2}{\beta_s} \\ \eta_2 = 0.5 + \dfrac{\alpha_s h_0}{4u_m} \end{cases} \tag{2-32}$$

式中　F_l——冲切荷载设计值，即柱所承受的轴向压力设计值的层间差值减去柱顶冲切破坏锥体范围内板所承受的荷载设计值，如图 2-61 所示；

β_h——截面高度影响系数，当 $h \leqslant 800$ mm 时，取 $\beta_h = 1.0$，当 $h \geqslant 2\,000$ mm 时，取 $\beta_h = 0.9$，其间按线性内插法取用；

u_m——计算截面的周长，取距离局部荷载或集中反力作用面积周边 $h_0/2$ 处板垂直截面的最不利周长；

f_t——混凝土抗拉强度设计值；

h_0——截面有效高度，取两个方向配筋的截面有效高度平均值；

η_1——局部荷载或集中荷载反力作用面积形状的影响系数；

η_2——计算截面周长与板截面有效高度之比的影响系数；

β_s——局部荷载或集中反力作用面积为矩形时的长边与短边尺寸的比值，β_s 不宜大于 4，当 $\beta_s < 2$ 时，取 $\beta_s = 2$，当面积为圆形时，取 $\beta_s = 2$；

α_s——板柱结构中柱位置影响系数，对中柱取 $\alpha_s = 40$，对边柱取 $\alpha_s = 30$，对角柱取 $\alpha_s = 20$。

(2)配置箍筋或弯起钢筋时冲切承载力计算

在局部荷载或集中反力作用下，当受冲切承载力不满足式(2-31)的要求且板厚受到限制时，可配置箍筋或弯起钢筋。此时受冲切截面应符合下列条件：

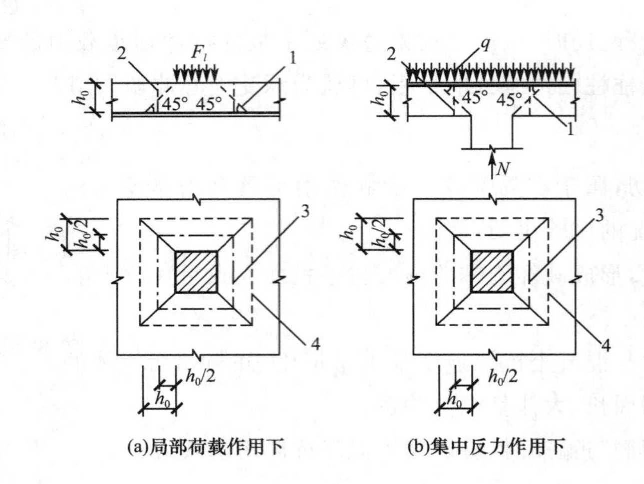

(a)局部荷载作用下　　(b)集中反力作用下

图 2-61　板受冲切承载力计算

1—冲切破坏锥体的斜截面；2—计算截面；3—计算面积的周边；4—冲切破坏锥体的底面线

$$F_l \leqslant 1.2 f_t \eta u_m h_0 \tag{2-33}$$

当配置箍筋时，受冲切承载力按下式计算：

$$F_l \leqslant 0.5 f_t \eta u_m h_0 + 0.8 f_{yv} A_{svu} \tag{2-34}$$

当配置弯起钢筋时，受冲切承载力按下式计算：

$$F_l \leqslant 0.5 f_t \eta u_m h_0 + 0.8 f_y A_{sbu} \sin \alpha \tag{2-35}$$

式中　A_{svu}——与呈 45°冲切破坏锥体斜截面相交的全部箍筋截面面积；

A_{sbu}——与呈 45°冲切破坏锥体斜截面相交的全部弯起钢筋截面面积；

α——弯起钢筋与板底面的夹角；

f_{yv}、f_y——箍筋和弯起钢筋的抗拉强度设计值。

对于配置抗冲切的箍筋或弯起钢筋的冲切破坏锥体以外的截面，仍应按式(2-31)进行受冲切承载力计算。此时，u_m 按冲切破坏锥体以外 $0.5h_0$ 处的最不利周长计算。

3. 构造要求

混凝土板中配置抗冲切箍筋或弯起钢筋时，应符合下列构造要求：

(1)板的厚度不应小于 150 mm。

(2)按计算所需的箍筋及相应的架立钢筋应配置在与 45°冲切破坏锥面相交的范围内，且从集中荷载作用面或柱截面边缘向外的分布长度不应小于 $1.5h_0$，如图 2-62(a)所示；箍筋直径不应小于 6 mm，且应做成封闭式，间距不应大于 $h_0/3$，且不应大于 100 mm。

(3)按计算所需弯起钢筋的弯起角可根据板的厚度在 30°～45°范围内选取；弯起钢筋的倾斜段应与冲切破坏斜截面相交，如图 2-62(b)所示，其交点应在集中荷载作用面或柱截面边缘以外(1/2～2/3)h 的范围内。弯起钢筋直径不宜小于 12 mm，且每一方向不宜少于 3 根。

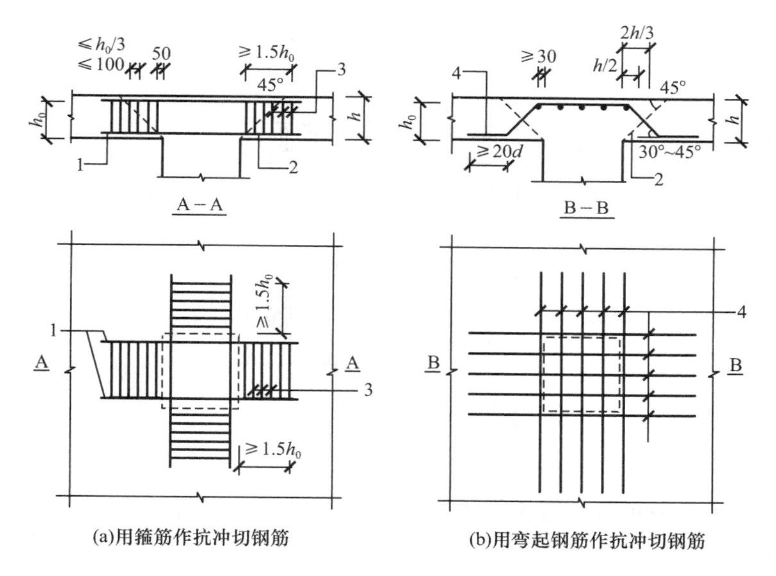

图 2-62　板中抗冲切钢筋布置

1—架立钢筋；2—冲切破坏锥面；3—箍筋；4—弯起钢筋

2.5.5　无梁楼盖的截面设计与构造

1. 截面的弯矩设计值

当竖向荷载作用时，设有柱帽的无梁楼板内跨，具有明显的穹顶作用，这时截面的弯矩设计值可以适当折减。除边跨及边支座外，所有其余部位截面的弯矩设计值均为按内力分析得到的弯矩乘以折减系数 0.8。

2. 板厚及板截面有效高度

无梁楼板通常设计成等厚的。对于板厚的要求，除了满足承载力的要求外，还需要满足刚度方面的要求，以控制板的挠度。由于目前对其挠度的计算方法尚不完善，所以根据经验用板厚 h 与长跨 l_y 的比值来控制其挠度，有柱帽时，$h/l_y \geqslant 1/35$；无柱帽时，$h/l_y \geqslant 1/30$；无柱帽时，柱上板带可适当加厚，加厚部分的宽度可取相应跨度的 30%。

板的截面有效高度取值与双向板类似。同一部位两个方向的弯矩同号时，由于纵、横方向钢筋叠置，应分别取各自的截面有效高度。

3. 板的配筋

在整个无梁楼盖中，板的配筋可以划分为三种区域，如图 2-63 所示。

A 区：是纵、横方向的柱上板带交叉区，此区域两个方向均为负弯矩，故两个方向的受力钢筋都布置在板顶部。

B 区：是纵、横方向的跨中板带交叉区，该区域两个方向均为正弯矩，所以两个方向的受力钢筋都布置在板底部。

C 区：是纵、横方向的柱上板带和跨中板带交叉区，此时柱上板带方向产生正弯矩，其受力钢筋布置在板底部，而跨中板带方向则产生负弯矩，其受力钢筋布置在板顶部。

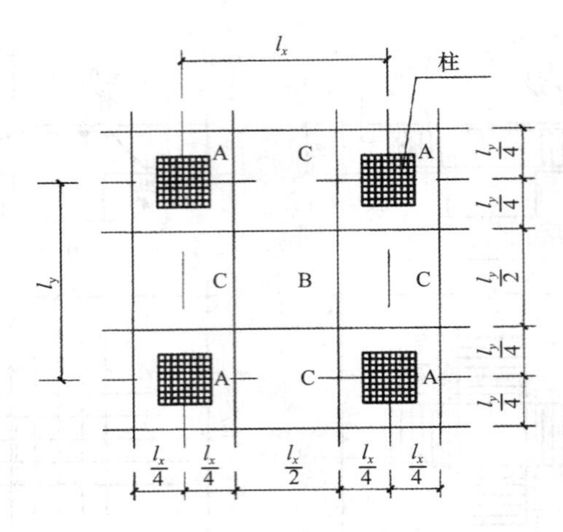

图 2-63　无梁楼盖板的分区

按柱上板带和跨中板带的弯矩算出钢筋后，即可进行配筋。配筋一般采用一端弯起式，钢筋弯起点和切断点的位置必须满足图 2-64 的构造要求。钢筋的直径和间距与一般双向板的要求相同，但对于支座上承受负弯矩的钢筋，为保证其在施工阶段具有一定的刚性，其直径不宜小于 12 mm。

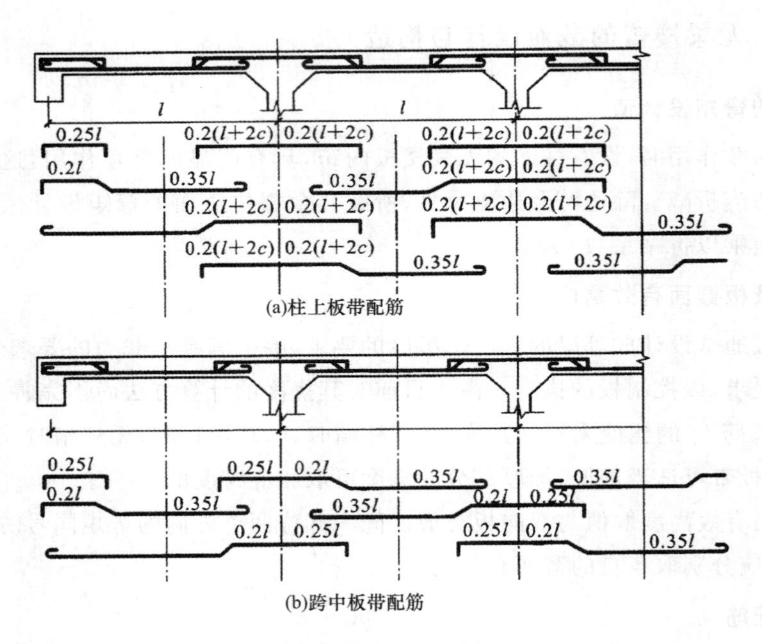

图 2-64　无梁楼盖的配筋构造

4. 圈梁

无梁楼盖的周边应设置圈梁，其截面高度不小于板厚的 2.5 倍，与板形成倒 L 形截面，如图 2-65 所示。圈梁除与半个柱上板带一起承受弯矩外，还须承受未计及的扭矩，所以应按弯扭构件进行设计计算，并配置必要的抗扭钢筋。

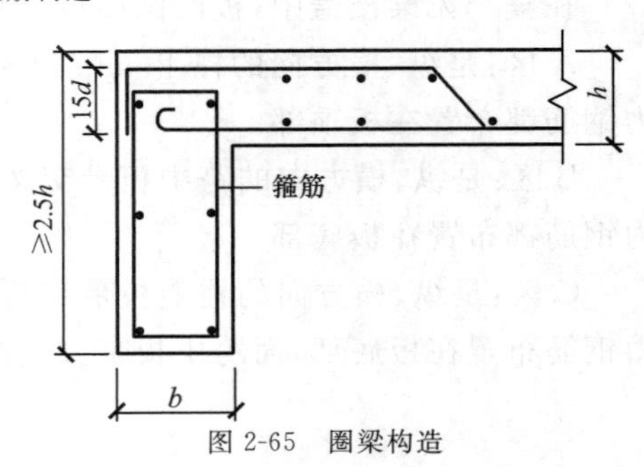

图 2-65　圈梁构造

2.6 楼 梯

楼梯案例分析

2.6.1 概 述

楼梯是多层及高层房屋的重要组成部分。楼梯主要由梯段和平台组成，其平面布置、踏步尺寸、栏杆形式等由建筑设计确定。由于钢筋混凝土的耐火、耐久性能均比用其他材料制作的楼梯好，故建筑中采用钢筋混凝土楼梯最为广泛。

钢筋混凝土楼梯按施工方法的不同可分为整体式和装配式；按结构形式的不同，又可分为板式、梁式、悬挑式和螺旋式，如图 2-66 所示。前两种属于平面受力体系，后两种则为空间受力体系。本节主要介绍钢筋混凝土现浇板式楼梯和现浇梁式楼梯的计算与构造。

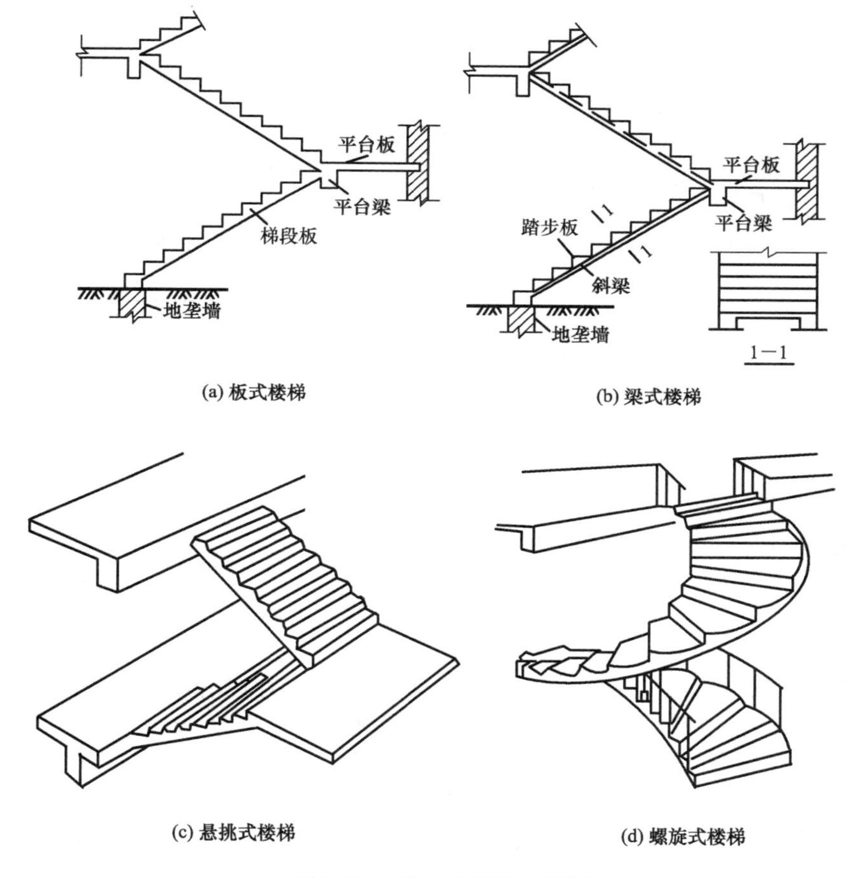

图 2-66 各种形式楼梯的示意图

2.6.2 现浇板式楼梯的计算与构造

板式楼梯由梯段板、平台板和平台梁组成，如图 2-66(a)所示。梯段板是一块斜放的齿形板，板端支承在平台梁和楼层梁上，最下端的梯段可支承在地垄墙上，因此板式楼梯的荷载传递途径是：梯段上的荷载以均布荷载的形式传给梯段板，梯段板和平台板以均布荷载的形式传递给平台梁，平台梁再以集中荷载的形式传递给侧墙或柱。

这种楼梯下表面平整，因而施工支模较方便，外观也较轻巧，一般适用于梯段水平投影在 3 m 以内的楼梯。其缺点是斜板较厚，约为梯段水平长度的 1/30～1/25；当荷载较大且水平投影大于 3 m 时，采用梁式楼梯较为经济。

板式楼梯的计算内容包括梯段板、平台板和平台梁。

1. 梯段板

计算梯段板的内力时，取 1 m 宽板带或整个梯断板作为计算单元。梯段板可简化为两端支承在平台梁上的简支斜板，简支斜板再转化为水平板，按简支梁计算，如图 2-67 所示。设梯段板单位长度上的竖向均布荷载为 $g+q$，g 为沿斜板斜向单位长度的恒荷载 g'（踏步自重、斜板自重、面层自重等）等效为沿水平单位长度的竖向荷载，q 为沿水平方向的竖向活荷载。

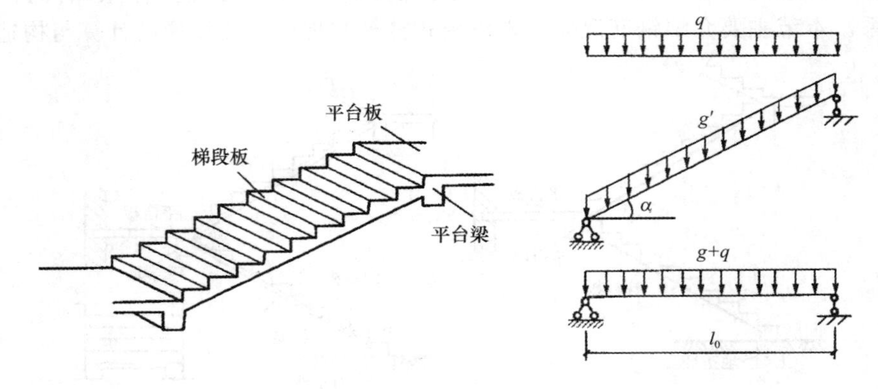

图 2-67　梯段板的计算简图

线荷载 g 与线荷载 g' 的换算关系为

$$g=\frac{g'}{\cos\alpha} \tag{2-36}$$

式中　α——梯段板的倾角。

简支斜板在竖向均布荷载作用下的跨中弯矩为

$$M_{\max}=\frac{1}{8}(g+q)l_0^2 \tag{2-37}$$

式中　l_0——梯段板的计算跨度。

斜板与平台梁是整浇在一起的，并非铰接，平台梁对斜板的转动变形有一定的约束作用，即减小了斜板的跨中弯矩。故计算板的跨中弯矩时，可近似取

$$M_{\max}=\frac{1}{10}(g+q)l_0^2 \tag{2-38}$$

斜板的厚度一般取 $l_n/30$～$l_n/25$，常用厚度为 100～120 mm。为避免斜板在支座处产生裂缝，应在板上面配置一定数量的钢筋，一般取 ϕ8@200，离支座边缘距离为 $l_n/4$。斜板内分布钢筋可采用 ϕ6 或 ϕ8，放置在受力钢筋的内侧，每级踏步不少于一根，如图 2-68 所示。

和一般板的计算一样，梯段板可以不考虑剪力和轴力。

2. 平台板

平台板一般设计成单向板，可取 1 m 宽板带进行计算。当平台板两边都与梁整浇时，

板跨中弯矩按 $M_{max}=(g+q)l_0^2/10$ 计算。当平台板的一端与平台梁整体连接，另一端支承在砖墙上时，板跨中弯矩按 $M_{max}=(g+q)l_0^2/8$ 计算，式中 l_0 为平台板的计算跨度。

考虑到板支座的转动会受到一定约束，一般应将板下部钢筋在支座附近弯起一半，或在板面支座处另配短钢筋，伸出支承边缘长度为 $l_n/4$，如图 2-69 所示。

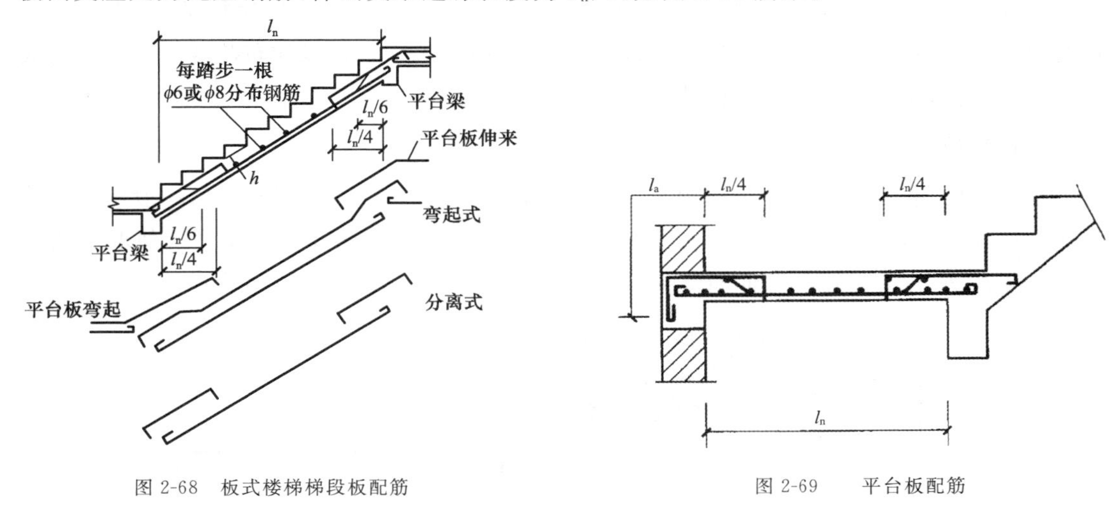

图 2-68　板式楼梯梯段板配筋　　　图 2-69　平台板配筋

3. 平台梁

平台梁两端支承在楼梯间的承重墙上(框架结构时支承在柱上)，承受平台板和斜板传来的均布荷载和平台梁自重，按简支的倒 L 形梁计算，其他构造要求与一般梁相同。

4. 折线形板的计算和配筋要求

为了满足建筑上的要求，有时踏步板需要采用折线形板(梁)的形式，折线形板的计算内力与一般斜板(梁)相同，计算简图如图 2-70 所示。对于折线形板，在折角处如钢筋沿折角内边布置，则受力钢筋将产生向外的合力，可能使该处的混凝土保护层崩脱(图 2-71(a))，应将此处纵向钢筋断开(图 2-71(b))，并各自延伸至上面分别予以锚固。若板的弯折位置靠近楼层梁，板内可能出现负弯矩，则板上面还应配置承担负弯矩的短钢筋，如图 2-71(c)所示。

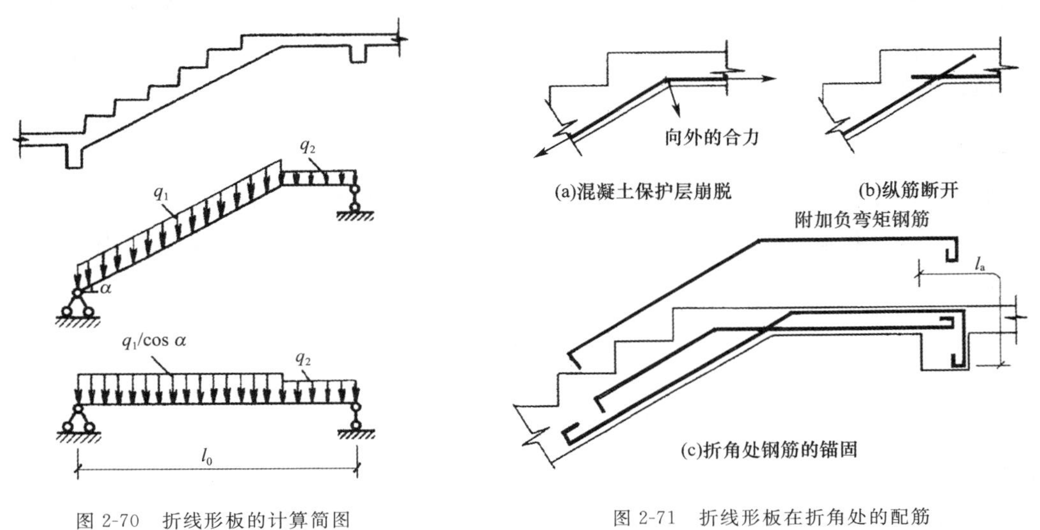

图 2-70　折线形板的计算简图　　　图 2-71　折线形板在折角处的配筋

2.6.3 现浇梁式楼梯的计算与构造

梁式楼梯的计算包括踏步板、斜梁、平台板和平台梁。其荷载传递途径是:踏步板上的荷载以均布荷载的形式传给斜梁,斜梁以集中荷载的形式、平台板以均布荷载的形式将荷载传递给平台梁,平台梁再以集中荷载的形式传递给侧墙或柱。

1. 踏步板

踏步板两端支承在斜梁上,如图 2-72(a)所示,按两端简支的单向板计算,一般取一个踏步作为计算单元,如图 2-72(b)所示。踏步板为梯形截面,板截面计算高度可近似取平均高度 $h=(h_1+h_2)/2$,按矩形截面简支梁计算,计算简图如图 2-72(c)所示。

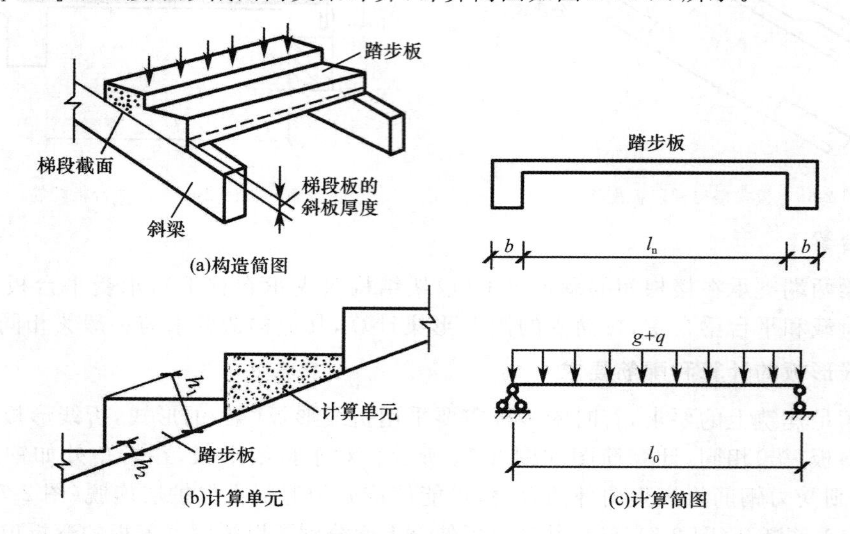

图 2-72 梁式楼梯踏步板的构造简图、计算单元和计算简图

板厚一般不小于 30～40 mm。踏步板配筋除按计算确定外,要求每一踏步一般需配置不少于 2ϕ6 的受力钢筋,沿斜向布置的分布钢筋直径不小于 ϕ6,间距不大于 250 mm。梁式楼梯踏步板的配筋如图 2-73 所示。

2. 斜梁

斜梁两端支承在平台梁上,承受踏步板传来的均布荷载和斜梁自重。斜梁的计算中不考虑平台梁的约束作用,按简支计算,其内力计算简图如图 2-74 所示。斜梁的内力可按下列公式计算:

$$M_{\max}=\frac{1}{8}(g+q)l_0^2 \tag{2-39}$$

$$V_{\max}=\frac{1}{2}(g+q)l_n\cos\alpha \tag{2-40}$$

式中 g、q——作用于梯段斜梁上沿水平投影方向的恒荷载设计值、活荷载设计值;

l_0、l_n——梯段斜梁的水平计算跨度、净跨度的水平投影长度。

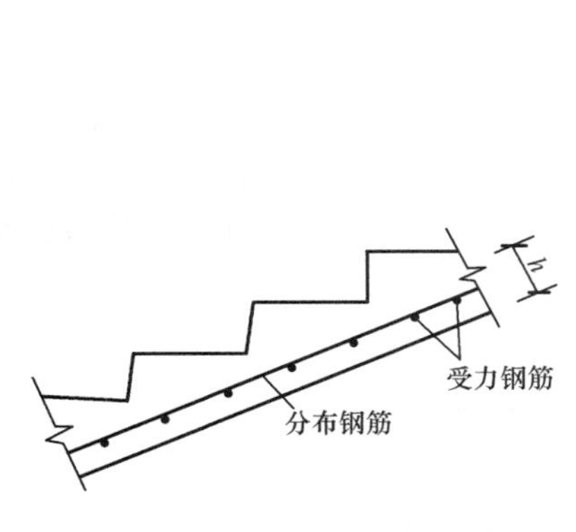

图 2-73 梁式楼梯踏步板配筋示意图

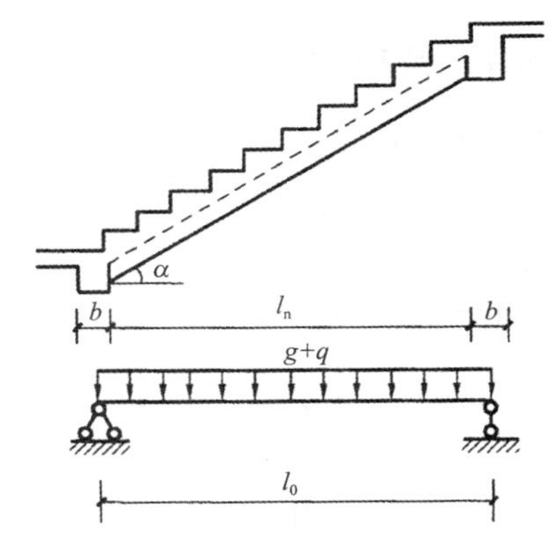

图 2-74 斜梁的计算简图

斜梁的配筋和构造要求与一般梁相同，如图 2-75 所示。

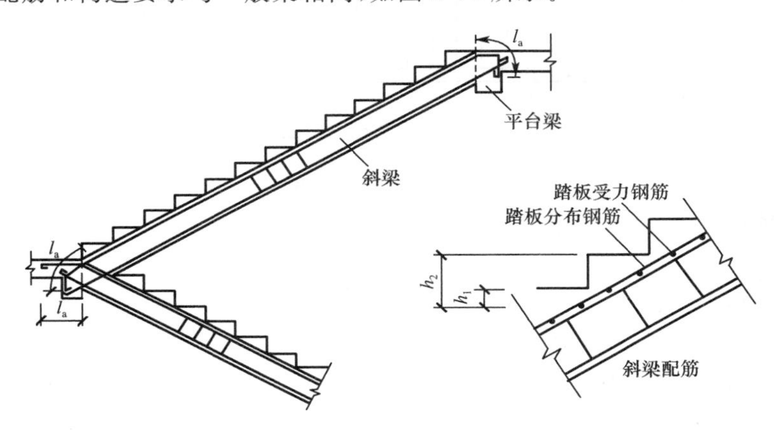

图 2-75 斜梁配筋示意图

3. 平台板

梁式楼梯平台板的计算及构造与板式楼梯相同。

4. 平台梁

平台梁一般支承在楼梯间两侧的横墙上，承受斜梁传来的集中荷载和平台板传来的均布荷载及平台梁自身的均布荷载，按简支梁计算，如图 2-76 所示。配筋和构造要求与一般梁相同。

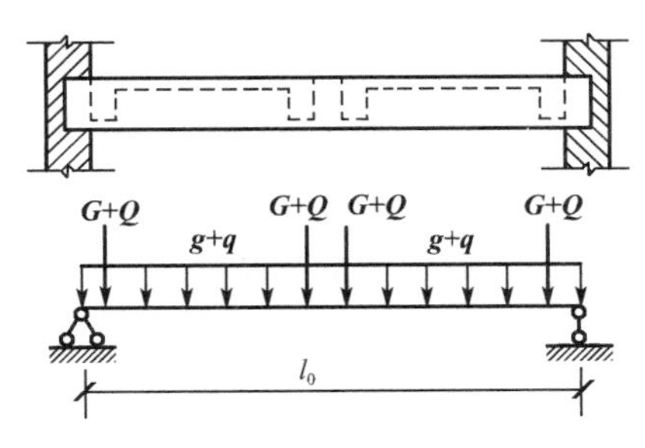

图 2-76 平台梁的计算简图

2.6.4 楼梯设计实例

某办公楼的现浇板式楼梯，其平面布置如图 2-77 所示，层高 3.3 m，踏步尺寸 150 mm×300 mm。楼梯段和平台板构造做法：30 mm 水磨石面层，20 mm 厚混合砂浆板底抹灰；楼梯上的均布活荷载标准值 $q_k=3.5\ kN/m^2$。混凝土采用 C30，板、梁的纵向受力钢筋采用 HRB335，环境类别为一类。试设计该楼梯。

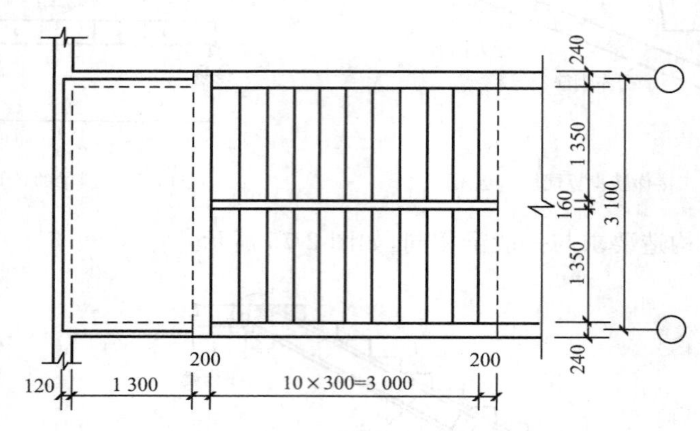

图 2-77 楼梯结构平面图

1. 楼梯斜板设计

斜板厚 $h=\frac{l_n}{28}=\frac{3\ 000}{28}=107.14$ mm，取 $h=110$ mm

(1)荷载计算(取 1 m 宽板带计算)

恒荷载标准值：	水磨石面层	$(0.3+0.15)\times0.65/0.3=0.975$ kN/m
	混凝土踏步	$0.3\times0.15/2\times25/0.3=1.875$ kN/m
	混凝土斜板	$0.11\times25\times3.424/3.0=3.139$ kN/m
	板底抹灰	$0.02\times17\times3.424/3.0=0.388$ kN/m
		6.38 kN/m
活荷载标准值：		3.50 kN/m

荷载设计值：

由可变荷载效应控制的组合，取荷载分项系数 $\gamma_G=1.2$，$\gamma_Q=1.4$，则有

$$p=1.2\times6.38+1.4\times3.5=12.56\ kN/m$$

由永久荷载效应控制的组合，取荷载分项系数 $\gamma_G=1.35$，$\gamma_Q=1.4$；组合值系数 $\psi_c=0.7$，则有

$$p=1.35\times6.38+1.4\times0.7\times3.5=12.04\ kN/m$$

则斜板荷载设计值为

$$p=12.56\ kN/m$$

(2)截面设计

①配筋计算

斜板的水平计算跨度 $l_0=l_n=3.0$ m，弯矩设计值 $M=\frac{1}{10}pl_0^2=\frac{1}{10}\times12.56\times3^2=11.304\ kN\cdot m$。

$h_0=110-20=90$ mm。

$$\alpha_s=\frac{M}{\alpha_1 f_c b h_0^2}=\frac{11.304\times10^6}{1.0\times14.3\times1\ 000\times90^2}=0.098$$

$$\xi=1-\sqrt{1-2\alpha_s}=1-\sqrt{1-2\times0.098}=0.103<\xi_b=0.55$$

$$A_s=\xi b h_0\frac{\alpha_1 f_c}{f_y}=0.103\times1\ 000\times90\times\frac{1\times14.3}{300}=441.87\ \text{mm}^2$$

选配Φ 8@100，$A_s=503$ mm²。

②验算适用条件

ρ_{min} 取 0.2%和 $45f_t/f_y$(%)中的较大值，$45f_t/f_y(\%)=45\times1.43/300\%=0.21\%$，故取 $\rho_{min}=0.21\%$

$A_{s,min}=\rho_{min}bh=0.21\%\times1\ 000\times110=231\ \text{mm}^2<A_s=503\ \text{mm}^2$，满足要求。

每个踏步布置 1 根 ϕ8 的分布钢筋，斜板的配筋如图 2-77 所示。

2. 平台板设计

平台板厚 h 取 60 mm，取 1 m 宽的板带计算。

(1)荷载计算

恒荷载标准值：	水磨石面层	0.65×1=0.65 kN/m
	混凝土板	0.06×25×1=1.50 kN/m
	板底抹灰	0.02×17×1=0.34 kN/m
		2.49 kN/m
活荷载标准值：		3.50 kN/m

荷载设计值：

由可变荷载效应控制的组合，取荷载分项系数 $\gamma_G=1.2$，$\gamma_Q=1.4$，则有

$$p=1.2\times2.49+1.4\times3.5=7.89\ \text{kN/m}$$

由永久荷载效应控制的组合，取荷载分项系数 $\gamma_G=1.35$，$\gamma_Q=1.4$；组合值系数 $\psi_c=0.7$，则有

$$p=1.35\times2.49+1.4\times0.7\times3.5=6.79\ \text{kN/m}$$

则平台板荷载设计值为

$$p=7.89\ \text{kN/m}$$

(2)截面设计

①配筋计算

平台板的计算跨度：$l_0=l_n+h/2=1.3+0.06/2=1.33\ \text{m}<l_0=l_n+a/2=1.3+0.12/2=1.36\ \text{m}$

取 $l_0=1.33$ m，$h_0=60-20=40$ mm

弯矩设计值：$M=\frac{1}{8}pl_0^2=\frac{1}{8}\times7.89\times1.33^2=1.745\ \text{kN}\cdot\text{m}$

$$\alpha_s=\frac{M}{\alpha_1 f_c b h_0^2}=\frac{1.745\times10^6}{1.0\times14.3\times1\ 000\times40^2}=0.076<\alpha_{smax}=0.398\ 8$$

$$\gamma_s=\frac{1+\sqrt{1-2\alpha_s}}{2}=\frac{1+\sqrt{1-2\times0.076}}{2}=0.96$$

$$A_s=\frac{M}{\gamma_s f_y h_0}=\frac{1.745\times10^6}{0.96\times300\times40}=151.48\ \text{mm}^2$$

选配 ϕ8@200，$A_s=251\ \text{mm}^2$。

②验算适用条件

ρ_{min} 取 0.2%和 $45f_t/f_y$(%)中的较大值，$45f_t/f_y(\%)=45\times1.43/300\%=0.21\%$，故取 $\rho_{min}=0.21\%$

$A_{s,min}=\rho_{min}bh=0.21\%\times1\ 000\times60=126\ \text{mm}^2<A_s=251\ \text{mm}^2$，满足要求。

分布钢筋选用 ϕ6@200，平台板的配筋如图 2-78 所示。

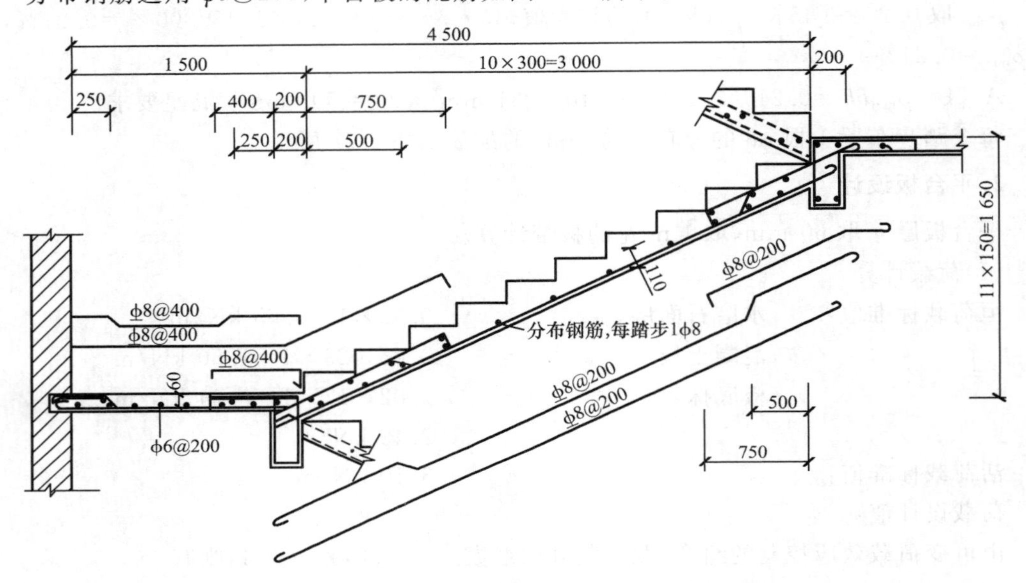

图 2-78　楼梯斜板及平台板配筋图

3. 平台梁的设计

平台梁的计算跨度：$l_0=l_n+a=(3.0-0.24)+0.24=3.0\ \text{m}>l_0=1.05l_n=1.05\times2.76=2.90\ \text{m}$，取 $l_0=2.90\ \text{m}$。

平台梁的截面尺寸：$h=\frac{l_0}{12}=\frac{2\ 900}{12}=242\ \text{mm}$，取 $b\times h=200\ \text{mm}\times350\ \text{mm}$。

(1)荷载计算

恒荷载标准值：	斜板传来	$6.38\times3.0/2=9.57\ \text{kN/m}$
	平台板传来	$2.49\times(1.3/2+0.2)=2.12\ \text{kN/m}$
	梁自重	$0.2\times(0.35-0.06)\times25=1.45\ \text{kN/m}$
	梁侧抹灰	$0.02\times(0.35-0.06)\times2\times17=0.20\ \text{kN/m}$
		$13.34\ \text{kN/m}$
活荷载标准值：		$3.5\times(3.0/2+1.3/2+0.2)=8.225\ \text{kN/m}$

荷载设计值：

由可变荷载效应控制的组合，取荷载分项系数 $\gamma_G=1.2$，$\gamma_Q=1.4$，则有

$$p=1.2\times13.34+1.4\times8.225=27.52\ \text{kN/m}$$

由永久荷载效应控制的组合，取荷载分项系数 $\gamma_G=1.35$，$\gamma_Q=1.4$；组合值系数 $\psi_c=0.7$，则有

$$p=1.35\times13.34+1.4\times0.7\times8.225=26.07\ \text{kN/m}$$

则平台梁的荷载设计值为

$$p=27.52\ \text{kN/m}$$

(2)截面设计

①内力计算

弯矩设计值 $M=\frac{1}{8}pl_0^2=\frac{1}{8}\times27.52\times2.9^2=28.93\ \text{kN}\cdot\text{m}$

剪力设计值 $V=\frac{1}{2}pl_n=\frac{1}{2}\times27.52\times2.76=37.98\ \text{kN}$

②正截面承载力计算

● 平台梁配筋计算

截面按倒 L 形计算，受压翼缘的计算宽度：

按计算跨度 l_0 考虑　$b_f'=l_0/6=2\ 900/6=483\ \text{mm}$

按梁(肋)净距 s_n 考虑　$b_f'=b+s_n/2=200+1\ 300/2=850\ \text{mm}$

按翼缘高度 h_f'考虑　$b_f'/h_0=60/315=0.19>0.1$，所以不按翼缘高度考虑

故取 $b_f'=483\ \text{mm}$，$h_0=350-35=315\ \text{mm}$

因 $\alpha_1 f_c b_f' h_f'(h_0-\frac{h_f'}{2})=1.0\times14.3\times483\times60\times(315-60/2)=118.11\times10^6\ \text{N}\cdot\text{mm}=118.11\ \text{kN}\cdot\text{m}>M=25.48\ \text{kN}\cdot\text{m}$

故属于第一类 T 形截面。

$$\alpha_s=\frac{M}{\alpha_1 f_c bh_0^2}=\frac{28.93\times10^6}{1.0\times14.3\times483\times315^2}=0.042$$

$$\xi=1-\sqrt{1-2\alpha_s}=1-\sqrt{1-2\times0.042}=0.042<\xi_b=0.55$$

$$A_s=\xi bh_0\frac{\alpha_1 f_c}{f_y}=0.042\times483\times315\times\frac{1\times14.3}{300}=304.59\ \text{mm}^2$$

选配 2 Φ 14，$A_s=308\ \text{mm}^2$。

● 验算适用条件

ρ_{min} 取 0.2%和 $45f_t/f_y$(%)中的较大值，$45f_t/f_y$(%)$=45\times1.43/300\%=0.21\%$，故取 $\rho_{min}=0.21\%$

$A_{smin}=\rho_{min}bh=0.21\%\times200\times350=147\ \text{mm}^2<A_s=308\ \text{mm}^2$，满足要求。

③斜截面承载力计算

● 验算截面尺寸是否符合要求

$0.25\beta_c f_c bh_0=0.25\times1\times14.3\times200\times315=225.23\times10^3\ \text{N}=225.23\ \text{kN}>V=37.98\ \text{kN}$，截面尺寸满足要求。

● 判别是否需要按计算配置腹筋

$0.7f_t bh_0 = 0.7\times1.43\times200\times315 = 63.06\times10^3\ \text{N} = 63.06\ \text{kN} > V = 37.98\ \text{kN}$

需要按构造配置腹筋，箍筋选用双肢箍Φ 6@200。

● 验算适用条件

$$\rho_{sv} = \frac{nA_{sv1}}{bs} = \frac{2\times28.3}{200\times200} = 0.142\% > \rho_{sv,min} = 0.24\frac{f_t}{f_{yv}} = 0.24\times\frac{1.43}{300} = 0.114\%$$

且选择箍筋间距和直径均满足构造要求。

平台梁的配筋如图 2-79 所示。

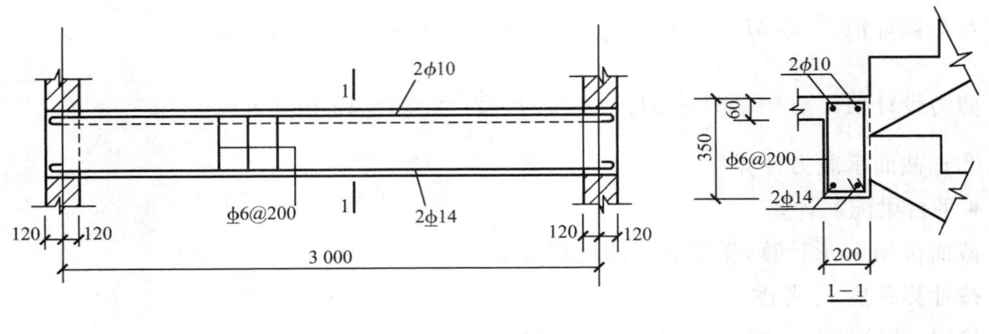

图 2-79　平台梁配筋图

2.7　悬挑结构

2.7.1　概　述

悬挑结构是工程结构中最常见的结构形式之一，如建筑工程中的雨篷、外阳台、挑檐等。这种结构是从主体结构悬挑出梁或板，形成悬臂结构，其本质上仍是梁板结构。根据悬挑长度，有两种基本的结构布置方案：当悬挑长度较大时，可从支承结构悬挑出梁，在悬挑梁上布置板，这种方案按梁板式结构计算内力；当悬挑长度较小时，可直接从支承梁悬挑出板，应按悬臂板计算内力。它们的设计除了与一般梁板结构相同的内容外，还应进行抗倾覆验算。

本节以雨篷为例，介绍设计要点。

2.7.2　雨篷设计

1. 一般说明

板式雨篷一般由雨篷板和雨篷梁组成，如图 2-80 所示。雨篷梁除支承雨篷板外，还兼做过梁，承受上部墙体的重力和楼面梁板或楼梯平台传来的荷载。在荷载作用下，这种雨篷可能发生三种破坏：①雨篷板根部截面受弯破坏；②雨篷梁受弯、剪、扭作用而发生破坏；③雨篷整体倾覆破坏。因此，雨篷的计算包括雨篷板、雨篷梁的承载力计算和整体抗倾覆验算。

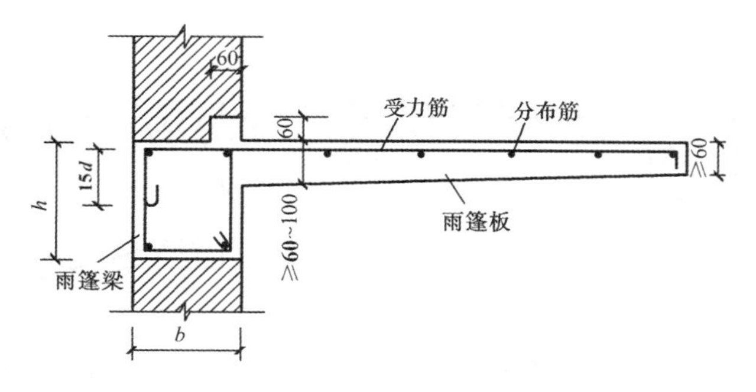

图 2-80　板式雨篷的构造要求

2. 雨篷板的设计

作用在雨篷板上的荷载有恒荷载和活荷载。恒荷载包括板自重、面层和粉刷层等自重；活荷载包括均布可变荷载与雪荷载，取两者中较大值；另外尚应考虑在板悬臂端作用施工或检修集中荷载，每一施工或检修集中荷载值为 1.0 kN，进行承载力计算时，沿板宽每隔 1.0 m 取一个集中荷载；进行倾覆验算时，沿板宽每隔 2.5～3 m 取一个集中荷载。板端施工集中荷载与均布可变荷载或雪荷载不同时考虑。

雨篷板通常取 1 m 宽进行内力分析，当为板式结构时，其受力特点和一般悬臂板相同，应按恒荷载 g 与均布活荷载 q 组合(图 2-81(a))和恒荷载 g 与集中荷载 F 组合(图 2-81(b))分别计算内力，取较大的弯矩值进行正截面受弯承载力计算，计算截面取在梁截面外边缘，即雨篷板根部截面。

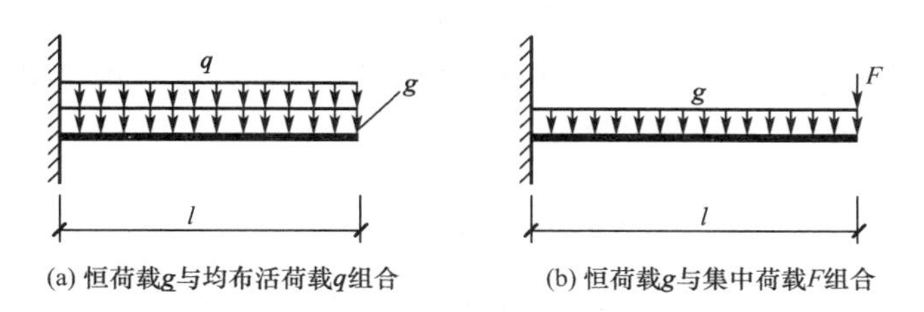

(a) 恒荷载g与均布活荷载q组合　(b) 恒荷载g与集中荷载F组合

图 2-81　雨篷板的计算简图

对于梁板式结构的雨篷，其受力特点与一般梁板结构相同。

3. 雨篷梁的设计

雨篷梁除承受自重及雨篷板传来的均布荷载和集中荷载外，还承受梁上砌体重及可能计入的上部楼盖传来的荷载，后者的取值按《砌体结构设计规范》(GB 50003—2011)中过梁的规定取用。由于雨篷板上荷载的作用点不在雨篷梁的竖向对称平面内，故这些荷载还将使雨篷梁产生扭矩，如图 2-82 所示。

雨篷梁在线扭矩荷载作用下，按两端固定梁计算。当雨篷板上作用有均布恒荷载 g 和均布活荷载 q 时，板传给梁轴线沿单位板宽方向的扭矩 m_p 为

$$m_p=(g+q)l\frac{l+b}{2} \tag{2-41}$$

当雨篷板上作用有均布恒荷载 g 和集中荷载 F 时，板传给梁轴线沿单位板宽方向的扭

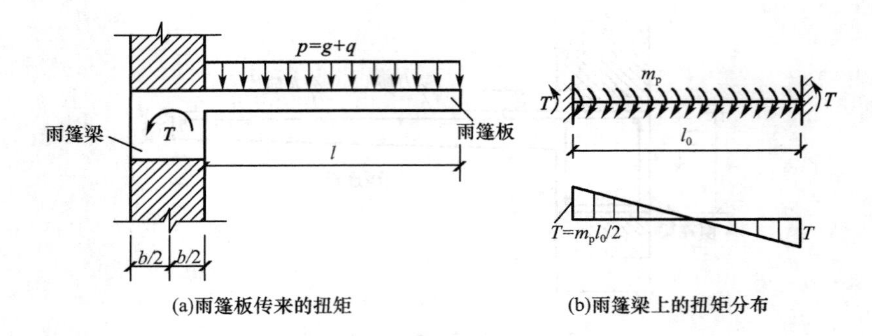

图 2-82　雨篷梁上的扭矩

矩 m_g 和集中扭矩 m_F 分别为

$$m_g=gl\,\frac{l+b}{2},m_F=F(l+\frac{b}{2})\tag{2-42}$$

则雨篷梁支座边缘截面的扭矩取下列两式中的较大值，即

$$T=\frac{1}{2}m_pl_0,T=\frac{1}{2}m_gl_0+F(l+\frac{b}{2})\tag{2-43}$$

式中　l_0——雨篷梁的计算跨度，可近似取 $l_0=1.05l_n$（l_n 为梁的净跨）；

l——雨篷板的悬挑长度；

b——雨篷梁的宽度。

雨篷梁在平面内竖向荷载作用下，按简支梁计算弯矩和剪力。计算弯矩时，分别考虑均布活荷载和施工集中荷载的作用。对于施工荷载，应沿板宽每隔 1.0 m 取一个集中荷载，并假定雨篷板板端传来的 1.0 kN 集中荷载 F 作用在梁的跨中。雨篷梁跨中截面弯矩取下列两式中的较大值，即

$$M=\frac{1}{8}(g+q)l_0^2,M=\frac{1}{8}gl_0^2+\frac{1}{4}Fl_0$$

式中　g、q——作用在雨篷梁上的线均布恒荷载、活荷载（分别包括梁自重、墙重、雨篷板传来的荷载以及楼面梁板或楼梯平台可能传来的荷载）；

l_0——雨篷梁的计算跨度。

计算剪力时，同样分别考虑均布活荷载和施工集中荷载的作用。假定雨篷板板端传来的 1.0 kN 集中荷载 F 作用在雨篷梁支座边缘。雨篷梁支座边缘截面剪力取下列两式中的较大值，即

$$V=\frac{1}{2}(g+q)l_n,V=\frac{1}{2}gl_n+F$$

式中　l_n——雨篷梁的净跨度。

雨篷梁在自重、梁上砌体重等荷载作用下产生弯矩和剪力；在雨篷板荷载作用下不仅产生扭矩，而且还产生了弯矩和剪力。因此，雨篷梁是受弯、受剪和受扭的构件。

这样，雨篷梁应按受弯、受剪、受扭构件计算所需纵向钢筋和箍筋的截面面积，并满足构造要求。

4. 雨篷抗倾覆验算

雨篷板上荷载使整个雨篷绕雨篷梁底的倾覆点转动倾倒，而梁自重、梁上砌体重等却有阻止雨篷倾覆的稳定作用。雨篷梁的抗倾覆验算参见《砌体结构设计规范》(GB 50003—2011)。

5. 雨篷板、雨篷梁的构造

一般雨篷板的挑出长度为0.6～1.2 m或更长，视建筑要求而定。根据雨篷板为悬臂板的受力特点，可设计成变厚度板，一般取根部板厚为1/10挑出长度，当挑出长度不大于500 mm时，板厚不小于60 mm；当悬臂长度不大于1 000 mm时，板厚不小于100 mm；当悬臂长度不大于1 500 mm时，板厚不小于150 mm；端部板厚不小于60 mm。雨篷板周围往往设置凸沿以便能有组织排水。雨篷板受力按悬臂板计算确定，最小不得少于 ϕ6@200，受力钢筋必须伸入雨篷梁，并与梁中箍筋连接。此外，还必须按构造要求配置分布钢筋，一般不少于 ϕ6@300。如图2-80所示为一悬臂板式雨篷的配筋图。

雨篷梁的宽度一般与墙厚相同，梁的高度按承载力确定。梁两端埋入砌体的长度应考虑雨篷抗倾覆的因素来确定。一般当梁净跨长 $l_n<1.5$ m时，梁一端埋入砌体的长度 a 宜取 $a\geqslant300$ mm；当 $l_n\geqslant1.5$ m时，宜取 $a\geqslant500$ mm。雨篷梁按受弯、受剪、受扭构件设计配筋，其箍筋必须按受扭箍筋要求制作。

本章小结

(1)在实际工程中，钢筋混凝土楼盖是最典型的梁板结构。按施工方法的不同，楼盖可分为现浇整体式、装配式和装配整体式三种，其中现浇整体式应用较为普遍。

(2)梁板结构的设计步骤为：①结构选型和结构平面布置；②确定计算简图；③内力计算，绘制内力包络图；④截面配筋；⑤考虑构造要求，绘制施工图。

(3)确定结构计算简图是进行结构内力分析的关键。应抓住主要因素，忽略次要因素，将实际结构抽象为既能反映结构的实际受力和变形特点又便于计算的理想模型，称为结构的计算简图。

(4)在荷载作用下，如果板是双向受力，则称为双向板；否则为单向板。设计中可按板的四边支承情况和板的两个方向的跨度比来区分单、双向板。

(5)在整体式单向板肋形楼盖中，主梁一般按弹性理论计算内力，板和次梁可按考虑塑性内力重分布法计算内力。按塑性理论计算结构内力时，常用的一种设计方法是弯矩调幅法，通常假定塑性铰首先出现在连续梁的支座截面(或支座截面与部分跨中截面同时出现)；为了满足塑性条件，一方面要求塑性铰的转动幅度不宜过大，主要是限制塑性铰截面的弯矩调幅系数 $\beta\leqslant25\%$；另一方面要求塑性铰具有足够的转动能力，主要是要求塑性铰截面的相对受压区高度应满足 $0.1\leqslant\xi\leqslant0.35$，另外宜采用HRB400级和HRB500级热轧钢筋，也可采用HPB300级热轧钢筋，混凝土强度等级宜采用C25～C45；还应注意满足构件使用阶段裂缝和刚度的要求。

(6)双向板可按弹性理论和塑性理论计算内力。弹性理论方法采用查表方式进行；塑性理论方法基于塑性铰线的分布，采用极限平衡公式计算，要比弹性理论方法节省钢筋。

(7)无梁楼盖是一种板柱体系，其受力与肋梁楼盖不同。根据其受力特点，将无梁楼盖板比拟为等代连续梁，将板柱体系等代为框架体系分析。根据工程经验，将板带划分成柱上板带和跨中板带区别配筋。无梁楼盖设计中要注意板、柱节点的抗冲切验算和柱帽的设计构造。

(8)井式楼盖可视为将大双向板再次用交叉梁划分为小双向板。板的计算同一般双向板；梁的计算视区格的多少和大小，分别采用拟板法和力法进行计算。采用力法不考虑交叉梁扭矩和剪力的影响，按交叉点位移相等的条件，列方程求解梁上荷载，进而求解梁内力。

(9)梁式楼梯和板式楼梯都是平面受力体系，二者的主要区别在于楼梯段是斜梁承重还是板承重。斜板和斜梁的内力可按跨度为水平投影长度的水平结构进行计算，相应地取沿水平长度的线均布荷载，由此计算所得弯矩为其实际弯矩，但剪力应乘以 $\cos\alpha$。另外考虑到板、梁简支假定与实际结构的差异，在支座处应配置构造负弯矩钢筋。同时也应注意折板、折梁的配筋构造。

(10)雨篷的设计计算包括雨篷板(悬挑边梁)的正截面受弯承载力计算，雨篷梁在弯矩、剪力和扭矩共同作用下的承载力计算及雨篷整体抗倾覆验算。

思考题

2.1 钢筋混凝土楼盖结构有哪几种类型？各有何特点？

2.2 什么是单向板和双向板？它们的受力有何不同？

2.3 试说明在均布荷载作用下，图 2-83 所示中哪些是单向板，哪些是双向板？

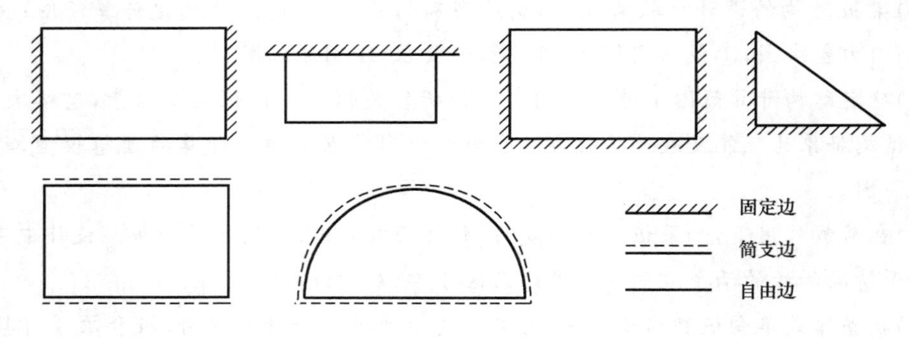

图 2-83 思考题 2.3 图

2.4 现浇单向板肋梁楼盖中，当按弹性理论计算结构内力时，如何确定主梁、次梁和板的计算跨度？当按塑性理论计算内力时，如何确定次梁和板的计算跨度？

2.5 主梁作为次梁的不动铰支座，柱作为主梁的不动铰支座，各应满足什么条件？当不满足这些条件时，计算简图应如何确定？

2.6 按弹性理论计算现浇单向连续板和连续次梁内力时，为什么要采用折算荷载？

2.7　为什么要考虑活荷载的不利布置？说明确定截面最不利内力的活荷载布置原则。如何绘制连续梁的内力包络图？

2.8　为什么在计算连续梁的支座截面配筋时，应取支座边缘处的弯矩？

2.9　什么是内力重分布？什么是应力重分布？

2.10　什么是塑性铰？试比较钢筋混凝土塑性铰与结构力学中的理想铰有何异同？

2.11　什么是弯矩调幅法？简述弯矩调幅法的基本步骤。考虑塑性内力重分布计算钢筋混凝土连续梁的内力时，为什么要控制支座弯矩调幅？

2.12　考虑塑性内力重分布计算钢筋混凝土连续梁时，为什么对出现塑性铰的截面要限制截面受压区高度？

2.13　连续单向板中受力钢筋的弯起和截断有哪些要求？单向板中有哪些构造钢筋？它们有何作用？

2.14　在主、次梁交接处，为什么要在主梁中设置吊筋或附加箍筋？如何确定横向附加钢筋（吊筋或附加箍筋）的截面面积？

2.15　如何利用单跨双向板的弹性弯矩系数计算连续双向板的跨中最大正弯矩值和支座最大负弯矩值？该法的适用条件是什么？

2.16　试说明四边支承双向板的受力特点，以及裂缝出现和形成塑性铰线过程。

2.17　形成塑性铰线应符合哪些规则？

2.18　试说明无梁楼盖的受力特点及内力计算的实用计算方法。

2.19　无梁楼盖设置柱帽的作用是什么？楼板的抗冲切破坏与梁的受剪破坏有何异同？

2.20　常用楼梯有哪几种类型？它们的优、缺点及适用范围有何不同？如何确定楼梯各组成构件的计算简图？

2.21　折线形斜板（斜梁）设计时应注意哪些问题？

2.22　雨篷计算包括哪些内容？作用于雨篷梁上的荷载有哪些？有边梁雨篷板和无边梁雨篷板的内力各应如何计算？

习　题

2.1　如图2-84所示两跨连续梁，承受集中恒荷载标准值 $G_k=50$ kN，集中活荷载标准值 $Q_k=80$ kN。试求：(1)按弹性理论计算的设计弯矩包络图；(2)按考虑塑性内力重分布，中间支座弯矩调幅20%后的设计弯矩包络图。

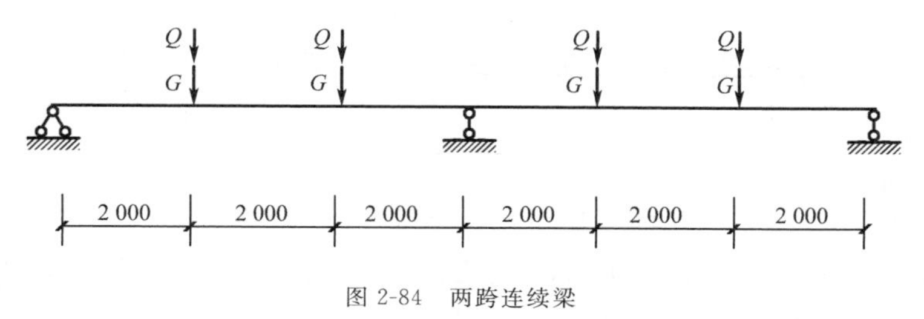

图2-84　两跨连续梁

2.2　如图2-85所示五跨连续板，承受恒荷载标准值 $g_k=3.2\ \mathrm{kN/m^2}$，活荷载标准值 $q_k=3.5\ \mathrm{kN/m^2}$；混凝土强度等级为C25，受力钢筋采用HRB335级钢筋；次梁截面尺寸 $b\times h=200\ \mathrm{mm}\times450\ \mathrm{mm}$，环境等级为一类。试按考虑塑性内力重分布的方法设计此板，并绘出配筋图。

2.3　如图2-86所示五跨连续次梁，两端支承在370 mm厚的砖墙上，中间支承在 $b\times h=300\ \mathrm{mm}\times700\ \mathrm{mm}$ 主梁上，承受板传来的恒荷载标准值 $g_k=12\ \mathrm{kN/m}$，活荷载标准值 $q_k=24\ \mathrm{kN/m}$，混凝土强度等级为C30，纵向钢筋采用HRB400级钢筋，箍筋采用HRB335级钢筋，环境等级为一类。试考虑塑性内力重分布设计该梁，并绘出配筋图。

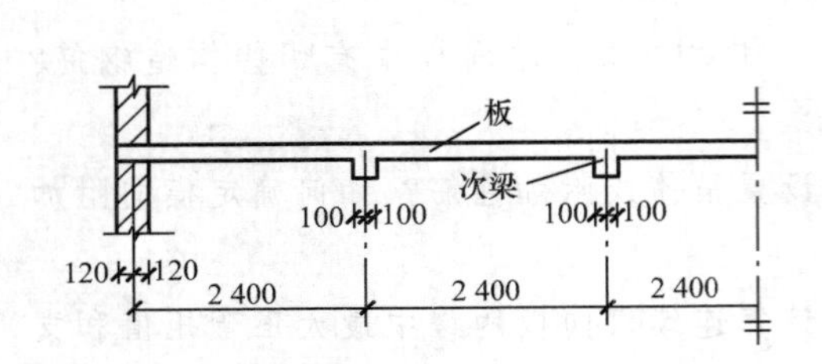

图2-85　五跨连续板几何尺寸及支承情况

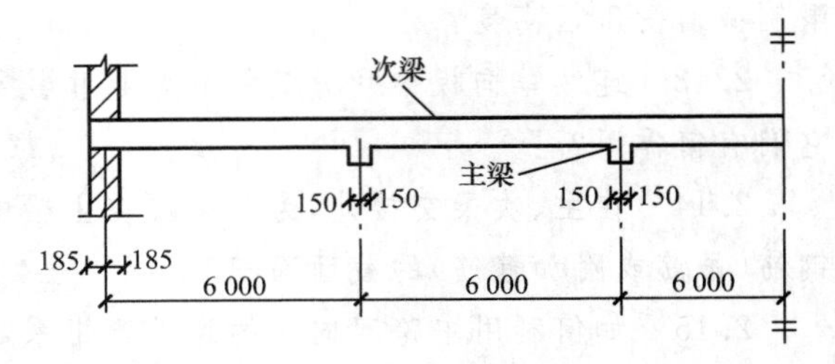

图2-86　五跨连续次梁几何尺寸及支承情况

2.4　如图2-87所示整浇双向板肋梁楼盖，板厚100 mm，梁截面尺寸均为250 mm×500 mm，在砖墙上的支承长度为240 mm；板周边支承在砖墙上，支承长度为120 mm。楼面恒荷载(包括板自重)标准值为3 $\mathrm{kN/m^2}$，活荷载标准值为5 $\mathrm{kN/m^2}$。混凝土强度等级为C30，受力钢筋采用HRB335级钢筋，环境等级为一类。试分别用弹性理论和塑性理论计算板的内力和相应的配筋。

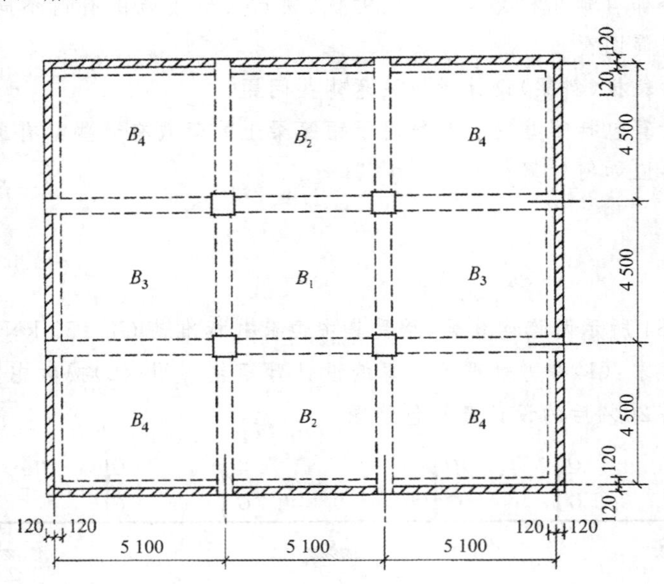

图2-87　整浇双向板肋梁楼盖平面布置图

2.5　某公共建筑的现浇板式楼梯，其平面布置如图2-88所示，层高3.3 m，踏步尺寸150 mm×300 mm。楼梯段和平台板构造做法：20 mm水泥砂浆面层，20 mm厚混合砂浆板底抹灰；楼梯上的均布荷载标准值 $q_k=2.5\ kN/m^2$。混凝土强度等级为 C30，板的纵向受力钢筋采用 HRB335 级钢筋，梁的纵向受力钢筋采用 HRB400 级钢筋，环境等级为一类。试设计该楼梯。

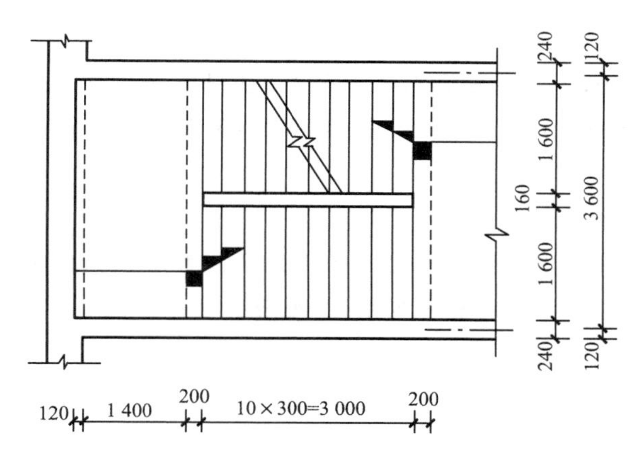

图 2-88　楼梯结构平面布置图

钢筋混凝土现浇单向肋梁楼盖课程设计

1. 设计资料

某多层厂房，采用钢筋混凝土单向板肋梁楼盖，其楼盖布置简图如图 2-89 所示，楼面荷载、材料及构造等设计资料如下：

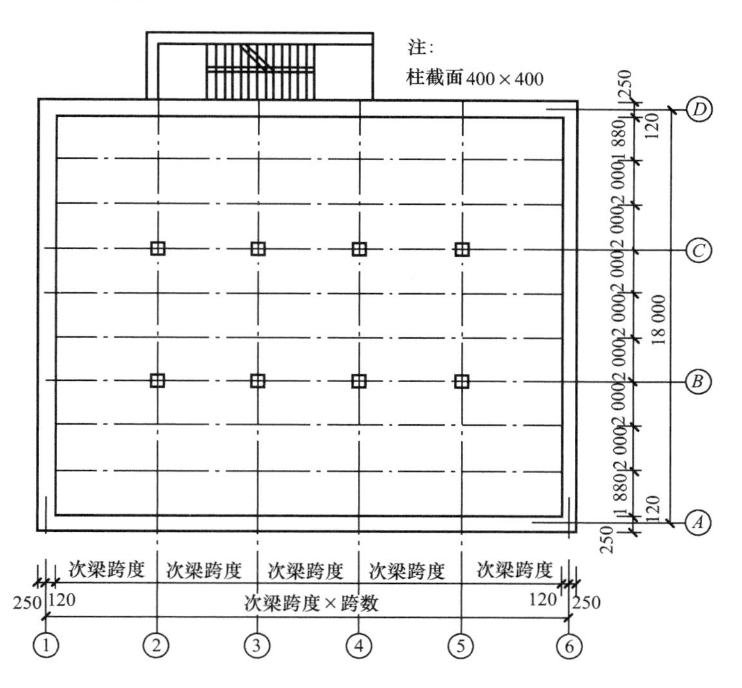

图 2-89　单向板肋形楼盖平面布置图

(1)楼面荷载：均布活荷载荷标准值 $q_k=2.0$、2.5、3.0、3.5、4.0、4.5、5.0 kN/m^2；

(2)楼面做法：20 mm 厚水泥砂浆面层、30 mm 厚水磨石面层，钢筋混凝土现浇板，20 mm 混合砂浆板底抹灰。

(3)材料：梁板混凝土强度等级均采用C30，梁内受力纵向钢筋采用HRB400级钢筋，板内受力筋和梁内箍筋均采用HRB335级钢筋，其余钢筋采用HPB300级钢筋。

(4)板伸入墙内120 mm，次梁伸入墙内240 mm，主梁伸入墙内370 mm；柱的截面尺寸为400 mm×400 mm。

(5)主梁跨度为6 m，次梁跨度为4.2、4.5、4.8、5.1、5.4、5.7、6.0 m。

[共7(活荷载荷标准值)×2(楼面做法)×7(次梁跨度)＝98个题]

2.设计内容和要求

(1)楼盖结构平面布置。

(2)单向板和次梁按考虑塑性内力重分布法计算内力，列表计算截面配筋；主梁按弹性理论计算内力，绘出弯矩包络图和剪力包络图，列表计算截面配筋。

(3)绘制楼盖结构施工图。

第3章　单层厂房结构

本章提要

本章介绍了装配式钢筋混凝土单层厂房排架结构的组成、传力路线、结构布置及主要构件的选型;叙述了排架结构的内力计算、内力组合、排架柱、牛腿及柱下单独基础的设计计算方法。本章的难点是:单层厂房结构的支撑作用及布置;排架柱的内力组合;柱下单独基础冲切承载力计算。

3.1　概　述

3.1.1　单层厂房的特点

工业厂房根据生产性质、工艺流程、机械设备和产品的不同,可分为单层厂房和多层厂房。单层厂房是目前工业建筑中应用范围比较广泛的一种建筑类型,它广泛应用于冶金、机械、纺织等多种生产领域,如炼钢、轧钢、铸造、金工、锻压、装配车间以及大型实验室等;由于这类厂房设有大型机械或设备,产品较重且轮廓尺寸较大,一般不能采用多层厂房。单层厂房的特点如下:

(1)单层厂房结构具有较大的跨度和净空,承受的荷载大,因而构件的内力大,截面尺寸大,材料用量多。

(2)单层厂房结构中常作用有起重机荷载、动力机械设备荷载等,因此结构设计时需考虑动力作用的影响。

(3)单层厂房内部一般无隔墙,仅四周有维护墙体,属于空旷结构,柱是承受各种荷载的主要构件。

(4)单层厂房中某些工业生产过程会产生高温、烟尘、有毒或腐蚀性物质,故房屋必须满足采光、通风、排气、保温、防护等要求。

(5)单层厂房中每种构件的应用较多,因而有利于构件设计标准化、生产工厂化和施工机械化;同时为缩短建造工期,单层厂房一般采用装配式或装配整体式结构。

3.1.2　单层厂房的结构类型

单层厂房结构按主要承重结构所用材料的不同,可以分为混合结构、钢筋混凝土结构和钢结构等。承重结构的选择主要取决于厂房的跨度、高度、起重机起重力和生产特点等因素。一般来说，对无起重机或起重机吨位不超过 5 t、跨度在 15 m 以内、柱顶标高不超过 8 m 且无特殊工艺要求的小型厂房，可采用由砖柱、钢筋混凝土屋架或轻钢屋架组成的混合结构。对有重型起重机（起重机吨位在 250 t 以上、起重机工作级别为 A_4、A_5 级）、跨度大于 36 m 或有特殊工艺要求（如设有 10 t 以上的锻锤或高温车间的特殊部位）的大型厂房，可采用全钢结构或由钢筋混凝土柱与钢屋架组成的结构。除上述情况以外的单层厂房均可采用钢筋混凝土结构，而且一般均采用装配式钢筋混凝土结构。

钢筋混凝土单层厂房的承重结构体系主要有排架结构和刚架结构两类。

排架结构由屋架（或屋面梁）、柱和基础组成，柱顶与屋架铰接，柱底与基础顶面刚接。根据生产工艺和使用要求的不同，排架结构可设计成单跨或多跨、等高或不等高或锯齿形等多种形式，如图 3-1 所示。钢筋混凝土排架结构的跨度可超过 30 m，高度可达 20～30 m 或更高，起重机吨位可达 150 t 甚至更大。

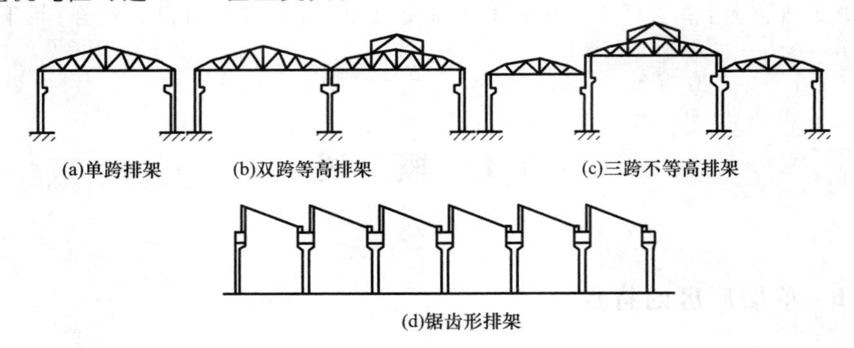

图 3-1　排架结构

刚架结构也是由梁、柱和基础组成，且通常采用装配式钢筋混凝土门式刚架（以下简称门架）。与排架结构不同，门架结构中的柱和梁刚接成一个构件，而柱与基础通常为铰接。当刚架顶节点做成铰接时，即成为三铰刚架，如图 3-2(a)所示；当刚架顶节点做成刚接时，即成为两铰刚架，如图 3-2(b)所示；柱与基础有时也采用刚接，如图 3-2(c)所示。当门架跨度较大时，为了便于运输和吊装，通常将整个门架做成三段，在梁弯矩为零（或很小）的截面处设置接头，用焊接或螺栓连接成整体，如图 3-2(c)所示。门架柱和梁的截面高度都是随内力（主要是弯矩）的增减沿轴线方向做成变高的，以节约材料用量。构件截面一般为矩形，但当跨度和高度都较大时，为减轻自重，也可做成 I 形或空腹截面。门架结构的优点是梁柱合一，构件种类少，制作简单，且结构轻巧，当厂房跨度和高度较小时其经济指标稍优于排架结构。门架结构的缺点是刚度较差，承载后会产生跨变，梁柱的转角处易产生早期裂缝。此外，由于门架的构件呈 Γ 形或 Y 形，使构件的翻身、起吊和对中、就位等都比较麻烦，所以其应用受到一定的限制。门架结构一般适用于屋盖较轻的无起重机或起重机吨位不超过 10 t、跨度不超过 18 m、檐口高度不超过 10 m 的中、小型单层厂房或仓库等。有些公共建筑（如礼堂、食堂、体育馆等）也可采用门架结构。

本章主要讲述装配式钢筋混凝土单层厂房排架结构设计中的主要问题。

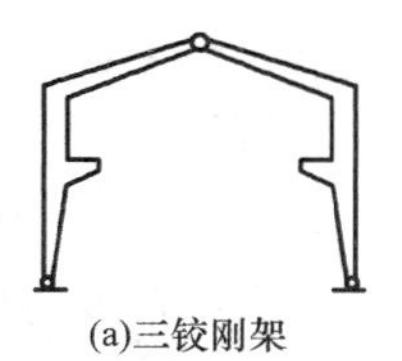

(a)三铰刚架

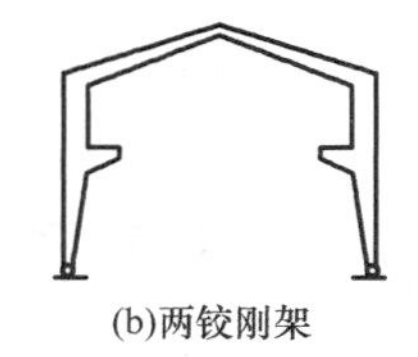

(b)两铰刚架

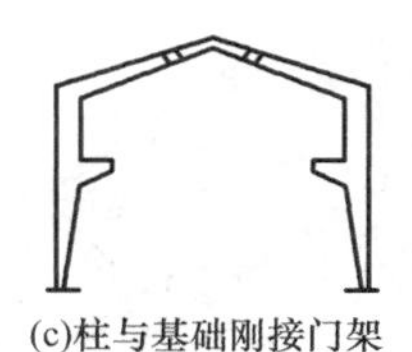

(c)柱与基础刚接门架

图 3-2 门式刚架结构

3.2 单层厂房的结构组成主要荷载及其传力路线

单层厂房案例分析

3.2.1 结构组成

单层厂房结构是一个复杂的空间受力体系，主要由屋盖结构、横向平面排架、纵向平面排架和围护结构四大部分组成，如图 3-3 所示。

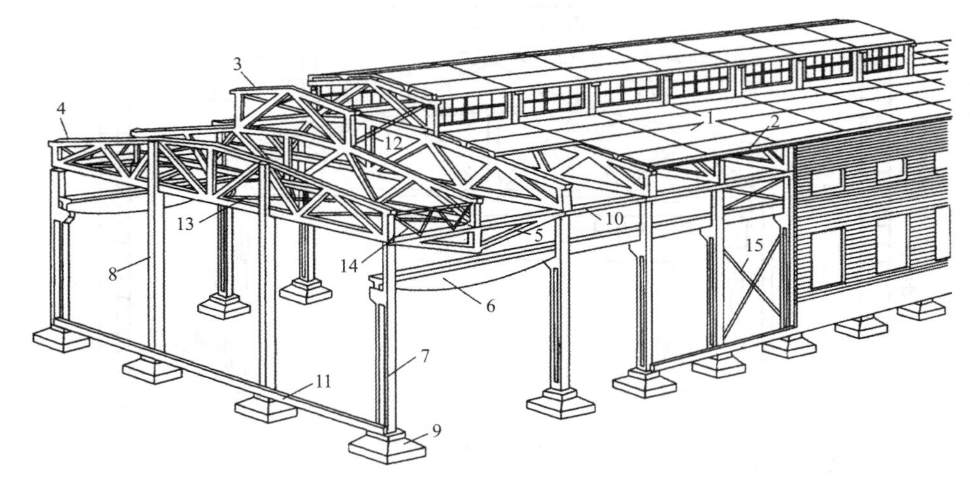

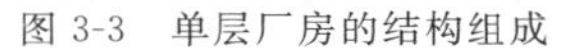

图 3-3 单层厂房的结构组成

1—屋面板；2—天沟板；3—天窗架；4—屋架；5—托架；6—起重机梁；7—排架柱；8—抗风柱；9—基础；10—连系梁；11—基础梁；12—天窗架垂直支撑；13—屋架下弦横向水平支撑；14—屋架端部垂直支撑；15—柱间支撑

1. 屋盖结构

屋盖结构分有檩体系和无檩体系两种。有檩体系由小型屋面板、檩条、屋架及屋盖支撑组成，如图 3-4(a)所示；无檩体系由大型屋面板(包括天沟板)、屋架(或屋面梁)及屋盖支撑组成，如图 3-4(b)所示。有时为采光和通风，屋盖结构中还有天窗架及其支撑。此外，为满足工艺上或其他原因抽柱的需要，还设有托架。有檩体系屋盖的整体性且刚度较小，适用于一般中、小型厂房；无檩体系屋盖的整体性好和刚度大，适用于具有较大吨位起重机或有较大振动的大、中型或重型工业厂房，是单层厂房中应用较广的一种屋盖结构形式。屋盖结构的主要作用是围护和承重(承受屋面活荷载、雪荷载、屋盖结构的自重及其他荷载)，并将这些荷载传给排架柱；此外，还可起通风和采光作用。

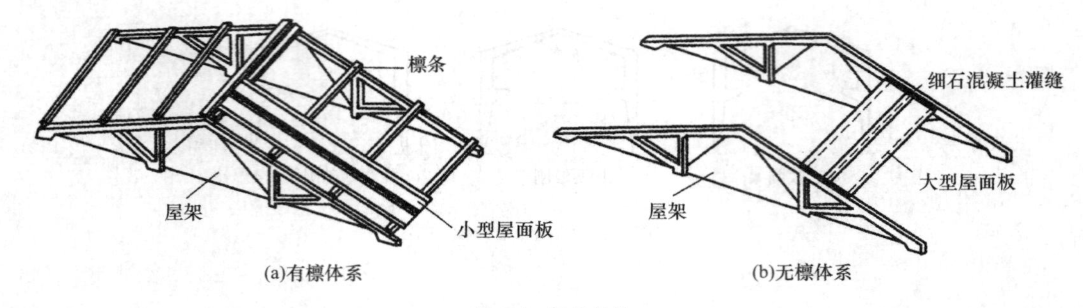

图 3-4 屋盖结构

2. 横向平面排架

横向平面排架由屋架(或屋面梁)、横向柱列和基础组成,是单层厂房的基本承重结构。厂房结构承受的竖向荷载(包括结构自重、屋面活荷载、雪荷载和起重机竖向荷载等)及横向水平荷载(包括风荷载、起重机横向制动力和横向水平地震作用等)主要通过横向平面排架传至基础及地基,如图 3-5 所示。

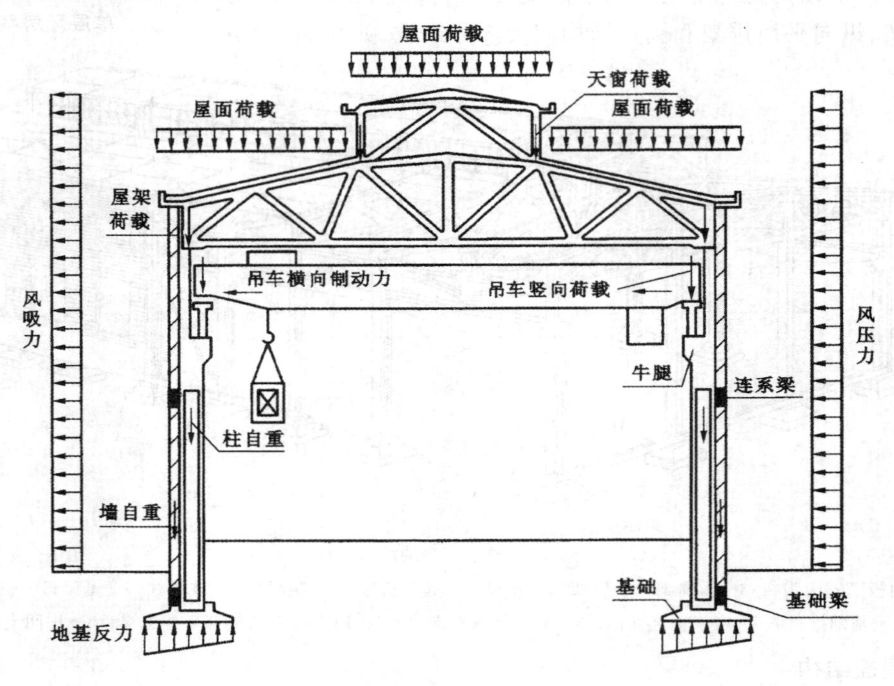

图 3-5 横向平面排架的组成及其荷载

3. 纵向平面排架

纵向平面排架由纵向柱列、连系梁、起重机梁、柱间支撑和基础等组成。其作用是保证厂房结构的纵向稳定性和刚度,承受作用在山墙、天窗端壁以及通过屋盖结构传来的纵向风荷载、起重机纵向水平荷载、纵向水平地震作用等,再将其传至地基,如图 3-6 所示。另外,它还承受因温度变化及收缩变形而产生的应力。

4. 围护结构

围护结构由纵墙、横墙(山墙)、连系梁、抗风柱(有时还有抗风梁或抗风桁架)和基础梁等构件组成。这些构件所承受的荷载主要是墙体和构件的自重以及作用在墙面上的风荷载。

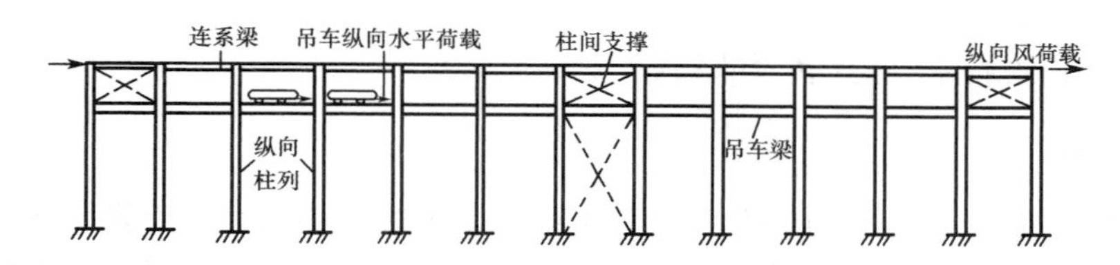

图 3-6　纵向平面排架的组成及其荷载

单层厂房由以上四大部分组成整体受力的空间结构。为方便读者熟悉各构件及其作用，现将其归纳列于表 3-1。

表 3-1　　单层厂房结构构件及其作用

构件名称		构件作用	备注
屋盖结构	屋面板	承受屋面构造层自重、屋面活荷载、雪荷载、积灰荷载以及施工荷载等，并将它们传给屋架(屋面梁)，具有覆盖、围护和传递荷载的作用	支撑在屋架(屋面梁)或檩条上
	天沟板	屋面排水并承受屋面积水及天沟板上的构造层自重、施工荷载等，并将它们传给屋架(屋面梁)	
	天窗架	形成天窗以便于采光和通风，承受其上屋面板传来的荷载及天窗上的风荷载等，并将它们传给屋架	
	托架	当厂房柱距大于大型屋面板或檩条跨度时，用以支撑中间屋架(屋面梁)，并将荷载传给柱	屋架间距与屋面板长度相同
	屋架(屋面梁)	与柱形成横向平面排架结构，承受屋盖上的全部竖向荷载，并将它们传给柱	
	檩条	支撑小型屋面板(或瓦材)，承受屋面板传来的荷载，并将它们传给屋架(屋面梁)	有檩体系屋盖中采用
柱	排架柱	承受屋盖结构、起重机梁、外墙、柱间支撑等传来的竖向和水平荷载，并将它们传给基础	同时为横向平面排架和纵向排架中的构件
	抗风柱	承受山墙传来的风荷载，并将它们传给屋盖结构和基础	也是围护结构的一部分
支撑体系	屋盖支撑	加强屋盖结构空间刚度，保证屋架的稳定，将风荷载传给排架结构	
	柱间支撑	加强厂房的纵向刚度和稳定性，承受并传递纵向水平荷载至排架柱或基础	有上柱柱间支撑和下柱柱间支撑
围护结构	外纵墙山墙	厂房的围护构件，承受风荷载及其自重	
	连系梁	连系纵向柱列，增强厂房的纵向刚度，并将风荷载传递给纵向柱列，同时还承受其上部墙体的重力	
	圈梁	加强厂房的整体刚度，防止由于地基不均匀沉降或较大振动荷载引起的不利影响	
	过梁	承受门窗洞口上部一定高度范围的墙体重力，并将它们传给门窗两侧的墙体	
	基础梁	承受围护墙体的重力，并将它们传给基础	
起重机梁		承受起重机竖向和横向及纵向水平荷载，并将它们分别传给横向或纵向排架	简支在柱牛腿上
基础		承受柱、基础梁传来的全部荷载，并将它们传给地基	

3.2.2 主要荷载及其传力路线

1. 荷载种类

单层厂房结构在施工和生产使用期间，主要承受永久荷载和可变荷载。永久荷载(或称为恒荷载)主要包括各种结构构件、围护结构的自重以及管道和固定设备的重力；可变荷载(或称为活荷载)主要包括屋面活荷载、雪荷载、风荷载、起重机竖向荷载、起重机水平荷载和地震作用等，对大量排灰的厂房(如机械厂铸造车间、炼钢厂的氧气转炉车间以及水泥厂等)及其高炉临近建筑物还应考虑屋面积灰荷载。按照荷载作用方向的不同，可将上述荷载分为竖向荷载、横向水平荷载和纵向水平荷载三种。

2. 传力路线

竖向荷载和横向水平荷载主要通过横向平面排架传至地基，如图 3-5 所示；纵向水平荷载主要通过纵向平面排架传至地基，如图 3-6 所示。

弄清厂房结构构件间的传力关系，是进行结构受力分析的前提，如图 3-7 所示的荷载传力路线，表达了常见排架结构构件之间的承力、传力关系。

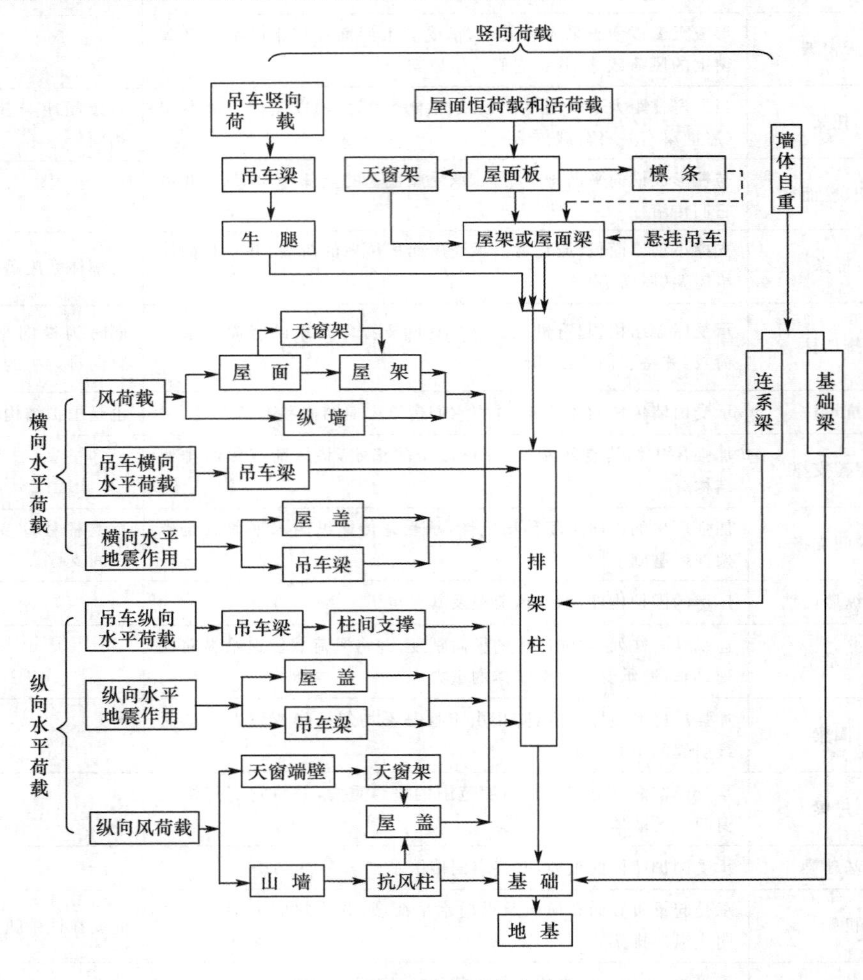

图 3-7 单层厂房荷载传力路线

由荷载的传力路线可以看出，横向平面排架是单层厂房中的主要承重结构，因此屋架（或屋面梁）、排架柱、起重机梁和基础是主要承重构件，设计时应予以重视。

3.3　单层厂房的结构布置和构件选型

单层厂房设计时，根据其生产特点、构造要求、具体情况（厂房跨度、高度及起重机起重力等），以及当地材料供应、施工条件、技术经济指标等综合因素考虑，处理好单层厂房的结构布置及主要构件的选型事宜。一般情况下，单层厂房的结构布置主要包括屋面结构、柱及柱间支撑、起重机梁、基础及基础梁等结构构件的布置。同时，结合各种构件的国家标准图集，合理地进行结构构件的类型选择。

3.3.1　结构布置

1. 柱网布置

厂房承重柱的纵向和横向定位轴线所形成的网格，称为柱网。柱网布置就是确定纵向定位轴线之间（跨度）的尺寸和横向定位轴线之间（柱距）的尺寸。柱网布置既是确定柱的位置，同时也是确定屋面板、屋架（屋面梁）、起重机梁和基础梁等构件的跨度和位置，并涉及厂房其他结构构件的布置。因此，柱网布置是否合理，将直接影响厂房结构的经济合理性和技术先进性。

柱网布置的一般原则是：在满足生产工艺和使用要求的前提下，力求建筑平面和结构方案经济合理；在厂房结构形式和施工方法上具有先进性和合理性；符合《厂房建筑模数协调标准》（GB/T 50006—2010）的有关规定；适应生产发展和技术革新的要求。

当厂房跨度在 18 m 及以下时，应采用扩大模数 30M 数列，即 9 m、12 m、15 m 和 18 m；当厂房跨度大于 18 m 时，应采用扩大模数 60M 数列，即 24 m、30 m、36 m 等；厂房柱距应采用扩大模数 60M 数列；厂房山墙处抗风柱的柱距，宜采用扩大模数 15M 数列，如图 3-8 所示。当工艺布置及技术经济指标有明显的优越性时，也可采用 21 m、27 m、33 m 等跨度；当工艺有特殊要求时，可局部抽柱；对某些有扩大柱距要求的厂房，也可采用 9 m 或其他尺寸柱距。

2. 变形缝的设置

变形缝包括伸缩缝、沉降缝和防震缝。

（1）伸缩缝

如果厂房长度和宽度过大，当气温变化时，将使结构内部产生很大的温度应力，严重时可将墙面、屋面及其他结构构件拉裂，影响厂房的正常使用，使构件的承载力降低。为了减小厂房结构中的温度应力，可设置伸缩缝将厂房结构分成若干温度区段。温度区段的长度（即伸缩缝的间距）取决于结构类型、施工方法和结构所处的环境等因素，《混凝土结构设计规范》（GB 50010—2010）规定了钢筋混凝土结构伸缩缝的最大间距，见表 3-2。超过规定或对厂房有特殊要求时，应进行温度应力验算。伸缩缝应从基础顶面开始，将两个温度区段的上部结构构件完全分开，并留出一定宽度的缝隙，使上部结构在气温有变化时，沿水平方向可自由地发生变形。

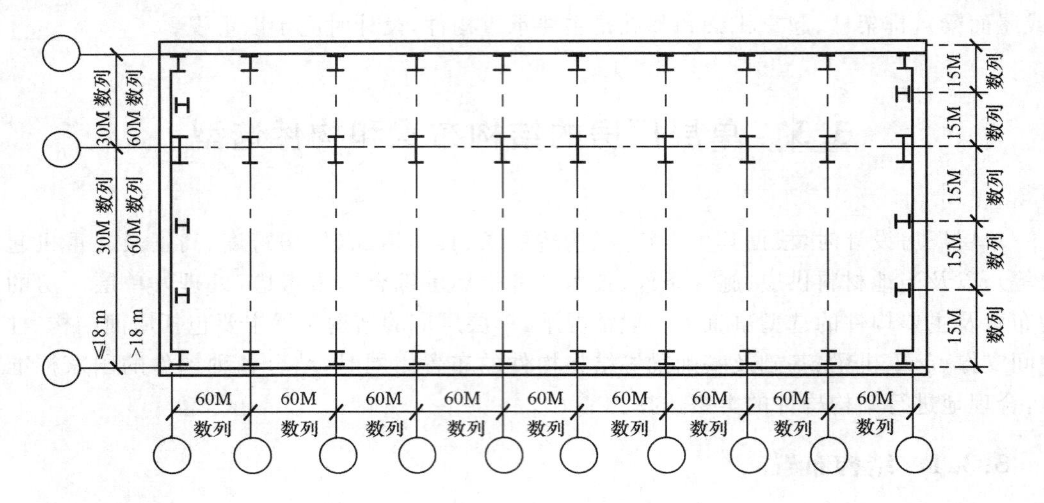

图 3-8　跨度和柱距

表 3-2　钢筋混凝土结构伸缩缝最大间距　m

结构类别		室内或土中	露天
排架结构	装配式	100	70
框架结构	装配式	75	50
	现浇式	55	35
剪力墙结构	装配式	65	40
	现浇式	45	30
挡土墙、地下室墙壁等类结构	装配式	40	30
	现浇式	30	20

注：1. 装配整体式结构的伸缩缝间距，可根据结构的具体布置情况取表中装配式结构与现浇式结构之间的数值；

2. 框架-剪力墙结构或框架-核心筒结构房屋的伸缩缝间距，可根据结构的具体布置情况取表中框架结构与剪力墙结构之间的数值；

3. 当屋面无保温或隔热措施时，框架结构、剪力墙结构的伸缩缝间距宜按表中露天栏的数值取用；

4. 现浇挑檐、雨罩等外露结构的局部伸缩缝间距不宜大于 12 m。

伸缩缝的构造有双柱式和单柱滚轴式，如图 3-9 所示，双柱式用于沿横向设置的伸缩缝，而单柱滚轴式用于沿纵向设置的伸缩缝。

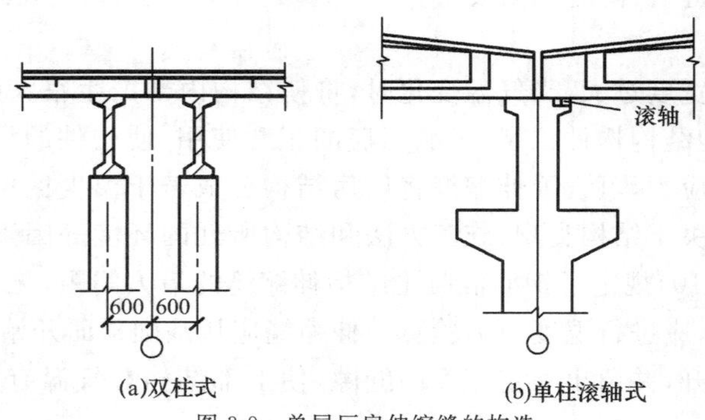

图 3-9　单层厂房伸缩缝的构造

(2)沉降缝

单层厂房排架结构对地基不均匀沉降有较好的适应能力，故在一般单层厂房中可不设置沉降缝，只在特殊情况下才考虑设置，如厂房相邻两部分高度相差很大(10 m 以上)，相邻两跨间起重机起重力相差悬殊，地基承载力或下卧层土质有较大差别，或厂房各部分的施工间隔相差很久致使地基土的压缩程度不同等情况。沉降缝应将建筑物从基础到屋顶全部分开，使缝两边成为完全独立的结构而互不影响。沉降缝可兼做伸缩缝，但伸缩缝不能兼做沉降缝。

(3)防震缝

位于地震区的单层厂房，当厂房平面、立面布置复杂，结构高度或刚度相差很大，以及在厂房侧边布置毗邻建筑物或构建物(如生活间、变电所、锅炉间等)时，应设置防震缝将相邻两部分分开。防震缝应沿厂房全高设置，两侧应布置墙或柱，基础可不设缝。地震区的伸缩缝和沉降缝均应符合防震缝的要求。

3. 厂房高度

厂房高度指室内地面至柱顶(或屋架下弦底面)的距离。厂房屋架下弦底面(或梁底面)的标高及起重机轨顶标高是厂房结构设计中的重要参数，应根据生产工艺和使用要求确定，同时要符合《厂房建筑模数协调标准》中华人民共和国国家标准(GB/T 50006—2010)规定，钢筋混凝土结构单层厂房自室内地面至柱顶的高度，应采用扩大模数 3M 数列；对有起重机厂房，自室内地面至支承起重机梁的牛腿顶面的高度也应采用扩大模数 3M 数列；当自室内地面至支承起重机梁的牛腿面的高度大于 7.2 m 时，宜采用扩大模数 6M 数列。

4. 支撑布置

厂房支撑分屋盖支撑和柱间支撑两类。支撑的主要作用是：保证结构构件的稳定与正常工作；增强厂房的空间刚度和整体稳定性；承担并传递水平荷载给主要承重构件；保证在施工安装阶段结构构件的稳定。在装配式混凝土单层厂房结构中，支撑虽然不是主要的承重构件，但却是联系各种主要结构构件并把它们构成整体的重要组成部分。因此，支撑布置是单层厂房结构设计中的一项主要内容。

支撑布置应结合厂房跨度、高度、屋架形式、有无天窗、起重机起重力和工作制、有无振动设备以及抗震设防等情况进行合理的布置。下面主要讲述各类支撑的作用和布置原则，至于具体布置方法及构造细节可参阅有关标准图集。

(1)屋盖支撑

屋盖支撑包括上，下弦横向水平支撑，下弦纵向水平支撑，垂直支撑和水平系杆、天窗架支撑等。

①上弦横向水平支撑

上弦横向水平支撑是沿厂房跨度方向用交叉角钢、直腹杆和屋架上弦杆共同构成的横向水平桁架。其作用是保证屋架上弦杆在平面外的稳定和屋盖纵向水平刚度，同时还作为山墙抗风柱顶端的水平支座，承受由山墙传来的风荷载和其他纵向水平荷载，并将其传至厂房的纵向柱列。

当屋面采用大型屋面板且与屋架(或屋面梁)有三点可靠焊接，能保证屋盖平面稳定并能传递山墙风荷载，屋面板可起上弦横向水平支撑的作用。因此，可不必设置上弦横向水平支撑。凡屋面为有檩体系，或山墙抗风柱将风荷载传至屋架上弦，而大型屋面板的连接不符合上述要求时，应在房屋的两端或当有横向伸缩缝时在温度缝区段两端设置上弦横向水平支撑，一般设在第一个柱间或设在第二个柱间，如图 3-10(a)所示。当厂房设有天窗，且天窗通过厂房端部的第二柱间或通过伸缩缝时，应在第一或第二柱间的天窗范围内设置上弦横向水平支撑，并在天窗范围内沿纵向设置一至三道通长的受压系杆，将天窗范围内各榀屋架与上弦横向水平支撑联系起来，如图 3-10(b)所示。

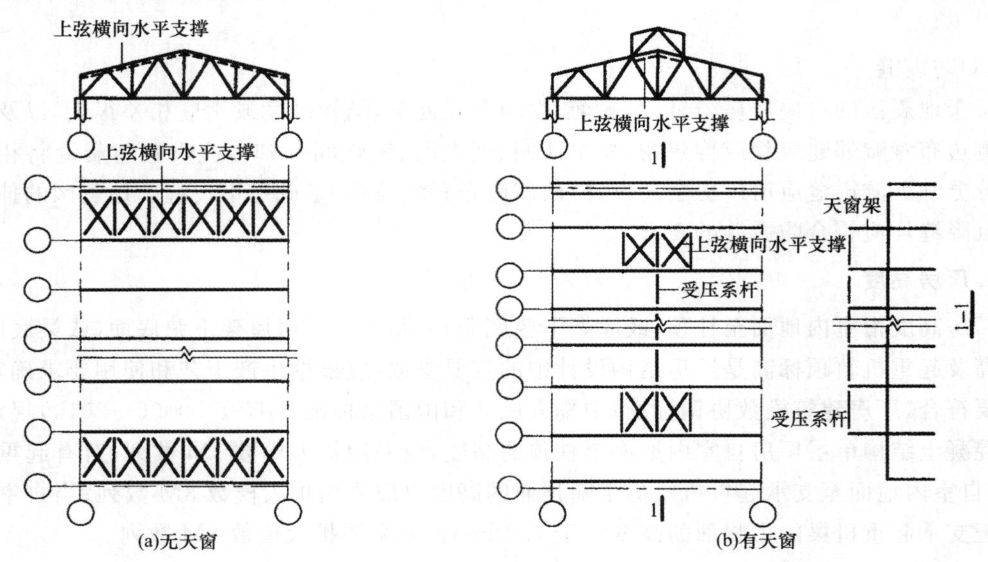

图 3-10　上弦横向水平支撑布置

②下弦横向水平支撑

下弦横向水平支撑是沿厂房跨度方向由交叉角钢、直腹杆和屋架下弦杆组成的横向水平桁架。其作用是将山墙风荷载及纵向水平荷载传递至纵向柱列，同时防止屋架下弦的侧向振动。

当屋架下弦设有悬挂起重机或厂房内有较大的振动，以及山墙风荷载通过抗风柱传至屋架下弦时，应在端部以及伸缩缝区段两端的第一个柱间或第二个柱间设置下弦横向水平支撑，如图 3-11 所示，并且宜与上弦横向水平支撑设置在同一柱间，以形成空间桁架体系。

③下弦纵向水平支撑

下弦纵向水平支撑是由交叉角钢、直杆和屋架下弦第一节间组成的纵向水平桁架。其作用是提高厂房的空间刚度，增强横向平面排架间的空间作用，保证横向水平力的纵向分布。

当厂房内设有软钩桥式起重机且厂房高度大、起重机起重力较大(如等高多跨厂房柱大于 15 m，起重机工作级别为 A4～A5，起重力大于 50 t)，或厂房内设有硬钩桥式起重机，或设有起重力大于 5 t 的悬挂起重机，或设有较大振动设备以及厂房内因抽柱或柱距较大而设置托架时，应在屋架下弦端部第一节间沿厂房纵向通长或局部设置一道下弦纵向水平支撑，如图 3-12(a)所示。当厂房已设有下弦横向水平支撑时，为保证厂房空间刚度，纵、横向支撑应尽可能形成封闭的水平支撑体系，如图 3-12(b)所示。

④垂直支撑和水平系杆

垂直支撑和水平系杆是由角钢杆件和屋架直腹杆组成的垂直桁架。屋盖垂直支撑是指

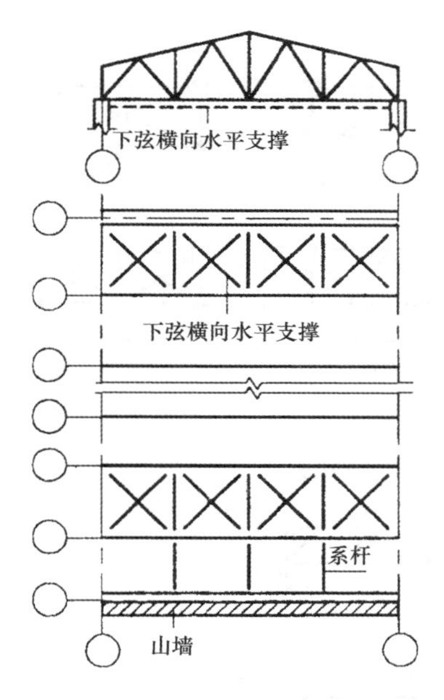

图 3-11 下弦横向水平支撑布置

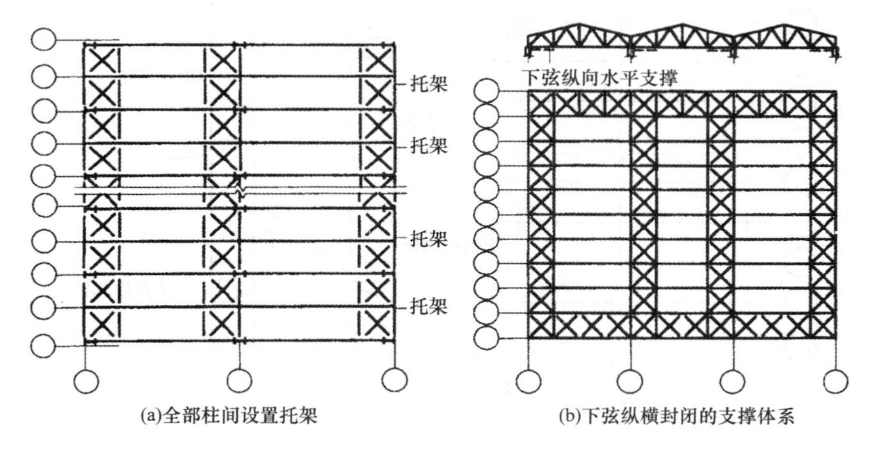

图 3-12 下弦纵向水平支撑布置

布置在屋架(或屋面梁)间或天窗架(包括挡风板立柱)间的支撑,垂直支撑可做成 W 形或十字交叉形,如图 3-13 所示。其作用是保证屋架在安装和使用阶段的侧向稳定并传递纵向水平力,因此垂直支撑应与屋架下弦横向水平支撑布置在同一柱间内。水平系杆分为上、下弦水平系杆。上弦水平系杆是用来保证屋架上弦或屋面梁受压翼缘的侧向稳定,并可减小屋架上弦杆平面外的计算长度,下弦水平系杆可防止在起重机或其他水平振动时屋架下弦发生侧向颤动。

当厂房跨度小于 18 m 且无天窗时,一般可不设垂直支撑和水平系杆;当厂房跨度为 18~30 m、屋架间距为 6 m、采用大型屋面板时,应在端部以及伸缩缝区段两端的第一个柱间或第二个柱间设置一道垂直支撑;跨度大于 30 m 时,应在屋架跨度 1/3 左右附近的节点处设置两道垂直支撑;当屋架端部高度大于 1.2 m 时,还应在屋架两端各布置一道垂直支撑,如图 3-14 所示。当厂房伸缩缝区段大于 90 m 时,还应在柱间支撑的柱距内增设一道屋架垂直支撑。

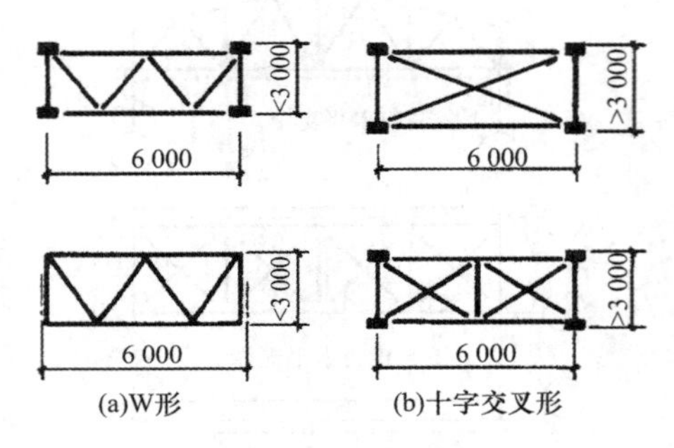

图 3-13 屋盖垂直支撑的形式

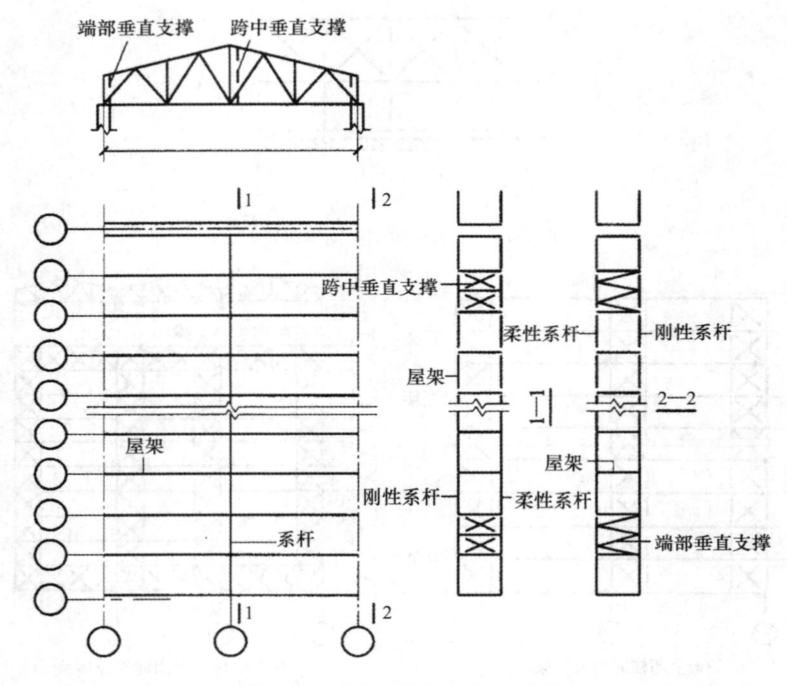

图 3-14 垂直支撑和水平系杆布置

当屋架设置垂直支撑时，应在未设置垂直支撑的屋架间，在相应于垂直支撑平面内的屋架上弦和下弦节点处设置通长的水平系杆。凡设在屋架端部主要支承节点处和屋架上弦屋脊节点处的通长水平系杆，均应采用刚性系杆(压杆)，其余均可采用柔性系杆(拉杆)。当屋架横向水平支撑设在端部第二柱间及伸缩缝区段两端的第二柱间内时，第一柱间内的水平系杆均应采用刚性系杆。

⑤天窗架支撑

天窗架支撑包括天窗架上弦横向水平支撑、天窗架间的垂直支撑和水平系杆。其作用是保证天窗架上弦的侧向稳定并将天窗端壁上的风荷载传给屋架。

天窗架上弦横向水平支撑和垂直支撑一般均设置在天窗端部第一柱间内。当天窗区段较长时，还应在区段中部设有柱间支撑的柱间内设置垂直支撑。垂直支撑一般在天窗的两侧设置，当天窗架跨度大于或等于 12 m 时，还应在天窗中间竖杆平面内设置一道垂直支撑；通风天窗设有挡风板时，在挡风板立柱平面内也应设置垂直支撑。在未设置上弦横向水平支撑的天窗架间，应在上弦节点处设置柔性系杆；对有檩屋盖体系，檩条可以代替柔性系杆。图 3-15 所示为天窗架支撑布置。

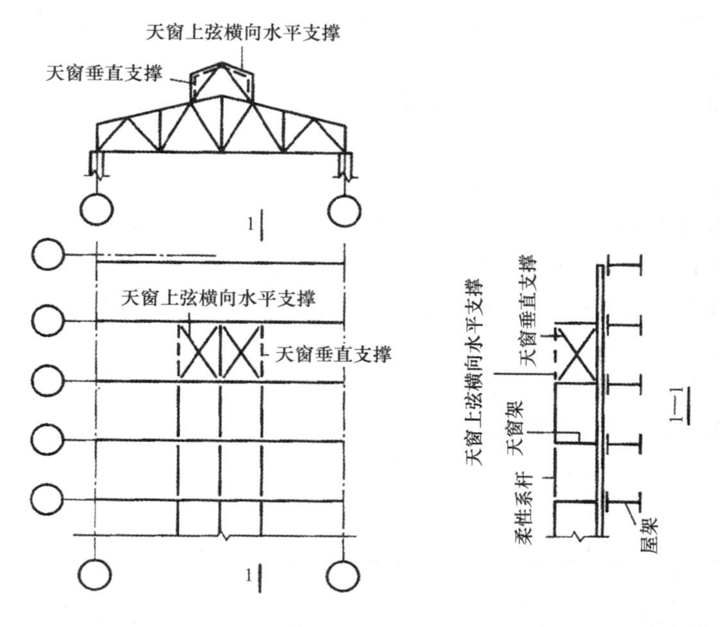

图 3-15 天窗架支撑布置

(2)柱间支撑

柱间支撑是纵向平面排架中最主要的抗侧力构件，其作用是保证厂房结构的纵向刚度和稳定性，并将山墙及天窗壁端的纵向风荷载、起重机纵向水平制动力和纵向水平地震作用等传至基础。对于有起重机的厂房，按其所处位置分为上柱柱间支撑和下柱柱间支撑。上柱柱间支撑位于起重机梁上部，用以承受作用在山墙及天窗端壁的风荷载并保证厂房上部的纵向刚度；下柱柱间支撑位于起重机梁下部，承受上部支撑传来的力、起重机纵向制动力和纵向水平地震作用等，并将其传至基础，如图 3-16 所示。

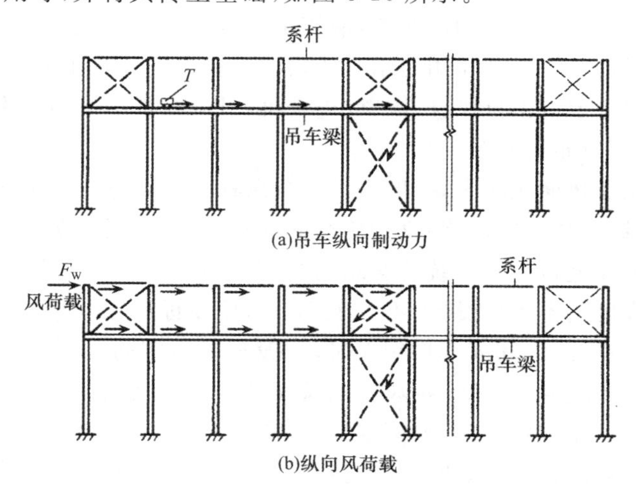

图 3-16 柱间支撑作用

当单层厂房有下列情况之一时，应设置柱间支撑：

①设有 3 t 及以上的悬挂式起重机；

②设有工作制级别为 A6～A8 或工作制级别为 A1～A5、起重机起重力在 10 t 及以上；

③厂房跨度在 18 m 及以上或柱高不小于 8 m；

④厂房纵向柱列的总数每列在 7 根以下；

⑤露天起重机栈桥的柱列。

上柱柱间支撑一般设置在伸缩缝区段两端与屋盖横向水平支撑相对应的柱间以及伸缩缝区段中央或临近中央的柱间；下柱柱间支撑设置在伸缩缝区段中部与上部柱间支撑相应的位置。这种布置方式，在纵向水平荷载作用下传力路线较短；当温度变化时，厂房两端的伸缩变形较小，同时厂房纵向构件的伸缩受柱间支撑的约束较小，因而所引起的结构温度或收缩应力也较小。

柱间支撑通常宜采用十字交叉的形式，交叉构件的倾角一般在 35°～55°，如图 3-17(a)所示。当柱间因交通、设备布置或柱距较大而不宜或不能采用交叉支撑时，可采用门式支撑，如图 3-17(b)所示。柱间支撑一般采用钢结构，杆件截面尺寸需经承载力和稳定性计算确定。

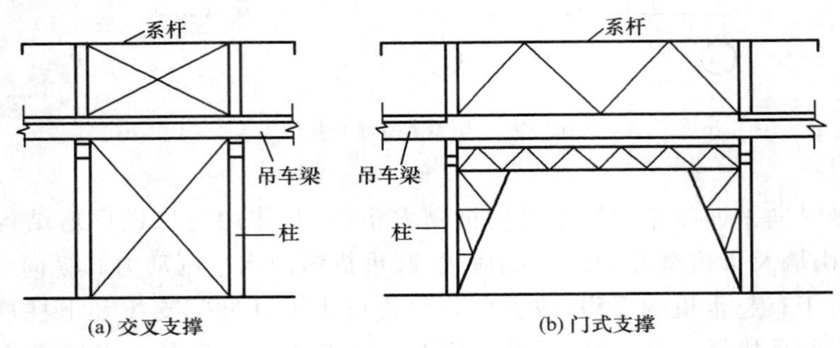

图 3-17　柱间支撑形式

5. 围护结构布置

围护结构中墙体一般沿厂房四周布置，墙体中通常设有圈梁、连系梁、过梁、基础梁等构件，山墙中一般还设置抗风柱，其作用是承受风、自重、地震等荷载作用以及地基不均匀沉降所引起的内力。下面主要讨论抗风柱、圈梁、连系梁、过梁和基础梁的作用及布置原则。

(1)抗风柱的作用及布置原则

单层厂房的山墙受风面积较大，一般需设置抗风柱将山墙分成几个区格，使墙面受到的风荷载一部分(靠近纵向柱列的区格)直接传至纵向柱列，另一部分则经抗风柱下端直接传至基础和经抗风柱上端通过屋盖系统传至纵向柱列。

当厂房跨度和高度均不大(如跨度不大于 12 m，柱顶标高在 8 m 以下)时，可在山墙设置砖壁柱作为抗风柱；当跨度和高度均较大时，一般都采用钢筋混凝土抗风柱，柱外侧再贴砌山墙。当厂房高度很大时，为减小抗风柱的截面尺寸，可在山墙内侧设置水平抗风梁或钢抗风桁架作为抗风柱的中间铰支座，如图 3-18(a)所示。

抗风柱一般与基础刚接，与屋架上弦铰接；当屋架设有下弦横向水平支撑时，也可与下弦铰接或同时与上、下弦铰接。抗风柱与屋架的连接必须满足两个要求：一是在水平方向必须与屋架有可靠的连接以保证有效地传递风荷载；二是在竖直方向应允许两者之间产生一定的相对位移，以防屋架与抗风柱沉降不均匀时产生的不利影响。因此，抗风柱与屋架之间一般采用竖向可以移动、水平方向又有较大刚度的弹簧板连接，如图 3-18(b)所示；当厂房沉降量较大时，宜采用通过长圆孔的螺栓进行连接，如图 3-18(c)所示。

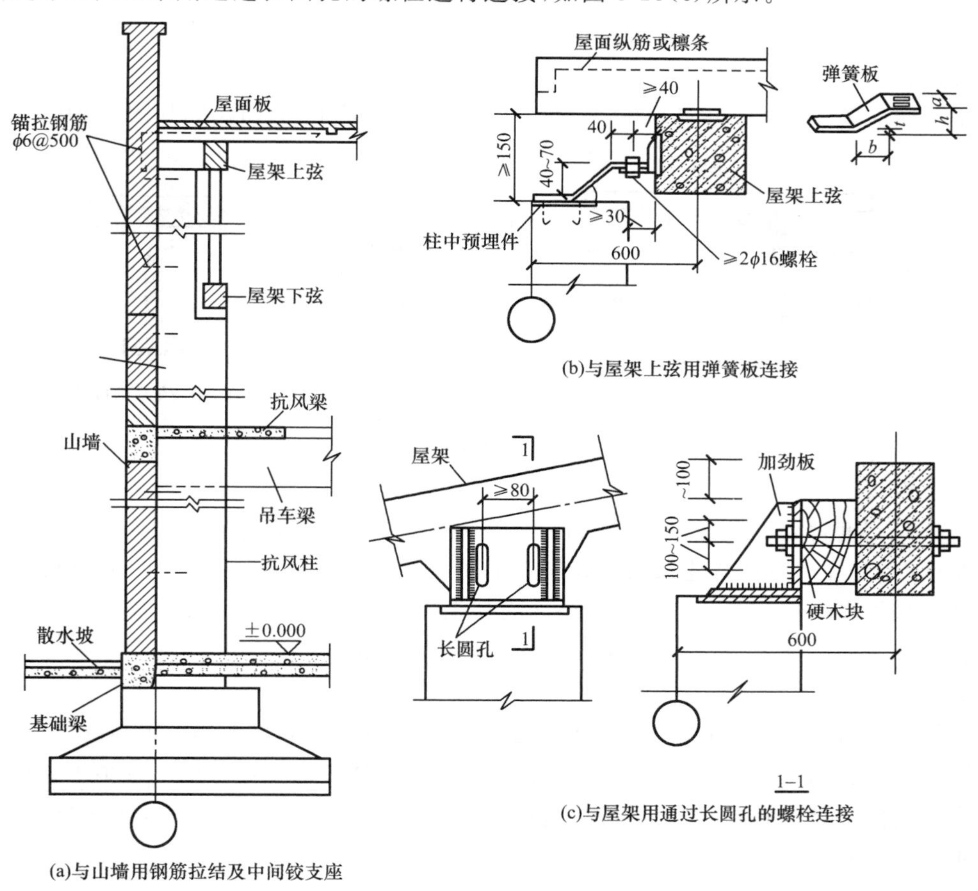

图 3-18 抗风柱构造

(2)圈梁、连系梁、过梁和基础梁的作用及布置原则

当采用砌体作为厂房的围护墙时，一般要设置圈梁、连系梁、过梁和基础梁。

①圈梁

圈梁是设置于墙体内的现浇混凝土构件，它将墙体与排架柱、抗风柱等箍在一起，其作用是增强房屋的整体刚度，防止由于地基不均匀沉降或较大振动荷载对厂房产生的不利影响。柱对圈梁仅起拉结作用，圈梁不承受墙体重力，故柱上不需设置支承圈梁的牛腿。

圈梁的布置与墙体高度、对厂房刚度的要求以及地基情况等有关。一般单层厂房圈梁布置的原则是：对于无起重机的厂房，当檐口标高为 5～8 m 时，应在檐口标高处布置圈梁一道；当檐口标高大于 8 m 时，宜增设一道。对于有桥式起重机或较大振动设备的厂房，除在檐口或窗顶标高处布置圈梁外，尚应在起重机梁标高处或墙体适当位置增设一道圈梁；外墙高度大于 15 m 时还应适当增设。

圈梁宜连续地设在同一水平面上，并形成封闭状；当圈梁被门窗洞口截断时，应在洞口上部增设相同截面的附加圈梁，附加圈梁与圈梁的搭接长度不应小于其中到中垂直间距的

2倍，且不得小于1 m，如图3-19(a)所示。

圈梁的宽度宜与墙厚相同，当墙厚不小于240 mm时，其宽度不宜小于墙厚的2/3。圈梁高度不应小于120 mm。纵向钢筋数量不应少于4根，直径不应小于10 mm，绑扎接头的搭接长度按受拉钢筋考虑，箍筋间距不应大于300 mm。当圈梁兼做过梁时，过梁部分的钢筋应按计算面积另行增配。

围护墙应每隔8～10皮砖(500～600 mm)通过构造钢筋与柱拉结，如图3-19(b)所示。

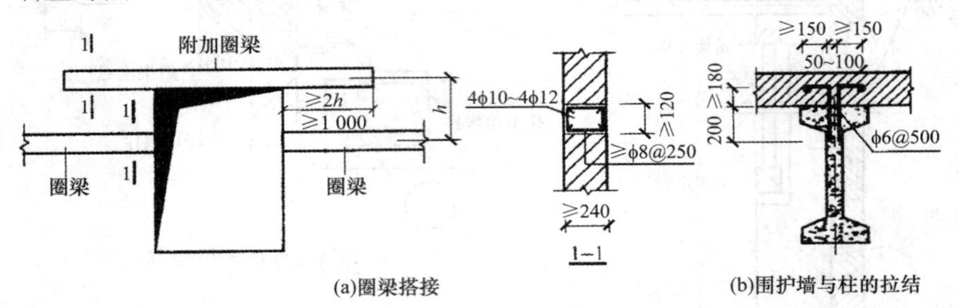

图3-19 圈梁搭接及围护墙与柱的拉结

②连系梁

当厂房高度较大(如15 m以上)、墙体的砌体强度不足以承受本身自重，或设置有高侧跨的悬墙时，需在墙下布置连系梁。其作用是连系纵向柱列，以增强厂房的纵向刚度，并将风荷载传递给纵向柱列；此外，连系梁还承受其上墙体的重力。连系梁通常是预制的，两端搁置在柱外侧的牛腿上，其连接可采用螺栓连接或焊接连接。

③过梁

当墙体开有门窗洞口时，需设置钢筋混凝土过梁，以支撑洞口上部一定高度范围的墙体重力。单独设置的过梁宜采用预制构件，两端搁置在墙体上的支撑长度不宜小于240 mm。

在进行围护结构布置时，应尽可能地将圈梁、连系梁和过梁结合起来，使一个构件能起到两种或三种构件的作用，以节约材料，简化施工。

④基础梁

在一般厂房中，通常用基础梁来承托围护墙体的重力，而不另做墙基础。基础梁底部距土壤表面预留100 mm空隙，使梁可随柱基础一起沉降。当基础梁下有冻胀性土时，应在梁下铺设一层干砂、碎砖或矿渣等松散材料，并留50～150 mm的空隙，防止土壤冻胀时将梁顶裂。基础梁一般设置在边柱的外侧，与柱一般可不连接，两端直接搁置在基础杯口上；当基础埋置较深时，则搁置在基础顶面的混凝土垫块上，如图3-20所示。施工时，基础梁支撑处应坐浆。基础梁顶面低于室内地面的距离不应小于50 mm。基础梁常用截面形式有矩形和梯形。

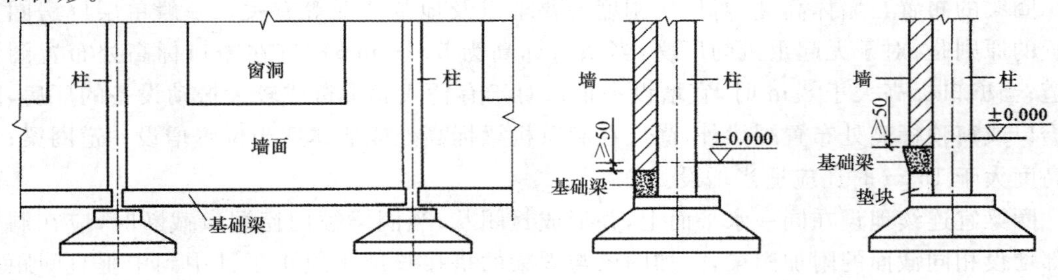

图3-20 基础梁的布置

连系梁、过梁和基础梁均有全国通用图集，可供设计时选用。

3.3.2 构件选型

单层厂房结构的主要构件有屋盖结构构件、起重机梁、墙体、支撑、连系梁、基础梁、柱和基础等。在进行构件选型时，应根据厂房刚度、生产使用和建筑的工业化要求等，结合当地材料供应、施工条件和技术经济指标综合分析后确定。

除柱及柱基外，其他构件一般均可以从工业厂房结构构件标准图集中选用合适的标准构件，不必另行设计。柱和基础一般应进行具体设计，必须先选型并确定其截面尺寸，然后进行设计计算等。

1. 屋盖结构构件

屋盖结构构件起围护和承重双重作用，主要由屋面板（瓦或檩条）、屋面梁、屋架组成。

(1)屋面板

厂房中的屋面板，主要有大型屋面板（无檩体系屋盖）和小型屋面板（有檩体系屋盖）。

无檩体系屋盖常采用预应力混凝土大型屋面板，它适用于保温或不保温卷材防水屋面，屋面坡度不应大于 1/5。目前广泛采用 1.5 m（宽）×6 m（长）×0.24 m（高）大型屋面板，由面板、横（小）肋和纵（主）肋组成，如图 3-21(a)所示。在纵肋两端底部预埋钢板与屋架上弦顶面预埋钢板三点焊接，如图 3-21(b)所示，形成水平刚度较大的屋盖结构。

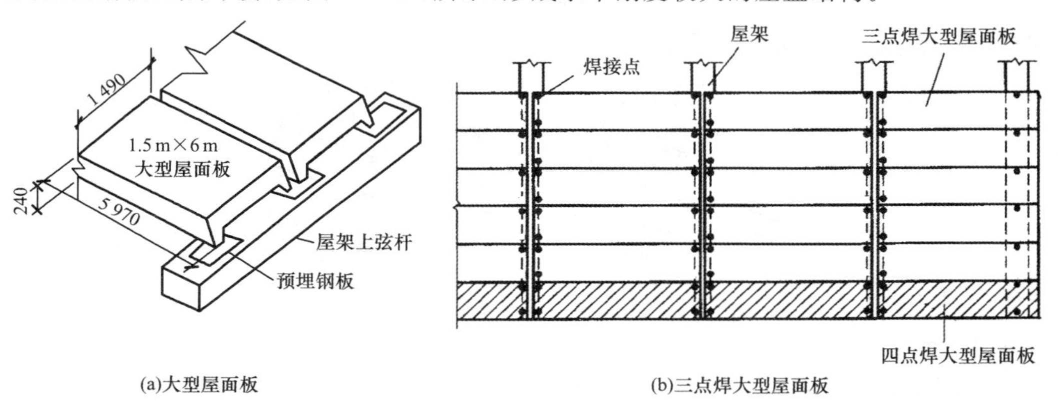

(a)大型屋面板　(b)三点焊大型屋面板

图 3-21 大型屋面板与屋架的连接

无檩体系屋盖也可采用预应力混凝土 F 形屋面板（图 3-22(a)），用于自防水非卷材屋面、预应力混凝土夹心保温屋面板（图 3-22(b)）以及钢筋加气混凝土屋面板（图 3-22(c)）等。

有檩体系屋盖常采用预应力混凝土槽瓦（图 3-22(d)）、波形大瓦（图 3-22(e)）等小型屋面板。

(2)檩条

檩条搁置在屋架或屋面梁上，起着支承小型屋面板并将屋面荷载传给屋架的作用。它与屋架间用预埋钢板焊接，并与屋盖支撑一起保证屋盖结构的空间刚度和稳定性。檩条的跨度一般为 4 m 和 6 m，目前应用较多的是钢筋混凝土或预应力混凝土 Γ 形截面檩条，如图 3-23 所示。

檩条在屋架上弦可正放和斜放，如图 3-24 所示。前者要在屋架上弦设水平支托，檩条为单向受弯构件，如图 3-24(a)所示；后者往往需在支座处的屋架上弦预埋件上焊以短钢板，

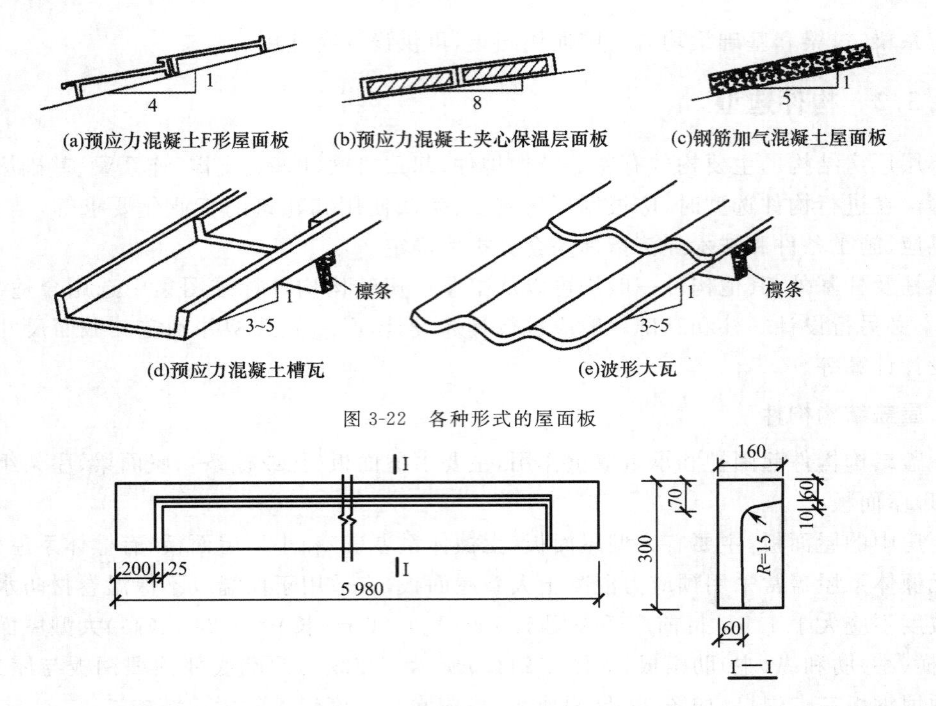

图 3-22 各种形式的屋面板

图 3-23 钢筋混凝土 Γ 形截面檩条

以防倾覆，檩条斜放为双向受弯构件，如图 3-24(b)所示。

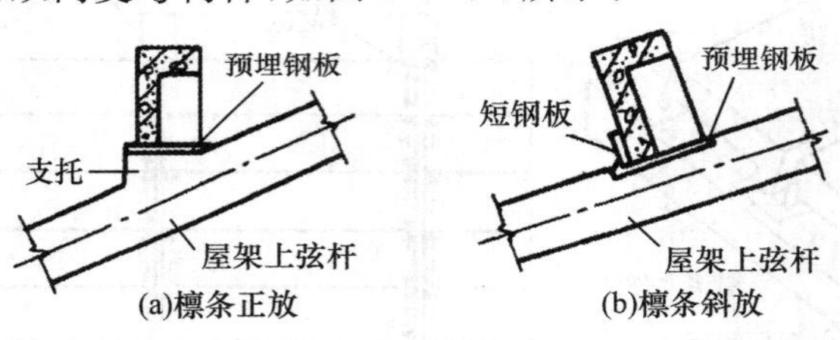

图 3-24 檩条支座形式

(3)屋面梁和屋架

屋面梁和屋架是屋盖结构的主要承重构件，除直接承受屋面荷载，并作为横向平面排架结构的水平横梁传递水平力外，有时还承受悬挂起重机、管道等吊重，并和屋盖支撑、屋面板、檩条等一起形成整体空间结构，保证屋盖水平和竖直方向的刚度和稳定性。

屋盖结构主要承重构件的种类较多，按其形式可分为屋面梁、两铰(或三铰)拱屋架和桁架式屋架三大类。屋面梁和屋架形式的选择，应考虑厂房的生产使用要求、跨度大小、有无起重机及起重机起重力和荷载状态等级、建筑构造、现场条件及当地使用经验等因素。

屋面梁　屋面梁的外形有单坡和双坡两种。双坡梁一般为 I 形变截面预应力混凝土薄腹梁，具有高度小、重心低、侧向刚度好、便于制作和安装等优点，但其自重较大。适用于跨度不大于 18 m、有较大振动或有腐蚀性介质的中、小型厂房，如图 3-25(a)、图 3-25(b)、图 3-25(c)所示。目前常用的有 12 m、15 m、18 m 跨度的 I 形变截面双坡预应力混凝土薄腹梁。

两铰(或三铰)拱屋架　两铰拱的支座节点为铰接，顶节点为刚接，如图 3-25(d)所示；三铰拱的支座节点和顶节点均为铰接，如图 3-25(e)所示。两铰拱的上弦为钢筋混凝土构件，三铰拱的上弦可用钢筋混凝土或预应力混凝土构件。两铰(或三铰)拱屋架比屋面梁轻，构造也简单，适用于跨度为 9～15 m 卷材防水或非卷材防水的中、小型厂房。由于下弦用钢材制作，屋面刚度较差，不宜用于重型和振动较大的厂房。

桁架式屋架　当厂房跨度较大时，采用桁架式屋架较经济，应用较为普遍。桁架式屋架的矢高和外形对屋架受力均有较大影响，一般取高跨比为 1/8～1/6 较为合理，其外形有三角形、梯形、拱形、折线形几种。三角形屋架屋面坡度较大(1/3～1/2)，构造简单，适用于有檩体系的中、小型厂房，如图 3-25(f)所示。梯形屋架的屋面坡度小，刚度好，构造简单，适用于跨度为 18～30 m 卷材防水屋面的高温及采用井式或横向天窗的中、重型厂房，如图 3-25(g)所示。拱形屋架受力合理、自重轻、材料省、构造较简单，但端部坡度较陡，上弦转折太多，板间不能密合，易漏雨，目前已很少采用，如图 3-25(h)所示。折线形屋架的上弦由几段折线杆件组成，外形较合理，屋面坡度合适，自重较轻，且制作方便，适用于跨度为 18～30 m 的大、中型厂房，如图 3-25(i)所示。组合式屋架的上弦及受压腹杆为钢筋混凝土，下弦及受拉腹杆为角钢；自重较轻，适用于跨度为 12～18 m 的中、小型厂房，如图 3-25(j)所示。

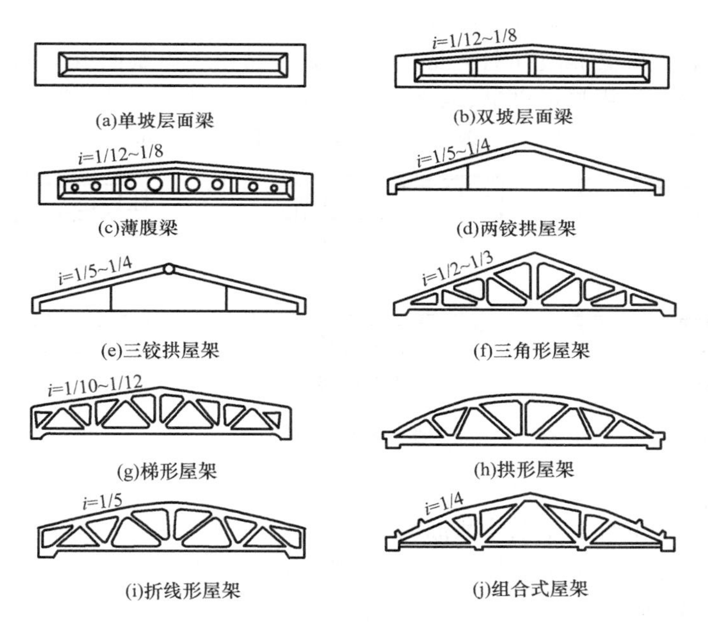

图 3-25　屋面梁和屋架的类型

(4)天窗架

天窗架与屋架上弦连接处用钢板焊接，其作用是形成天窗，以便采光或通风，同时承受屋面板传来的竖向荷载和作用在天窗上的水平荷载，并将它们传给屋架。目前常用的钢筋混凝土天窗架形式如图 3-26 所示，跨度一般为 6 m 或 9 m 等。

(5)托架

当厂房柱距大于大型屋面板或檩条跨度时，则需沿纵向柱列设托架，以支承中间屋面梁或屋架。如当厂房局部柱距为 12 m 而大型屋面板跨度仍用 6 m 时，需在柱顶设置托架，以支承中间屋架。托架一般为 12 m 跨度的预应力混凝土折线形或三角形结构，如图 3-27 所示。

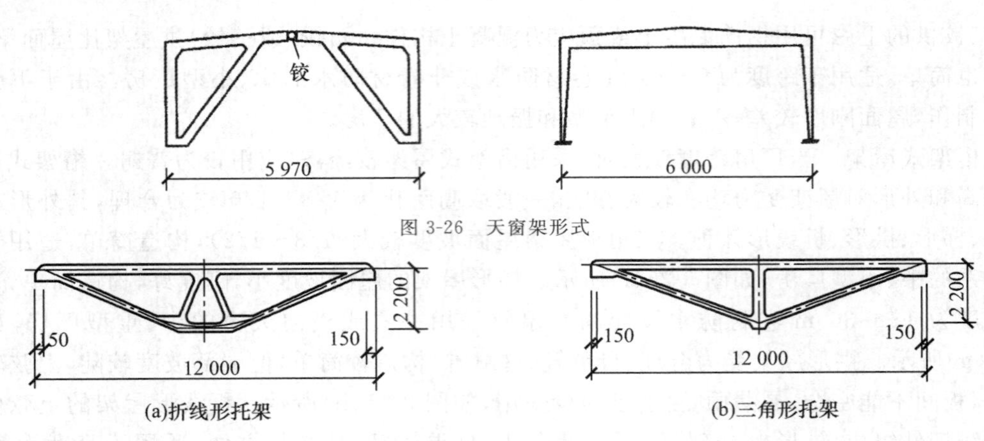

图 3-26 天窗架形式

(a)折线形托架 (b)三角形托架

图 3-27 托架形式

2. 起重机梁

起重机梁是有起重机厂房的重要构件，它承受起重机荷载（竖向荷载和纵、横向水平制动力）、起重机轨道和起重机梁自重，并将这些力传给柱。

目前常用的起重机梁类型有钢筋混凝土、预应力混凝土等截面或变截面的起重机梁以及钢筋混凝土和钢组合式起重机梁，如图 3-28 所示。起重机梁的选用，可参照标准图集并根据起重机的起重力、工作级别、台数、厂房跨度和柱距等的不同，选用适当的形式。

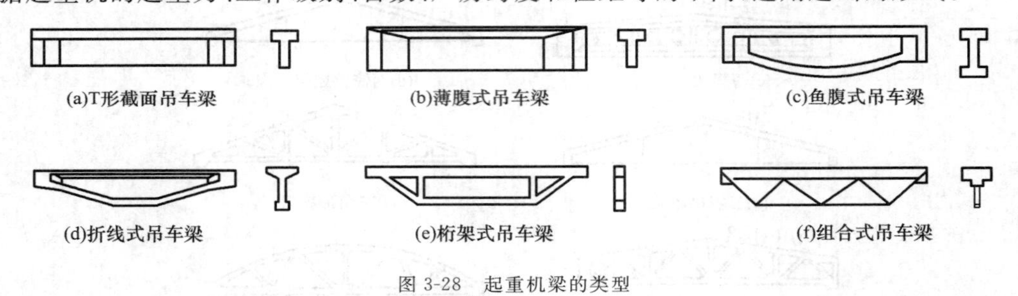

(a)T形截面吊车梁 (b)薄腹式吊车梁 (c)鱼腹式吊车梁

(d)折线式吊车梁 (e)桁架式吊车梁 (f)组合式吊车梁

图 3-28 起重机梁的类型

3. 柱

单层厂房结构中的柱有排架柱和抗风柱两类。

钢筋混凝土排架柱一般由上柱、下柱和牛腿组成。上柱一般为矩形截面或环形截面；下柱的截面形式较多，根据其截面形式可分为矩形柱、I 形柱、双肢柱和管柱等几类，如图 3-29 所示。

矩形柱（图 3-29(a)）的外形简单，施工方便，但混凝土用量多，经济指标较差。当柱截面高度 $h \leqslant 700$ mm 时宜采用矩形截面。

I 形柱（图 3-29(b)）的材料利用比较合理，整体性好，施工方便，目前是一种较好的柱型。当柱截面高度 $h = 600 \sim 1\,400$ mm 时被广泛应用。I 形柱在上柱和牛腿附近的高度内，由于构造需要，仍应做成矩形截面，柱底插入基础杯口高度内的一段也宜做成矩形截面。

双肢柱的下柱由肢杆、梁肩和腹杆组成，包括平腹杆双肢柱和斜腹杆双肢柱，如图 3-29(c)所示。平腹杆双肢柱由两个柱肢和若干横向腹杆组成，具有构造简单、制作方便、受力合理等优点，且腹部整齐的矩形孔洞便于布置工艺管道，故应用较为广泛。斜腹杆双肢柱呈桁架

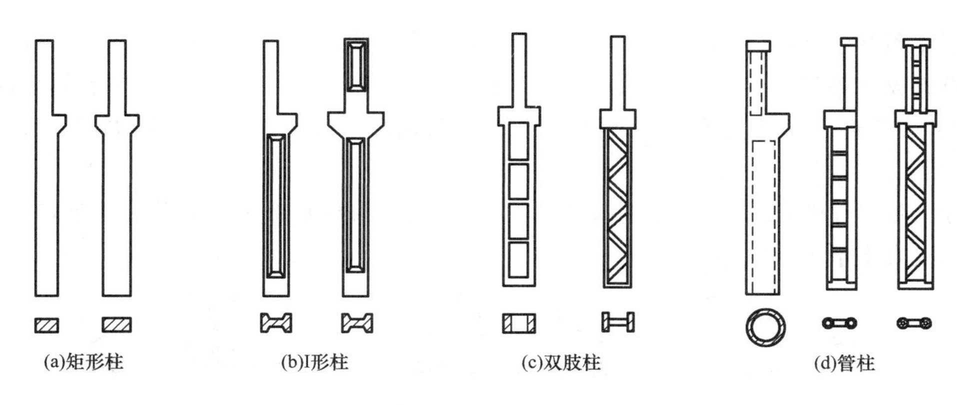

图 3-29　柱的形式

式，杆件内力基本为轴力，材料强度能得到充分发挥，且刚度比平腹杆双肢柱好，但其节点多、构造复杂、施工麻烦，若采用预制腹杆，制作条件可得到改善。当起重机起重力较大时，可将起重机梁支承在柱肢的轴线上，改善肩梁的受力情况。当柱的截面高度 $h \geqslant 1\ 400$ mm 时，宜采用双肢柱。

管柱有圆管柱和方管柱两种，可做成单肢柱或双肢柱，如图 3-29(d)所示。应用较多的是双肢管柱。管柱的优点是管子采用高速离心法生产，机械化程度高，混凝土质量好，自重轻，可减少施工现场工作量，节约模板等；但其节点构造复杂，且受到制管设备的限制，应用较少。

抗风柱一般由上柱和下柱组成，无牛腿，上柱为矩形截面，下柱一般为 I 形截面。

各种截面柱的材料用量及应用范围见表 3-3。

表 3-3　各种截面柱的材料用量及应用范围

截面形式		矩形	I 形柱	双肢柱	管柱	
材料用量比较	混凝土	100%	60%～70%	55%～65%	40%～60%	
	钢材	100%	60%～70%	70%～80%	70%～80%	
一般应用范围/mm		$h \leqslant 700$ 或现浇柱	$h=600 \sim 1\ 400$	小型 $h=500 \sim 800$ 大型 $h \geqslant 1\ 400$	$h=400$ 左右 （单肢管柱）	$h=700 \sim 1\ 500$ （双肢管柱）

注：表中 h 为柱的截面高度。

4. 基础

单层厂房一般采用柱下独立基础（也称扩展基础）。按施工方法可分为预制柱下独立基础和现浇柱下独立基础两种。对装配式钢筋混凝土单层厂房排架结构，常见的独立基础形式主要有杯形基础、高杯基础和桩基础等，如图 3-30 所示。

杯形基础有阶形和锥形两种，如图 3-30(a)、图 3-30(b)所示，由于它们与预制柱的连接部分做成杯口，故统称为杯形基础。这种基础外形简单、施工方便，适用于地基土质较均匀、地基承载力较大而上部结构荷载不太大的厂房，是目前单层厂房柱下独立基础中应用最广泛的一种基础形式。对厂房伸缩缝处设置的双柱，其柱下基础需做成双杯形基础（也称联合基础），如图 3-30(c)所示。

当柱基础由于地质条件限制，或附近有较深的设备基础或由地坑等原因而需要深埋时，为了不使预制柱过长，且能与其他柱长一致，也可做成带短柱的扩展基础。它由杯口、短柱和底板组成，因杯口位置较高，故也称为高杯口基础，如图 3-30(d)所示。当上部结构荷载大、地基条件差、对地基变形限制较严的厂房，可采用爆扩桩基础或桩基础，如图 3-30(e)、图 3-30(f)所示。

在实际工程中，还有采用壳体基础、倒圆台或倒椭圆台基础等柱下独立基础，有时也采用钢筋混凝土条形基础等。

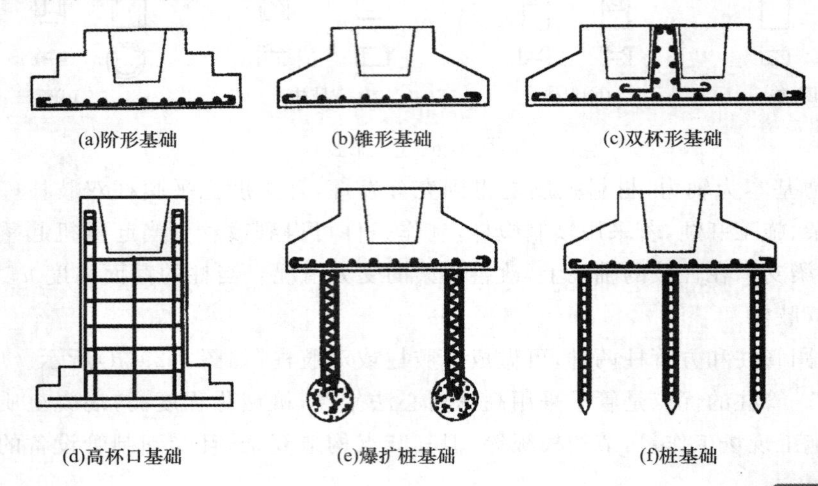

图 3-30　独立基础的形式

3.4　排架结构的计算

排架结构的计算简图和荷载

单层厂房排架结构实际上是空间结构，为简化计算，可将其简化为纵、横向平面排架分别计算。对纵向平面排架，由于排架柱数量较多、水平刚度较大，分配到每根柱的水平力较小，因而在非地震区不必对纵向平面排架进行计算，而是通过设置柱间支撑从构造上予以加强；仅当纵向柱列较少(不多于 7 根)、需要考虑地震作用或温度内力时才进行计算。横向平面排架是厂房的主要承重结构，必须对其进行内力计算。

横向平面排架计算的主要内容为：确定计算简图、荷载计算、内力计算和内力组合。必要时，还应验算排架的侧移。其目的是为了获取排架柱各控制截面在各种荷载作用下的内力，并通过内力组合求得控制截面的最不利内力，依此作为排架柱和基础设计的依据。

3.4.1　计算简图

1. 计算单元

单层厂房的横向平面排架一般沿厂房纵向为等间距排列；作用在排架上的结构自重、屋面活荷载及风荷载等沿厂房纵向也是均匀分布的。因此，厂房中部各横向平面排架所承担的荷载和受力情况均相同，则可由相邻柱距的中线截出一个典型的区段，作为排架的计算单元，如图 3-31(a)中的阴影部分所示。除起重机等移动荷载外，阴影部分就是一个排架的负荷范围。对于厂房端部和伸缩缝处的排架，其负荷范围只有中间排架的一半，但为了设计和施工方便，通常也按中间排架设计。

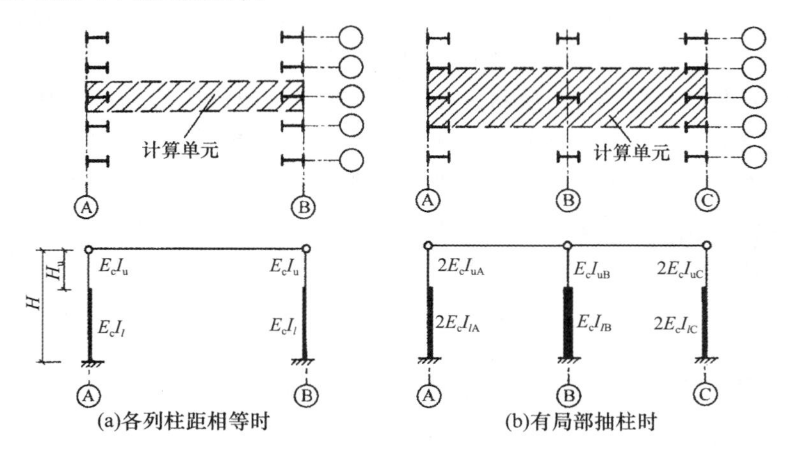

图 3-31　排架的计算单元与计算简图

当厂房中有局部抽柱时，应根据具体情况选取计算单元。当屋盖刚度较大或设有可靠的下弦纵向水平支撑时，可以选取较宽的计算单元，如图 3-31(b)中的阴影部分所示。因此，计算单元内的几榀排架可以合并为一榀排架来进行内力分析，合并后排架柱的惯性矩应按合并考虑。如Ⓐ、Ⓒ轴线的柱应计为两根，即由一根和两个半根柱合并而成。当同一纵向轴线上的柱截面尺寸相同时，则合并后柱惯性矩为单柱的 2 倍，计算简图如图 3-31(b)所示。需要说明的是，按上述简图求得内力后，应将内力再分配给原两根柱。

2. 基本假定

为了简化计算，根据厂房的构造特点和实践经验，对如图 3-32(a)所示的钢筋混凝土横向平面排架结构作如下假定：

(1)柱上端与屋架(或屋面梁)铰接，柱下端固接于基础顶面

屋架或屋面梁通常为预制构件，在柱顶一般通过预埋钢板焊接或用螺栓连接在一起。这种连接方式，可有效地传递竖向力和水平力，但抵抗弯矩的能力很小，故可近似假定为铰接。

由于钢筋混凝土柱插入基础杯口有一定的深度，并用细石混凝土灌实缝隙而与基础连接成整体，且地基的变形又受到控制，基础可能发生的转动一般很小，因此可假定柱的下端固接于基础顶面。但当地基土质较差、变形较大，或临近基础有较大的地面荷载(如大面积堆料等)时，则应考虑基础位移和转动对排架内力的影响。

(2)横梁(屋架或屋面梁)为轴向变形可忽略不计的刚性连杆

对于屋面梁或下弦杆刚度较大的大多数屋架，受力后其轴向变形很小，可视为无轴向变形的刚性连杆，故可认为横梁两端的水平位移相等。但是，对于下弦刚度较小的组合屋架、两铰或三铰拱屋架，应考虑其轴向变形对排架内力的影响。

3. 计算简图

根据上述基本假定，可得横向平面排架的计算简图，如图 3-32(b)所示。图中：

柱总高 H＝柱顶标高＋基础顶面标高的绝对值(通常取室外地坪以下 500 mm)；

上柱高 H_u=柱顶标高－起重机轨顶标高＋轨道构造高度＋起重机梁高；

下柱高 $H_l=H-H_u$。

在计算简图中，排架柱的计算轴线分别取上、下柱截面的形心线。对变截面柱，其计算轴线呈折线形，如图 3-32(b)所示。为简化计算，通常将折线用变截面的形式来表示，跨度以厂房的轴线为准，如图 3-32(c)所示。此时需在柱的变截面处增加一个力矩 M，其值等于牛腿顶面以上传来的竖向力乘以上、下柱截面形心线间的距离 e。上、下柱截面的抗弯刚度 EI_u、EI_l 可按所选用的混凝土强度等级和预先假定的截面形状和尺寸确定。

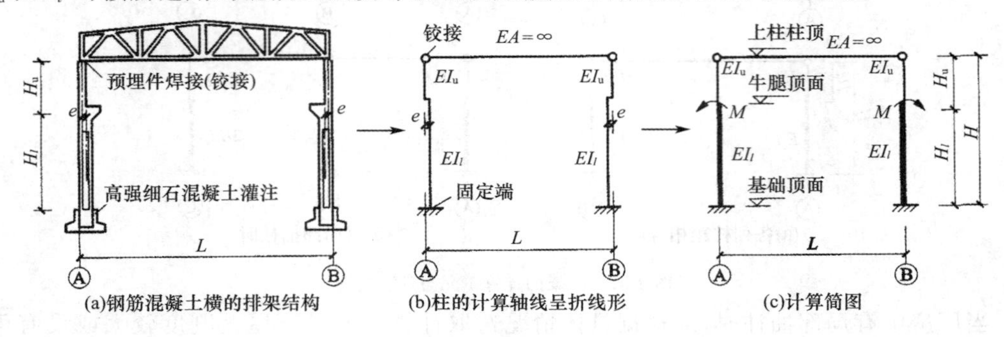

图 3-32　横向平面排架

3.4.2 荷载计算

作用于厂房横向平面排架柱上的荷载有恒荷载和活荷载两类。恒荷载一般包括屋盖自重、上柱自重、下柱自重、起重机梁和轨道及连接件自重，以及有时支承在柱牛腿上的围护结构等自重。活荷载一般包括屋面均布活荷载、屋面雪荷载、屋面积灰荷载、起重机荷载和风荷载等，除起重机荷载外，其他荷载均取自计算单元范围内。

1.恒荷载

各种构件自重的标准值可按结构构件的设计尺寸与材料单位体积的自重计算确定。常用材料和构件单位体积的自重可按中华人民共和国国家标准《建筑结构荷载规范》(GB 50009—2012)(以下简称《荷载规范》)中的附录 A 采用。若选用标准构件，其值也可从标准图集直接查得。

(1)屋盖自重 G_1

屋盖自重包括屋架或屋面梁、屋面板、天沟板、天窗架、屋盖支撑、屋面构造层(找平层、保温层、防水层等)以及与屋架连接的设备管道等重力荷载。计算单元范围内的屋盖自重是通过屋架或屋面梁的端部以竖向集中力 G_1 的形式传至柱顶，其作用点视实际连接情况而定。当采用屋架时，竖向集中力作用点通过屋架上、下弦几何中心线的交点而作用于柱顶，如图 3-33(a)所示；当采用屋面梁时，可以认为通过梁端垫板中心线而作用于柱顶，如图 3-33(b)所示。根据屋架(或屋面梁)与柱顶连接中的定型设计规定，屋盖自重 G_1 的作用点位于距厂房纵向定位轴线 150 mm 处，对上柱截面中心线的偏心距为 e_1，对下柱截面中心线的偏心距为 e_1+e_0(e_0 为上、下柱截面中心线的间距)，如图 3-33(b)所示。故 G_1 对柱顶截面产生的力矩为 $M_1=G_1e_1$，对下柱变截面处产生的力矩为 $M_1'=G_1e_0$ 与 M_1 之和。

(2)起重机梁和轨道及连接件自重 G_2

起重机梁和轨道及连接件自重 G_2 可从有关标准图集中查得，轨道及连接件自重也可按 0.8～1.0 kN/m 估算。它以竖向集中力的形式沿起重机梁截面中心线作用在牛腿顶面，其

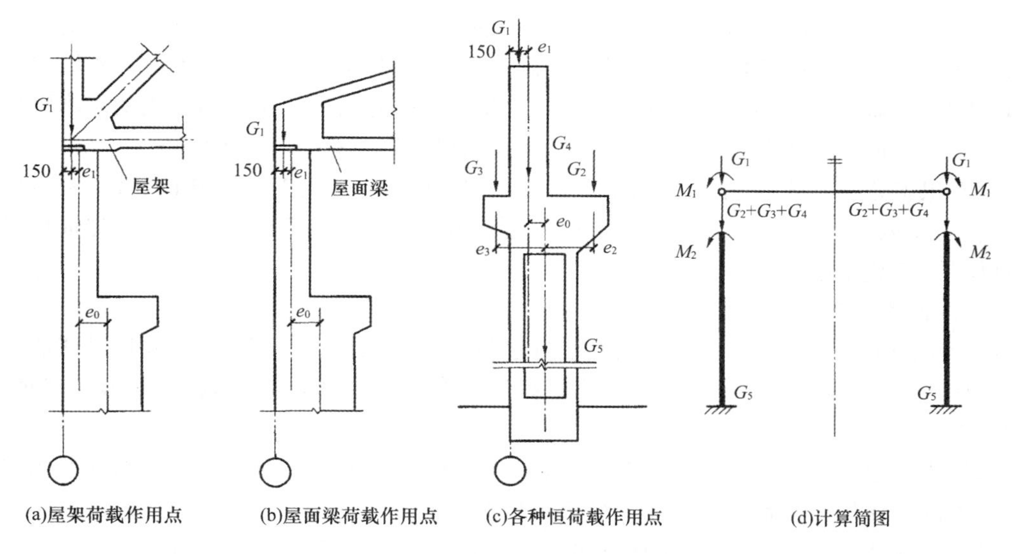

图 3-33　恒荷载作用位置及相应的排架计算简图

作用点一般距纵向定位轴线 750 mm，对下柱截面几何中心线的偏心距为 e_2，如图 3-33(c)所示，在牛腿顶面处产生的力矩为 $M_2'=G_2e_2$。

(3)悬墙自重 G_3

当设有连系梁支承围护墙体时，排架柱承受着计算单元范围内连系梁、墙体和窗等自重，它以竖向集中力 G_3 的形式作用在支承连系梁的柱牛腿顶面，其作用点通过连系梁或墙体截面的形心轴，距下柱截面几何中心的距离为 e_3，如图 3-33(c)所示，在牛腿顶面处产生的力矩为 $M_3'=G_3e_3$。

(4)柱自重 G_4 和 G_5

上、下柱自重 G_4 和 G_5 分别作用于各自截面的几何中心线上，且上柱自重 G_4 对下柱截面几何中心线有一偏心距 e_0，如图 3-33(c)所示，对下柱截面中心线产生的力矩为 $M_4'=G_4e_0$。

恒荷载作用下单跨横向平面排架结构的计算简图如图 3-33(d)所示，图中 $M_2=M_1'-M_2'+M_3'+M_4'$。

2. 屋面活荷载

屋面活荷载包括屋面均布活荷载、屋面雪荷载和屋面积灰荷载三种，均按屋面的水平投影面积计算。

(1)屋面均布活荷载

按《荷载规范》中的表 5.3.1 采用。对不上人屋面，当施工或维修荷载较大时，应按实际情况采用。

(2)屋面雪荷载

《荷载规范》规定，屋面水平投影面上的雪荷载标准值应按下式计算：

$$s_k=\mu_r \cdot s_0 \tag{3-1}$$

式中　s_k——雪荷载标准值(kN/m^2)；

μ_r——屋面积雪分布系数；

s_0——基本雪压(kN/m^2)。

基本雪压 s_0 是以一般空旷平坦地面上统计的50年一遇的最大积雪自重给出的。根据全国各地区气象台站的长期气象观测资料，制定了全国基本雪压分布图和全国各城市雪压表，具体参见《荷载规范》附录E。例如，上海的基本雪压为0.20 kN/m²，济南的基本雪压为0.30 kN/m²，北京的基本雪压为0.40 kN/m²，新疆塔城的基本雪压为1.55 kN/m²。

屋面积雪分布系数 μ_r 是指屋面水平投影面积上的雪荷载与基本雪压的比值，它与屋面形式、朝向及风力等均有关。通常情况下，屋面积雪分布系数应根据不同类别的屋面形式确定，具体见《荷载规范》中的表7.2.1。

(3)屋面积灰荷载

设计生产中有大量排灰的厂房及其临近建筑时，对于具有一定除尘设施和保证清灰制度的机械、冶金、水泥等的厂房屋面，其水平投影面上的屋面积灰荷载，应分别按《荷载规范》中的表5.4.1-1和表5.4.1-2采用。

屋面均布活荷载不与雪荷载同时考虑，应取两者中的较大值；屋面积灰荷载应与雪荷载或不上人的屋面均布活荷载两者中的较大值同时考虑。

屋面活荷载确定之后，即可按计算单元中的负荷范围计算竖向集中荷载 Q_1，其作用点与屋盖自重 G_1 相同。

3. 起重机荷载

起重机按其主要承重结构的形式分为单梁式和桥式两种，单层工业厂房中常采用桥式起重机。起重机按其吊钩的种类分为软钩起重机和硬钩起重机两种。软钩起重机是指用钢索通过滑轮组带动吊钩起吊重物；硬钩起重机是指用刚臂起吊重物或进行操作。按其动力来源分为电动和手动两种，目前多采用软钩、电动起重机。起重机的起重力标有如15/3 t或20/5 t等时，表明起重机的主钩额定起重力为15 t或20 t，副钩额定起重力为3 t或5 t，主、副钩的起重力不会同时出现。厂房设计时，按主钩额定起重力考虑。

起重机按其利用等级（按使用期内要求的总工作循环次数分级）和荷载状态（起重机达到其额定值的频繁程度），国家标准《起重机设计规范》(GB/T 3811—2008)将其分为8个工作级别，称为A1～A8，作为起重机设计的依据。起重机工作级别越高，表示其工作繁重程度越高，利用次数越多。在相当多的文献中，习惯将起重机以轻、中、重和特重4个工作制等级来划分，它们之间的对应关系见表3-4。

表3-4　起重机的工作制等级与工作级别的对应关系

工作制等级	轻级	中级	重级	特重级
工作级别	A1～A3	A4，A5	A6，A7	A8

桥式起重机由大车（桥架）和小车组成，大车在起重机梁的轨道上沿厂房纵向运行，小车在大车的轨道上沿厂房横向运行；带有吊钩的起重卷扬机安装在小车上，用来起吊重物，如图3-34所示。

桥式起重机作用在横向平面排架上的起重机荷载有起重机竖向荷载和横向水平荷载；作用在厂房纵向平面排架结构上的为起重机纵向水平荷载。

(1)起重机竖向荷载

当吊有额定最大起重力的小车运行至大车一侧的极限位置时，在这一侧的每个大车的轮压称为起重机的最大轮压标准值 $P_{k,max}$，而在另一侧的轮压为最小轮压标准值 $P_{k,min}$，最大轮压标准值 $P_{k,max}$ 和最小轮压标准值 $P_{k,min}$ 同时发生，如图3-34所示。$P_{k,max}$ 和 $P_{k,min}$

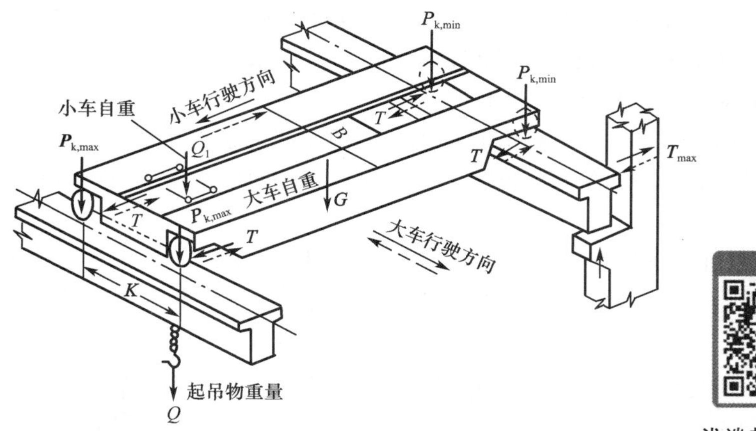

图 3-34　起重机荷载及产生 $P_{k,max}$、$P_{k,min}$ 的小车位置

通常可根据起重机型号、规格由起重机产品目录查得，常用规格起重机可参见附录 3。

$P_{k,max}$ 和 $P_{k,min}$ 与起重机桥架重力 G、起重机额定起重力 Q 以及小车重力 Q_1 三者的重力荷载满足下列平衡关系：

$$n(P_{k,max}+P_{k,min})=G+Q+Q_1 \tag{3-2}$$

式中　n——起重机每一侧的轮子数。

起重机竖向荷载是指起重机满载运行时，起重机最大轮压标准值 $P_{k,max}$ 和最小轮压标准值 $P_{k,min}$ 经起重机梁在横向平面排架柱上产生的竖向最大压力标准值 $D_{k,max}$ 或最小压力标准值 $D_{k,min}$。显然，$D_{k,max}$ 或 $D_{k,min}$ 值不仅与小车的位置有关，还与厂房内的起重机台数和大车沿厂房纵向运行的位置有关。由于起重机是移动荷载，则需要用起重机梁的支座反力影响线计算起重机轮压在排架柱上产生的最大或最小支座反力 $D_{k,max}$、$D_{k,min}$，如图 3-35(b)所示。

由影响线原理可知，对两台并行起重机，当其中一台的最大轮压 $P_{1k,max}$（$P_{1k,max} \geq P_{2k,max}$）正好运行至计算排架柱轴线处，而另一台起重机与它紧靠并行时，即两台起重机的最不利轮压位置，如图 3-35(a)所示。$D_{k,max}$ 和 $D_{k,min}$ 的标准值按下式计算：

$$D_{k,max}=\sum P_{ik,max}y_i \tag{3-3}$$

$$D_{k,min}=\sum P_{ik,min}y_i \tag{3-4}$$

式中　$P_{ik,max}$、$P_{ik,min}$——第 i 台起重机的最大轮压和最小轮压；

y_i——与起重机轮压相对应的支座反力影响线的竖向坐标值。

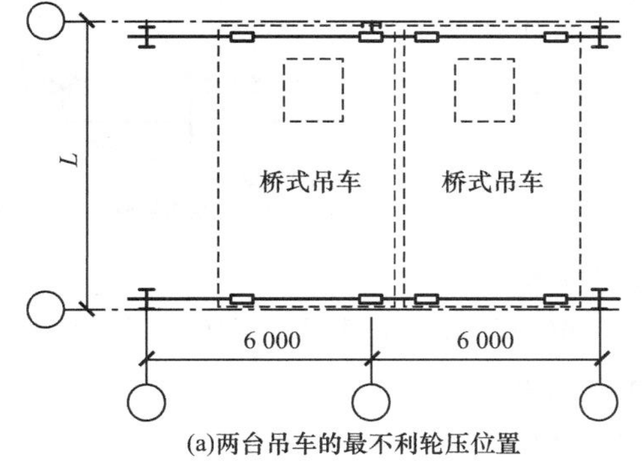

(a)两台吊车的最不利轮压位置

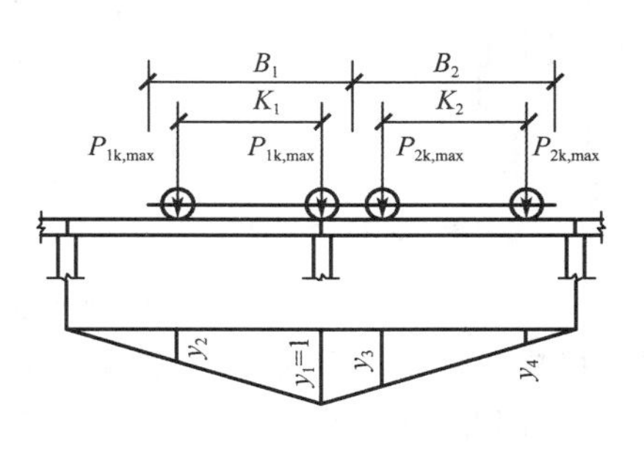

(b)吊车梁的支座反力影响线

图 3-35　起重机竖向荷载

起重机最大轮压的设计值 $P_{max}=\gamma_Q P_{k,max}$，起重机最小轮压的设计值 $P_{min}=\gamma_Q P_{k,min}$，故作用在排架柱上的起重机竖向荷载设计值 $D_{max}=\gamma_Q D_{k,max}$，$D_{min}=\gamma_Q D_{k,min}$，这里的 γ_Q 是起重机荷载的荷载分项系数，$\gamma_Q=1.4$。

起重机竖向荷载 D_{max}、D_{min} 沿起重机梁的中心线分别作用在同一跨两侧排架柱的牛腿顶面，对下柱截面中心线的偏心距为 e_2，如图 3-36(a)所示，相应的力矩为 $M_{max}=D_{max}e_2$、$M_{min}=D_{min}e_2$。

由于 D_{max} 可以发生在左柱，也可以发生在右柱，因此在 D_{max}、D_{min} 作用下单跨排架的计算应考虑图 3-36(b)、图 3-36(c)两种荷载情况。

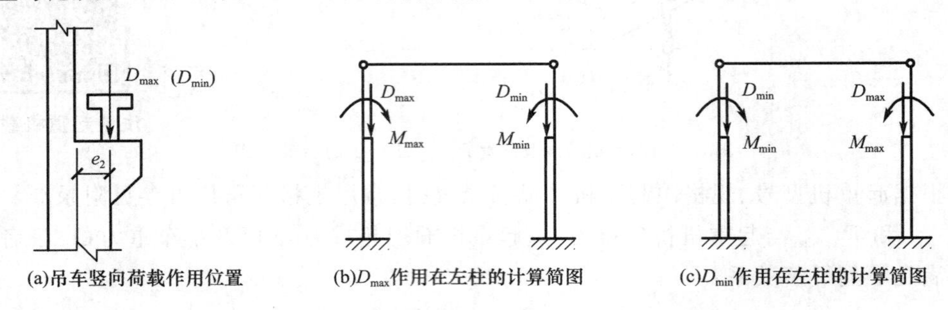

图 3-36 起重机竖向荷载作用位置及计算简图

当厂房内设有多台起重机时，《荷载规范》规定：计算排架考虑多台起重机竖向荷载时，对单层起重机的单跨厂房的每个排架，参与组合的起重机台数不宜多于 2 台；对单层起重机的多跨厂房的每个排架，参与组合的起重机台数不宜多于 4 台。

(2)起重机横向水平荷载

起重机横向水平荷载是指吊起重物的小车在运行中突然刹车时，小车和重物自重的水平惯性力，其值为运行重力与运动加速度的乘积。它通过小车刹车轮与桥架轨道之间的摩擦力传给大车，再由大车两侧的轮子经起重机轨顶传递给两侧的起重机梁，而后经过起重机梁与柱之间的连接钢板传至两侧排架柱。起重机横向水平荷载对排架柱的作用位置在起重机梁的顶面，且同时作用于起重机两侧的排架上柱，方向相同，如图 3-37(a)所示。

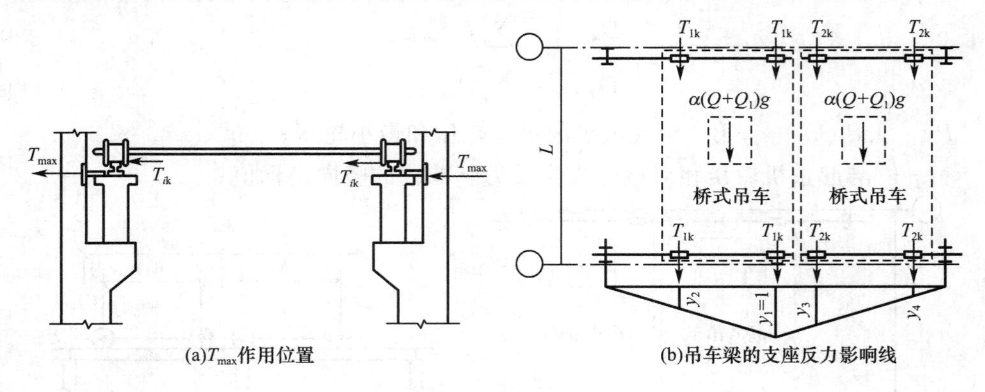

图 3-37 起重机横向水平荷载

起重机横向水平荷载标准值，应取横行小车重力与额定起重力之和的百分数，并应乘以重力加速度，因此总的起重机横向水平荷载标准值可按下式计算：

$$T_{k总}=\alpha(Q+Q_1)g \tag{3-5}$$

式中　Q——起重机的额定起重力；

Q_1——小车重力；

g——重力加速度；

α——起重机横向水平荷载系数，现行《荷载规范》规定：

软钩起重机：当额定起重力≤10 t 时，取 $\alpha=0.12$；

当额定起重力为 16～50 t 时，取 $\alpha=0.10$；

当额定起重力≥75 t 时，取 $\alpha=0.08$；

硬钩起重机：取 $\alpha=0.20$。

按公式(3-5)算得的起重机横向水平荷载应等分于桥架的两端，分别由轨道上的车轮平均传至轨道，其方向与轨道垂直。对于一般四轮桥式起重机，每个轮子产生的横向水平制动力的标准值 T_k 可按下式计算：

$$T_k=\frac{T_{k总}}{4}=\frac{\alpha}{4}(Q+Q_1)g \tag{3-6}$$

每个轮子传给起重机轨道的横向水平制动力的标准值 T_k 确定后，便可按与起重机竖向荷载相同的方法来确定最终作用于排架柱上的起重机水平荷载的设计值，两者仅荷载作用方向不同，由图 3-37(b)可得

$$T_{max}=\gamma_Q\sum T_{ik}y_i \tag{3-7}$$

式中　T_{ik}——第 i 个大车轮子的横向水平制动力。

其余符号意义同前。

如果两台起重机作用下的 D_{max} 已求得，则两台起重机作用下的 T_{max} 可直接由 D_{max} 求得，即

$$T_{max}=D_{max}\frac{T_k}{P_{k,max}} \tag{3-8}$$

考虑到小车正反两个方向行驶时均可能刹车，故 T_{max} 的作用方向既可向左又可向右，其作用位置可近似取起重机梁顶面标高处。对于单跨和两跨排架结构，其计算简图如图 3-38 所示。

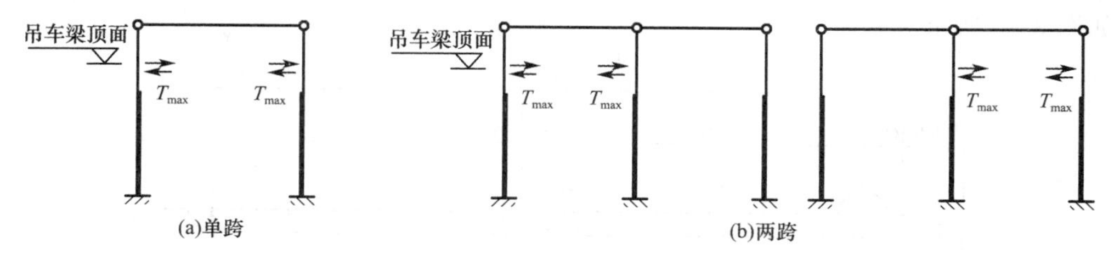

图 3-38　起重机水平荷载作用下排架计算简图

《荷载规范》规定：考虑多台起重机水平荷载时，对单跨或多跨厂房的每个排架，参与组合的起重机台数不应多于 2 台。

(3)起重机纵向水平荷载

起重机纵向水平荷载是指当起重机(大车)沿厂房纵向运行突然刹车时，起重机自重及吊重的惯性力在纵向排架上所产生的水平制动力。并由起重机两端的制动轮传至轨道，如图 3-39(a)所示，最后通过起重机梁传给纵向柱列或柱间支撑。

起重机纵向水平荷载标准值 $T_{0,k}$，应按作用在一边轨道上所有刹车轮的最大轮压之和

的 10%采用,即

$$T_{0,\mathrm{k}}=\frac{np_{\mathrm{k,max}}}{10} \tag{3-9}$$

式中　n——起重机一边轨道上的刹车轮数,对于一般四轮起重机,$n=1$。

考虑活荷载分项系数 γ_Q 后,即可表达为设计值 T_0。

起重机纵向水平荷载的作用点位于刹车轮与轨道的接触点,其方向与轨道方向一致。作用在纵向排架上的起重机水平荷载的作用位置如图 3-39(b)所示。

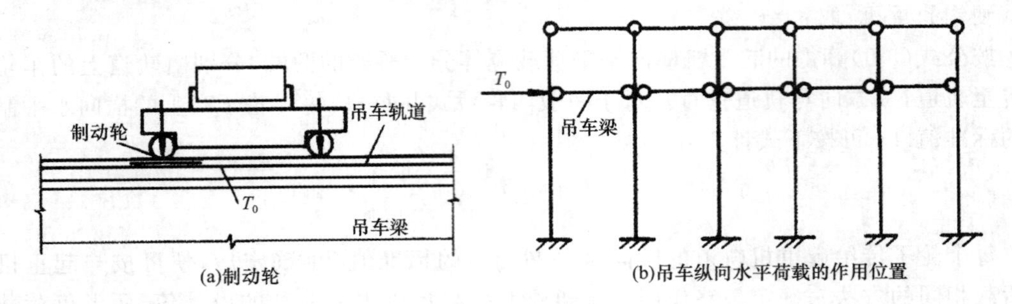

图 3-39　起重机纵向水平荷载

当厂房纵向设有柱间支撑时,全部起重机纵向水平荷载由柱间支撑承担;当厂房无柱间支撑时,全部起重机纵向水平荷载由同一伸缩缝区段内的所有柱共同承担,并按各柱沿厂房纵向的抗侧刚度大小分配。

《荷载规范》规定:无论单跨或多跨厂房,在计算起重机纵向水平荷载时,一侧的整个纵向排架上最多只能考虑 2 台起重机。

例 3-1　某 24 m 单跨厂房,纵向柱距为 6 m,设有两台 20/5 t、工作级别为 A5 的电动桥式起重机,试计算排架柱上的起重机荷载 $D_{\max}$、$D_{\min}$、$T_{\max}$。

解:查附录 3 可得:$P_{\mathrm{k,max}}=202$ kN,$P_{\mathrm{k,min}}=60$ kN,$Q_1=77.2$ kN,起重机最大宽度 $B=$ 5 600 mm,大车轮距 $K=4\ 400$ mm,则可得到计算排架起重机荷载的支座反力影响线和竖标,如图 3-40 所示。

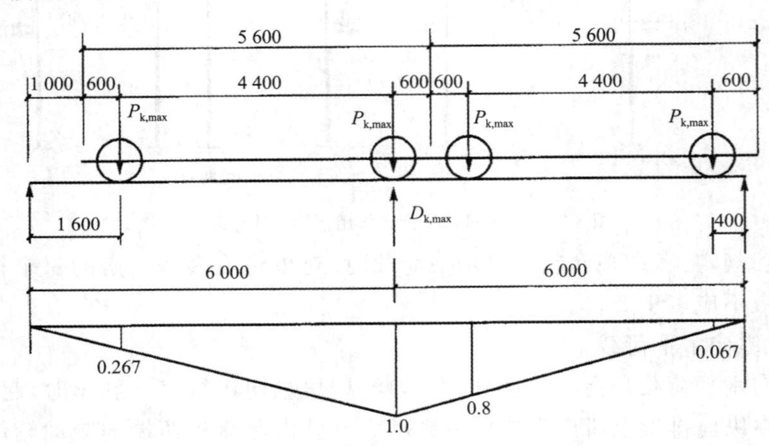

图 3-40　例 3-1 计算简图

查表 3-7 得荷载折减系数 $\beta=0.9$,则

$$D_{\max}=\gamma_Q\beta P_{k,\max}\sum y_i=1.4\times0.9\times202\times(1+0.267+0.8+0.067)=543.15\ \text{kN}$$

$$D_{\min}=\gamma_Q\beta P_{k,\min}\sum y_i=1.4\times0.9\times60\times(1+0.267+0.8+0.067)=161.33\ \text{kN}$$

每个轮子产生的横向水平制动力的标准值为

$$T_k=\frac{\alpha}{4}(Q+Q_1)g=\frac{0.1}{4}(20+7.72)\times10=6.93\ \text{kN}$$

由于两台起重机相同，则

$$T_{\max}=D_{\max}\frac{T_k}{P_{k,\max}}=543.15\times\frac{6.93}{202}=18.63\ \text{kN}$$

4.风荷载

风是具有一定速度运动的气流，当它遇到建筑物受阻时，将在建筑物的迎风面产生正压区（风压力），而在背风面和侧面形成负压区（风吸力），作用在建筑物上的风压力和风吸力与风的吹向一致，其大小与建筑体型、尺寸及地面情况等因素有关。

《荷载规范》规定：当计算主要承重结构时，垂直于建筑物表面上的风荷载标准值应按下式计算：

$$w_k=\beta_z\mu_s\mu_z w_0 \tag{3-10}$$

式中 w_0——基本风压（kN/m^2），指风荷载的基准压力，一般按当地空旷平坦地面上10 m高度处10 min平均的风速观测数据，经概率统计得到50年一遇最大值确定的风速，再考虑相应的空气密度，按贝努利公式确定的风压，基本风压应按《荷载规范》中全国基本风压分布图和附录E给出的数据采用，但不得小于0.3 kN/m^2；

β_z——高度 z 处的风振系数，对高度小于30 m的单层厂房，取 $\beta_z=1.0$；

μ_s——风荷载体型系数，主要与建筑物的体型和尺寸有关，它是作用在建筑物表面上所引起的实际压力（或吸力）与基本风压的比值，可由附表4-1查得，其中“+”表示压力、“−”表示吸力；

μ_z——风压高度变化系数，根据所在地区的地面粗糙度类别和离地面的高度由附表4-2取用。

图3-41(a)所示为双坡屋面厂房的风荷载体型系数，由公式(3-10)可知，沿厂房高度的风荷载随高度 z 而变化。为简化计算，通常将作用在厂房上的风荷载作如下简化：

(1)柱顶以下墙面上的水平风荷载近似按均布荷载计算，其风压高度变化系数按柱顶标高取值，即柱顶以下墙面上的均布风荷载可按下列公式计算：

$$q_1=w_{k1}B=\mu_{s1}\mu_z w_0 B$$

$$q_2=w_{k2}B=\mu_{s2}\mu_z w_0 B$$

式中 B——计算单元的宽度。

(2)屋面上的风荷载取为垂直于屋面的均布荷载，如图3-41(b)所示，其风压高度变化系数按屋顶（或天窗顶）标高取值，且仅考虑其水平分力对排架的作用，如图3-41(c)所示；屋架（或天窗架）端部的风荷载也近似按均布荷载计算，其风压高度变化系数按厂房（或天窗

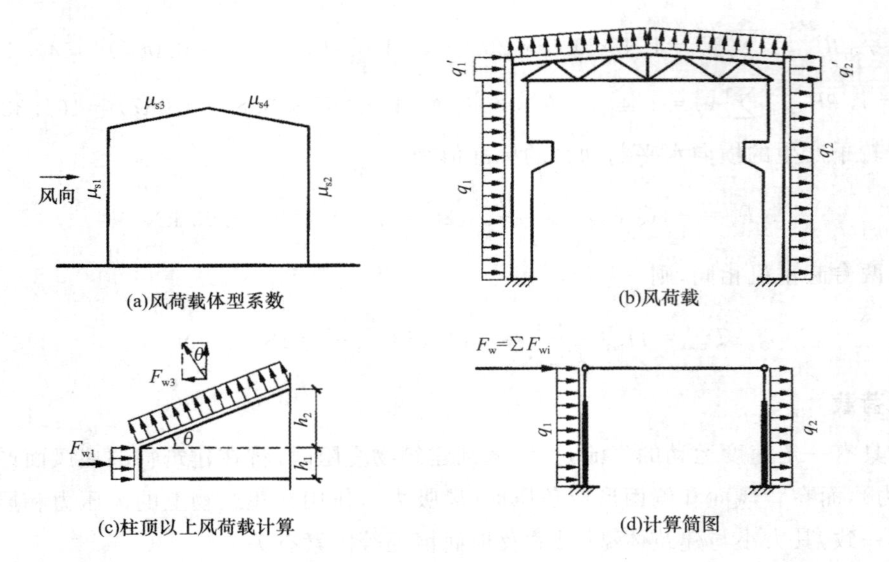

(a)风荷载体型系数　(b)风荷载　(c)柱顶以上风荷载计算　(d)计算简图

图 3-41　风荷载计算

架)檐口标高取值。排架柱顶以上的水平风荷载由屋面风荷载的水平分量和屋架端部的风荷载两部分叠加,以水平集中力的形式作用于排架柱顶(图 3-41d),即

$$F_w=\sum_{i=1}^{n}w_{ki}B(h_1+l\sin\theta)=[(\mu_{s1}+\mu_{s2})h_1+(\mp\mu_{s3}\pm\mu_{s4})h_2]\mu_z w_0 B$$

式中　l——屋面斜长,其余符号意义如图 3-41 所示,式中 μ_s 取绝对值,μ_s 前有正负号,上面符号用于左风时,下面符号用于右风时。

风荷载是可以变向的,因此排架结构内力计算时,要考虑左风和右风两种情况。

例 3-2　某市郊厂房,外形尺寸及风荷载体型系数如图 3-42 所示,基本风压 $w_0=0.4\ \text{kN/m}^2$,排架计算单元宽度 $B=6$ m,求左风时作用在排架上荷载的设计值并画出计算简图。

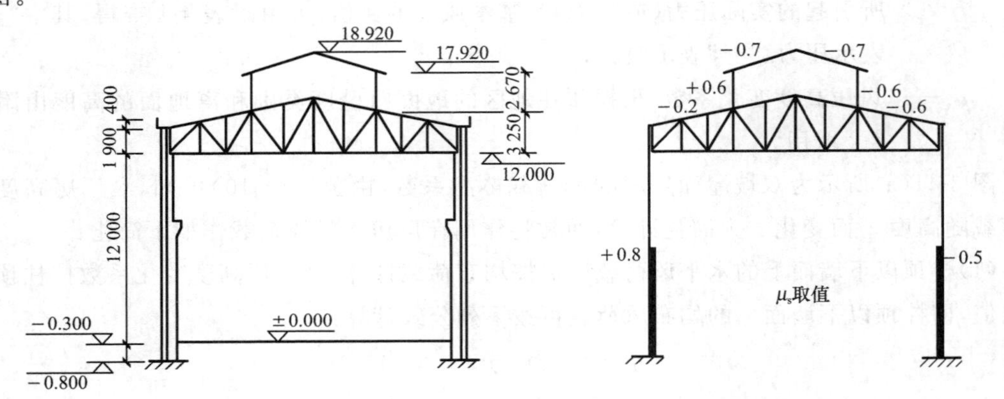

图 3-42　厂房的外形尺寸及风荷载体型系数

解:①柱上线荷载计算

风压高度变化系数按柱顶离室外天然地坪的高度 12+0.3=12.3 m 取值。查附表 4-2,按地面粗糙程度 B 类,用插入法计算 μ_z,有

$$\mu_z=1+\frac{1.13-1.0}{15-10}\times(12.3-10)=1.06$$

迎风面：$q_{1k}=\beta_z\mu_s\mu_z w_0 B=1.0\times0.8\times1.06\times0.4\times6=2.04\ \text{kN/m}(\rightarrow)$

$q_1=\gamma_Q q_{1k}=1.4\times2.04=2.86\ \text{kN/m}(\rightarrow)$

背风面：$q_{2k}=\beta_z\mu_s\mu_z w_0 B=1.0\times0.5\times1.06\times0.4\times6=1.27\ \text{kN/m}(\rightarrow)$

$q_2=\gamma_Q q_{2k}=1.4\times1.27=1.78\ \text{kN/m}(\rightarrow)$

②柱顶集中风荷载计算

风压高度变化系数按天窗檐口离室外天然地坪的高度 17.92＋0.3＝18.22 m 取值。用插入法计算 μ_z 有

$$\mu_z=1.13+\frac{1.23-1.13}{20-15}\times(18.22-15)=1.19$$

$$\begin{aligned}F_w&=\gamma_Q\beta_z\mu_z w_0 B\sum\mu_{si}\cdot h_1\\&=1.4\times1.0\times1.19\times0.4\times6\times[(0.8+0.5)\times2.3+(-0.2+0.6)\times1.35+(0.6+0.6)\times2.67]\\&=26.93\ \text{kN}\end{aligned}$$

③计算简图如图 3-43 所示

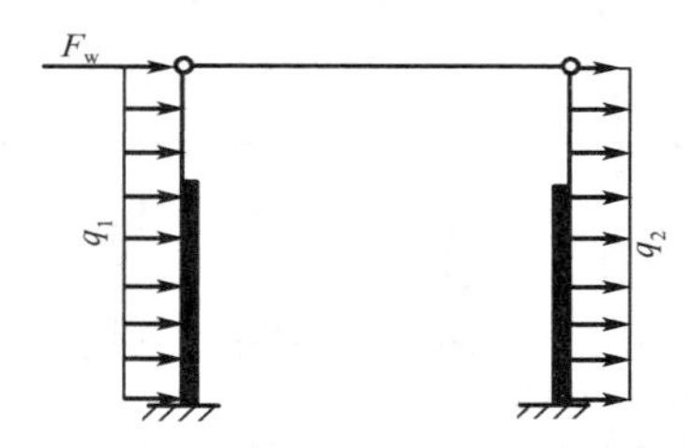

图 3-43 排架的计算简图

3.4.3 排架结构内力计算

1. 排架上的荷载作用情形

单层厂房横向平面排架是一个承受多种荷载作用、具有变截面柱的平面结构。为了确定排架柱在可能同时出现的荷载作用下的截面最不利内力，一般需先对各种荷载单独作用下的排架进行内力分析。

对单跨排架，通常需考虑如下 8 种单独荷载作用情形：

情形 1 恒荷载(G_1、G_2、G_3、G_4 及 G_5)，如图 3-44(a)所示；

情形 2 屋面活荷载(Q_1)，如图 3-44(b)所示；

情形 3 起重机竖向荷载 D_{max} 作用于左柱，D_{min} 作用于右柱，如图 3-44(c)所示；

情形 4 起重机竖向荷载 D_{min} 作用于左柱，D_{max} 作用于右柱，如图 3-44(d)所示；

情形 5 起重机横向水平荷载 T_{max} 作用于左、右柱，方向从左向右，如图 3-44(e)所示；

情形 6 起重机横向水平荷载 T_{max} 作用于左、右柱，方向从右向左，如图 3-44(f)所示；

情形 7 风荷载(q_1、q_2、F_w)从左向右作用，如图 3-44(g)所示；

情形 8 风荷载(q_1、q_2、F_w)从右向左作用，如图 3-44(h)所示。

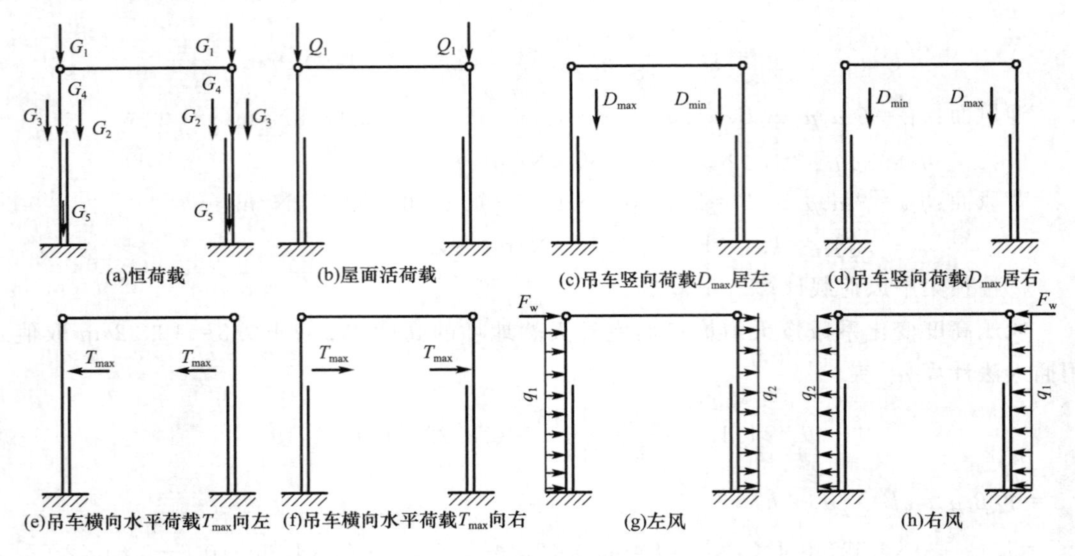

(a)恒荷载 (b)屋面活荷载 (c)吊车竖向荷载D_{max}居左 (d)吊车竖向荷载D_{max}居右

(e)吊车横向水平荷载T_{max}向左 (f)吊车横向水平荷载T_{max}向右 (g)左风 (h)右风

图 3-44 单跨排架单独荷载布置

从图 3-44 可以看出，起重机荷载、风荷载是成对的。若改为等高双跨，情形 3～6 还将增加 4 种，共有 12 种单独荷载作用情形，如图 3-45 所示。

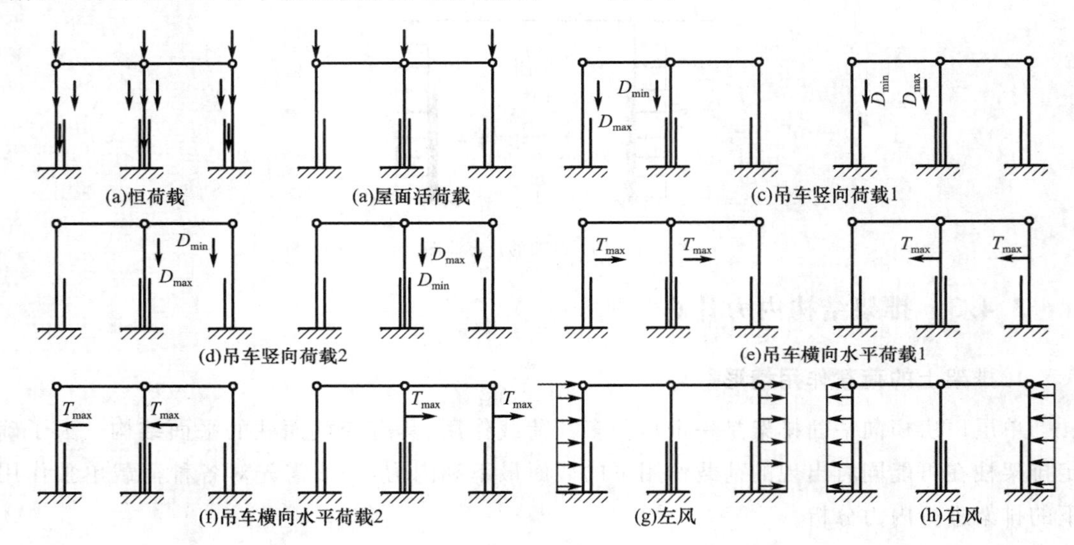

(a)恒荷载 (a)屋面活荷载 (c)吊车竖向荷载1

(d)吊车竖向荷载2 (e)吊车横向水平荷载1

(f)吊车横向水平荷载2 (g)左风 (h)右风

图 3-45 等高双跨排架单独荷载布置

2. 等高排架内力计算

等高排架是指各柱的柱顶标高相同，或柱顶标高虽不相同，但柱顶由倾斜横梁相连的排架，如图 3-46 所示。由于排架横梁可视为刚性连杆，故等高排架在任意荷载作用下各柱柱顶侧移相等，因此可按剪力分配法求出各柱的柱顶剪力，这样超静定排架的内力计算问题就转化为静定悬臂柱在已知柱顶剪力和外荷载作用下的内力计算。下面先讨论单阶超静定柱在各种荷载作用下的计算问题。

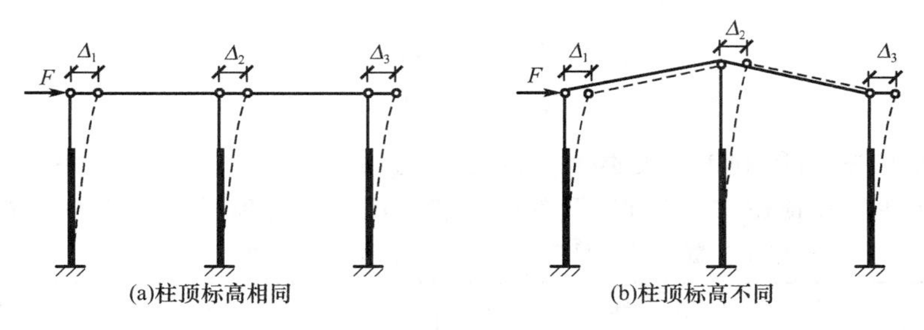

图 3-46　等高排架计算简图

(1)单阶一次超静定柱的求解方法

如图 3-47(a)所示为柱顶不动铰支座、下端固定的单阶变截面柱，该柱为一次超静定，在荷载作用下可采用力法进行求解。

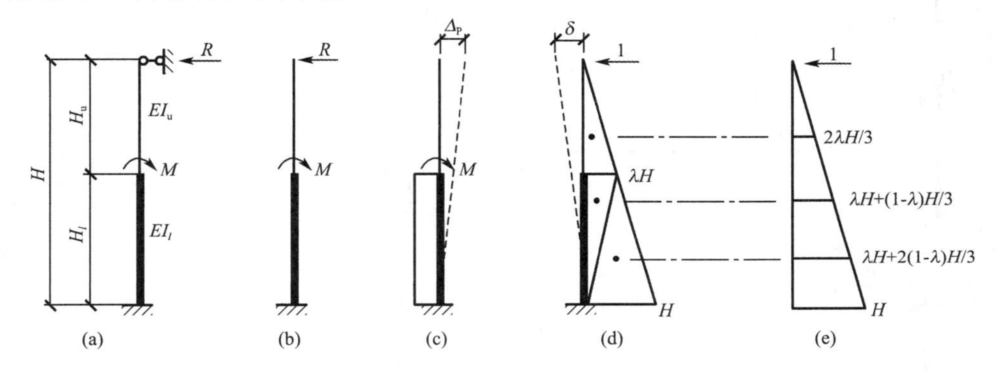

图 3-47　单阶一次超静定柱分析

如在柱的变截面处作用一力矩 M 时，设柱顶反力为 R，取基本体系如图 3-47(b)所示，则力法方程为

$$R\delta-\Delta_{p}=0 \tag{3-11}$$

令 $\lambda=H_{u}/H$，$n=I_{u}/I_{l}$，由图 3-47(c)、图 3-47(d)、图 3-47(e)，根据图乘法可得

$$\delta=\frac{H^{3}}{C_{0}EI_{l}} \tag{3-12}$$

$$\Delta_{p}=(1-\lambda^{2})\frac{H^{2}}{2EI_{l}}M \tag{3-13}$$

式中　δ——悬臂柱在柱顶单位水平力作用下柱顶处的侧移值，因其主要与柱的形状有关，故称为形系数；

C_{0}——单阶变截面柱的柱顶位移系数，按式(3-14)计算；

Δ_{p}——悬臂柱在荷载作用下柱顶处的侧移值，因与荷载有关，故称为载常数。

$$C_{0}=\frac{3}{1+\lambda^{3}\left(\frac{1}{n}-1\right)} \tag{3-14}$$

将式(3-12)和式(3-13)代入式(3-11)，得

$$R=C_{3}\cdot\frac{M}{H} \tag{3-15}$$

C_{3}——单阶变截面柱在变阶处集中力矩作用下的柱顶反力系数，按式(3-16)计算。

$$C_3=\frac{3}{2}\cdot\frac{1-\lambda^2}{1+\lambda^3\left(\frac{1}{n}-1\right)} \tag{3-16}$$

按照上述方法，可得到单阶变截面柱在各种荷载作用下的柱顶反力系数。表 3-5 列出了单阶变截面柱的柱顶位移系数 C_0 及各种荷载作用下的柱顶反力系数 $C_1\sim C_{11}$。

表 3-5　　单阶变截面柱的柱顶位移系数 C_0 和反力系数 $C_1\sim C_{11}$

序号	简图	R	$C_0\sim C_5$	序号	简图	R	$C_6\sim C_{11}$
0	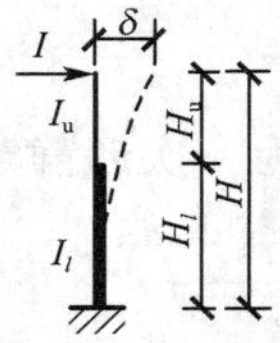		$\delta=\frac{H^3}{C_0EI_l}$ $C_0=\frac{3}{1+\lambda^3\left(\frac{1}{n}-1\right)}$	6	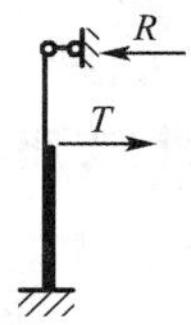	$C_6\cdot T$	$C_6=\frac{1-0.5\lambda(3-\lambda^2)}{1+\lambda^3\left(\frac{1}{n}-1\right)}$
1		$G_1\cdot\frac{M}{H}$	$C_1=\frac{3}{2}\cdot\frac{1-\lambda^2\left(\frac{1}{n}-1\right)}{1+\lambda^3\left(\frac{1}{n}-1\right)}$	7	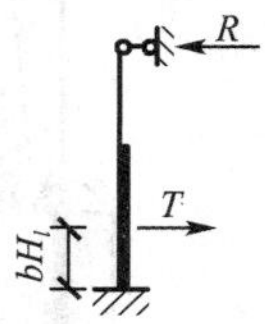	$C_7\cdot T$	$C_7=\frac{b^2(1-\lambda)^2[3-b(1-\lambda)]}{2\left[1+\lambda^3\left(\frac{1}{n}-1\right)\right]}$
2	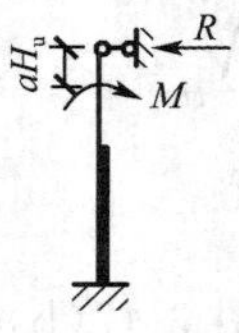	$C_2\cdot\frac{M}{H}$	$C_2=\frac{\frac{3}{2}\cdot 1+\lambda^2\left(\frac{1-a^2}{n}-1\right)}{1+\lambda^3\left(\frac{1}{n}-1\right)}$	8	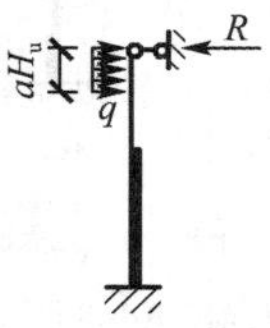	$C_8\cdot qH$	$C_8=\frac{\frac{a^4}{n}\lambda^4-\left(\frac{1}{n}-1\right)(6a-8)a\lambda^4-a\lambda(6a\lambda-8)}{8\left[1+2\lambda^3\left(\frac{1}{n}-1\right)\right]}$
3	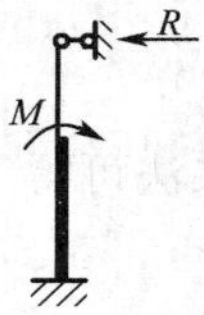	$C_3\cdot\frac{M}{H}$	$C_3=\frac{3}{2}\cdot\frac{1-\lambda^2}{1+\lambda^3\left(\frac{1}{n}-1\right)}$	9	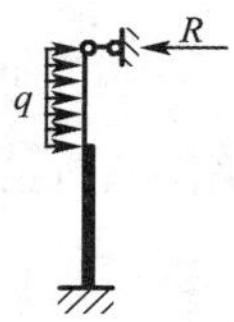	$C_9\cdot qH$	$C_9=\frac{8\lambda-6\lambda^2+\lambda^4\left(\frac{3}{n}-2\right)}{8\left[1+\lambda^3\left(\frac{1}{n}-1\right)\right]}$
4	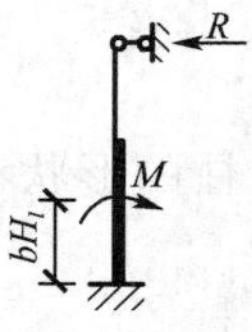	$C_4\cdot\frac{M}{H}$	$C_4=\frac{3}{2}\cdot\frac{2b(1-\lambda)-b^2(1-\lambda)}{1-\lambda^3\left(\frac{1}{n}-1\right)}$	10	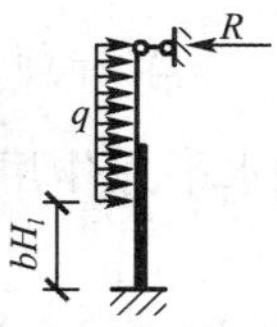	$C_{10}\cdot qH$	$C_{10}=\frac{3-b^3(1-\lambda)^3[4-b(1-\lambda)]+3\lambda^4\left(\frac{1}{n}-1\right)}{8\left[1+\lambda^3\left(\frac{1}{n}-1\right)\right]}$
5	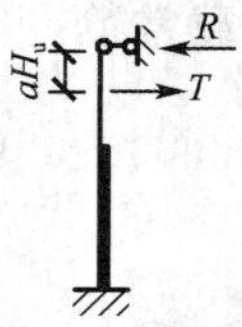	$C_5\cdot T$	$C_5=\frac{2-3a\lambda+\lambda^3\left[\frac{(2+a)(1-a)^2}{n}-(2-3a)\right]}{2\left[1+\lambda^3\left(\frac{1}{n}-1\right)\right]}$	11	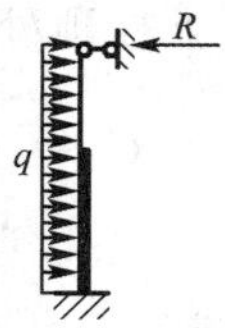	$C_{11}\cdot qH$	$C_{11}=\frac{3\left[1+\lambda^4\left(\frac{1}{n}-1\right)\right]}{8\left[1+\lambda^3\left(\frac{1}{n}-1\right)\right]}$

注：$\lambda=H_u/H$，$n=I_u/I_l$，$1-\lambda=H_l/H$。

(2)排架柱顶水平集中力作用下的剪力分配

当排架柱顶作用水平集中力 F 时，如图 3-48 所示，设排架有 n 根柱，任一柱的抗侧移刚度为$\frac{1}{\delta_i}$,则其分担的柱顶剪力 V_i 可由平衡条件和变形条件求得。

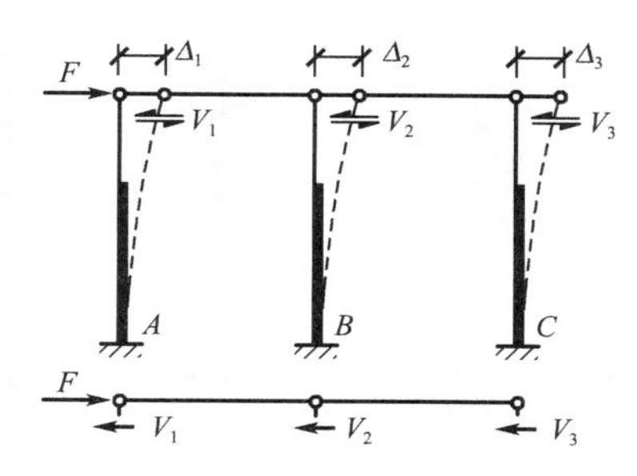

图 3-48 等高排架柱顶剪力计算

根据横梁刚度为无限大,受力后不产生轴向变形的假定,那么等高排架各柱顶的水平位移均相等,即 $\Delta_1=\Delta_2=\cdots=\Delta_i=\cdots=\Delta_n=\Delta$,每根柱分担的剪力为

$$V_i=\frac{1}{\delta_i}\Delta \tag{3-17}$$

取横梁为脱离体,由平衡条件得

$$F=V_1+V_2+\cdots+V_i+\cdots+V_n=\sum_{i=1}^{n}V_i=\Delta\sum_{i=1}^{n}\frac{1}{\delta_i} \tag{3-18}$$

则 $\Delta=\frac{F}{\sum\limits_{i=1}^{n}\frac{1}{\delta_i}}$,代入式(3-17)得

$$V_i=\frac{\frac{1}{\delta_i}}{\sum\limits_{i=1}^{n}\frac{1}{\delta_i}}F=\eta_i F \tag{3-19}$$

式中 η_i——第 i 根排架柱的剪力分配系数,按下式计算:

$$\eta_i=\frac{\frac{1}{\delta_i}}{\sum\limits_{i=1}^{n}\frac{1}{\delta_i}} \tag{3-20}$$

按式(3-19)求得柱顶剪力 V_i 后,根据平衡条件即可求得排架柱各截面的弯矩和剪力。

(3)任意荷载作用下的剪力分配

任意荷载作用下等高排架的内力计算步骤如下:

①对承受任意荷载作用的排架,如图 3-49(a)所示,先在排架柱顶附加一个不动铰支座以阻止水平位移,则各柱为单阶一次超静定柱,如图 3-49(b)所示。根据柱顶反力系数可求得各柱反力 R_i 及相应的柱端剪力,得到柱顶假想的不动铰支座总反力 $R=\sum R_i$。在图 3-49(b)中,$R=R_1+R_3$,因中间柱无任意荷载,故 R_2 为零。

②撤除附加的不动铰支座,把已求出的反力 R 反向作用于排架柱顶,如图 3-49(c)所示,用公式(3-19)可求出柱顶水平力 R 作用下各柱的柱顶剪力 $\eta_i R$。

③将图 3-49(b)、图 3-49(c)的计算结果叠加,可得在任意荷载作用下排架柱顶的剪力 $R_i+\eta_i R$,如图 3-49(d)所示,根据此图即可求出各柱的内力。

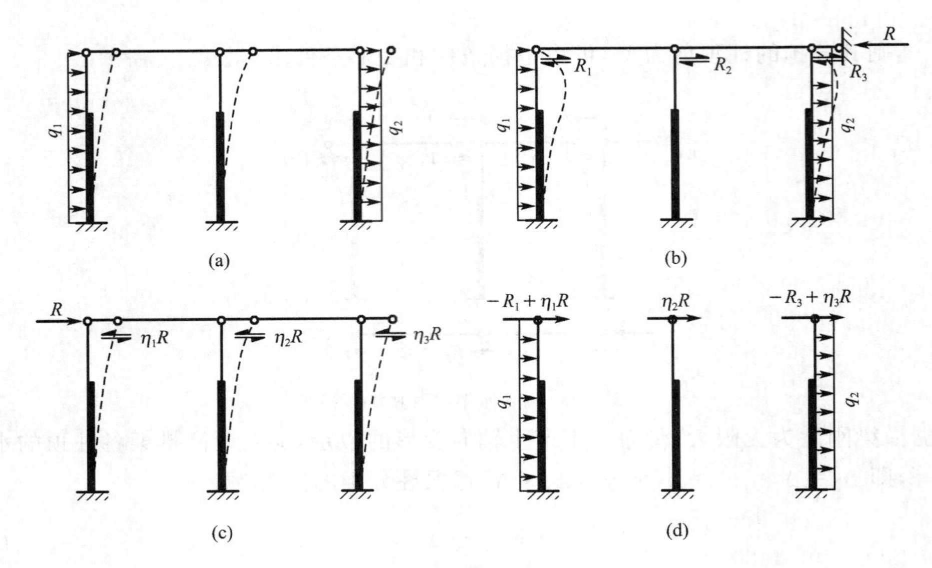

图 3-49　任意荷载作用下的剪力分配

例 3-3　某装配车间排架结构的计算简图如图 3-50 所示，A 柱与 B 柱形状和尺寸等均相同。柱牛腿处作用由起重机竖向荷载产生的弯矩设计值 $M_{\max}=103\ \text{kN}\cdot\text{m}$ 和 $M_{\min}=35.9\ \text{kN}\cdot\text{m}$，求排架内力。

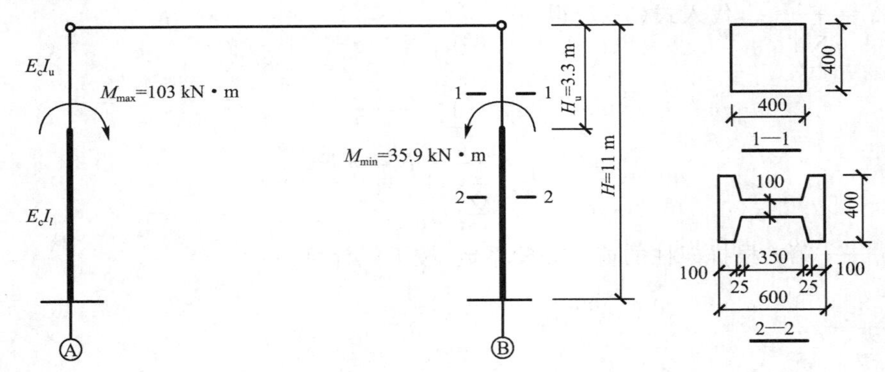

图 3-50　例 3-3 计算简图

解：①计算参数 n 和 λ

上部柱截面惯性矩为

$$I_u=\frac{1}{12}\times400\times400^3=2.13\times10^9\ \text{mm}^4$$

下部柱截面惯性矩为

$$I_l\approx\frac{1}{12}\times400\times600^3-\frac{1}{12}\times300\times350^3-2\times\frac{1}{2}\times300\times25\left(175+\frac{25}{3}\right)^2=5.88\times10^9\ \text{mm}^4$$

故

$$n=\frac{I_u}{I_l}=\frac{2.13\times10^9}{5.88\times10^9}=0.36$$

$$\lambda=\frac{H_u}{H}=\frac{3\ 300}{11\ 000}=0.3$$

②在柱顶附加不动铰支座

在 A 柱和 B 柱的柱顶分别附加水平不动铰支座，如图 3-51(a)所示，由表 3-5 得

$$C_3=\frac{3}{2}\cdot\frac{1-\lambda^2}{1+\lambda^3\left(\frac{1}{n}-1\right)}=\frac{3}{2}\cdot\frac{1-0.3^2}{1+0.3^3\times\left(\frac{1}{0.36}-1\right)}=1.3$$

则不动铰支座反力为

$$R_A=C_3\frac{M_{max}}{H}=1.3\times\frac{-103}{11}=-12.173\ \text{kN}(\leftarrow)$$

$$R_B=C_3\frac{M_{min}}{H}=1.3\times\frac{35.9}{11}=4.243\ \text{kN}(\rightarrow)$$

因此 A 柱和 B 柱的柱顶剪力为

$$V_{A.1}=R_A=-12.173\ \text{kN}(\leftarrow)$$

$$V_{B.1}=R_B=4.243\ \text{kN}(\rightarrow)$$

③撤除附加的不动铰支座

把已求出的反力 R_A 和 R_B 反向作用于排架柱顶，如图 3-51(b)所示。因为 A 柱和 B 柱相同，故剪力分配系数 $\eta_A=\eta_B=\eta=1/2$，则各柱的柱顶剪力

$$V_{A.2}=V_{B.2}=-\eta(R_A+R_B)=-\frac{1}{2}(-12.173+4.243)=3.965\ \text{kN}(\rightarrow)$$

④计算结果叠加

将②和③两个状态叠加，恢复结构原有受力状态，此时总的柱顶剪力为

$$V_A=V_{A.1}+V_{A.2}=-12.173+3.965=-8.21\ \text{kN}(\leftarrow)$$

$$V_B=V_{B.1}+V_{B.2}=4.243+3.965=8.21\ \text{kN}(\rightarrow)$$

如图 3-51(c)所示。

相应的内力图(弯矩图和剪力图)如图 3-51(d)、图 3-51(e)所示。

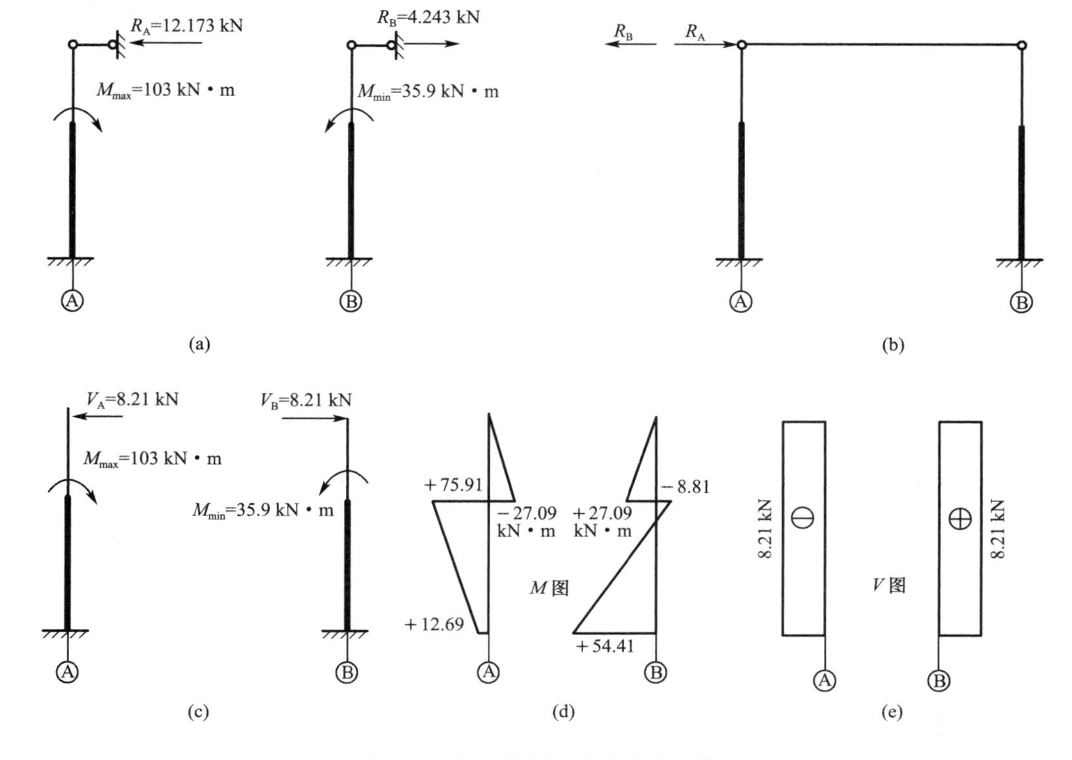

图 3-51　例 3-3 的排架弯矩图和剪力图

例 3-4 如图 3-52 所示的排架，在风荷载作用下，$F_w=2.2\ \text{kN}$，$q_1=2.06\ \text{kN/m}$，$q_2=1.29\ \text{kN/m}$；A 柱与 C 柱相同，$I_{uA}=I_{uC}=2.13\times10^9\ \text{mm}^4$，$I_{lA}=I_{lC}=9.23\times10^9\ \text{mm}^4$，$I_{uB}=4.17\times10^9\ \text{mm}^4$，$I_{lB}=9.23\times10^9\ \text{mm}^4$；$E_c$ 都相同，上柱高均为 $H_u=3.10\ \text{m}$，柱总高均为 $H=12.22\ \text{m}$。试求该排架柱在风荷载作用下的弯矩。

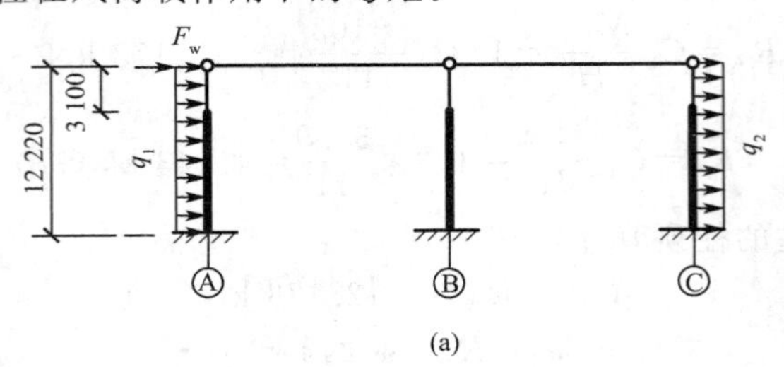

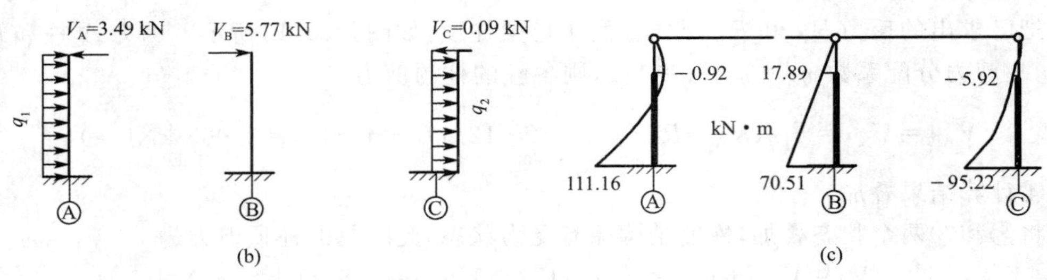

图 3-52 例 3-4 排架计算简图及弯矩图

解 ①计算剪力分配系数

$$\lambda=\frac{H_u}{H}=\frac{3.10}{12.22}=0.254$$

A、C 柱 $n=\dfrac{2.13\times10^9}{9.23\times10^9}=0.231$，$B$ 柱 $n=\dfrac{4.17\times10^9}{9.23\times10^9}=0.452$

由表 3-5 得

$$\text{A、C 柱：}C_0=\frac{3}{1+\lambda^3\left(\dfrac{1}{n}-1\right)}=\frac{3}{1+0.254^3\left(\dfrac{1}{0.231}-1\right)}=2.85$$

$$\delta_A=\delta_C=\frac{H^3}{C_0E_cI_l}=\frac{H^3}{2.85\times9.23\times10^9}=0.380\times10^{-10}\ \frac{H^3}{E_c}$$

$$\text{B 柱：}C_0=\frac{3}{1+\lambda^3\left(\dfrac{1}{n}-1\right)}=\frac{3}{1+0.254^3\left(\dfrac{1}{0.452}-1\right)}=2.94$$

$$\delta_B=\frac{H^3}{C_0E_cI_l}=\frac{H^3}{2.94\times9.23\times10^9}=0.369\times10^{-10}\ \frac{H^3}{E_c}$$

剪力分配系数为

$$\eta_A=\eta_C=\frac{\dfrac{1}{0.380}}{2\times\dfrac{1}{0.380}+\dfrac{1}{0.369}}=0.33,\ \eta_B=\frac{\dfrac{1}{0.369}}{2\times\dfrac{1}{0.380}+\dfrac{1}{0.369}}=0.34$$

$$\eta_A+\eta_B+\eta_C=0.33+0.33+0.34=1.0$$

②计算各柱顶剪力

把荷载 F_w、q_1、q_2 分成三种情况，分别求出各柱顶所产生的剪力而后叠加。

在各柱顶分别附加水平不动铰支座：

在 q_1 的作用下，A 柱附加水平不动铰支座，由表 3-5 得

$$C_{11}=\frac{3\left[1+\lambda^4\left(\frac{1}{n}-1\right)\right]}{8\left[1+\lambda^3\left(\frac{1}{n}-1\right)\right]}=\frac{3\left[1+0.254^4\left(\frac{1}{0.231}-1\right)\right]}{8\left[1+0.254^3\left(\frac{1}{0.231}-1\right)\right]}=0.361$$

故 A 柱不动铰支座反力为

$$R_A=-C_{11}q_1H=-0.361\times2.06\times12.22=-9.09\ \text{kN}(\leftarrow)$$

在 q_2 的作用下，C 柱附加水平不动铰支座产生支座反力，其值为

$$R_C=-C_{11}q_2H=-0.361\times1.29\times12.22=-5.69\ \text{kN}(\leftarrow)$$

在 q_1 和 q_2 作用下，B 柱没有不动铰支座反力

$$R=R_A+R_C+F_w=-9.09-5.69-2.2=-16.98\ \text{kN}(\leftarrow)$$

撤除附加的不动铰支座，把已求出的反力 R 反向作用于排架柱顶，各柱顶剪力分别为

$$V_{A.2}=V_{C.2}=-\eta_A R=-0.33\times(-16.98)=5.60\ \text{kN}(\rightarrow)$$

$$V_{B.2}=-\eta_B R=-0.34\times(-16.98)=5.77\ \text{kN}(\rightarrow)$$

叠加上述两个状态，恢复结构原有受力状态，即把各柱分配到的柱顶剪力与柱顶不动铰支座反力相加，即得该柱的柱顶剪力。

$$V_A=V_{A.2}+R_A=5.60-9.09=-3.49\ \text{kN}(\leftarrow)$$

$$V_B=V_{B.2}=5.77\ \text{kN}(\rightarrow)$$

$$V_C=V_{C.2}+R_C=5.60-5.69=-0.09\ \text{kN}(\leftarrow)$$

③绘制弯矩图

柱顶剪力求出后，按悬臂柱求弯矩，弯矩图如图 3-52(c)所示。

3. 不等高排架内力计算

不等高排架由于高、低跨的柱顶侧移不等，剪力分配法不再适用，其内力通常用力法进行计算。下面以图 3-53(a)所示两跨不等高排架为例，说明其内力计算方法。

将横梁切开，代以相应的基本未知力 x_1、x_2，图 3-53(b)所示为不等高排架的基本结构。设横梁刚度为无限大，按每根横梁切断点相对位移为零的条件，列出力法方程如下：

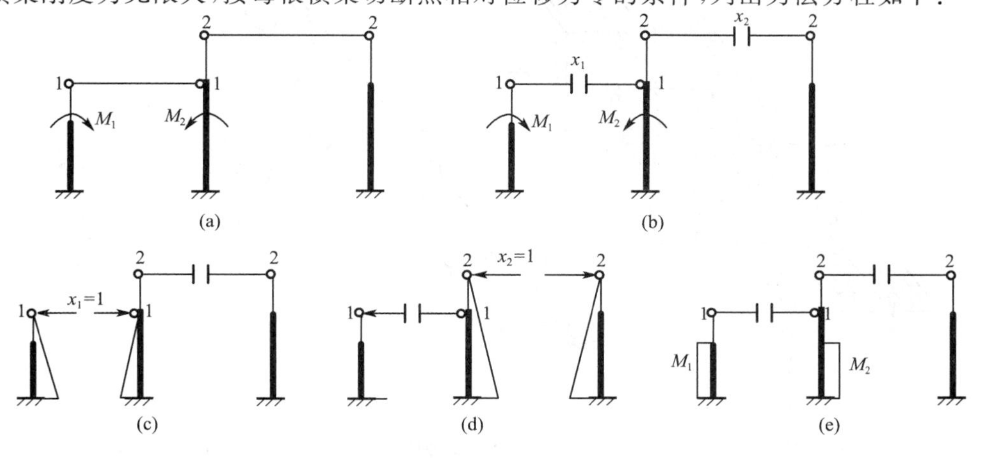

图 3-53 不等高排架柱顶剪力计算

$$\left.\begin{aligned}\delta_{11}x_1+\delta_{12}x_2+\Delta_{1F}=0\\ \delta_{21}x_1+\delta_{22}x_2+\Delta_{2F}=0\end{aligned}\right\}\tag{3-21}$$

式中 δ_{11}、δ_{12}、δ_{21}、δ_{22}——基本结构的柔度系数，可分别由图 3-53(c)、图 3-53(d)的弯矩图图乘得到；

Δ_{1F}、Δ_{2F}——载常数，可分别由图 3-53(c)与图 3-53(e)以及图 3-53(d)与图 3-53(e)图乘得到。

解得未知力 x_1、x_2 后，不等高排架各柱的内力可通过平衡条件求得。

4. 考虑厂房整体空间作用的排架内力计算

(1)厂房整体空间作用的概念

当结构布置不同或荷载分布不均匀时，由于屋盖等纵向联系构件将各榀排架或山墙联系在一起，故各榀排架或山墙的受力及变形都不是独立的，而是相互制约的。这种排架与排架、排架与山墙之间的相互制约作用，称为厂房的整体空间作用。

单层厂房整体空间作用的程度主要取决于屋盖的水平刚度、荷载类型、厂房跨度、山墙刚度和间距等因素。因此，无檩屋盖比有檩屋盖、局部荷载比均布荷载、跨度小比跨度大、有山墙比无山墙的厂房的整体作用要大些。对于一般单层厂房，在恒荷载、屋面活荷载、雪荷载以及风荷载作用下，可不考虑厂房的整体空间作用，按平面排架结构进行内力计算；而起重机荷载仅作用在几榀排架上，属于局部荷载，因此起重机荷载作用下厂房结构的内力分析，宜考虑其整体空间作用。

(2)厂房空间作用分配系数

如图 3-54(a)所示的单层厂房，当某一榀排架柱顶作用水平集中力 R 时，若不考虑厂房的整体空间作用，则此集中力 R 全部由直接受荷载的平面排架承受，其柱顶水平位移为 Δ，如图 3-54(c)所示；当考虑厂房的整体空间作用时，由于相邻排架的协同工作，柱顶水平集中力 R 不仅由直接受荷载的平面排架承受，而且将通过屋盖等纵向联系构件传给相邻的其他排架，使整个厂房共同承担。如果把屋盖看作一根在水平面内受力的梁，各榀横向平面排架视为梁的弹性支座，如图 3-54(b)所示，则各支座反力 R_i 即相应排架所分担的水平力。

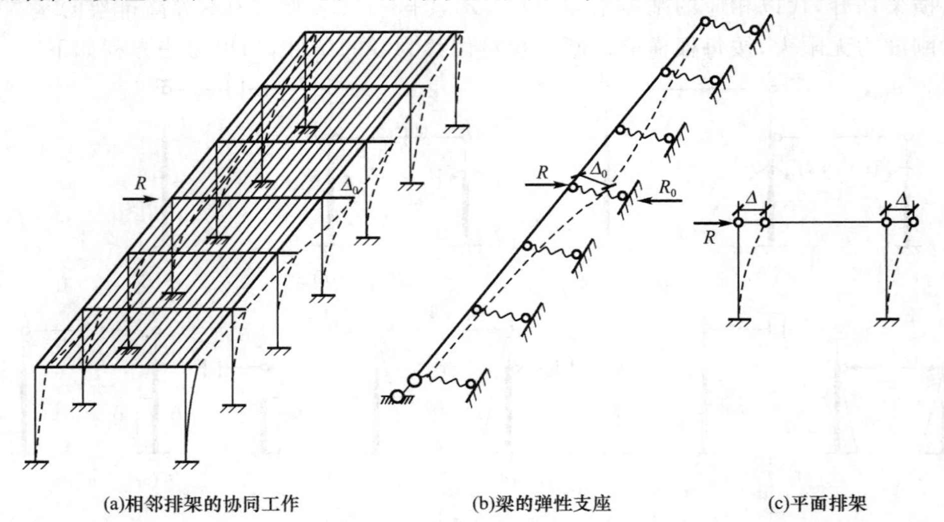

图 3-54 厂房在柱顶集中力作用下的整体空间工作

厂房空间作用的大小可通过空间作用分配系数 μ 来反映。μ 表示考虑厂房结构的空间作用时直接受荷载排架所分配到的水平荷载与不考虑空间作用按平面排架计算所分配的水平荷载的比值。空间作用分配系数 μ 值越小，说明厂房的空间作用越大，反之则越小。设直接受荷载排架对应的支座反力为 R_0，则 $R_0<R$。由于在线弹性阶段，排架柱顶的水平位移与其所受荷载成正比，因此，空间作用分配系数可表示为

$$\mu=\frac{R_0}{R}=\frac{\Delta_0}{\Delta}<1.0 \tag{3-22}$$

式中　Δ_0——考虑空间作用时直接受荷载排架的柱顶位移。

表 3-6 给出了起重机荷载作用下单层单跨厂房的 μ 值，可供设计时参考。由于起重机荷载并不是只有单个集中荷载作用，而是同时有多个集中荷载作用，故表中的数值考虑了这个因素并留有一定的安全储备。

表 3-6　　单跨厂房空间作用分配系数 μ

<table>
<tr><th colspan="2" rowspan="2">厂房情况</th><th rowspan="2">起重机起重力/t</th><th colspan="4">厂房长度/m</th></tr>
<tr><th colspan="2">≤60</th><th colspan="2">>60</th></tr>
<tr><td rowspan="2">有檩屋盖</td><td>两端无山墙或一端有山墙</td><td>≤30</td><td colspan="2">0.90</td><td colspan="2">0.85</td></tr>
<tr><td>两端有山墙</td><td>≤30</td><td colspan="4">0.85</td></tr>
<tr><td rowspan="4">无檩屋盖</td><td rowspan="3">两端无山墙或一端有山墙</td><td rowspan="3">≤75</td><td colspan="4">厂房长度/m</td></tr>
<tr><td>12～27</td><td>>27</td><td>12～27</td><td>>27</td></tr>
<tr><td>0.90</td><td>0.85</td><td>0.85</td><td>0.80</td></tr>
<tr><td>两端有山墙</td><td>≤75</td><td colspan="4">0.80</td></tr>
</table>

注：1. 厂房山墙应为实心砖墙，如有开洞，洞口对山墙水平截面面积的削弱应不超过 50%，否则应视为无山墙情况；

2. 当厂房设有伸缩缝时，厂房长度应按一个伸缩缝区段的长度计，且伸缩缝处应视为无山墙。

(3)考虑厂房整体空间作用时排架内力计算

对于图 3-55(a)所示排架，当考虑厂房整体空间作用时，可按下述步骤计算排架内力：

①先在排架柱顶附加一个不动铰支座，求出在起重机水平荷载 T_{max} 作用下的柱顶反力 R 以及相应的柱顶剪力 R_A、R_B，如图 3-55(b)所示，$R=R_A+R_B$。

②撤除附加的不动铰支座，将柱顶反力 R 乘以空间作用分配系数 μ，并将它反向作用于该榀排架柱顶，按剪力分配法求出各柱顶剪力 $\eta_A\mu R$、$\eta_B\mu R$，如图 3-55(c)所示。

③将上述两项所得柱顶剪力进行叠加，即考虑空间作用的柱顶剪力；根据柱顶剪力及柱上实际承受的荷载，按静定悬臂柱可求出各柱的内力，如图 3-55(d)所示。

由图 3-55(d)可见，考虑厂房整体空间作用时，柱顶剪力为

$$V_i'=R_i-\eta_i\mu R$$

不考虑厂房整体空间作用时($\mu=1.0$)，柱顶剪力为

$$V=R_i-\eta_i R$$

由于 $\mu<1.0$，故 $V_i'>V_i$。因此，考虑厂房整体空间作用时，上柱内力将增大；又因为 V_i' 与 T_{max} 方向相反，所以下柱内力将减小。由于下柱的配筋量一般比较多，故考虑空间作用后，柱的钢筋总用量有所减少。

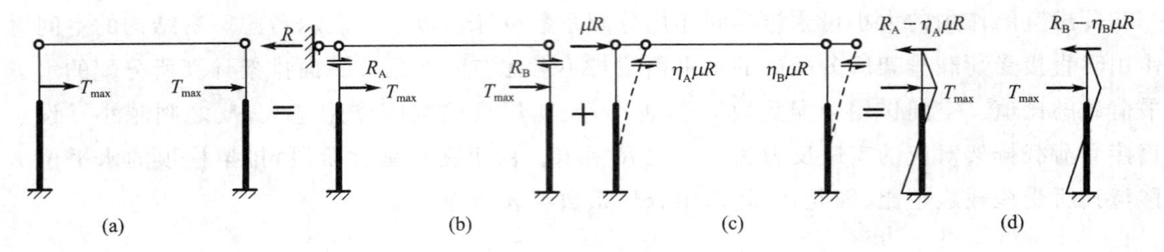

图 3-55　考虑空间作用时排架内力计算

3.4.4　排架结构内力组合

经过对排架进行内力分析，求得排架柱在恒荷载和各种活荷载单独作用下的内力后，就需要根据厂房排架实际可能同时承受的荷载情况进行内力组合，以获得排架柱控制截面的最不利内力，作为柱配筋计算和基础设计的依据。

1. 控制截面

控制截面是指对柱内配筋起控制作用的截面。对于一般单阶柱，上柱底部Ⅰ－Ⅰ截面的弯矩和轴力比其他截面大，故取该截面作为上柱的控制截面。对于下柱，在起重机竖向荷载作用下，牛腿顶面Ⅱ－Ⅱ截面的弯矩最大，而在风荷载和起重机横向水平荷载作用下，柱底Ⅲ－Ⅲ截面的弯矩最大。故取Ⅱ－Ⅱ、Ⅲ－Ⅲ截面作为下柱的控制截面，如图 3-56 所示。同时，柱下基础设计也需要Ⅲ－Ⅲ截面的内力值。

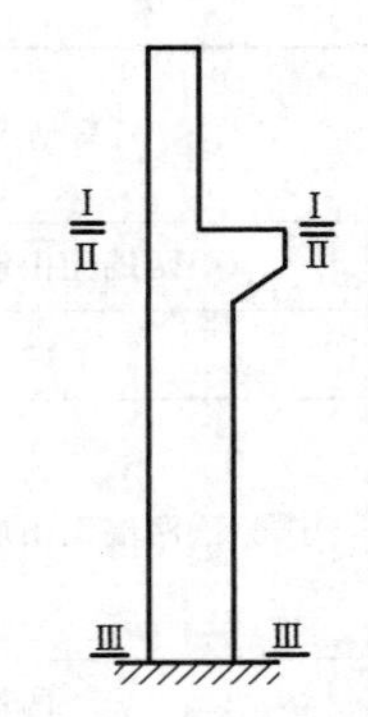

图 3-56　单阶柱的控制截面

2. 荷载组合

为求得柱控制截面上的最不利内力，要考虑两方面：一方面要找出哪几种活荷载同时作用时才是最不利的，即考虑各单独荷载同时出现的可能性；另一方面要找出哪几种活荷载同时作用又同时达到其设计值的可能性较小，因此需对活荷载进行折减，即考虑活荷载组合值系数。

《荷载规范》规定：荷载基本组合的效应设计值 S_d，应从下列荷载组合值中取用最不利的效应设计值确定：

(1)由可变荷载控制的效应设计值，应按下式进行计算：

$$S_d=\sum_{j=1}^{m}\gamma_{G_j}S_{G_j k}+\gamma_{Q_1}\gamma_{L_1}S_{Q_1 k}+\sum_{i=2}^{n}\gamma_{Q_i}\gamma_{L_i}\psi_{c_i}S_{Q_i k} \tag{3-23}$$

(2)由永久荷载控制的效应设计值，应按下式进行计算：

$$S_d=\sum_{j=1}^{m}\gamma_{G_j}S_{G_j k}+\sum_{i=1}^{n}\gamma_{Q_i}\gamma_{L_i}\psi_{c_i}S_{Q_i k} \tag{3-24}$$

式中　γ_{G_j}——第 j 个永久荷载的分项系数，当永久荷载效应对结构不利时，对由可变荷载效应控制的组合应取 1.2，对由永久荷载效应控制的组合应取 1.35；当永久荷载效应对结构有利时，不应大于 1.0；

γ_{Q_i}——第 i 个可变荷载的分项系数，其中 γ_{Q_i} 为主导可变荷载 Q_1 的分项系数，一般情况下应取 1.4；对标准值大于 4 kN/m^2 的工业房屋楼面结构的活荷载，应取 1.3；

γ_{L_i}——第 i 个可变荷载考虑设计年限的调整系数，其中 γ_{L_i} 为主导可变荷载 Q_1 考虑设计年限的调整系数；设计使用年限为 50 年时，取 1.0，设计使用年限为 100 年时，取 1.1；当设计使用年限不为上述值时，调整系数可按线性内插确定；对于荷载标准值可控制的活荷载，设计使用年限调整系数取 1.0；

S_{G_jk}——按第 j 个永久荷载标准值 G_{jk} 计算的荷载效应值；

S_{Q_ik}——按第 i 个可变荷载标准值 Q_{ik} 计算的荷载效应值，其中 S_{Q_1k} 为诸可变荷载效应中起控制作用者；

ψ_{c_i}——第 i 个可变荷载 Q_{ik} 的组合值系数；

m——参与组合的永久荷载数；

n——参与组合的可变荷载数。

在对排架柱进行裂缝宽度验算时，应采用荷载准永久组合，其效应设计值 S_d 为

$$S_d = \sum_{j=1}^{m} S_{G_jk} + \sum_{i=1}^{n} \psi_{q_i} S_{Q_ik} \tag{3-25}$$

ψ_{q_i}——第 i 个可变荷载 Q_{ik} 的准永久值系数。

在进行地基承载力验算时，应采用荷载标准组合，其效应设计值 S_d 为

$$S_d = \sum_{j=1}^{m} S_{G_jk} + S_{Q_1k} + \sum_{i=2}^{n} \psi_{c_i} S_{Q_ik} \tag{3-26}$$

对有起重机的单层厂房，考虑到多台起重机同时满载，且小车又同时处于最不利位置的概率较小，因此《荷载规范》规定，在计算排架内力时，多台起重机的竖向荷载和水平荷载均应进行折减，即起重机的竖向荷载和水平荷载的标准值均应乘以表 3-7 中规定的折减系数。

表 3-7　　多台起重机的荷载折减系数 β

参与组合的起重机台数	起重机工作级别	
	A1～A5	A6～A8
2	0.90	0.95
3	0.85	0.90
4	0.80	0.85

3. 内力组合

排架柱是偏心受压构件，其纵向受力钢筋数量主要取决于控制截面上的轴力 N 和弯矩 M。由于轴力 N 和弯矩 M 有多种组合，须找出截面配筋面积最大的轴力和弯矩组合。因此，通常考虑下列四种不利内力组合：

(1) $+M_{max}$ 及其相应的 N、V；

(2) $-M_{min}$ 及其相应的 N、V；

(3) N_{max} 及其相应的 M、V；

(4) N_{min} 及其相应的 M、V。

按上述四种情况可以得到很多组不利内力组合，通常难以判别哪一种组合是决定截面配筋的最不利内力。一般做法是先求出几种可能的最不利内力的组合值，经过截面配筋计算，通过比较后加以确定。

当柱采用对称配筋及采用对称基础时，(1)、(2)两种内力组合可合并为一种，即$|M|_{max}$及其相应的N、V。对不考虑抗震设防的排架柱，箍筋一般由构造控制，故在柱的截面设计时，可不考虑最大剪力所对应的不利内力组合，以及其他不利内力组合所对应的剪力值。

内力组合时应注意以下几点：

(1)每次组合都必须包括由恒荷载产生的内力。

(2)每次组合以一种内力为目标来决定可变荷载的取舍，例如，当考虑第(1)种内力组合时，必须以得到$+M_{max}$为目标，然后得到与它对应的N、V值。

(3)在起重机竖向荷载中，同一柱的同一牛腿上有D_{max}或D_{min}作用，两者只能选择一种参加组合。

(4)起重机横向水平荷载T_{max}同时作用在同一跨内的左右两边柱子上，其方向可左、可右，组合时只能选取其中一个方向。

(5)T_{max}的作用必须与D_{max}的作用同时考虑，因为有T_{max}必有D_{max}，T_{max}向左与向右视需要选择其一参加组合；但有D_{max}不一定有T_{max}。

(6)当以N_{max}或N_{min}为目标进行内力组合时，应使相应的M绝对值尽可能大，因此对于不产生轴力而产生弯矩的荷载项(风荷载及起重机水平荷载)中的弯矩值也应组合进去。

(7)风荷载有向左、向右吹两种情况，只能选择一种风向参加组合。

(8)由于多台起重机同时满载的可能性较小，所以当多台起重机参与组合时，起重机竖向荷载和水平荷载作用下的内力应乘以表3-7规定的荷载折减系数。

3.5 柱的设计

单层厂房中的柱主要有排架柱和抗风柱两类。其设计内容主要包括选择柱的形式、确定截面尺寸、截面配筋计算、牛腿设计和吊装验算等。

3.5.1 截面设计

1.截面尺寸

柱截面尺寸不仅要满足结构承载力的要求，还要具有足够的刚度，以保证厂房在正常使用过程中不出现过大变形。由于影响厂房结构刚度的因素较多，目前主要是根据已建成厂房的实际经验和实测试验资料来保证厂房的刚度。表3-8给出了柱距为6 m的单跨和多跨厂房矩形或I形截面柱最小截面尺寸的限值。对于一般单层厂房，如柱截面尺寸能满足表3-8的限值，则厂房的横向刚度可得到保证，其变形能满足要求。

表 3-8　　**6 m 柱距单层厂房矩形、I 形截面柱截面尺寸限值**

柱的类型	b	h		
		$Q\leqslant 10t$	$10t<Q<30t$	$30t\leqslant Q\leqslant 50t$
有起重机厂房下柱	$\geqslant H_l/22$	$\geqslant H_l/14$	$\geqslant H_l/12$	$\geqslant H_l/10$
露天起重机柱	$\geqslant H_l/25$	$\geqslant H_l/10$	$\geqslant H_l/8$	$\geqslant H_l/7$
单跨无起重机厂房柱	$\geqslant H/30$	$\geqslant 1.5H/25$(即 $0.06H$)		
多跨无起重机厂房柱	$\geqslant H/30$	$\geqslant H/20$		
仅承受风荷载与自重的山墙抗风柱	$\geqslant H_b/40$	$\geqslant H_l/25$		
同时承受由连系梁传来山墙重的山墙抗风柱	$\geqslant H_b/30$	$\geqslant H_l/25$		

注：H_l 为下柱高度(牛腿顶面至基础顶面)；H 为柱全高(柱顶面至基础顶面)；H_b 为山墙抗风柱从基础顶面至柱平面外(宽度)方向支撑点的高度。

对 I 形截面柱，其截面高度和宽度确定后，可参考表 3-9 确定腹板和翼缘尺寸。

表 3-9　　**I 形截面柱腹板、翼缘尺寸参考表**

截面宽度	b_f/mm	300～400	400	500	600	图注
截面高度	h/mm	500～700	700～1 000	1 000～2 500	1 500～2 500	b　b_f　15~25 mm　h_f　h'　h_f　h
腹板厚度 b/mm $b/h'\geqslant 1/14$～$1/10$		60	80～100	100～120	120～150	
翼板厚度 h_f/mm		80～100	100～150	150～200	200～250	

根据工程设计经验，当厂房柱距为 6 m，一般桥式软钩起重机起重力为 5～100 t 时，柱的截面形式和尺寸可参考表 3-10 和表 3-11 确定。对 I 形截面柱，其截面的力学特性见附录 5。

表 3-10　　**起重机工作级别为 A4、A5 时柱截面形式和尺寸参考表**

起重机起重力/t	轨顶高度/m	6 m 柱距/边柱		6 m 柱距/中柱	
		上柱/mm	下柱/mm	上柱/mm	下柱/mm
≤5	6～8	□400×400	I400×600×100	□400×400	I400×600×100
10	8	□400×400	I400×700×100	□400×600	I400×800×150
	10	□400×400	I400×800×150	□400×600	I400×800×150
15～20	8	□400×400	I400×800×150	□400×600	I400×800×150
	10	□400×400	I400×900×150	□400×600	I400×1 000×150
	12	□500×400	I500×1 000×200	□500×600	I500×1 200×200
30	8	□400×400	I400×1 000×150	□400×600	I400×1 000×150
	10	□400×500	I400×1 000×150	□500×600	I500×1 200×150
	12	□500×500	I500×1 000×200	□500×600	I500×1 200×200
	14	□600×500	I600×1 200×200	□600×600	9I600×1 200×200
50	10	□500×500	I500×1 200×200	□500×700	双 500×1 600×300
	12	□500×600	I500×1 400×200	□500×700	双 500×1 600×300
	14	□600×600	I600×1400×200	□600×700	双 600×1 800×300

注：表中的截面形式采用下列符号：□为矩形截面 $b\times h$(宽度×高度)；I 为工字形截面 $b_f\times h\times h_i$(h_i 为翼缘高度)。

表 3-11 起重机工作级别为 A6、A7 时柱截面形式和尺寸参考表

起重机起重力/t	轨顶高度/m	6 m 柱距/边柱		6 m 柱距/中柱	
		上柱/mm	下柱/mm	上柱/mm	下柱/mm
≤5	6～8	□400×400	I400×600×100	□400×500	I400×800×150
10	8	□400×400	I400×800×150	□400×600	I400×800×150
	10	□400×400	I400×800×150	□400×600	I400×800×150
15～20	8	□400×400	I400×800×150	□400×600	I400×1 000×150
	10	□500×500	I500×1 000×200	□500×600	I500×1 000×200
	12	□500×500	I500×1 000×200	□500×600	I500×1 200×220
30	10	□500×500	I500×1 000×200	□500×600	I500×1 200×200
	12	□500×600	I500×1 200×200	□500×600	I500×1 400×200
	14	□600×600	I600×1 400×200	□600×600	I600×1 400×200
50	10	□500×500	I500×1 200×200	□500×700	双 500×1 600×300
	12	□500×600	I500×1 400×200	□500×700	双 500×1 600×300
	14	□600×600	双 700×2 000×350	□600×700	双 600×1 800×300
75	12	双 600×1 000×250	双 600×1 800×300	双 600×1 000×300	双 600×2 200×350
	14	双 600×1 000×250	双 600×1 800×300	双 600×1 000×300	双 600×2 200×350
	16	双 700×1 000×250	双 700×2 000×350	双 700×1 000×300	双 700×2 200×350
100	12	双 600×1 000×250	双 600×1 800×300	双 600×1 000×300	双 600×2 400×350
	14	双 600×1 000×250	双 600×2 000×350	双 600×1 000×300	双 600×2 400×350
	16	双 700×1 000×300	双 700×2 200×400	双 700×1 000×300	双 700×2 400×400

注：表中的截面形式采用下列符号：□为矩形截面 $b\times h$（宽度×高度）；I 为工字形截面 $b_f\times h\times h_i$（h_i 为翼缘高度）；双为双肢柱 $b\times h\times h_z$（h_z 为肢杆高度）。

2. 截面配筋计算

根据排架计算求得的柱各控制截面的最不利内力组合 M、N 和 V，按偏心受压构件进行截面配筋计算。由于柱截面在排架方向有正反方向相近的弯矩，并为了避免施工中出现差错，一般常采用对称配筋。

在对柱进行受压承载力计算或截面验算时，柱的偏心距增大系数 η 或稳定系数 φ 与柱的计算长度 l_0 有关。表 3-12 为中华人民共和国国家标准《混凝土结构设计规范》(GB 50010—2010)根据单层房屋的实际支承及受力特点，结合工程经验给出了计算长度 l_0，供设计时采用。

表 3-12 刚性屋盖单层房屋排架柱、露天起重机柱和栈桥柱的计算长度

柱的类型		l_0		
		排架方向	垂直排架方向	
			有柱间支撑	无柱间支撑
无起重机房屋柱	单跨	$1.5H$	$1.0H$	$1.2H$
	两跨及多跨	$1.25H$	$1.0H$	$1.2H$
有起重机房屋柱	上柱	$2.0H_u$	$1.25H_u$	$1.5H_u$
	下柱	$1.0H_l$	$0.8H_l$	$1.0H_l$
露天起重机柱和栈桥柱		$2.0H_l$	$1.0H_l$	—

注：1. 表中 H 为从基础顶面算起的柱子全高；H_1 为从基础顶面至装配式起重机梁底面或现浇式起重机梁顶面的柱子下部高度；H_u 为从装配式起重机梁底面或从现浇式起重机梁顶面算起的柱子上部高度。
2. 表中有起重机房屋排架柱的计算长度，当计算中不考虑起重机荷载时，可按无起重机房屋柱的计算长度采用，但上柱的计算长度仍可按有起重机房屋采用。
3. 表中有起重机房屋排架柱的上柱在排架方向的计算长度，仅适用于 $H_u/H_l \geqslant 0.3$ 的情况；当 $H_u/H_l < 0.3$ 时，计算长度宜采用 $2.5H_u$。

3. 构造要求

柱的混凝土强度等级不应低于 C20；采用强度等级 400 MPa 及以上的钢筋时，混凝土强度等级不应低于 C25。纵向受力钢筋应采用 HRB400、HRB500、HRBF400、HRBF500 钢筋，构造钢筋可用 HPB300 或 HRB335 钢筋，箍筋一般用 HRB400、HRBF400、HPB300 钢筋。

纵向受力钢筋直径不宜小于 12 mm，全部纵向钢筋的配筋率不宜大于 5%。当偏心受压柱的截面高度 $h \geqslant 600$ mm 时，在柱的侧面上应设置直径不小于 10 mm 的纵向构造钢筋，并相应设置复合箍筋或拉筋。柱中纵向钢筋的净间距不应小于 50 mm，且不宜大于 300 mm；对水平浇筑的预制柱，其上部纵向钢筋的最小净间距不应小于 30 mm 和 $1.5d$（d 为钢筋的最大直径），下部纵向钢筋的最小净间距不应小于 25 mm 和 d。偏心受压柱中，垂直于弯矩作用平面的侧面上的纵向受力钢筋以及轴心受压柱中各边的纵向受力钢筋，其中距不宜大于 300 mm。

柱中的箍筋应做成封闭式。箍筋直径不应小于 $d/4$，且不应小于 6 mm，d 为纵向钢筋的最大直径；箍筋间距不应大于 400 mm 及构件截面的短边尺寸，且不应大于 $15d$，d 为纵向钢筋的最小直径；当柱截面尺寸短边尺寸大于 400 mm 且各边纵向钢筋多于 3 根时，或当柱截面短边尺寸不大于 400 mm 但各边纵向钢筋多于 4 根时，应设置复合箍筋；当柱中全部纵向受力钢筋的配筋率大于 3%时，箍筋直径不应小于 8 mm，间距不应大于 $10d$（d 为纵向钢筋的最小直径），且不应大于 200 mm。

3.5.2 牛腿设计

单层厂房中的排架柱一般都设有牛腿，以支承屋架（屋面梁）、起重机梁、托架和连系梁等构件，并将这些构件承受的荷载传给柱子。

牛腿按照其承受的竖向力 F_v 作用点至下柱边缘的水平距离 a 与牛腿有效高度 h_0 之比，分为短牛腿和长牛腿。当 $a/h_0 \leqslant 1.0$ 时为短牛腿，如图 3-57(a)所示；当 $a/h_0 > 1.0$ 时为长牛腿，如图 3-57(b)所示。长牛腿的受力特点与悬臂梁相似，可按悬臂梁进行设计；短牛腿实质上是一变截面短悬臂深梁，其受力性能与普通悬臂梁不同。下面介绍短牛腿（简称牛腿）的设计方法。

1. 牛腿的受力特点及破坏形态

试验研究表明，从加载至破坏，牛腿大体经历了弹性、裂缝出现与开展和最后破坏三个阶段。

（1）弹性阶段

图 3-58 为对 $a/h_0 = 0.5$ 的环氧树脂牛腿模型进行光弹试验得到的主应力迹线。由图可见，牛腿在顶面竖向力作用下，上部的主拉应力迹线基本上与牛腿上边缘平行，且沿其长

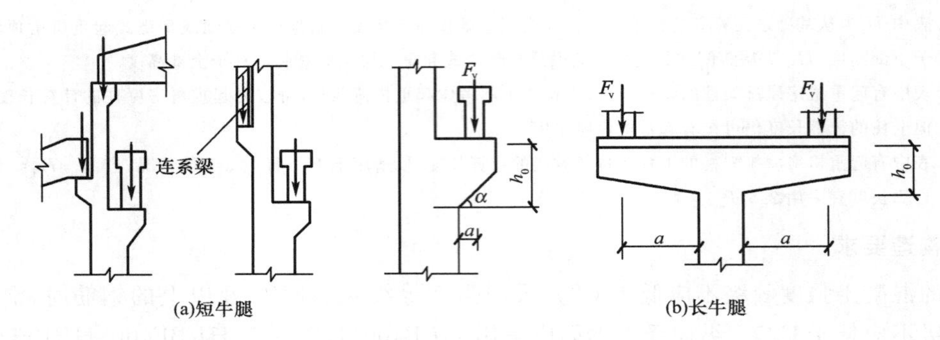

图 3-57　牛腿的类型

度方向分布比较均匀，牛腿中下部主拉应力迹线是向下倾斜的；在 ab 连线附近不太宽的带状区域内，主压应力迹线大体与 ab 连线平行，其分布也比较均匀；另外，上柱根部与牛腿交界处附近存在着应力集中现象。

什么是牛腿

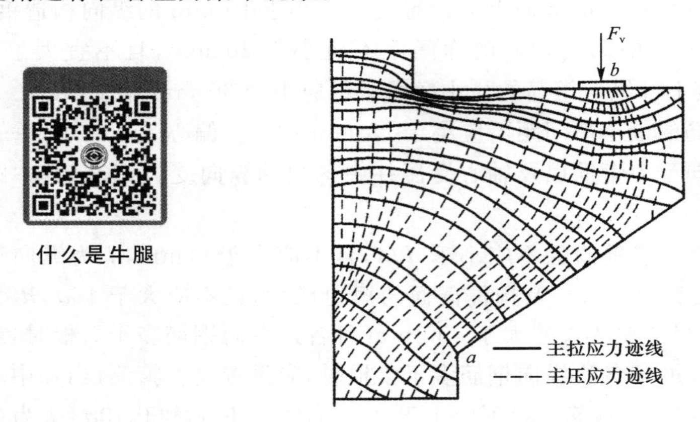

图 3-58　牛腿的应力状态

(2)裂缝出现与开展阶段

试验表明，当荷载加到破坏荷载的 20%～40%时，由于上柱根部与牛腿交界处的主拉应力集中，在该处首先出现自上而下的竖向裂缝①，裂缝细小且开展较慢，对牛腿的受力性能影响不大；当荷载继续加大至破坏荷载的 40%～60%时，在加载垫板内侧附近出现一条斜裂缝②，其方向大体与主压应力迹线平行，如图 3-59(a)所示。

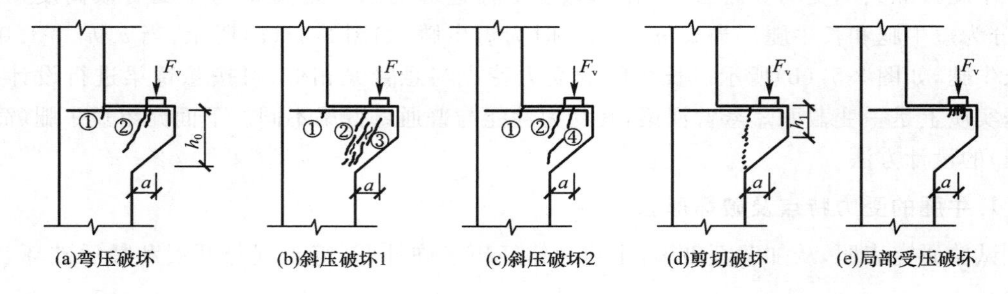

图 3-59　牛腿的破坏形态

(3)破坏阶段

继续加载，随 a/h_0 值的不同，牛腿主要有以下几种破坏形态：

①弯压破坏　当 $0.75<a/h_0<1$ 且纵向受力钢筋配筋率较低时，随着荷载增加，斜裂缝②不断向受压区延伸，水平纵向钢筋应力也随之增加并逐渐达到屈服强度，这时斜裂缝②外侧部分绕牛腿根部与柱的交接点转动，致使受压区混凝土压碎而引起破坏，如图 3-59(a)所示。

②斜压破坏　当 $0.1<a/h_0<0.75$ 时，随着荷载增加，在斜裂缝②外侧出现细而短小的斜裂缝③，当这些斜裂缝逐渐贯通时，斜裂缝②、③间的斜向主压应力超过混凝土的抗压强度，直至混凝土剥落崩出，牛腿即破坏，如图 3-59(b)所示。有时，牛腿不出现斜裂缝③，而是在加载垫板下突然出现一条通长斜裂缝④而破坏，如图 3-59(c)所示。

③剪切破坏　$a/h_0<0.1$ 或 a/h_0 值虽较大但牛腿的外边缘高度 h_1 较小时，在牛腿与下柱交接面上出现一系列短而细的斜裂缝，最后牛腿沿此裂缝从柱上切下而遭破坏，如图 3-59(d)所示，破坏时牛腿的纵向钢筋应力较小。

此外，当加载板尺寸过小或牛腿宽度过窄时，可能导致加载板下混凝土发生局部受压破坏，如图 3-59(e)所示；当牛腿纵向受力钢筋锚固不足时，还会发生使钢筋被拔出等破坏现象。

2. 牛腿截面尺寸的确定

由于牛腿的截面宽度通常与柱同宽，故主要是确定截面高度。牛腿截面尺寸通常以不出现斜裂缝作为控制条件。设计时一般可先根据经验预先假定牛腿高度，按下列公式进行验算：

$$F_{vk}\leqslant\beta\left(\frac{1-0.5F_{hk}}{F_{vk}}\right)\frac{f_{tk}bh_0}{0.5+\dfrac{a}{h_0}} \tag{3-27}$$

式中　F_{vk}——作用于牛腿顶部按荷载效应标准组合计算的竖向力值；

F_{hk}——作用于牛腿顶部按荷载效应标准组合计算的水平拉力值；

β——裂缝控制系数，支承起重机梁的牛腿取 0.65，其他牛腿取 0.80；

a——竖向力的作用点至下柱边缘的水平距离，应考虑安装偏差 20 mm，当考虑安装偏差后的竖向力作用点仍位于下柱截面以内时，取 $a=0$；

b——牛腿宽度；

h_0——牛腿与下柱交接处的垂直截面有效高度，取 $h_0=h_1-a_s+c\cdot\tan\alpha$，当 $\alpha>45°$ 时，取 $\alpha=45°$，c 为下柱边缘到牛腿外边缘的水平长度。

牛腿的外边缘高度 h_1 不应小于 $h/3$，且不应小于 200 mm；牛腿外边缘至起重机梁外边缘的距离不宜小于 70 mm；牛腿底边倾斜角 $\alpha\leqslant45°$，如图 3-60 所示。

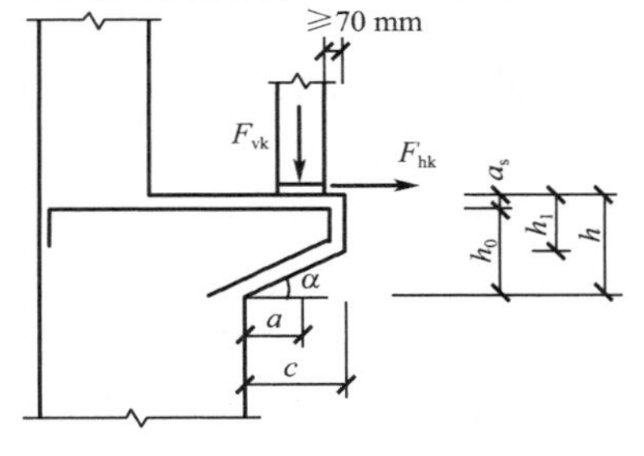

图 3-60　牛腿截面尺寸

为了防止牛腿顶面加载垫板下混凝土的局部受压破坏，垫板下的局部压应力应满足：

$$\sigma_c = \frac{F_{vk}}{A} \leqslant 0.75 f_c \tag{3-28}$$

式中 A——局部受压面积；

f_c——混凝土轴心抗压强度设计值。

若不满足式(3-28)的要求，应采取加大受压面积，提高混凝土强度等级或设置钢筋网等有效措施。

3. 牛腿的配筋计算

(1)计算简图

试验研究表明，牛腿在竖向力和水平拉力作用下，其受力特征可用由牛腿顶部水平纵向受力钢筋为拉杆和牛腿内的斜向受压混凝土为压杆组成的三角桁架模型来描述。竖向力由桁架水平拉杆和斜压杆承担，作用在牛腿顶部向外的水平拉力由水平拉杆承担，如图 3-61 所示。

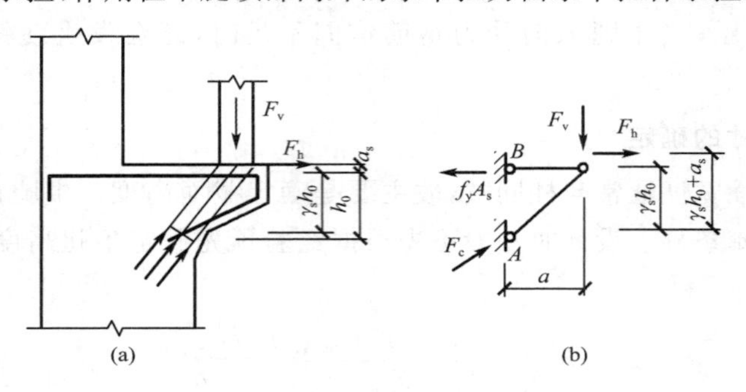

图 3-61 牛腿计算简图

(2)纵向受力钢筋计算

由图 3-61(b)，对 A 点取力矩平衡可得

$$F_v a + F_h(\gamma_s h_0 + a_s) \leqslant f_y A_s \gamma_s h_0$$

近似取 $\gamma_s h_0 + a_s = 1.2\gamma_s h_0$，$\gamma_s = 0.85$，则由上式可得纵向受力钢筋的总截面面积 A_s 为

$$A_s \geqslant \frac{F_v a}{0.85 f_y h_0} + \frac{1.2 F_h}{f_y} \tag{3-29}$$

式中 F_v——作用在牛腿顶部的竖向力设计值；

F_h——作用在牛腿顶部的水平拉力设计值。

在公式(3-29)中，当 $a < 0.3h_0$ 时，取 $a = 0.3h_0$。

4. 牛腿的构造要求

沿牛腿顶部配置的纵向受力钢筋，宜采用 HRB400 级或 HRB500 级热轧带肋钢筋。全部纵向受力钢筋及弯起钢筋宜沿牛腿外边缘向下伸入下柱内 150 mm 后截断，如图 3-62 所示。

纵向受力钢筋及弯起钢筋伸入上柱的锚固长度，当采用直线锚固时不应小于受拉钢筋的锚固长度 l_a；当上柱尺寸不足时，可采用 90°弯折锚固的方式，此时钢筋应伸至柱外侧纵向钢筋内边并向下弯折，其包含弯弧在内的水平投影长度不应小于 $0.4l_{ab}$（l_{ab} 为受力钢筋的基本锚固长度），弯折后垂直段长度不应小于 $15d$，如图 3-62 所示。

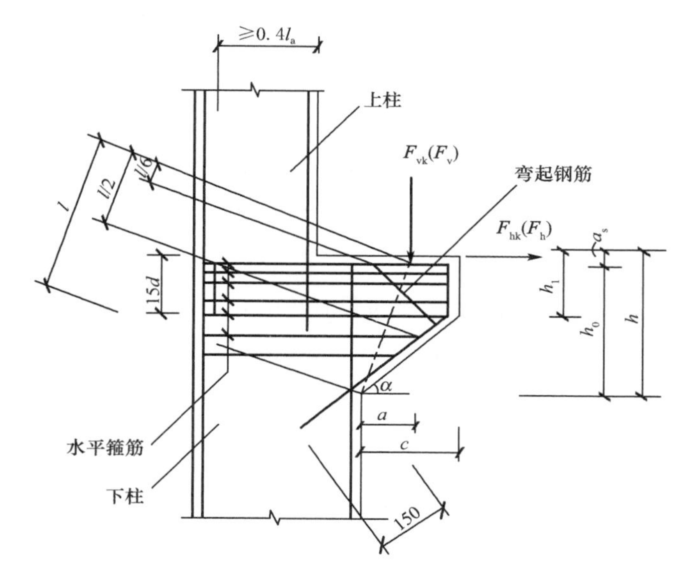

图 3-62 牛腿配筋构造

承受竖向力所需的纵向受力钢筋的配筋率不应小于 0.20%及 $0.45f_t/f_y$，也不宜大于 0.60%，钢筋数量不宜少于 4 根直径 12 mm 的钢筋。

当牛腿设于上柱柱顶时，宜将牛腿对边的柱外侧纵向受力钢筋沿柱顶水平弯入牛腿，作为牛腿纵向受拉钢筋使用。当牛腿顶面纵向受拉钢筋与牛腿对边的柱外侧纵向钢筋分开配置时，牛腿顶面纵向受拉钢筋应弯入柱外侧，并应符合钢筋搭接的规定。

当牛腿的截面尺寸满足式(3-27)的抗裂条件时，可不进行斜截面受剪承载力计算，只需按下述构造要求设置水平箍筋和弯起钢筋，如图 3-62 所示。

水平箍筋的直径宜为 6～12 mm，间距宜为 100～150 mm，在上部 $2h_0/3$ 范围内的箍筋总截面面积不宜小于承受竖向力的受拉钢筋截面面积的 1/2。

当牛腿的剪跨比 $a/h_0 \geqslant 0.3$ 时，宜设置弯起钢筋。弯起钢筋宜采用 HRB400 级或 HRB500 级热轧带肋钢筋；并宜使其与集中荷载作用点到牛腿斜边下端点连线的交点位于牛腿上部 $l/6 \sim l/2$ 范围内，l 为该连线的长度，如图 3-62 所示。弯起钢筋截面面积不宜小于承受竖向力的受拉钢筋截面面积的 1/2，且不宜少于 2 根直径 12 mm 的钢筋。纵向受拉钢筋不得兼作弯起钢筋。

例 3-5 某排架柱，上、下柱截面为 400 mm×400 mm 和 400 mm×600 mm，牛腿按 $h_1=h/3$、$\alpha=45°$设计，混凝土强度等级 C30，采用 HRB500 级纵向受力钢筋及弯起钢筋，采用 HRB335 级箍筋，$\beta=0.65$，环境等级为一类，由内力组合知 $F_v=510$ kN，$F_h=136$ kN，$F_{vk}=401$ kN，$F_{hk}=98$ kN，$a=270$ mm(已含不利偏差 20 mm)，试设计该牛腿。

解：

①确定基本数据

C30 混凝土的设计强度 $f_{tk}=2.01\ \text{N/mm}^2$，$f_t=1.43\ \text{N/mm}^2$；HRB500 级钢筋的设计强度 $f_y=435\ \text{N/mm}^2$，HRB335 级钢筋的设计强度 $f_y=300\ \text{N/mm}^2$。

②按抗裂公式确定牛腿截面高度 h

$$h_0=\frac{0.5F_{vk}+\sqrt{(0.5F_{vk})^2+4\beta\left(1-0.5\frac{F_{hk}}{F_{vk}}\right)f_{tk}baF_{vk}}}{2\beta\cdot f_{tk}b}$$

$$=\frac{0.5\times401\times10^3+\sqrt{(0.5\times401\times10^3)^2+4\times0.65\left(1-0.5\times\frac{98\times10^3}{401\times10^3}\right)\times2.01\times400\times270\times401\times1}}{2\times0.65\times2.01\times400}$$

$=659\ \text{mm}$

$h=h_0+a_s=659+40=699\ \text{mm}$，取整 $h=700\ \text{mm}$，$h_1=h/3=700/3=233\ \text{mm}$，取 $h_1=240\ \text{mm}\geqslant200\ \text{mm}$，$h_0=h-a_s=700-40=660\ \text{mm}$，则 $C=700-240=460\ \text{mm}$。

③受拉纵向钢筋计算

$$A_s\geqslant\frac{F_va}{0.85f_yh_0}+1.2\frac{F_h}{f_y}$$

$$=\frac{510\ 000\times270}{0.85\times435\times660}+1.2\times\frac{136\ 000}{435}=564.26+375.17=939.43\ \text{mm}^2$$

选配 4 Φ 18，实际配筋面积 $A_s=1\ 017\ \text{mm}^2$。

$$A_{sv}=564.26\ \text{mm}^2$$

$$0.6\%>\rho_{sv}=\frac{564.26}{400\times660}=0.21\%>0.2\%$$

$$\rho_{sv}>0.45\frac{f_t}{f_y}=\frac{0.45\times1.43}{435}=0.15\%$$

可见，满足配筋率要求。

④水平箍筋设计

按构造要求，选Φ 8@100，$\frac{2h_0/3}{100}=\frac{2\times660/3}{100}=4.4$

至少设箍筋 5 个，总面积 $2\times5\times50.3=503\ \text{mm}^2>564.26/2=282.13\ \text{mm}^2$，满足箍筋构造要求。

⑤弯起钢筋设计

$a/h_0=270/660=0.41\geqslant0.3$，宜设弯起钢筋：根据 $564.26/2=282.13\ \text{mm}^2$，选配 2 Φ 14，实际配筋面积 $A_s=308\ \text{mm}^2$。

⑥配筋图绘制

配筋图绘制如图 3-63 所示。

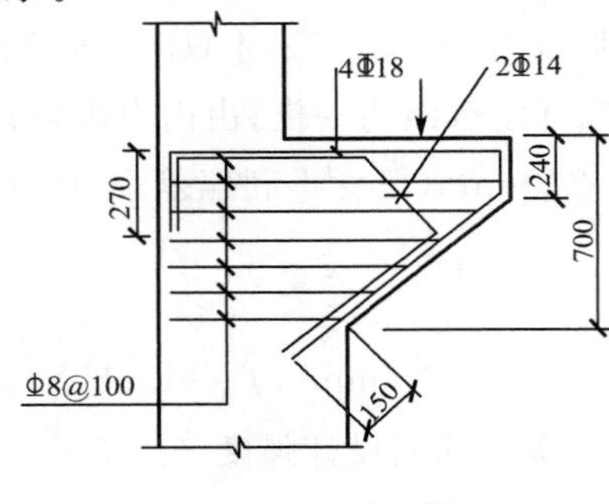

图 3-63　牛腿配筋

3.5.3 柱的吊装验算

单层厂房预制柱在施工吊装时的受力状态与其在使用阶段不同，而且，此时混凝土的强度等级还可能达不到设计要求，故需进行吊装时的承载力和裂缝宽度验算。

吊装验算时的计算简图应根据吊装方式确定。柱的吊装有平吊(图 3-64(a))和翻身吊(图 3-64(b))两种。当柱中配筋能满足平吊时的承载力和裂缝宽度限值要求时，宜优先采用平吊。如平吊不能满足吊装时的要求，则应采用翻身吊。当采用一点起吊时，吊点位置一般设在牛腿根部变截面处。吊装过程中的最不利受力阶段为吊点刚离开地面时，此时柱的底端搁置在地上，柱子相当于带悬臂的外伸梁，计算简图和弯矩图如图 3-64(c)所示，一般取上柱柱底、牛腿根部和下柱跨中剪力为零的三个截面为控制截面。

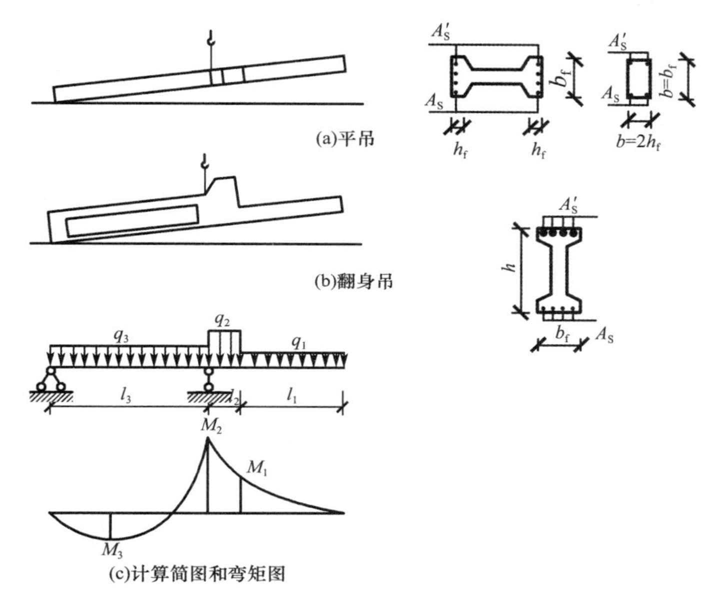

图 3-64 柱吊装验算简图

在进行吊装阶段受弯承载力验算时，柱自重荷载分项系数取 1.35，考虑到起吊时的动力作用，还应乘以动力系数 1.5。因吊装时间短促，故结构重要性系数 γ_0 较使用阶段降低一级。混凝土强度取吊装时的实际强度，一般要求大于 70%的设计强度。当采用平吊时，I 形截面的腹板可以忽略，简化为宽度为 $2h_f$、高度为 b_f 的矩形截面，受力钢筋只考虑两翼缘最外边的一排钢筋参与工作。当采用翻身起吊时，截面的受力方式与使用阶段一致，可按矩形或 I 形截面进行受弯承载力计算，一般均可满足要求。

《混凝土结构设计规范》(GB 50010—2010)对柱在吊装阶段的裂缝宽度验算未作专门规定，一般可按该构件在使用阶段允许出现裂缝的控制等级进行。当吊装验算不满足要求时，应优先采用调整或增设吊点以减小弯矩的方法或采取临时加固措施来解决；当变截面处配筋不足时，可在该局部区段加配短钢筋。

3.5.4 抗风柱的设计

抗风柱承受山墙传来的风荷载，其外边缘与单层厂房横向封闭轴线重合，离屋架中心线

600 mm。为了避免抗风柱与端屋架相碰，应将抗风柱的上部截面高度适当减小，形成变截面单阶柱，如图 3-65(a)所示。

1. 抗风柱尺寸的确定

抗风柱截面尺寸除了满足表 3-8 中截面尺寸的限值外，上柱截面尺寸不宜小于 350 mm×300 mm，下柱截面高度不宜小于 600 mm。抗风柱的柱顶标高应低于屋架上弦中心线 50 mm，以使柱顶对屋架施加的水平力可通过弹簧钢板传至屋架上弦中心线，避免屋架上弦杆受扭；同时抗风柱变截面处的标高应低于屋架下弦下边缘 200 mm，以防止屋架产生挠度时与抗风柱相碰，如图 3-65(a)所示。

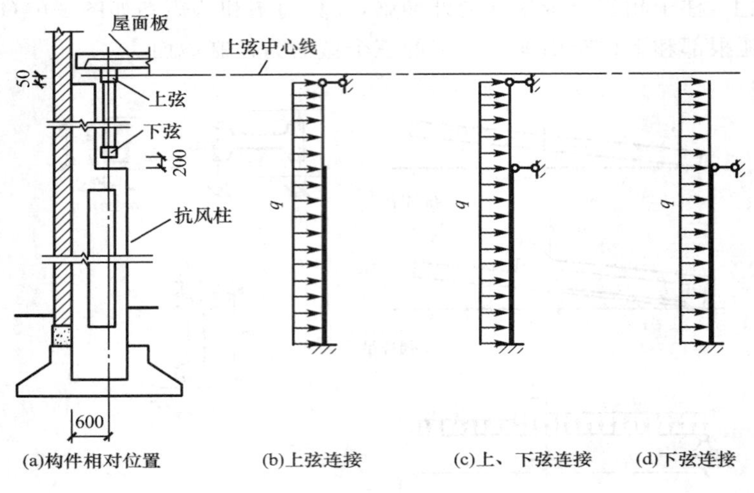

图 3-65　抗风柱计算简图

2. 计算简图及内力计算

抗风柱端部一般支承在端屋架的上弦节点处，由于屋架的纵向水平刚度很大，故支承点可视为不动铰支座；柱底部固定于基础顶面，如图 3-65(b)所示。当屋架下弦设置横向水平支撑时，抗风柱亦可与屋架下弦相连接，作为抗风柱的另一个不动铰支座，如图 3-65(c)、图 3-65(d)所示。当在山墙内侧设置水平抗风梁或抗风桁架时，则抗风梁(或桁架)也为抗风柱的一个支座。

当山墙重力由基础梁承受时，抗风柱主要承受风荷载，若忽略抗风柱自重，则可按变截面受弯构件进行计算；当山墙处设有连系梁时，除风荷载外，抗风柱还承受由连系梁传来的墙体重力，则抗风柱可按偏心受压构件进行计算。

3.6　柱下独立基础设计

柱下独立基础按其受力性能可分为轴心受压基础和偏心受压基础两类。基础设计的主要内容为：确定基础形式和埋深，确定基础的底面尺寸和基础高度，并进行基础底板的配筋计算和构造处理及绘制施工图等。另外，对一些重要的建筑物或土质较为复杂的地基，尚应进行变形或稳定性验算。当柱下独立基础的混凝土强度等级小于柱的混凝土强度等级时，尚应验算柱下独立基础顶面的局部受压承载力。

3.6.1 确定基础底面尺寸

基础底面尺寸应根据地基承载力计算确定。由于独立基础的底面积不太大,故假定基础是刚性构件且基础底面的压力呈线性分布。

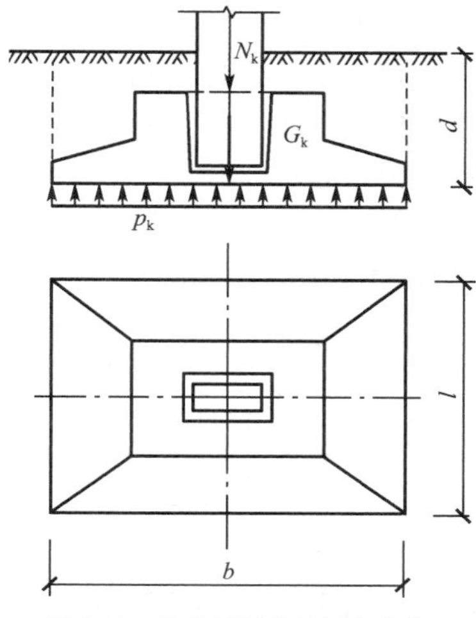

图 3-66 轴心受压基础压力分布

1. 轴心荷载作用下的基础

轴心荷载作用下,基础底面的压力为均匀分布,如图 3-66 所示。设计时应满足下式要求:

$$p_k=\frac{N_k+G_k}{A}\leqslant f_a \tag{3-30}$$

式中 p_k——相应于荷载效应标准组合时,基础底面处的平均压应力值;

N_k——相应于荷载效应标准组合时,上部结构传至基础顶面的竖向力值;

G_k——基础自重和基础上的土重;

A——基础底面面积,$A=bl$,b 为基础底面的长度,l 为基础底面的宽度;

f_a——经宽度和深度修正后的地基承载力特征值。

若基础埋深为 d,基础及其上填土的平均重度为 γ_m(可近似取 $\gamma_m=20\ \text{kN/m}^3$),则 $G_k=\gamma_m dA$,将其代入式(3-30)可得基础底面面积为

$$A\geqslant\frac{N_k}{f_a-\gamma_m d} \tag{3-31}$$

当基础底面为正方形时,则 $b=l=\sqrt{A}$;当基础底面为长宽较接近的矩形时,则可设定一个边长求另一边长。

2. 偏心荷载作用下的基础

在偏心荷载作用下,基础底面的应力为线性分布,如图 3-67 所示。则基础底面边缘的最大和最小压力可按下式计算:

$$\frac{p_{k,\max}}{p_{k,\min}}=\frac{N_{bk}}{A}\pm\frac{M_{bk}}{W} \tag{3-32}$$

$$N_{bk}=N_k+G_k+N_{wk} \tag{3-33}$$

$$M_{bk}=M_k+V_kh\pm N_{wk}e_w \tag{3-34}$$

式中 $p_{k,max}$、$p_{k,min}$——相应于荷载效应标准组合时，基础底面边缘的最大和最小压力值；

W——基础底面的抵抗矩，$W=lb^2/6$；

l——垂直于力矩作用方向的矩形基础底面边长，一般为矩形基础底面的短边；

N_{bk}、M_{bk}——相应于荷载效应标准组合时，作用于基础底面的竖向压力值和力矩值；

N_k、M_k、V_k——按荷载效应标准组合时，作用于基础顶面处的弯矩、轴力和剪力值，在选择排架柱Ⅲ－Ⅲ截面的内力组合值时，当轴力 N_k 值相近时，应取弯矩绝对值较大的一组，一般还需考虑 $N_{k,max}$ 及相应的 M_k、V_k 这一组不利内力组合；

N_{wk}——相应于荷载效应标准组合时，基础梁传来的竖向力值；

e_w——基础梁中心线至基础底面中心线的距离；

h——按经验初步拟定的基础高度。

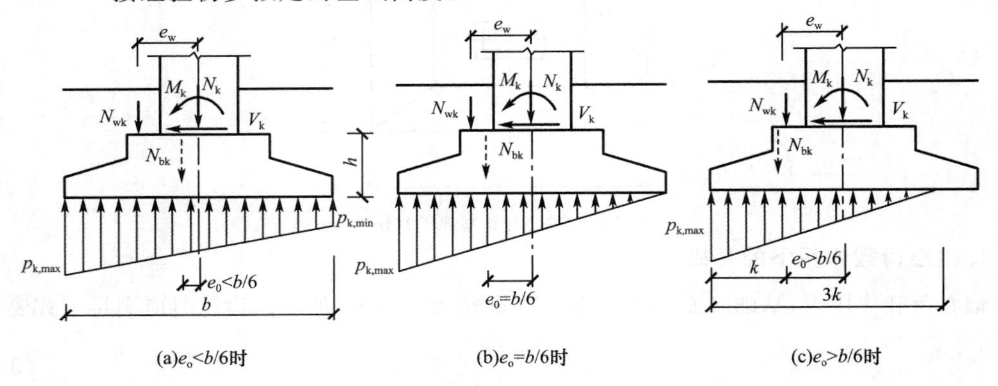

图 3-67 偏心受压基础压力分布

令 $e_0=M_{bk}/N_{bk}$，并将 $W=lb^2/6$ 代入式(3-32)可得

$$\begin{matrix}p_{k,max}\\p_{k,min}\end{matrix}=\frac{N_{bk}}{lb}\left(\frac{1\pm 6e_0}{b}\right) \tag{3-35}$$

由式(3-35)可知，当 $e_0<b/6$ 时，$p_{k,min}>0$，地基反力呈梯形分布，表示基底全部受压，如图 3-67(a)所示；当 $e_0=b/6$ 时，$p_{k,min}=0$，地基反力呈三角形分布，基底也为全部受压，如图 3-67(b)所示；当 $e_0>b/6$ 时，$p_{k,min}<0$，由于基础底面与地基土的接触面间不能承受拉力，故说明基础底面的一部分与地基土之间是脱离的，而基础底面与地基土接触的部分其反力仍呈三角形分布，如图 3-67(c)所示。根据力的平衡条件，可求得基础底面边缘的最大压应力为

$$p_{k,max}=\frac{2N_{bk}}{3kl} \tag{3-36}$$

式中 k——基础底面竖向力 N_{bk} 作用点至基础底面最大压力边缘的距离，$k=\frac{1}{2}b-e_0$。

在偏心荷载作用下，基础底面的应力值应符合下式要求：

$$p=\frac{p_{k,max}+p_{k,min}}{2}\leqslant f_a \tag{3-37}$$

$$p_{k,max}\leqslant 1.2f_a \tag{3-38}$$

式(3-38)中将地基承载力特征值提高 20%的原因，是因为 $p_{k,max}$ 中的大部分是由活荷载而不是恒荷载产生的。

在确定偏心荷载作用下基础的底面尺寸时，工程实践中通常采用逐次渐进试算法进行计算，即

(1)先按轴心荷载作用下公式预估基础底面积 A_0；

(2)考虑荷载偏心影响，根据偏心距的大小将 A_0 增大 20%～40%作为首次试算尺寸 A；

(3)根据 A 的大小初步选定矩形基础的底面边长 l 和 b；

(4)根据已选定的 l 和 b 验算偏心距 e 和基底边缘最大压力；

(5)如满足式(3-37)和式(3-38)或稍有富余，则选定的 l 和 b 合适；如不满足要求或基底尺寸选择太大，则需重新调整 l 和 b 再进行验算。如此反复一、二次，便可定出合适的尺寸。

3.6.2 确定基础高度

试验研究表明，当柱与基础交接处或基础变阶处的高度不足时，柱传给基础的荷载将使基础发生如图 3-68(a)所示的冲切破坏，即沿柱周边或变阶处周边大致呈 45°方向的截面被拉开而形成图 3-68(b)所示的角锥体(阴影部分)破坏。基础的冲切破坏是由于沿冲切面的主拉应力超过混凝土轴心抗拉强度而引起的，如图 3-68(c)所示。为了防止冲切破坏，基础应具有足够的高度，使角锥体冲切面以外由地基土净反力所产生的冲切力小于或等于冲切面上混凝土所能承受的冲切力。因此，独立基础的高度除应满足构造要求外，还应根据柱与基础交接处以及基础变阶处混凝土的受冲切承载力计算确定。

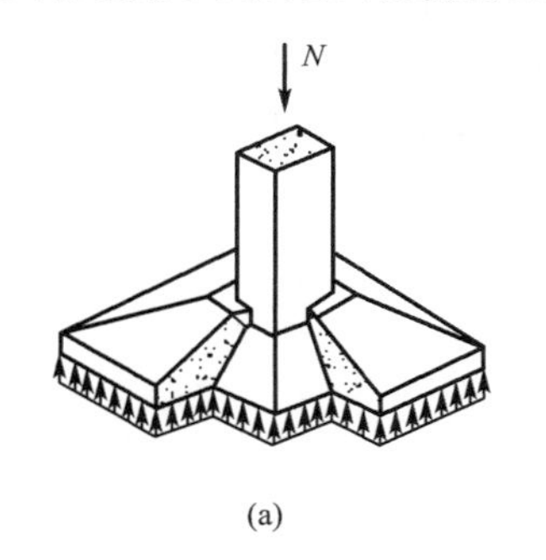

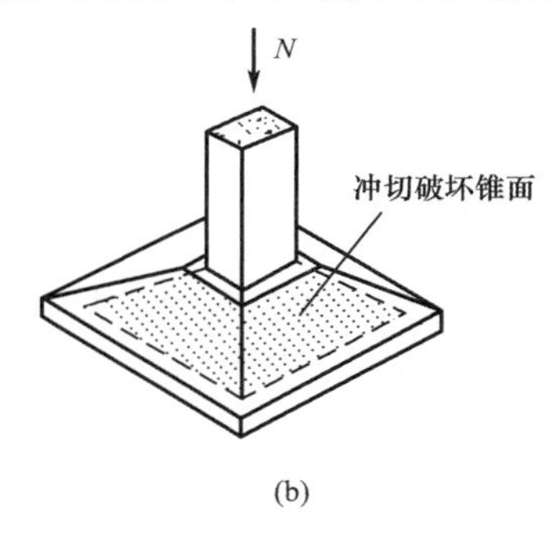

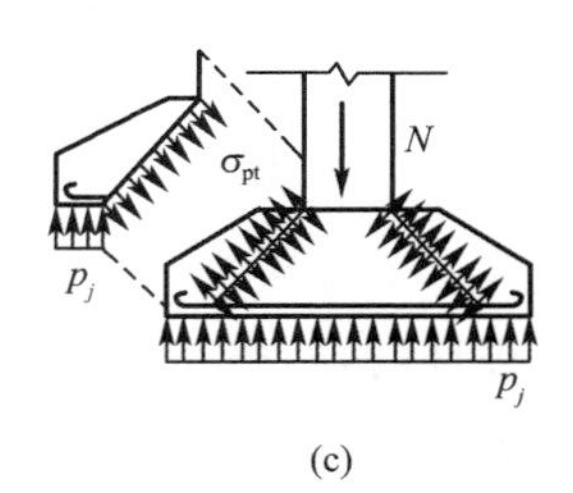

图 3-68 基础冲切破坏示意图

矩形截面柱的阶梯形基础，在柱与基础交接处以及基础变阶处的受冲切承载力应按下列公式计算：

$$F_l \leqslant 0.7\beta_h f_t b_m h_0 \tag{3-39}$$

$$F_l = p_s A \tag{3-40}$$

$$b_m = \frac{b_t + b_b}{2} \tag{3-41}$$

式中 F_l——相应于荷载效应基本组合时作用在 A_l 上的地基土净反力设计值；

β_h——截面高度影响系数，当 h 不大于 800 mm 时，取 β_h 为 1.0，当 h 不小于 2 000 mm 时，取 β_h 为 0.9，其间按线性内插法取用；

f_t——混凝土轴心抗拉强度设计值；

b_m——冲切破坏锥体最不利一侧的计算长度；

h_0——柱与基础交接处或基础变阶处的截面有效高度，取两个方向配筋的截面有效高度平均值；

p_s——按荷载效应基本组合计算并考虑结构重要性系数的基础底面地基反力设计值（可扣除基础自重及其上的土重），当基础偏心受力时，可取用最大的地基反力设计值；

A——考虑冲切荷载时取用的多边形面积（图 3-69 中的阴影 $ABCDEF$ 面积）；

b_t——冲切破坏锥体最不利一侧斜截面的上边长，当计算柱与基础交接处的受冲切承载力时，取柱宽，当计算基础变阶处的受冲切承载力时，取上阶宽；

b_b——柱与基础交接处或基础变阶处的冲切破坏锥体最不利一侧斜截面的下边长，取 b_t+2h_0。

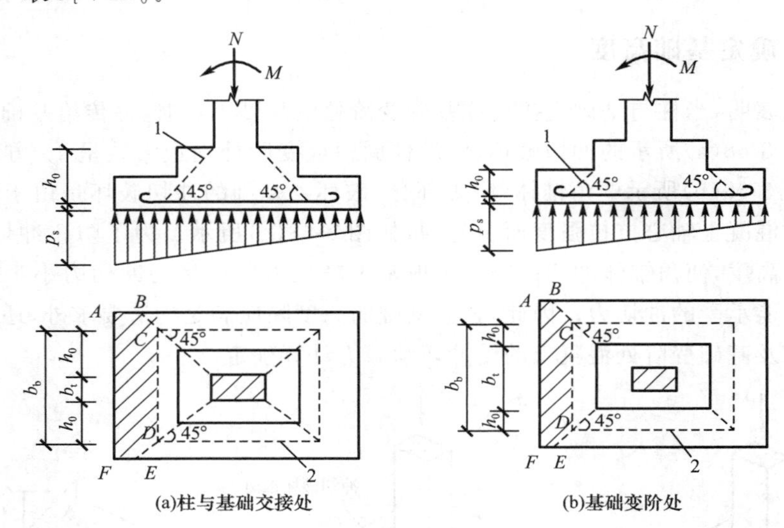

图 3-69 计算阶梯形基础的受冲切承载力截面位置

1—冲切破坏锥体最不利一侧的斜截面；2—冲切破坏锥体底面线

设计时，一般是根据构造要求先假定基础高度，可取 $h=h_1+50+a_1$，其中 h_1 和 a_1 分别按表 3-13 和表 3-14 查取，然后按式(3-39)验算。如不满足要求，则应将高度增大重新验算，直至满足。当基础底面落在 45°线（即冲切破坏锥体）以内时，可不必进行受冲切承载力验算。

3.6.3 基础底板配筋

在前面计算基础底面地基土反力时，应计入基础自重和基础上的土重，但是在计算基础底板受力钢筋时，由于这部分地基土反力的合力与基础自重及其基础上的土重相抵消，因此这时地基土的反力中不应计及基础自重和基础上的土重，即以地基净反力 p_s 来计算配筋。

基础在上部结构传来的荷载和地基净反力作用下，独立基础底板将在两个方向产生弯曲，其受力状态可看作在地基净反力作用下支承于柱上倒置的变截面悬臂板。《建筑地基基础设计规范》(GB 50007—2011)规定，对于矩形基础，当台阶的宽高比小于或等于 2.5 时，底板配筋可按下述方法计算。

1. 轴心荷载作用下的基础

为简化计算，可将基础底板划分为如图 3-70 所示的四个区格，每个区格都视为一固定于柱边的悬臂板，且假定彼此互无联系。柱边处截面Ⅰ－Ⅰ和截面Ⅱ－Ⅱ的弯矩设计值，分别等于作用在梯形 $ABCD$ 和 $BCFE$ 上的总地基净反力乘以其面积形心至柱边截面的距离（图 3-70(a)），即

$$M_{\mathrm{I}}=\frac{p_s}{24}(b-b_t)^2(2l+a_t) \tag{3-42}$$

$$M_{\mathrm{II}}=\frac{p_s}{24}(l-a_t)^2(2b+b_t) \tag{3-43}$$

由于长边方向的钢筋一般布置于沿短边方向的钢筋的下面，此处若假定 b 方向为长边，故沿长边 b 方向的受力钢筋截面面积可近似按下式计算：

$$A_{s\mathrm{I}}=\frac{M_{\mathrm{I}}}{0.9h_0 f_y} \tag{3-44}$$

式中 $0.9h_0$——由经验确定的内力偶臂；

h_0——截面Ⅰ－Ⅰ处底板的有效高度，$h_0=h-a_s$，当基础下有混凝土垫层时，取 $a_s=40$ mm，无混凝土垫层时，取 $a_s=70$ mm；

f_y——基础底板钢筋抗拉强度设计值。

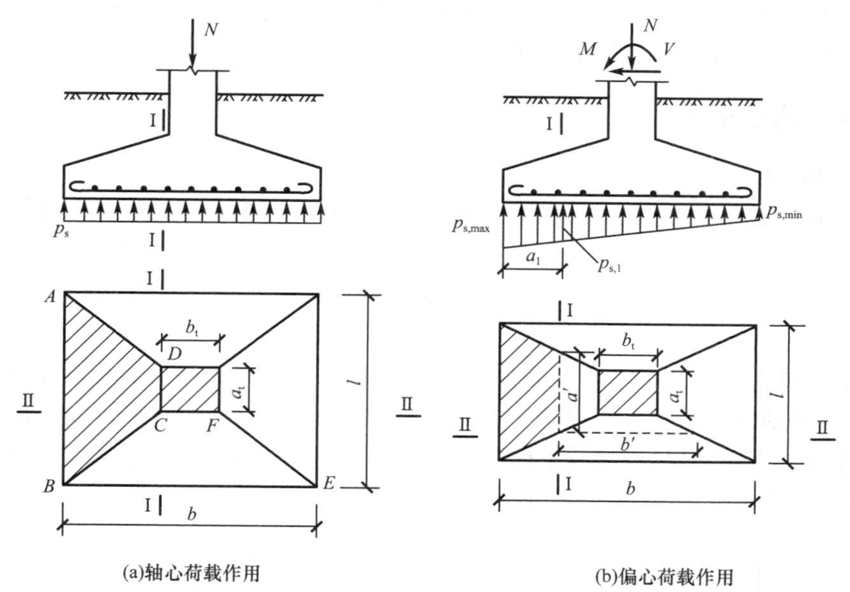

(a)轴心荷载作用　　(b)偏心荷载作用

图 3-70　基础底板配筋计算图

如果基础底板两个方向受力钢筋直径均为 d，则截面Ⅱ－Ⅱ的有效高度为 h_0-d，于是，沿短边 l 方向的受力钢筋截面面积为

$$A_{s\mathrm{II}}=\frac{M_{\mathrm{II}}}{0.9(h_0-d)f_y} \tag{3-45}$$

2. 偏心荷载作用下的基础

当偏心距小于或等于 $b/6$ 时，沿弯矩作用方向在任意截面Ⅰ－Ⅰ处，如图 3-70(b)所示，及垂直于弯矩作用方向在任意截面Ⅱ－Ⅱ处相应于荷载效应基本组合时的弯矩设计值

M_{I}、M_{II}，可分别按下列公式计算：

$$M_{\mathrm{I}}=\frac{1}{12}a_1^2\left[(2l+a')(p_{s,\max}+p_{s,\mathrm{I}})+(p_{s,\max}-p_{s,\mathrm{I}})l\right] \tag{3-46}$$

$$M_{\mathrm{II}}=\frac{1}{48}(l-a')^2(2b+b')(p_{s,\max}+p_{s,\min}) \tag{3-47}$$

式中 a_1——任意截面Ⅰ－Ⅰ至基底边缘最大反力处的距离；

$p_{s,\max}$、$p_{s,\min}$——相应于荷载效应基本组合时，基础底面边缘的最大和最小地基净反力设计值；

$p_{s,\mathrm{I}}$——相应于荷载效应基本组合时，在任意截面Ⅰ－Ⅰ处基础底面地基净反力设计值。

当偏心距大于 $b/6$ 时，沿弯矩作用方向，基础底面一部分将出现零应力，其反力呈三角形分布，如图 3-67(c)所示。在沿弯矩作用方向上，任意截面Ⅰ－Ⅰ处相应于荷载效应基本组合时的弯矩设计值 M_{I} 仍可按式(3-46)计算；在垂直于弯矩作用方向上，任意截面处相应于荷载效应基本组合时的弯矩设计值 M_{II} 应按实际应力分布计算，而在设计时，也可偏于安全地取 $p_{s,\min}=0$，然后按式(3-47)计算。

当按式(3-46)和式(3-47)求得弯矩设计值 M_{I}、M_{II} 后，其相应的基础底板受力钢筋截面面积可近似地按式(3-44)和式(3-45)计算。

对于阶梯形基础，尚应进行变阶截面处的配筋计算，并比较由上述计算所得的配筋及变阶截面处的配筋，取两者较大值作为基础底板的最后配筋。

3.6.4 构造要求

(1)基础形状

独立基础的底面一般为矩形，长宽比宜小于 2。基础的截面形状一般可采用对称的阶梯形或锥形，当荷载引起的偏心距较大时，也可做成不对称形式，但基础中心对柱截面中心的偏移应为 50 mm 的倍数，且同一柱列宜取相同的偏移值。

(2)底板配筋

基础底板受力钢筋的最小直径不应小于 10 mm，间距不宜大于 200 mm，也不宜小于 100 mm。当基础底面边长大于或等于 2.5 m 时，底板受力钢筋的长度可取边长的 0.9 倍，并宜交错布置。当有垫层时，混凝土保护层厚度不应小于 40 mm；无垫层时，混凝土保护层厚度不宜小于 70 mm，如图 3-71(a)所示。

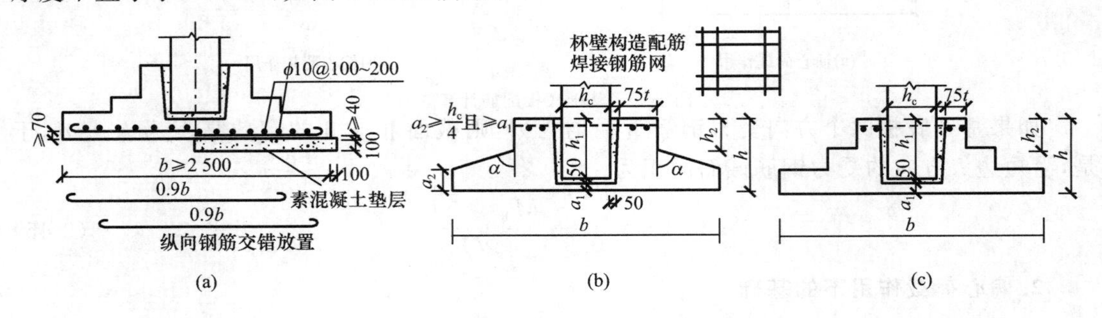

图 3-71 独立基础外形尺寸和配筋构造

(3)混凝土强度等级

基础的混凝土强度等级不宜低于C20。垫层的混凝土强度等级应为C15，垫层厚度不宜小于70 mm，周边伸出基础边缘宜为100 mm，如图3-71(a)所示。

(4)杯口深度

杯口的深度等于柱的插入深度 h_1+50 mm。为了保证预制柱能嵌固在基础中，柱伸入杯口应有足够的深度 h_1，一般可按表3-13取用；此外，h_1 还应满足柱内受力钢筋锚固长度的要求，并应考虑吊装安装时柱的稳定性。柱与杯底之间留50 mm，作为吊装时铺设细石混凝土找平层，如图3-71(b)、图3-71(c)所示。

表3-13 柱的插入深度 h_1 mm

矩形或I截面柱				双肢柱
$h<500$	$500\leqslant h<800$	$800\leqslant h\leqslant 1\,000$	$h>1\,000$	
$(1\sim1.2)h$	h	$0.9h$ 且 $\geqslant800$	$0.8h$ 且 $\geqslant1000$	$(1/3\sim2/3)h_a$ $(1.5\sim1.8)h_b$

注：1. h 为柱截面长边尺寸；h_a 为双肢柱整个截面长边尺寸；h_b 为双肢柱整个截面短边尺寸。

2. 柱轴心受压或小偏心受压时，h_1 可适当减小；偏心距 $e_0>2h$ 时，h_1 应适当加大。

(5)杯口尺寸

杯口边长应大于柱截面边长，其顶部每边留出75 mm，底部每边留出50 mm，以便预制柱安装时进行就位、校正，并二次浇筑混凝土，如图3-71(b)、图3-71(c)所示。为了保证杯壁在安装和使用阶段的承载力，杯壁厚度 t 可按表3-14取值。当柱为轴心受压或小偏心受压且 $t/h_2\geqslant0.65$ 时，或为大偏心受压且 $t/h_2\geqslant0.75$ 时，杯壁内可不配筋；当柱为轴心受压或小偏心受压且 $0.5\leqslant t/h_2<0.65$ 时，杯壁内可按表3-15配置构造钢筋；其他情况应按计算配筋。

表3-14 基础杯底厚度和杯壁厚度 mm

柱截面长边尺寸	杯底厚度 a_1	杯壁厚度 t
$h<500$	$\geqslant150$	$150\sim200$
$500\leqslant h<800$	$\geqslant200$	$\geqslant200$
$800\leqslant h<1\,000$	$\geqslant200$	$\geqslant300$
$1\,000\leqslant h<1\,500$	$\geqslant250$	$\geqslant350$
$1\,500\leqslant h<2\,000$	$\geqslant300$	$\geqslant400$

注：1. 双肢柱的杯底厚度值，可适当加大；

2. 当有基础梁时，基础梁下的杯壁厚度，应满足其支承宽度的要求；

3. 柱子插入杯口部分的表面应凿毛，柱子与杯口之间的空隙，应用比基础混凝土强度等级高一级的细石混凝土充填密实，当达到材料设计强度的70%以上时，方能进行上部吊装。

表3-15 杯壁构造配筋

柱截面长边尺寸/mm	$h<1\,000$	$1\,000\leqslant h<1\,500$	$1\,500\leqslant h\leqslant2\,000$
钢筋直径/mm	$8\sim10$	$10\sim12$	$12\sim16$

注：表中钢筋置于杯口顶部，每边两根。

(6)杯底厚度

杯底应具有足够的厚度 a_1，以防止预制柱在安装时发生杯底冲切破坏，杯底厚度 a_1 可按表 3-14 取值。

(7)锥形基础

锥形基础的边缘高度一般取 $a_2 \geqslant 200$ mm，且 $a_2 \geqslant a_1$ 和 $a_2 \geqslant h/4$(h 为预制柱的截面长边尺寸)；当锥形基础的斜坡处为非支模制作时，坡度角不宜大于 25°，最大不得大于 35°。

阶梯形基础一般不超过三阶，每阶高度宜为 300～500 mm。当基础高度 $h \leqslant 500$ mm 时，可采用一阶；当 500 mm$<h \leqslant 800$ mm 时，宜采用二阶；当 $h>900$ mm 时，宜采用三阶。

3.7 连接构造及预埋件设计

装配式钢筋混凝土单层厂房各构件之间可靠地连接是确保其有效传递内力并使厂房形成整体的重要条件。因此，应重视单层厂房结构中各构件间的连接及预埋件设计。

3.7.1 连接构造

1. 屋架(屋面梁)与柱的连接

屋架(屋面梁)与柱的连接，是通过连接垫板将柱顶与屋架端部的预埋件焊在一起。垫板尺寸和位置应保证屋架传给柱顶的压力的合力作用线正好通过屋架上、下弦杆的交点，一般位于距厂房定位轴线 150 mm 处，如图 3-72(a)所示。

柱与屋架(屋面梁)连接处的垂直压力由支承钢板传递，水平剪力由锚筋和焊缝承受，如图 3-72(b)所示。

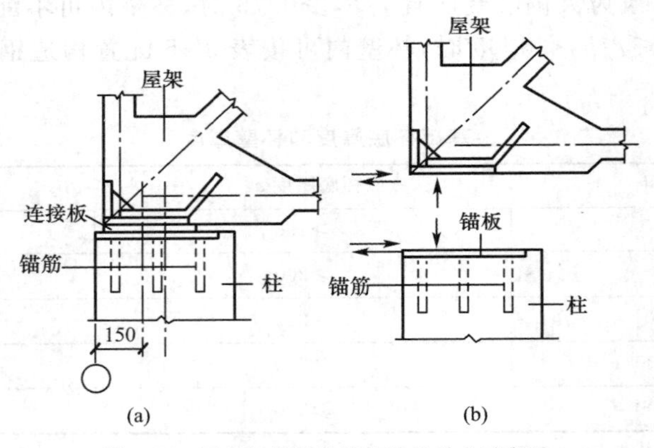

图 3-72 屋架与柱的连接构造及受力示意图

2. 屋面板、天窗架与屋架上弦的连接

屋面板、天窗架与屋架上弦的连接构造如图 3-73 所示。连接处主要承受压力和剪力，通过支承钢板传给屋架上弦；剪力主要由锚筋和焊缝承受。

3. 起重机梁与柱的连接

起重机梁底面通过连接垫板与牛腿顶面预埋件焊接在一起，起重机梁顶面通过连接角钢(或钢板)与上柱侧面预埋件焊接。同时，采用 C20～C30 的混凝土将起重机梁与上柱间的空隙灌实，以提高连接的刚度和整体性，如图 3-74(a)所示。梁底预埋件主要承受起重机竖向荷载和纵向水平制动力，梁顶与上柱的预埋件主要承受起重机横向水平荷载，如图 3-74(b)所示。

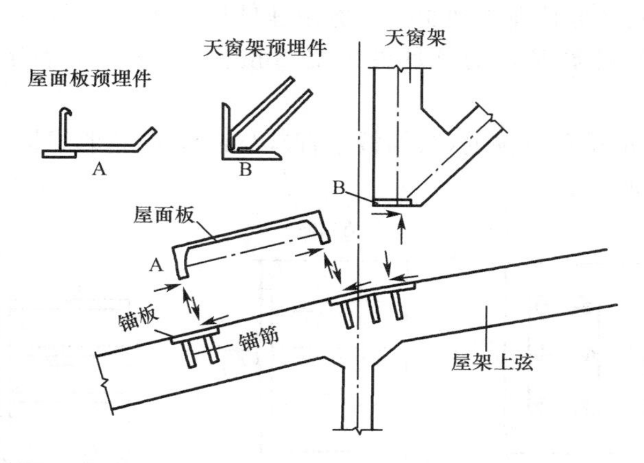

图 3-73　屋面板、天窗架与屋架上弦的连接构造及受力示意图

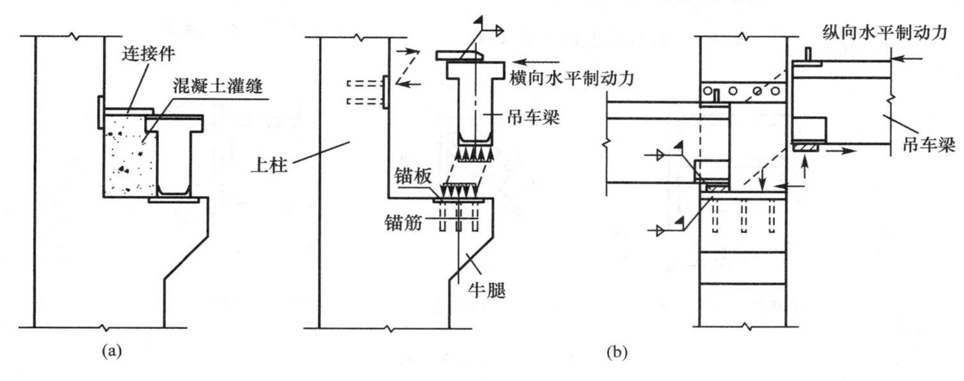

图 3-74　起重机梁与柱的连接构造及受力示意图

4. 柱间支撑与柱的连接

柱间支撑一般由角钢制作，通过预埋件与柱连接，如图 3-75 所示。预埋件主要承受拉力和剪力。

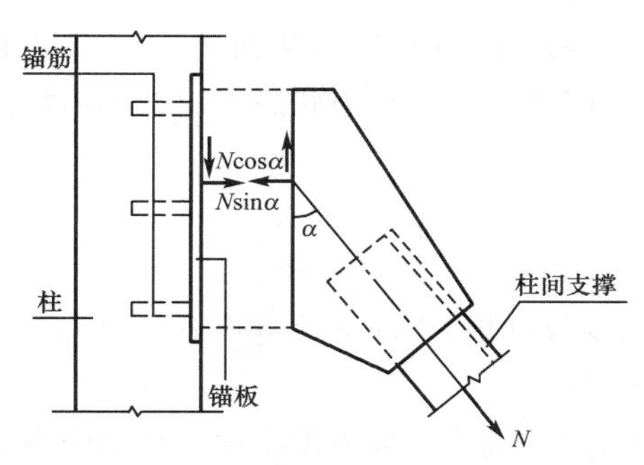

图 3-75　柱间支撑与柱的连接构造及受力示意图

3.7.2　预埋件设计

1. 预埋件的组成

预埋件由埋入混凝土中的锚筋和外露在混凝土构件表面的锚板两部分组成。按受力性

质可分为受拉预埋件、受剪预埋件和受拉弯剪预埋件等多种。预埋件的锚筋可通过计算或按构造确定。其中,经计算确定的预埋件为受力预埋件,按构造确定的预埋件为构造预埋件。

预埋件的锚筋一般采用直锚筋(与锚板垂直),与锚板呈T形焊接。有时也采用斜锚筋和平锚筋,如图3-76所示。

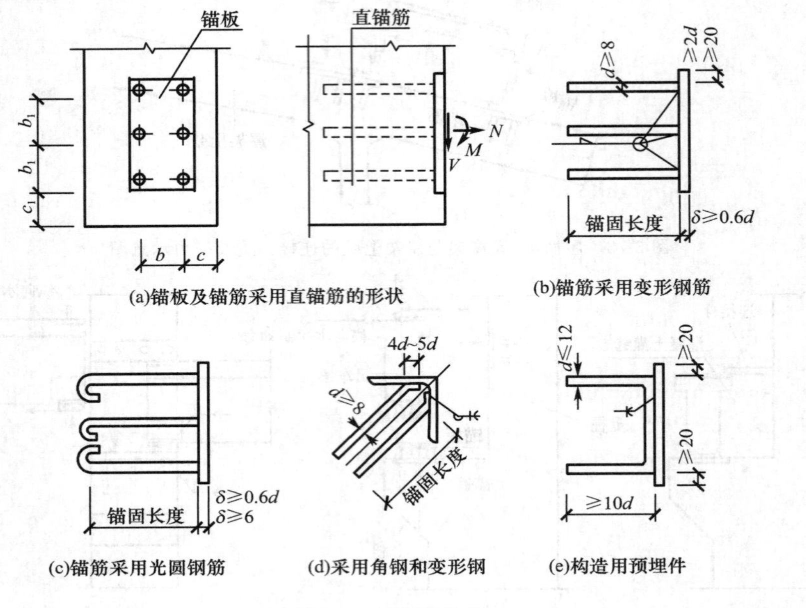

图3-76　预埋件组成

2.预埋件计算

锚板一般按构造要求确定其面积和厚度;锚筋一般对称配置,其直径和数量可根据不同预埋件的受力特点通过计算确定。

(1)承受法向拉力的预埋件

在法向拉力作用下,锚板将发生弯曲变形,从而使锚筋不仅承受拉力,还承受因锚板弯曲变形而引起的剪力,因此锚筋处于复合受力状态,其抗拉强度应进行折减。锚筋的总截面面积可按下式计算:

$$A_s=\frac{N}{0.8\alpha_b f_y} \tag{3-48}$$

式中　f_y——锚筋的抗拉强度设计值,不应大于300 N/mm^2;

N——法向拉力设计值;

α_b——锚板的弯曲变形折减系数,与锚板厚度t和锚筋直径d有关,可取

$$\alpha_b=0.6+0.25\frac{t}{d} \tag{3-49}$$

当采取防止锚板弯曲变形的措施时,可取$\alpha_b=1.0$。

(2)承受剪力的预埋件

预埋件的受剪承载力与混凝土强度等级、锚筋抗拉强度、锚筋截面面积和直径等有关。在保证锚筋锚固长度和锚筋到构件边缘合理距离前提下,根据试验结果提出了半理论半经

验的计算公式：

$$A_s \geqslant \frac{V}{\alpha_r \alpha_v f_y} \tag{3-50}$$

式中 V——剪力设计值；

α_r——锚筋层数的影响系数，当锚筋按等间距布置时：两层取 1.0，三层取 0.9，四层取 0.85；

α_v——锚筋的受剪承载力系数，反映了混凝土强度、锚筋直径 d、锚筋强度的影响，应按下式计算：

$$\alpha_v = (4.0 - 0.08d)\sqrt{\frac{f_c}{f_y}} \tag{3-51}$$

当 $\alpha_v > 0.7$ 时，取 $\alpha_v = 0.7$。

(3)承受弯矩的预埋件

在弯矩作用下，预埋件各排锚筋的受力是不同的，如图 3-77 所示。

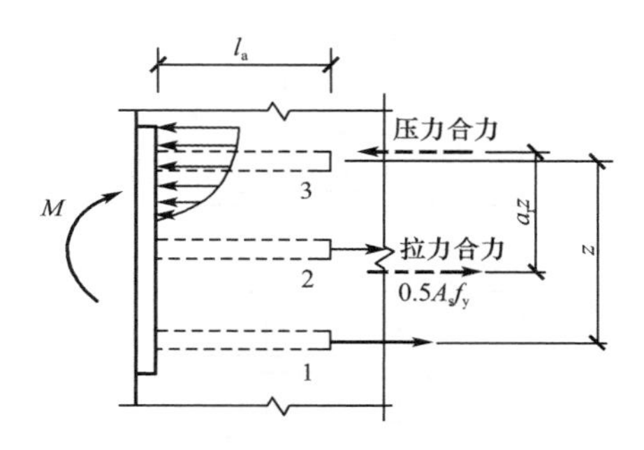

图 3-77 弯矩作用下的预埋件

试验表明，受压区合力点往往超过受压区边排锚筋以外。为便于计算，取锚筋的拉力合力为 $0.5A_s f_y$，力臂取 $\alpha_r z$，同时考虑锚板的变形引入修正系数 α_b，再引入安全储备系数 0.8，则锚筋截面面积按下式计算：

$$A_s \geqslant \frac{M}{0.4\alpha_r \alpha_b f_y z} \tag{3-52}$$

式中 M——弯矩设计值；

z——沿剪力作用方向最外层锚筋中心线之间的距离。

(4)承受剪力、法向拉力和弯矩共同作用时的预埋件

试验表明，承受拉力和剪力以及拉力和弯矩作用的预埋件，锚筋的拉剪承载力和拉弯承载力均存在线性相关关系。承受剪力和弯矩的预埋件，当 $V/V_{u0} > 0.7$ 时，剪弯承载力线性相关；而当 $V/V_{u0} \leqslant 0.7$ 时，剪弯承载力不相关，其中 V_{u0} 为预埋件单独受剪时的承载力。因此，在剪力、法向拉力和弯矩共同作用下，锚筋的截面面积应按下列两个公式计算，并取其中的较大值：

$$A_s \geqslant \frac{V}{\alpha_r \alpha_v f_y} + \frac{N}{0.8\alpha_b f_y} + \frac{M}{1.3\alpha_r \alpha_b f_y z} \tag{3-53}$$

$$A_s \geqslant \frac{N}{0.8\alpha_b f_y} + \frac{M}{0.4\alpha_r \alpha_b f_y z} \tag{3-54}$$

(5)承受剪力、法向压力和弯矩共同作用时的预埋件

在剪力、法向压力和弯矩共同作用下，锚筋截面面积应按下列两个公式计算，并取其中的较大值：

$$A_s \geqslant \frac{V-0.3N}{\alpha_r \alpha_v f_y}+\frac{M-0.4Nz}{1.3\alpha_r \alpha_b f_y z} \tag{3-55}$$

$$A_s \geqslant \frac{M-0.4Nz}{0.4\alpha_r \alpha_b f_y z} \tag{3-56}$$

当 $M<0.4Nz$ 时，取 $M=0.4Nz$。式中，N 为法向压力设计值，不应大于 $0.5f_c A$，此处 A 为锚板的面积。

由锚板和对称配置的弯折锚筋与直锚筋共同承受剪力的预埋件，如图 3-78 所示，其弯折锚筋的截面面积 A_{sb} 应按下式计算：

$$A_{sb} \geqslant 1.4\frac{V}{f_y}-1.25\alpha_v A_s \tag{3-57}$$

当直锚筋按构造要求设置时，取 $A_s=0$。

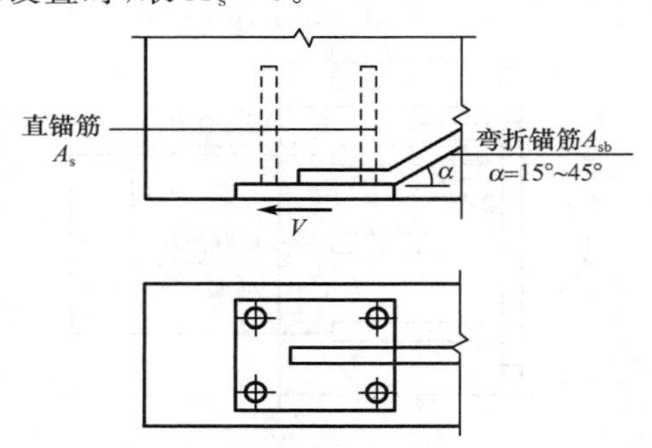

图 3-78　由锚板与弯折锚筋和直锚筋共同承受剪力的预埋件

3. 构造要求

受力预埋件的锚筋应采用 HPB400 级或 HRB300 级钢筋，不应采用冷加工钢筋。预埋件的受力直锚筋直径不宜小于 8 mm，且不宜大于 25 mm。直锚筋数量不宜少于 4 根，且不宜多于 4 排；受剪预埋件的直锚筋可采用 2 根。预埋件的位置应使锚筋位于构件的外层主筋的内侧。

受力预埋件的锚板宜采用 Q235、Q345 钢。直锚筋与锚板应采用 T 形焊。当锚筋直径不大于 20 mm 时宜采用压力埋弧焊；当锚筋直径大于 20 mm 时宜采用穿孔塞焊。当采用手工焊时，焊缝高度不宜小于 6 mm，且对 300 MPa 级钢筋不宜小于 $0.5d$，对其他钢筋不宜小于 $0.6d$，d 为锚筋的直径。

锚板厚度不宜小于锚筋直径的 60%；受拉和受弯预埋件的锚板厚度尚应大于 $b/8$，b 为锚筋的间距。锚筋中心至锚板边缘的距离不应小于 $2d$ 和 20 mm。对受拉和受弯预埋件，其锚筋的间距 b、b_1 和锚筋至构件边缘的距离 c、c_1，均不应小于 $3d$ 和 45 mm。对受剪预埋件，其锚筋的间距 b、b_1 不应大于 300 mm，且 b_1 不应小于 $6d$ 和 70 mm；锚筋至构件边缘的距离 c_1 不应小于 $6d$ 和 70 mm，b、c 均不应小于 $3d$ 和 45 mm，如图 3-76 所示。

受拉直锚筋和弯折锚筋的锚固长度不应小于受拉钢筋锚固长度。当锚筋采用 HPB300 级钢筋时，末端还应有弯钩，如图 3-76(c)所示。当无法满足锚固长度的要求时，应采取其他有效的锚固措施。受剪和受压直锚筋的锚固长度不应小于 $15d$，d 为锚筋的直径。

3.8 单层厂房排架结构设计实例

3.8.1 设计资料及要求

1. 工程概况

某装配车间为单跨单层厂房，车间总长度为 108 m，跨度为 24 米，柱距为 6 m。车间内设有两台起重力为 20/5 t 软钩起重机，起重机工作级别为 A5 级，轨顶标高不小于 9.70 m。厂房设有天窗，采用卷材防水屋面，围护墙为 240 mm 厚普通砖墙，双面抹灰；采用钢门窗，钢窗宽度为 4.0 m，室内外高差为 150 mm，素混凝土地面。建筑平面图及剖面图分别如图 3-79 和图 3-80 所示。

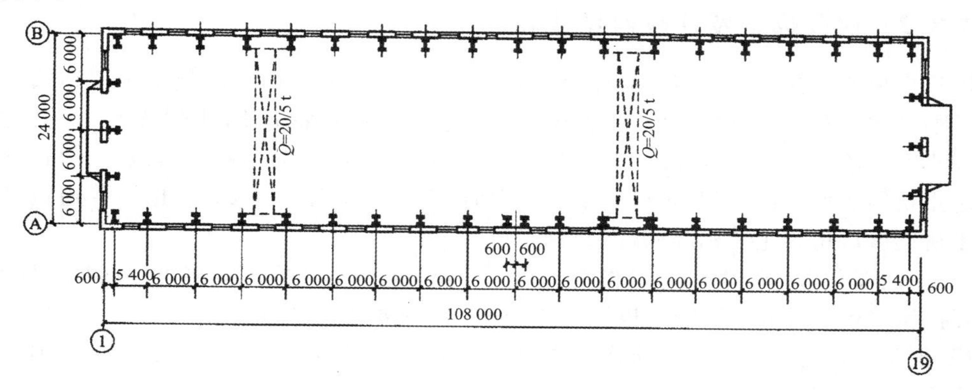

图 3-79 厂房平面图

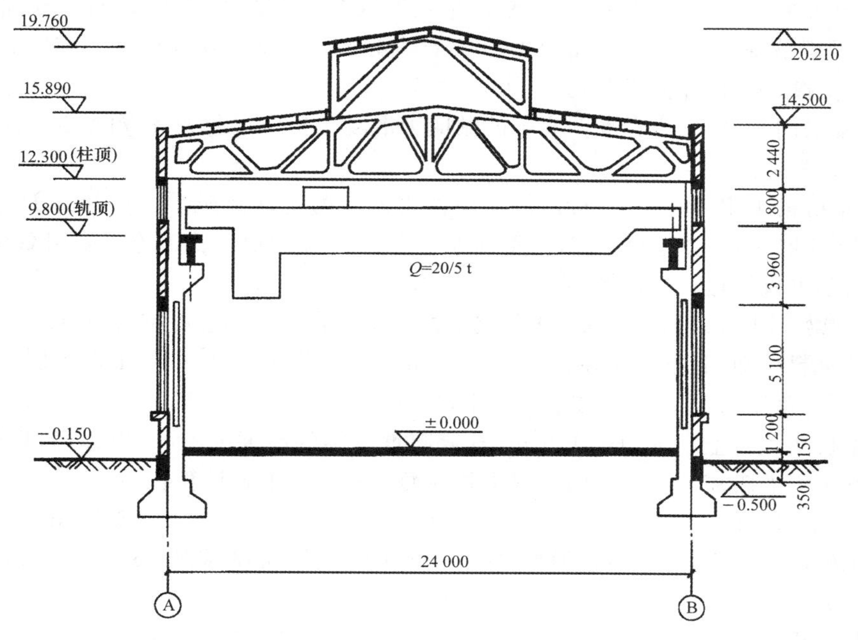

图 3-80 厂房剖面图

2. 结构设计原始资料

厂房所在场地，土壤冻结深度为0.3 m，地坪下1.1 m内为填土，填土下4.2 m厚为均匀亚黏土，地基承载力特征值 $f_{ak}=195\ kN/m^2$，地下水位于地面以下6.0 m。基本风压为 $0.3\ kN/m^2$，地面粗糙度为B类；基本雪压为 $0.25\ kN/m^2$。风荷载的组合值系数为0.6，其余可变荷载的组合值系数均为0.7。不考虑抗震设防。

3. 材料

基础混凝土强度等级为C20，柱混凝土强度等级为C30。纵向受力钢筋采用HRB335(Φ)、HRB400(Φ)级钢筋；箍筋和分布钢筋采用HPB300(φ)级钢筋。

4. 设计要求

(1)分析厂房排架内力，并进行排架柱和基础设计；

(2)绘制排架柱和基础施工图。

3.8.2 构件选型及柱截面尺寸确定

因该厂房跨度为15～36 m，且柱顶标高大于8 m，故采用钢筋混凝土排架结构。为保证屋盖的整体性和刚度，屋盖采用无檩体系。由于厂房屋面采用卷材防水做法，故选用屋面坡度较小而经济指标较好的预应力混凝土折线形屋架及预应力混凝土屋面板。普通钢筋混凝土起重机梁制作方便，当起重机起重力不大时，有较好的经济指标，故选用普通钢筋混凝土起重机梁。厂房各主要标准构件选用如下：

(1)屋面板采用G410(一)标准图集中的1.5 m×6 m的预应力混凝土屋面板YWB－2Ⅱ(中间跨)和YWB－2Ⅱs(端跨)，板重(包括灌缝重)标准值为 $1.4\ kN/m^2$。

(2)天沟板采用G410(三)标准图集中的1.5 m×6 m的预应力混凝土屋面板TGB68-1(卷材防水天沟板)，板重标准值为 $1.91\ kN/m^2$。

(3)天窗架采用G316标准图集中的Π形钢筋混凝土天窗架CJ9-03，自重标准值为2×36 kN/榀；天窗端壁采用G316中的DB9-03，自重标准值为2×57 kN/榀(包括自重、侧板、窗档、钢窗、支撑、天窗、开窗机等)。

(4)屋架采用G415(三)标准图集中的预应力混凝土折线形屋架YWJA-24-1Aa，自重标准值为106 kN/榀。

(5)起重机梁采用G323(二)标准图集中的钢筋混凝土起重机梁。中间跨DL-9Z，自重标准值为39.5 kN/根；边跨DL-9B，自重标准值为40.8 kN/根。轨道连接采用G325(二)标准图集中的起重机轨道连接详图，自重标准值为0.80 kN/m。

(6)基础梁采用G320标准图集中的钢筋混凝土基础梁JL-3，自重标准值为16.7 kN/根。

由设计资料可知，起重机轨顶标高为9.70 m。对起重力为20/5 t、工作级别为A5级的起重机，当厂房跨度为24 m时，可求得起重机的跨度 $L_k=24-0.75\times2=22.5$ m，由附录3可查得起重机轨顶以上高度为2.136 m；选定起重机梁的高度 $h_b=1.20$ m，暂取轨道顶面至起重机梁顶面的距离 $h_a=0.20$ m，则牛腿顶面标高可按下式计算：

$$\text{牛腿顶面标高}=\text{轨顶标高}-h_b-h_a=9.70-1.20-0.20=8.30\ \text{m}$$

由建筑模数的要求，故牛腿顶面标高取8.40 m。实际轨顶标高＝8.40＋1.20＋0.20＝9.80 m＞9.70 m。

考虑起重机行驶所需空隙尺寸 $h_k=220$ mm，柱顶标高可按下式计算：

柱顶标高＝牛腿顶面标高$+h_b+h_a+$起重机高度$+h_k=8.40+1.20+0.20+2.136+0.22=12.156$ m

故柱顶(或屋架下弦底面)标高取 12.30 m。

设室内地面至基础顶面的距离为 0.5 m,则计算简图中柱的总高度 H、下柱高度 H_l 和上柱高度 H_u 分别为

$$H=12.3+0.5=12.8\ \text{m},H_l=8.4+0.5=8.9\ \text{m},H_u=12.8-8.9=3.9\ \text{m}$$

根据柱的高度、起重机起重力及工作级别等条件,可由表 3-8 并参考表 3-10 确定柱的截面尺寸为

上柱　□$b\times h=400\ \text{mm}\times 400\ \text{mm}$

下柱　I$b_f\times h\times b\times h_f=400\ \text{mm}\times 800\ \text{mm}\times 100\ \text{mm}\times 150\ \text{mm}$

3.8.3　定位轴线

横向定位轴线除端柱外,均通过柱截面几何中心。对起重力为 20/5 t,工作级别为 A5 的起重机,由附录 3 可查得轨道中心至起重机外缘的距离 $B_1=260$ mm,起重机桥架外边缘至上柱内边缘的净空宽度,一般取 $B_2\geqslant 80$ mm。

取纵向定位轴线与纵墙内皮重合,则 $B_3=400$ mm,故

$$B_2=e-B_1-B_3=750-260-400=90\ \text{mm}>80\ \text{mm}$$

满足要求。

3.8.4　计算简图及柱的计算参数

1. 计算简图

由于该装配车间厂房,工艺无特殊要求,且结构布置及荷载分布(除起重机荷载外)均匀,故可取一榀横向平面排架作为基本计算单元,单元的宽度为两相邻柱间中心线之间的距离,即$B=6$ m,如图 3-81(a)所示;计算简图如图 3-81(b)所示。

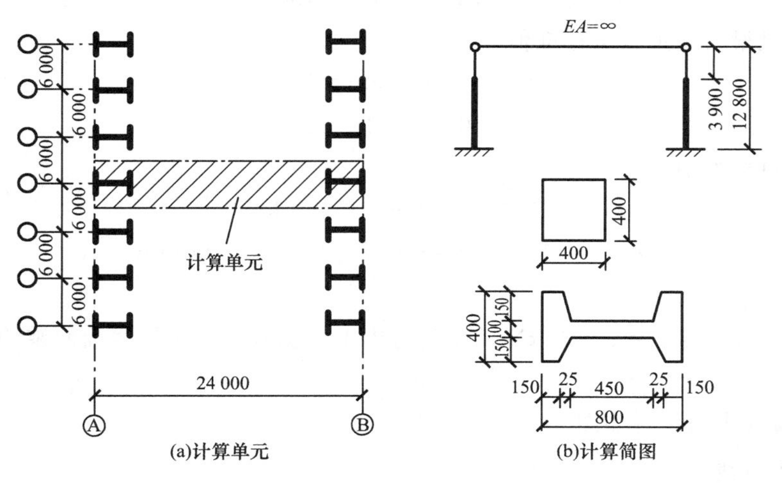

图 3-81　计算单元和计算简图

2. 柱的计算参数

由柱的截面尺寸,可求得柱的计算参数,见表 3-16。

表 3-16 柱的计算参数

计算参数	截面尺寸/mm	面积/mm^2	惯性矩/mm^4	自重/($kN\cdot m^{-1}$)
上柱	□400×400	1.600×10^5	21.33×10^8	4.0
下柱	I400×800×100×150	1.775×10^5	143.5×10^8	4.44

3.8.5 荷载计算

1.恒荷载

(1)屋面恒荷载

为了简化计算,天沟板及相应构造层的自重,取与一般屋面自重相同。

4 mm 厚 SBS 改性沥青防水卷材上带页岩保护层	1.03 kN/m^2
20 mm 厚 1∶2.5 水泥砂浆找平层	$20\times0.02=0.40$ kN/m^2
100 mm 水泥珍珠岩保温层	$4\times0.10=0.40$ kN/m^2
一毡二油隔汽层	0.05 kN/m^2
20 mm 厚 1∶2.5 水泥砂浆找平层	$20\times0.02=0.40$ kN/m^2
预应力混凝土屋面板	1.40 kN/m^2
	$\sum g_k=3.68$ kN/m^2
天窗端壁	57 kN
屋架自重	106 kN

则作用在一榀横向平面排架一端柱顶的屋盖自重标准值:

$$G_{1k}=3.68\times6\times24/2+57+106/2=374.96\ \text{kN}$$

$$e_1=h_u/2-150=400/2-150=50\ \text{mm}$$

(2)起重机梁及轨道自重标准值

$$G_{2k}=39.5+0.8\times6=44.30\ \text{kN}$$

$$e_2=750-800/2=350\ \text{mm}$$

(3)柱自重标准值

上柱

$$G_{4k}=4\times3.9=15.60\ \text{kN}$$

$$e_4=h_l/2-h_u/2=800/2-400/2=200\ \text{mm}$$

下柱

$G_{5k}=1.1\times4.44\times8.9=43.47$ kN(1.1 为考虑下柱仍有部分矩形截面而乘的增大系数)

$$e_5=0$$

各项恒荷载作用位置如图 3-82 所示。

2.屋面活荷载

由《荷载规范》可知,对不上人的钢筋混凝土屋面,可取活荷载标准值为 0.50 kN/m^2,大于基本雪压 0.25 kN/m^2,因此作用于柱顶的屋面活荷载标准值为

$$Q_{1k}=0.50\times6\times24/2=36.00\ \text{kN}$$

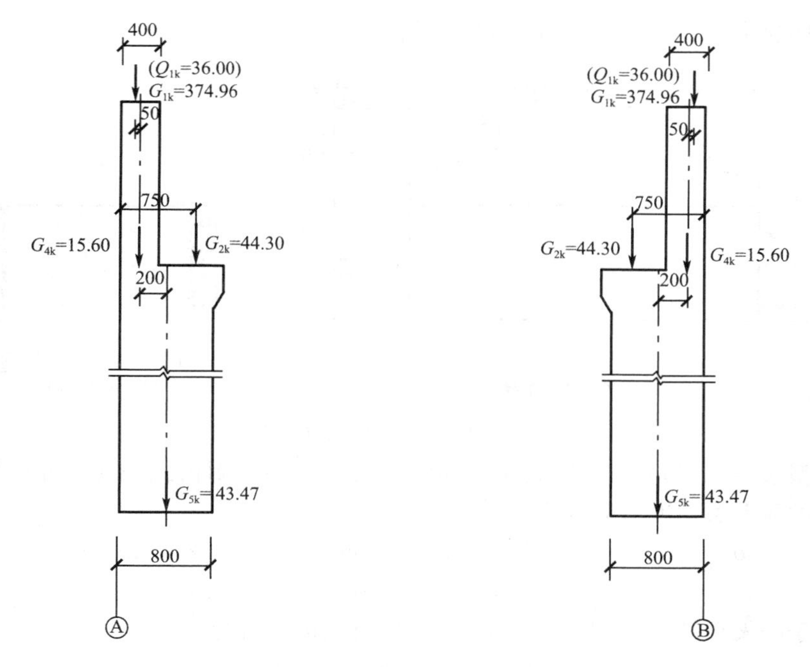

图 3-82　荷载作用位置图（Q 和 G 的单位：kN）

$$e_1 = 50\ \text{mm}$$

Q_{1k} 的作用位置与 G_{1k} 的作用位置相同，如图 3-82 所示。

3. 起重机荷载

对起重力为 20/5 t 的起重机，查附录 3 得 $P_{k,max}=202$ kN，$P_{k,min}=60$ kN，$B=5\ 600$ mm，$K=4\ 400$ mm，$g_k=77.2$ kN，Q=200 kN。

根据 B 与 K 及反力影响线，可算得与各轮压对应的反力影响线竖向坐标值，如图 3-40 所示，据此可求得起重机作用于柱上的起重机荷载。

(1)起重机竖向荷载

由式(3-3)和式(3-4)可得起重机竖向荷载标准值为

$$D_{k,max}=\beta P_{k,max}\sum y_i=0.9\times 202(1+0.267+0.8+0.067)=387.96\ \text{kN}$$

$$D_{k,min}=\beta P_{k,min}\sum y_i=0.9\times 60(1+0.267+0.8+0.067)=115.24\ \text{kN}$$

(2)起重机横向水平荷载

作用于每一个轮子上的起重机横向水平制动力标准值按式(3-6)计算，即

$$T_k=\frac{\alpha}{4}(Q+Q_1)g=\frac{0.1}{4}(20+7.72)\times 10=6.93\ \text{kN}$$

同时作用于起重机两端每个排架柱上的起重机横向水平荷载标准值按式(3-7)计算，即

$$T_{k,max}=\beta T_k\sum y_i=0.9\times 6.93(1+0.267+0.8+0.067)=13.31\ \text{kN}$$

4. 风荷载

风荷载标准值按式(3-10)计算，其中基本风压为 0.30 kN/m^2，$\beta_z=1.0$，按 B 类地面粗糙度。高度的取值：对 w_{k1}、w_{k2} 按柱顶标高 12.30 m 考虑，查附表 4-2 得 $\mu_z=1.06$；对 F_w

按天窗檐口标高 19.76 m 考虑，查附表 4-2 得 $\mu_z=1.225$。

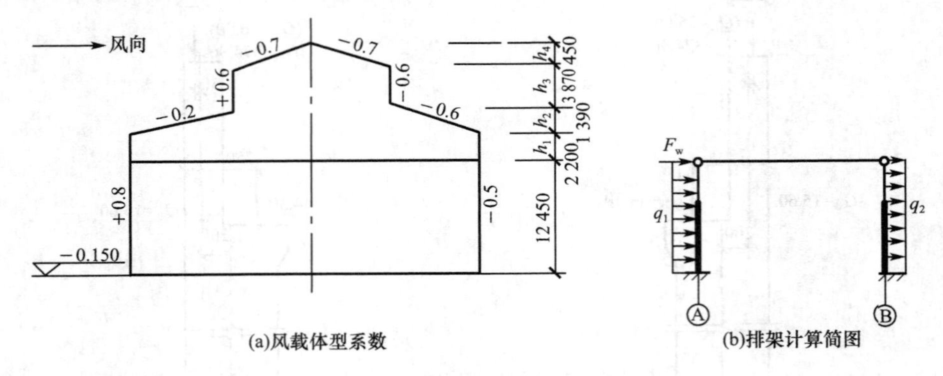

图 3-83　风载体型系数及排架计算简图

风载体型系数 μ_s 的分布查附表 4-1，如图 3-83(a)所示，则由式(3-10)可求得排架迎风面及背风面的风荷载标准值分别为

$$w_{k1}=\beta_z\mu_{s1}\mu_z w_0=1.0\times0.8\times1.06\times0.30=0.254\ \mathrm{kN/m^2}$$

$$w_{k2}=\beta_z\mu_{s2}\mu_z w_0=1.0\times0.5\times1.06\times0.30=0.159\ \mathrm{kN/m^2}$$

则作用于排架计算简图(图 3-83(b))上的风荷载标准值为

$$q_1=0.254\times6.0=1.52\ \mathrm{kN/m}$$

$$q_2=0.159\times6.0=0.95\ \mathrm{kN/m}$$

$$\begin{aligned}F_k&=[(0.8+0.5)h_1+(-0.2+0.6)h_2+(0.6+0.6)h_3]\mu_z w_0 B\\&=[1.3\times2.2+0.4\times1.39+1.2\times3.87]\times1.225\times0.30\times6\\&=17.77\ \mathrm{kN}\end{aligned}$$

3.8.6　排架内力分析

1. 恒荷载作用下排架内力分析

在屋盖自重 G_{1k}、上柱自重 G_{2k}、起重机梁及轨道自重 G_{4k} 和下柱自重 G_{5k} 作用下，排架的计算简图如图 3-84(a)所示。图中的重力荷载 $\overline{G}$ 及力矩 M 是根据图 3-82 确定的，即

$$\overline{G}_{1k}=G_{1k}=374.96\ \mathrm{kN}$$

$$\overline{G}_{2k}=G_{2k}+G_{4k}=44.30+15.60=59.90\ \mathrm{kN}$$

$$\overline{G}_{3k}=G_{5k}=43.47\ \mathrm{kN}$$

$$M_{1k}=\overline{G}_{1k}e_1=374.96\times0.05=18.75\ \mathrm{kN\cdot m}$$

$$M_{2k}=(\overline{G}_{1k}+G_{4k})e_0-G_{2k}e_2=(374.96+15.60)\times0.20-44.30\times0.35=62.61\ \mathrm{kN\cdot m}$$

由于图 3-84(a)所示排架为对称结构且作用对称荷载，排架结构无侧移，故各柱可按柱顶为不动铰支座计算内力。柱顶不动铰支座反力 R_i 可按表 3-5 所列的相应公式计算。

$$n=I_u/I_l=21.33\times10^8/143.5\times10^8=0.149$$

$$\lambda=H_u/H=3.9/12.8=0.305$$

$$C_1=\frac{3}{2}\times\frac{1-\lambda^2(1-\frac{1}{n})}{1+\lambda^3(\frac{1}{n}-1)}=\frac{3}{2}\times\frac{1-0.305^2(1-\frac{1}{0.149})}{1+0.305^3(\frac{1}{0.149}-1)}=1.98$$

$$C_3=\frac{3}{2}\times\frac{1-\lambda^2}{1+\lambda^3(\frac{1}{n}-1)}=\frac{3}{2}\times\frac{1-0.305^2}{1+0.305^3(\frac{1}{0.149}-1)}=1.17$$

$$R_A=C_1\frac{M_{1k}}{H}+C_3\frac{M_{2k}}{H}=\frac{1.98\times18.75+1.17\times62.61}{12.8}=8.62\ \text{kN}(\rightarrow)$$

求得柱顶反力 R_A 后，可根据平衡条件求得柱各截面弯矩和剪力。柱各截面的轴力为该截面以上重力荷载之和。恒荷载作用下排架结构的弯矩图、轴力图和柱底剪力如图 3-84(b)、图 3-84(c)所示。

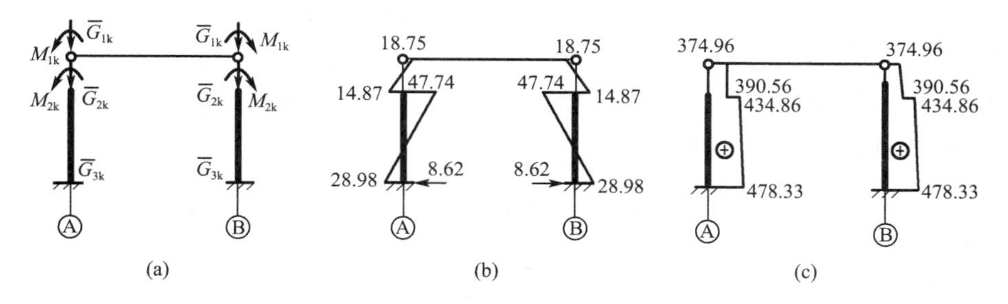

图 3-84　恒荷载作用下排架计算简图和内力图

本例题中，排架柱的弯矩、剪力和轴力的正负号规定如图 3-85 所示，弯矩图和柱底剪力均未标出正负号，弯矩图画在受拉一侧，柱底剪力按实际方向标出。

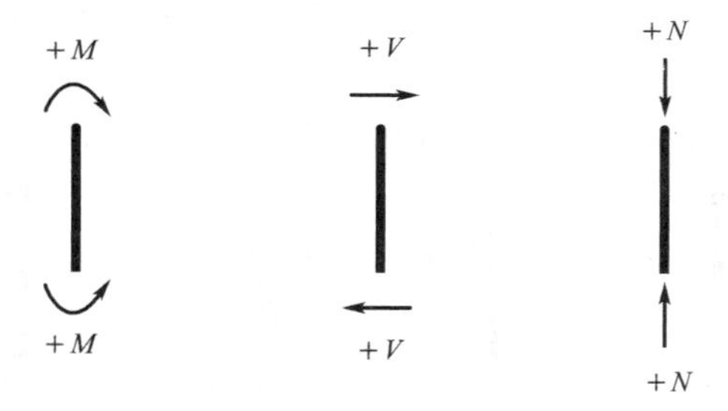

图 3-85　内力正负号规定

2. 屋面活荷载作用下排架内力分析

排架的计算简图如图 3-86(a)所示。屋架传至柱顶的集中荷载 $Q_{1k}=36.00$ kN，它在柱顶及变阶处引起的力矩分别为

$$M_{1k}=36.00\times0.05=1.80\ \text{kN}\cdot\text{m}$$

$$M_{2k}=36.00\times0.20=7.20\ \text{kN}\cdot\text{m}$$

由 $C_1=1.98$，$C_3=1.17$，则

$$R_A=C_1\frac{M_{1k}}{H}+C_3\frac{M_{2k}}{H}=\frac{1.98\times1.80+1.17\times7.20}{12.8}=0.94\ \text{kN}(\rightarrow)$$

排架柱的弯矩图、轴力图及柱底剪力如图 3-86(b)、图 3-86(c)所示。

3. 起重机荷载作用下排架内力分析(不考虑厂房整体空间作用)

(1)$D_{k,max}$ 作用于 A 柱

计算简图如图 3-87(a)所示。其中起重机竖向荷载 $D_{k,max}$、$D_{k,min}$ 在牛腿顶面处引起的力矩分别为

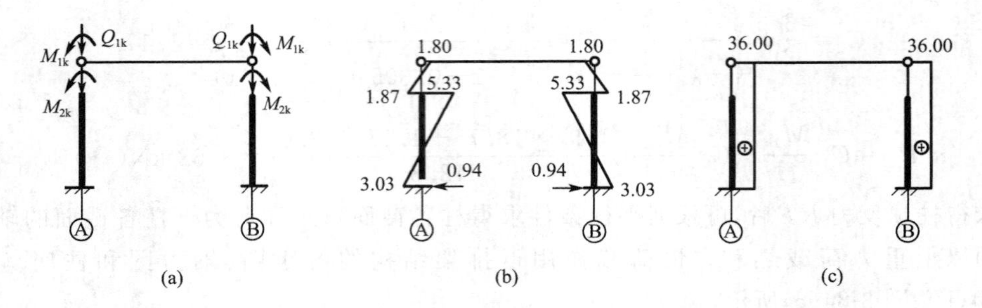

图 3-86 屋面活荷载作用下排架计算简图和内力图

A 柱 $M_{k,max}=D_{k,max}e_2=387.96\times0.35=135.79\ kN\cdot m$

B 柱 $M_{k,min}=D_{k,min}e_2=115.24\times0.35=40.33\ kN\cdot m$

对于 A、B 柱，$C_3=1.17$，则

$$R_A=-C_3\frac{M_{k,max}}{H}=-\frac{1.17\times135.79}{12.8}=-12.41\ kN(\leftarrow)$$

$$R_B=C_3\frac{M_{k,min}}{H}=\frac{1.17\times40.33}{12.8}=3.69\ kN(\rightarrow)$$

$$R=R_A+R_B=-12.41+3.69=-8.72\ kN(\leftarrow)$$

A 柱与 B 柱相同，剪力分配系数 $\eta_A=\eta_B=0.5$，则排架柱顶剪力分别为

$$V_A=R_A-\eta_AR=-12.41+0.5\times8.72=-8.05\ kN(\leftarrow)$$

$$V_B=R_B-\eta_BR=3.69+0.5\times8.72=8.05\ kN(\rightarrow)$$

排架柱的弯矩图、轴力图及柱底剪力如图 3-87(b)、图 3-87(c)所示。

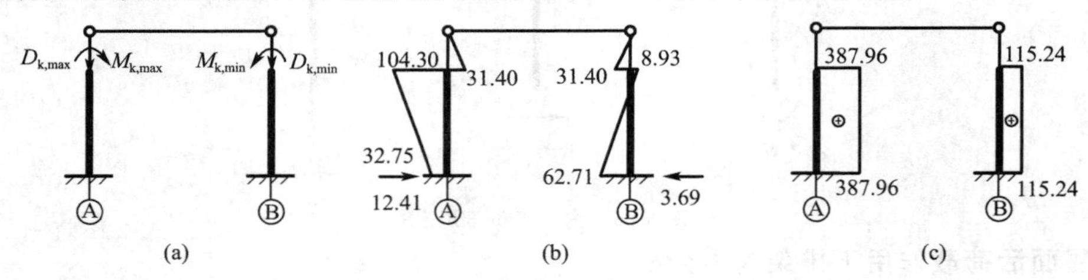

图 3-87 $D_{k,max}$ 作用于 A 柱时排架计算简图和内力图

(2)$D_{k,min}$ 作用于 A 柱

计算简图如图 3-88(a)所示。由于结构对称，故只须将 A 柱与 B 柱的内力对换，并注意内力变号即可。排架柱的弯矩图、轴力图及柱底剪力如图 3-88(b)、图 3-88(c)所示。

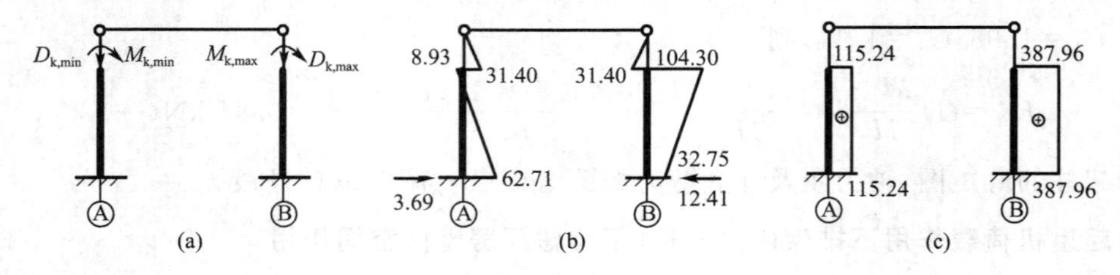

图 3-88 $D_{k,min}$ 作用于 A 柱时排架计算简图和内力图

(3)起重机水平荷载作用

当 $T_{k,max}$ 从左向右作用时，排架计算简图如图 3-89(a)所示。由 $n=0.149$，$\lambda=0.305$，

查表 3-5 得 $a=(3.9-1.2)/3.9=0.692$，则

$$C_5=\frac{2-3a\lambda+\lambda^3\left[\frac{(2+a)(1-a)^2}{n}-(2-3a)\right]}{2\left[1+\lambda^3\left(\frac{1}{n}-1\right)\right]}=0.61$$

$$R_A=R_B=-C_5T_{k,max}=-0.61\times13.31=-8.12(\leftarrow)$$

排架柱顶总反力 R 为

$$R=R_A+R_B=-8.12-8.12=-16.24\ \text{kN}(\leftarrow)$$

各柱顶剪力分别为

$$V_A=R_A-\eta_AR=-8.12+0.5\times16.24=0$$

$$V_B=R_B-\eta_BR=-8.12+0.5\times16.24=0$$

排架柱的弯矩图、柱底剪力如图 3-89(b)所示。

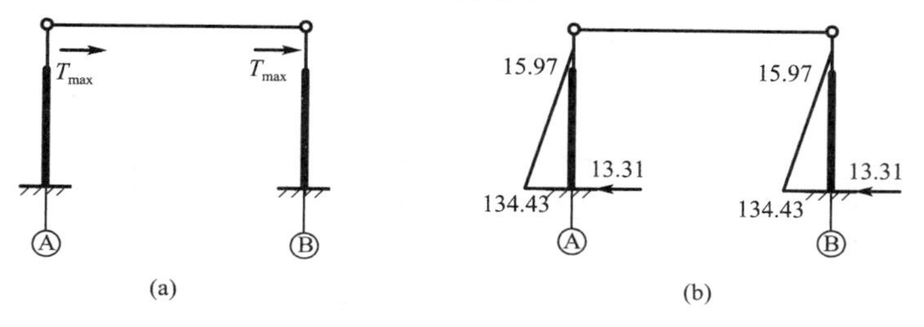

图 3-89　$T_{k,max}$ 从左向右作用时排架计算简图和内力图

当 $T_{k,max}$ 从右向左作用时，排架计算简图如图 3-90(a)所示。弯矩图和剪力只改变符号，数值不变。排架柱的弯矩图、柱底剪力如图 3-90(b)所示。

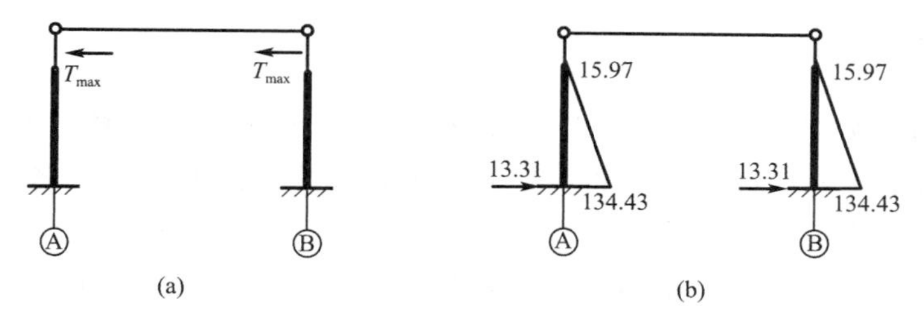

图 3-90　$T_{k,max}$ 从右向左作用时排架计算简图和内力图

4. 风荷载作用下排架内力

(1)左吹风时

计算简图如图 3-91(a)所示。由 $n=0.149$，$\lambda=0.305$，查表 3-5 得

$$C_{11}=\frac{3\left[1+\lambda^4\left(\frac{1}{n}-1\right)\right]}{8\left[1+\lambda^3\left(\frac{1}{n}-1\right)\right]}=\frac{3\left[1+0.305^4\left(\frac{1}{0.149}-1\right)\right]}{8\left[1+0.305^3\left(\frac{1}{0.149}-1\right)\right]}=0.339$$

$$R_A=-C_{11}q_1H=-0.339\times1.52\times12.8=-6.60\ \text{kN}(\leftarrow)$$

$$R_B=-C_{11}q_2H=-0.339\times0.95\times12.8=-4.12\ \text{kN}(\leftarrow)$$

$$R=R_A+R_B+F_w=-6.60-4.12-17.77=-28.49\ \text{kN}(\leftarrow)$$

各柱顶剪力分别为

$$V_A = R_A - \eta_A R = -6.60 + 0.5 \times 28.49 = 7.65\ \text{kN}(\rightarrow)$$

$$V_B = R_B - \eta_B R = -4.12 + 0.5 \times 28.49 = 10.13\ \text{kN}(\rightarrow)$$

排架内力图如图 3-91(b)所示。

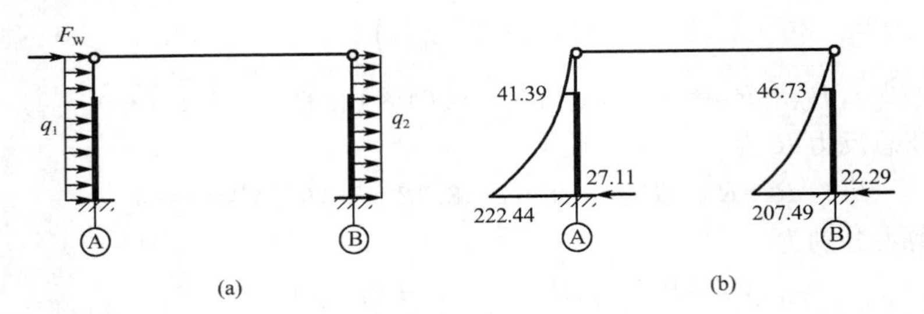

图 3-91　左吹风时排架计算简图和内力图

(2)右吹风时

计算简图如图 3-92(a)所示。将图 3-91(b)所示 A、B 柱内力对换，并改变内力符号后即可，如图 3-92(b)所示。

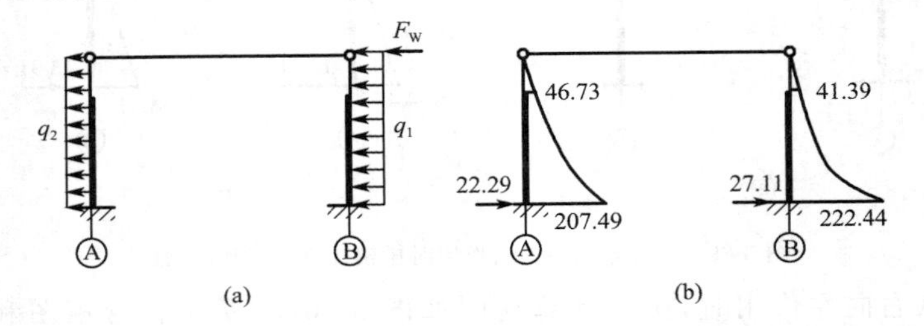

图 3-92　右吹风时排架计算简图和内力图

3.8.7　内力组合

由于排架为对称结构，可仅考虑 A 柱截面。控制截面分别取上柱底部截面Ⅰ－Ⅰ、牛腿顶截面Ⅱ－Ⅱ和下柱底截面Ⅲ－Ⅲ。表 3-17 为各种荷载作用下 A 柱各控制截面的内力标准值汇总表。表中控制截面及正号内力方向如表 3-17 中的例图所示。

荷载基本组合的效应设计值按式(3-23)和式(3-24)进行计算。在每种荷载效应组合中，对矩形和Ⅰ形截面柱均应考虑以下四种组合，即

(1)$+M_{max}$ 及相应的 N、V；

(2)$-M_{max}$ 及其相应的 N、V；

(3)N_{max} 及其相应的 M、V；

(4)N_{min} 及其相应的 M、V。

由于本例不考虑抗震设防，对柱截面一般不需进行受剪承载力计算。故除下柱底截面Ⅲ－Ⅲ外，其他截面的不利内力组合未给出所对应的剪力值。

对柱进行裂缝宽度验算和基础的地基承载力验算时，需分别采用荷载准永久组合和标准组合的效应设计值，荷载准永久组合和标准组合的效应设计值分别按式(3-25)和式(3-26)进行。表 3-18～表 3-20 为 A 柱荷载基本组合和标准组合的效应设计值。

表 3-17　　各种荷载单独作用下 A 柱各控制截面内力标准值汇总表

控制截面及正向内力	荷载类别		恒荷载效应 S_{Gk}	屋面活荷载效应 S_{Qk}	吊车竖向荷载效应 S_{Qk}		吊车水平荷载效应 S_{Qk}		风荷载效应 S_{Qk}	
					$D_{k,max}$作用在 A 柱	$D_{k,min}$作用在 A 柱	$T_{k,max}$向右	$T_{k,max}$向左	左风	右风
	弯矩图及柱底截面内力		18.75 14.87 47.74 8.62 28.98	1.80 1.87 5.33 0.94 3.03	104.30 31.40 12.41 32.75	8.93 31.40 3.69 62.71	15.97 13.31 134.43	15.97 13.31 134.43	41.39 27.11 222.44	46.73 22.29 207.49
	序号		①	②	③	④	⑤	⑥	⑦	⑧
	Ⅰ—Ⅰ	M_k	14.87	1.87	−31.40	−31.40	15.97	−15.97	41.39	−46.73
		N_k	390.56	36.00	0	0	0	0	0	0
	Ⅱ—Ⅱ	M_k	−47.74	−5.33	104.30	8.93	15.97	−15.97	41.39	−46.73
		N_k	434.86	36.00	387.96	115.24	0	0	0	0
	Ⅲ—Ⅲ	M_k	28.98	3.03	32.75	−62.71	134.43	−134.43	222.44	−207.49
		N_k	478.33	36.00	387.96	115.24	0	0	0	0
		V_k	8.62	0.94	−12.41	−3.69	13.31	−13.31	27.11	−22.29

注：M 单位为 kN·m，N 单位为 kN，V 单位为 kN。

表 3-18　A柱荷载效应组合表(一)

截面	内力组合	基本组合 $S_d=\sum_{j=1}^{m}\gamma_{G_j}S_{G_jk}+\gamma_{Q_1}\gamma_{L_1}S_{Q_1k}+\sum_{i=2}^{n}\gamma_{Q_i}\gamma_{L_i}\psi_{c_i}S_{Q_ik}$　标准组合 $S_d=\sum_{j=1}^{m}S_{G_jk}+S_{Q_1k}+\sum_{i=2}^{n}\psi_{c_i}S_{Q_ik}$							
		$+M_{max}$及其相应的N、V		$-M_{max}$及其相应的N、V		N_{max}及其相应的M、V		N_{min}及其相应的M、V	
Ⅰ—Ⅰ	M	1.2×①+1.4×⑦+1.4×0.7×②	77.62	1.2×①+1.4×⑧+1.4(0.7×③+0.7×⑥)	−94.00	1.2×①+1.4×②+1.4×0.6×⑦	55.23	1.2×①+1.4×⑧+1.4(0.7×③+0.7×⑥)	−94.00
	N		503.95		468.67		519.07		468.67
	M_k	①+⑦+0.7×②	57.57	①+⑧+(0.7×③+0.7×⑥)	−65.02	①+②+0.6×⑦	41.57	①+⑧+(0.7×③+0.7×⑥)	−65.02
	N_k		415.76		390.56		426.56		390.56
Ⅱ—Ⅱ	M	1.2×①+1.4×③+1.4(0.7×⑤+0.6×⑦)	139.15	1.2×①+1.4×⑧+1.4(0.7×②+0.7×④+0.7×⑥)	−134.83	1.2×①+1.4×③+1.4(0.7×②+0.7×⑤+0.6×⑦)	133.93	1.2×①+1.4×⑧	122.71
	N		1 064.98		670.05		1 100.26		521.83
	M_k	①+③+(0.7×⑤+0.6×⑦)	92.57	①+⑧+(0.7×②+0.7×④+0.7×⑥)	−103.13	①+③+(0.7×②+0.7×⑤+0.6×⑦)	88.84	①+⑧	94.47
	N_k		822.82		540.73		848.02		434.86
Ⅲ—Ⅲ	M	1.2×①+1.4×⑦+1.4(0.7×②+0.7×③+0.7×⑤)	513.00	1.2×①+1.4×⑧+1.4(0.7×④+0.7×⑥)	−448.91	1.2×①+1.4×③+1.4(0.7×②+0.7×⑤+0.6×⑦)	402.19	1.2×①+1.4×⑦	346.19
	N		989.48		686.93		1 152.42		574.00
	V		50.10		−37.52		29.71		48.30
	M_k	①+⑦+(0.7×②+0.7×③+0.7×⑤)	370.57	①+⑧+(0.7×④+0.7×⑥)	−316.51	①+③+(0.7×②+0.7×⑤+0.6×⑦)	291.42	①+⑦	251.42
	N_k		775.10		559.00		891.49		478.33
	V_k		37.02		−25.57		22.45		35.73

注:M单位为kN·m,N单位为kN,V单位为kN。

表 3-19

A 柱荷载效应组合表(二)

截面	内力组合	基本组合 $S_d=\sum_{j=1}^{m}\gamma_{G_j}S_{G_j k}+\gamma_{Q_1}\gamma_{L_1}S_{Q_1 k}$ 标准组合 $S_d=\sum_{j=1}^{m}S_{G_j k}+S_{Q_1 k}$							
		$+M_{max}$及其相应的 N、V		$-M_{max}$及其相应的 N、V		N_{max}及其相应的 M、V		N_{min}及其相应的 M、V	
Ⅰ－Ⅰ	M	1.2×①+1.4×⑦	75.79	1.2×①+1.4×⑧	−47.58	1.2×①+1.4×②	20.46	1.2×①+1.4⑦	75.79
	N		468.67		468.67		519.07		468.67
	M_k	①+⑦	56.26	①+⑧	−31.86	①+②	16.74	①+⑦	52.56
	N_k		390.56		390.56		426.56		390.56
Ⅱ－Ⅱ	M	1.2×①+1.4×③	88.73	1.2×①+1.4×⑧	−122.71	1.2×①+1.4×③	88.73	1.2×①+1.4×⑧	122.71
	N		1 064.98		521.83		1 064.98		521.83
	M_k	①+③	56.26	①+⑧	−94.47	①+③	56.56	①+⑧	94.47
	N_k		822.82		434.86		822.52		434.86
Ⅲ－Ⅲ	M	1.2×①+1.4×⑦	346.19	1.2×①+1.4×⑧	−255.71	1.2×①+1.4×③	80.63	1.2×①+1.4×⑦	346.19
	N		574.00		574.00		1 117.14		574.00
	V		48.30		−20.86		−7.03		48.30
	M_k	①+⑦	251.42	①+⑧	−178.51	①+③	61.73	①+⑦	251.42
	N_k		478.33		478.33		866.29		478.33
	V_k		35.73		−13.67		−3.79		35.73

注:M 单位为 kN·m,N 单位为 kN,V 单位为 kN。

表 3-20 A柱荷载效应组合表(三)

截面	内力组合	基本组合 $S_d=\sum_{j=1}^{m}\gamma_{G_j}S_{G_jk}+\sum_{i=1}^{n}\gamma_{Q_i}\gamma_{L_i}\psi_{c_i}S_{Q_ik}$　标准组合 $S_d=\sum_{j=1}^{m}S_{G_jk}+\sum_{i=1}^{n}\psi_{c_i}S_{Q_ik}$							
		$+M_{max}$及其相应的 N、V		$-M_{max}$及其相应的 N、V		N_{max}及其相应的 M、V		N_{min}及其相应的 M、V	
Ⅰ－Ⅰ	M	1.35×①+1.4(0.7×②+0.6×⑦)	56.67	1.35×①+1.4(0.7×③+0.7×⑥+0.6×⑧)	−65.60	1.35×①+1.4×(0.7×②+0.6×⑦)	56.67	1.35×①+1.4(0.7×③+0.7×⑥+0.6×⑧)	−65.60
	N		562.54		527.26		562.54		527.26
	M_k	①+(0.7×②+0.6×⑦)	41.01	①+(0.7×③+0.7×⑥+0.6×⑧)	−46.33	①+(0.7×②+0.6×⑦)	41.01	①+(0.7×③+0.7×⑥+0.6×⑧)	−46.33
	N_k		415.76		390.56		415.76		390.56
Ⅱ－Ⅱ	M	1.35×①+1.4(0.7×③+0.7×⑤+0.6×⑦)	88.18	1.35×①+1.4(0.7×②+0.7×④+0.7×⑥+0.6×⑧)	−115.82	1.35×①+1.4(0.7×②+0.7×③+0.7×⑤+0.6×⑦)	82.96	1.35×①+1.4×0.6×⑧	103.70
	N		967.26		735.28		1 002.54		587.06
	M_k	①+(0.7×③+0.7×⑤+0.6×⑦)	61.28	①+(0.7×②+0.7×④+0.7×⑥+0.6×⑧)	−84.44	①+(0.7×②+0.7×③+0.7×⑤+0.6×⑦)	57.55	①+0.6×⑧	75.78
	N_k		706.43		540.73		731.63		434.86
Ⅲ－Ⅲ	M	1.35×①+1.4(0.7×②+0.7×③+0.7×⑤+0.6×⑦)	392.78	1.35×①+1.4(0.7×④+0.7×⑥+0.6×⑧)	−328.28	1.35×①+1.4(0.7×②+0.7×③+0.7×⑤+0.6×⑦)	392.78	1.35×①+1.4×0.6×⑦	225.97
	N		1 061.23		758.68		1 061.23		645.75
	V		36.21		−23.75		36.21		30.41
	M_k	①+(0.7×②+0.7×③+0.7×⑤+0.6×⑦)	281.59	①+(0.7×④+0.7×⑥+0.6×⑧)	−233.45	①+(0.7×②+0.7×③+0.7×⑤+0.6×⑦)	281.59	①+0.6×⑦	162.44
	N_k		775.10		559.00		775.10		478.33
	V_k		26.17		−16.65		26.17		24.89

注：M 单位为 kN·m，N 单位为 kN，V 单位为 kN。

3.8.8 柱截面设计

混凝土强度等级为 C30，$f_c=14.3\ \text{N/mm}^2$，$f_{tk}=2.01\ \text{N/mm}^2$；纵向钢筋采用 HRB400 级，$f_y=f_y'=360\ \text{N/mm}^2$，$\xi_b=0.518$；箍筋采用 HPB300 级。上、下柱均采用对称配筋。

1. 选取控制截面最不利内力

对上柱，截面的有效高度 $h_0=400-40=360$ mm，则大偏心受压和小偏心受压界限破坏时对应的轴向压力为

$$N_b=\alpha_1 f_c b h_0 \xi_b=1.0\times14.3\times400\times360\times0.518=1\ 066.67\ \text{kN}$$

当 $N\leqslant N_b=1\ 066.67$ kN 时，为大偏心受压；由表 3-18～表 3-20 可见，上柱Ⅰ－Ⅰ截面共有 12 组不利内力。经判别，其中 11 组内力为大偏心受压；1 组内力为小偏心受压，且满足 $N<N_b=1\ 066.67$ kN，故小偏心受压为构造配筋。对 11 组大偏心受压内力，按照"弯矩相差不多时，轴力越小越不利；轴力相差不多时，弯矩越大越不利"的原则，可确定上柱的最不利内力为

$$M=-94.00\ \text{kN}\cdot\text{m}\qquad N=468.67\ \text{kN}$$

对下柱，截面的有效高度 $h_0=800-40=760$ mm，则大偏心受压和小偏心受压界限破坏时对应的轴向压力为

$$\begin{aligned}N_b&=\alpha_1 f_c[bh_0\xi_b+(b_f'-b)h_f']\\&=1.0\times14.3\times[100\times760\times0.518+(400-100)\times150]\\&=1\ 206.46\ \text{kN}\end{aligned}$$

当 $N\leqslant N_b=1\ 206.46$ kN 时，为大偏心受压；由表 3-18～表 3-20 可见，下柱Ⅱ－Ⅱ和Ⅲ－Ⅲ截面共有 24 组不利内力。经判别，其中 14 组内力为大偏心受压；10 组内力为小偏心受压且均满足 $N<N_b=1\ 206.46$ kN，故小偏心受压为构造配筋。对 14 组大偏心受压内力，采用与上柱Ⅰ－Ⅰ截面相同的分析方法，可确定下柱的最不利内力为

$$\begin{cases}M=513.00\ \text{kN}\cdot\text{m}\\N=989.48\ \text{kN}\end{cases}\qquad\begin{cases}M=346.19\ \text{kN}\cdot\text{m}\\N=574.00\ \text{kN}\end{cases}$$

2. 上柱配筋计算

由上述分析结果可知，上柱取下列最不利内力进行配筋计算：

$$M_0=94.00\ \text{kN}\cdot\text{m}\qquad N=468.67\ \text{kN}$$

由表 3-12 查得有起重机厂房排架方向上柱的计算长度为

$$l_0=2\times3.9=7.8\ \text{m}$$

$$e_0=\frac{M_0}{N}=\frac{94.00\times10^6}{468\ 670}=200.57\ \text{mm}$$

由于 $h/30=400/30=13.33$ mm，取附加偏心距 $e_a=20$ mm，则

$$e_i=e_0+e_a=200.57+20=220.57\ \text{mm}$$

$$\zeta_c=\frac{0.5f_cA}{N}=\frac{0.5\times14.3\times400^2}{468\ 670}=2.441>1.0\quad 取\ \zeta_c=1.0$$

$$\eta_s=1+\frac{1}{1\ 500\dfrac{e_i}{h_0}}\left(\frac{l_0}{h}\right)^2\zeta_c=1+\frac{1}{1\ 500\times\dfrac{220.57}{360}}\left(\frac{7\ 800}{400}\right)^2\times1.0=1.414$$

$$M=\eta_s M_0=1.414\times94.00=132.92\ \text{kN}\cdot\text{m}$$

$$e_i=e_0+e_a=\frac{M}{N}+e_a=\frac{132.92\times10^3}{468.67}+20=303.61\ \text{mm}$$

$$\xi=\frac{N}{\alpha_1 f_c bh_0}=\frac{468\ 670}{1.0\times14.3\times400\times360}=0.228>\frac{2a_s'}{h_0}=\frac{80}{360}=0.222$$

取 $x=\xi h_0=0.228\times360=82.08\ \text{mm}$

$$e=e_i+\frac{h}{2}-a_s'=303.61+\frac{400}{2}-40=463.61\ \text{mm}$$

$$A_s'=A_s=\frac{Ne-\alpha_1 f_c bx\left(h_0-\dfrac{x}{2}\right)}{f_y'(h_0-a_s')}$$

$$=\frac{468\ 670\times463.61-1.0\times14.3\times400\times82.08\times\left(360-\dfrac{82.08}{2}\right)}{360\times(360-40)}$$

$$=586.19\ \text{mm}^2$$

选 3Φ16($A_s=603\ \text{mm}^2$),则 $A_s=603\ \text{mm}^2>A_{s,\min}=\rho_{\min}bh=0.2\%\times400\times400=320\ \text{mm}^2$,即截面一侧钢筋截面面积满足最小配筋率要求。全部纵向钢筋的配筋率 $\rho=2A_s/bh=2\times603/400\times400=0.75\%$,大于最小总配筋率 0.55%的要求。

由表 3-12 得垂直于排架方向上柱的计算长度 $l_0=1.25\times3.9=4.875\ \text{m}$,则 $l_0/b=4\ 875/400=12.19$,$\varphi=0.947$

$$N_u=0.9\varphi(f_cA+f_y'A_s')=0.9\times0.947\times(14.3\times400\times400+360\times603\times2)$$
$$=2\ 320.10\ \text{kN}>N_{\max}=562.54\ \text{kN}$$

满足弯矩作用平面外的承载力要求。

3. 下柱配筋计算

由上述分析结果可知,下柱取下列两组为最不利内力进行配筋计算:

$$\begin{cases}M_0=513.00\ \text{kN}\cdot\text{m}\\N=989.48\ \text{kN}\end{cases}\qquad\begin{cases}M_0=346.19\ \text{kN}\cdot\text{m}\\N=574.00\ \text{kN}\end{cases}$$

(1)按 $M_0=513.00\ \text{kN}\cdot\text{m}$,$N=989.48\ \text{kN}$ 计算

由表 3-12 可查得有下柱的计算长度取 $l_0=1.0H_l=8.9\ \text{m}$;截面尺寸 $b=100\ \text{mm}$,$b_f'=400\ \text{mm}$,$h_f'=150\ \text{mm}$。

$$e_0=\frac{M_0}{N}=\frac{513.00\times10^6}{989\ 480}=518.45\ \text{mm}$$

附加偏心距 $e_a=h/30=800/30=26.67\ \text{mm}>20\ \text{mm}$,则

$$e_i=e_0+e_a=518.45+26.67=545.12\ \text{mm}$$

$$\zeta_c=\frac{0.5f_cA}{N}=\frac{0.5\times14.3\times[100\times800+2\times(400-100)\times150]}{989\ 480}=1.228>1.0,\text{取}\ \zeta_c=1.0$$

$$\eta_s=1+\frac{1}{1\ 500\dfrac{e_i}{h_0}}\left(\frac{l_0}{h}\right)^2\zeta_c=1+\frac{1}{1\ 500\times\dfrac{545.12}{760}}\left(\frac{8\ 900}{800}\right)^2\times1.0=1.115$$

$$M=\eta_s M_0=1.115\times513.00=572.00\ \text{kN}\cdot\text{m}$$

$$e_i=e_0+e_a=\frac{M}{N}+e_a=\frac{572.00\times10^3}{989.48}+26.67=604.75\ \text{mm}$$

$$e=e_i+\frac{h}{2}-a_s'=604.75+\frac{800}{2}-40=964.75\ \text{mm}$$

先假定中和轴位于翼缘内，则

$$x=\frac{N}{\alpha_1 f_c b_f'}=\frac{989\ 480}{1.0\times14.3\times400}=172.99\ \text{mm}>h_f'=150\ \text{mm}$$

说明中和轴位于腹板内，应重新按下式计算受压区高度 x：

$$x=\frac{N-\alpha_1 f_c(b_f'-b)h_f'}{\alpha_1 f_c b}=\frac{989\ 480-1.0\times14.3\times(400-100)\times150}{1.0\times14.3\times100}=241.94\ \text{mm}>2a_s'=80\ \text{mm}$$

故为大偏心受压构件，则

$$A_s'=A_s=\frac{Ne-\alpha_1 f_c(b_f'-b)h_f'\left(h_0-\frac{h_f'}{2}\right)-\alpha_1 f_c bx\left(h_0-\frac{x}{2}\right)}{f_y'(h_0-a_s')}$$

$$=\frac{989480\times964.75-1.0\times14.3\times(400-100)\times150\times\left(760-\frac{150}{2}\right)}{360\times(760-40)}$$

$$-\frac{1.0\times14.3\times100\times241.94\times\left(760-\frac{241.94}{2}\right)}{360\times(760-40)}$$

$$=1\ 129\ \text{mm}$$

(2)按 $M_0=346.19\ \text{kN}\cdot\text{m}$，$N=574.00\ \text{kN}$ 计算

计算方法与上述相同，计算过程从略，计算结果为 $A_s'=A_s=753.54\ \text{mm}^2$。

下柱选 2Φ20+2Φ18($A_s=1\ 137\ \text{mm}^2$)，则 $A_s=1\ 137\ \text{mm}^2>A_{s,\min}=\rho_{\min}A=0.2\%\times1.775\times10^5=355\ \text{mm}^2$，即截面一侧钢筋截面面积满足最小配筋率要求；全部纵向钢筋的配筋率为 1.28%，大于最小总配筋率 0.55%的要求。按此配筋，验算表明柱弯矩作用平面外的承载力也满足要求。

4. 柱的裂缝宽度验算

《混凝土结构设计规范》(GB 50010—2010)规定，对钢筋混凝土构件，应采用荷载效应的准永久组合进行裂缝宽度验算；对 $e_0/h_0\leqslant0.55$ 的偏心受压构件，可不验算裂缝宽度。

《建筑结构荷载规范》(GB 50009—2012)规定，不上人屋面活荷载与风荷载的准永久系数为 0；A5 级起重机荷载的准永久系数均为 0.6。因此，在进行准永久组合时，只需组合恒荷载效应与起重机荷载效应(竖向与水平)即可。经计算、比较，对上柱和下柱，所选取的内力如下：

上柱：$\begin{cases}M_q=14.87\ \text{kN}\cdot\text{m}\\N_q=390.56\ \text{kN}\end{cases}$　　下柱：$\begin{cases}M_q=-89.30\ \text{kN}\cdot\text{m}\\N_q=593.57\ \text{kN}\end{cases}$

则 $e_0=\frac{M_q}{N_q}=\begin{cases}38.07\ \text{mm}<0.55h_0=0.55\times360=198\ \text{mm}(\text{上柱})\\150.45\ \text{mm}<0.55h_0=0.55\times760=418\ \text{mm}(\text{下柱})\end{cases}$

因此，不必进行裂缝宽度验算。

5. 柱箍筋配置

非地震区的单层厂房柱，其箍筋数量一般由构造要求控制。根据构造要求，上、下柱箍筋均选用ϕ8@200。

6. 牛腿设计

(1)牛腿几何尺寸的确定

牛腿截面宽度与柱宽相等，即 $b=400$ mm，若取起重机梁外侧至牛腿外边缘的距离 $c_1=80$ mm，起重机梁端部宽为 340 mm，起重机梁轴线到柱外侧的距离为 750 mm，则牛腿顶面的长度为 $750-400+340/2+80=600$ mm，相应牛腿水平截面高为 $600+400=1\,000$ mm，牛腿外边缘高度 $h_1=500$ mm，倾角 $\alpha=45°$，牛腿高度 $h=500+200=700$ mm，于是牛腿的几何尺寸及配筋如图 3-93 所示。

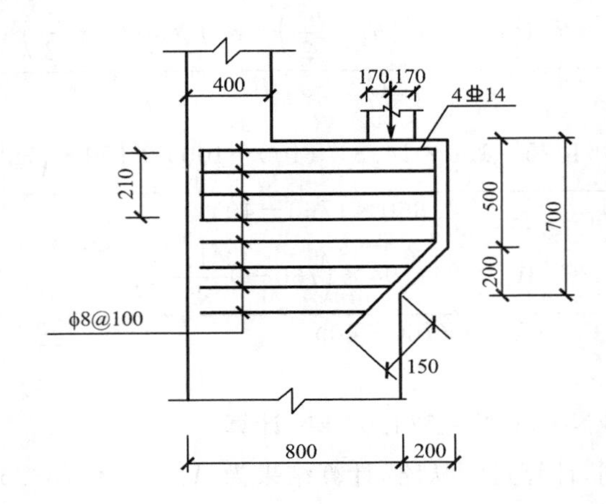

图 3-93 牛腿的几何尺寸及配筋示意图

(2)牛腿截面高度验算

作用于牛腿顶面按荷载标准组合的竖向力为

$$F_{vk}=D_{max}+G_{2k}=387.96+44.30=432.26 \text{ kN}$$

牛腿顶面无水平荷载，即 $F_{hk}=0$。

对支承起重机梁的牛腿，裂缝控制系数 $\beta=0.65$；$f_{tk}=2.01$ N/mm²；$a=750-800+20=-30$ mm<0，取 $a=0$；$h_0=h-a_s=700-40=660$ mm；由式(3-27)得

$$\beta\left(1-0.5\frac{F_{hk}}{F_{vk}}\right)\frac{f_{tk}bh_0}{0.5+\dfrac{a}{h_0}}=0.65\times\frac{2.01\times400\times660}{0.5}=689.83 \text{ kN}>F_{vk}=432.26 \text{ kN}$$

故牛腿截面高度满足要求。

(3)牛腿配筋计算

由于 $a=750-800+20=-30$ mm<0，故起重机垂直荷载作用于下柱截面内，因而该牛腿可按构造要求配筋。根据构造要求，$A_s\geqslant\rho_{min}bh=0.2\%\times400\times600=480$ mm²，纵向钢筋选用 4⌀14($A_s=616$ mm²)。水平箍筋选用 ϕ8@100，如图 3-93 所示。

(4)牛腿局部承压验算

设垫板长×宽为 400 mm×400 mm，故局部压应力为

$$\sigma_c=\frac{F_{vk}}{A}=\frac{432.26\times10^3}{400\times400}=2.70\ N/mm^2<0.75f_c=0.75\times14.3=10.73\ N/mm^2$$

满足要求。

7. 柱的吊装验算

(1)吊装方案

采用一点翻身起吊，吊点设在牛腿与下柱交接处，混凝土达到设计强度后起吊。

(2)荷载计算

由表3-13可得柱插入杯口深度为 $h_1=0.9\times800=720\ mm<800\ mm$，取 $h_1=800\ mm$，则柱吊装时总长度为 $3.9+8.9+0.8=13.6\ m$，计算简图如图3-94所示。

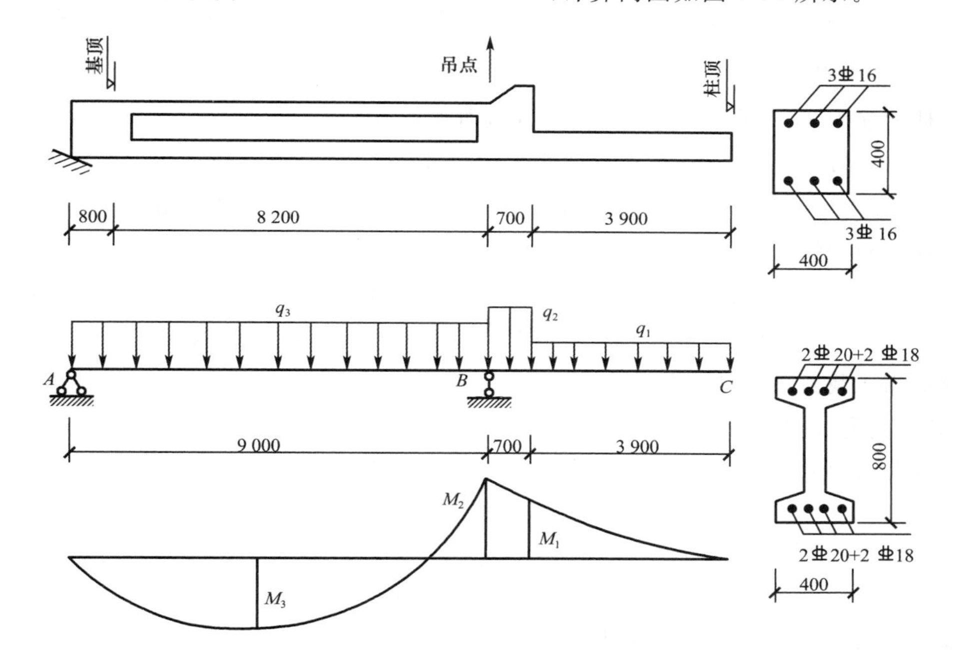

图3-94 柱吊装计算简图

柱吊装阶段的荷载为柱自重重力荷载，并考虑动力系数1.5，即

上柱 $q_1=1.5\times1.35\times4.0=8.10\ kN/m$

牛腿 $q_2=1.5\times1.35\times25\times\dfrac{0.4\left(1.0\times0.7-\dfrac{0.2^2}{2}\right)}{0.7}=19.67\ kN/m$

下柱 $q_3=1.35\times1.5\times4.44=8.99\ kN/m$

(3)内力计算

在上述荷载作用下，柱各控制截面的弯矩为

$$M_1=\frac{1}{2}q_1H_u^2=\frac{1}{2}\times8.10\times3.9^2=61.60\ kN\cdot m$$

$$M_2=\frac{1}{2}\times8.10\times(3.9+0.7)^2+\frac{1}{2}\times(19.67-8.10)\times0.7^2=88.53\ kN\cdot m$$

由$\sum M_B=0$，即$R_A l_3+M_2-\frac{1}{2}q_3 l_3^2=0$，可得

$$R_A=\frac{1}{2}q_3 l_3-\frac{M_2}{l_3}=\frac{1}{2}\times 8.99\times 9.0-\frac{88.53}{9.0}=30.62\ \text{kN}$$

$$M_3=R_A x-\frac{1}{2}q_3 x^2$$

令$\frac{\mathrm{d}M_3}{\mathrm{d}x}=R_A-q_3 x=0$，得$x=\frac{R_A}{q_3}=\frac{30.62}{8.99}=3.41\ \text{m}$。

则下柱最大弯矩M_3为

$$M_3=R_A x-\frac{1}{2}q_2 x^2=30.62\times 3.41-\frac{1}{2}\times 8.99\times 3.41^2=52.15\ \text{kN}\cdot\text{m}$$

(4)截面承载力计算

上柱配筋为3Φ16($A_s=603\ \text{mm}^2$)，其截面承载力为

$$M_u=f_y A_s(h_0-a_s')=360\times 603\times(360-40)=69.47\times 10^6\ \text{N}\cdot\text{m}$$
$$=69.47\ \text{kN}\cdot\text{m}>\gamma_0 M_1=0.9\times 61.60=55.44\ \text{kN}\cdot\text{m}$$

下柱截面配筋为2Φ20+2Φ18($A_s=1\ 137\ \text{mm}^2$)，其截面承载力为

$$M_u=f_y A_s(h_0-a_s')=360\times 1\ 137\times(760-40)=294.71\times 10^6\ \text{N}\cdot\text{m}$$
$$=294.71\ \text{kN}\cdot\text{m}>\gamma_0 M_2=0.9\times 88.54=79.69\ \text{kN}\cdot\text{m}$$

故截面承载力均满足要求。

(5)裂缝宽度验算

上柱截面裂缝宽度验算：

$$M_q=61.60/1.35=45.63\ \text{kN}\cdot\text{m}$$

$$\sigma_{sq}=\frac{M_q}{0.87h_0 A_s}=\frac{45.63\times 10^6}{0.87\times 360\times 603}=241.61\ \text{N/mm}^2$$

按有效受拉混凝土面积计算的纵向钢筋配筋率为

$$\rho_{te}=\frac{A_s}{0.5bh}=\frac{603}{0.5\times 400\times 400}=0.007\ 5<0.01\text{，取}\rho_{te}=0.01$$

故$\psi=1.1-0.65\times\frac{f_{tk}}{\rho_{te}\sigma_{sq}}=1.1\times 0.65\times\frac{2.01}{0.01\times 241.61}=0.60$

$$w_{max}=\alpha_{cr}\psi\frac{\sigma_{sq}}{E_s}\left(1.9c_s+0.08\frac{d_{eq}}{\rho_{te}}\right)=1.9\times 0.60\times\frac{241.61}{2.0\times 10^5}\times\left(1.9\times 28+0.08\times\frac{16}{0.01}\right)=$$
$0.25\ \text{mm}<w_{lim}=0.3\ \text{mm}$

满足要求。

下柱截面裂缝宽度验算：

$$M_q=88.53/1.35=65.58\text{kN}\cdot\text{m}$$

$$\sigma_{sq}=\frac{M_q}{0.87h_0 A_s}=\frac{65.58\times 10^6}{0.87\times 760\times 1\ 137}=87.23\ \text{N/mm}^2$$

按有效受拉混凝土面积计算的纵向钢筋配筋率为

$$\rho_{te}=\frac{A_s}{0.5bh+(b_f'-b)h_f'}=\frac{1\ 137}{0.5\times100\times800+(400-100)\times150}=0.013\ 4$$

故　$\psi=1.1-0.65\times\frac{f_{tk}}{\rho_{te}\sigma_{sq}}=1.1-0.65\times\frac{2.01}{0.013\ 4\times87.23}=-0.018<0.2$

取 $\psi=0.2$

$$d_{eq}=\frac{\sum n_i d_i^2}{\sum n_i\nu_i d_i}=\frac{2\times18^2+2\times20^2}{2\times1\times18+2\times1\times20}=19.05$$

$$w_{max}=\alpha_{cr}\psi\frac{\sigma_{sq}}{E_s}\left(1.9c_s+0.08\frac{d_{eq}}{\rho_{te}}\right)=1.9\times0.2\times\frac{87.23}{2.0\times10^5}\times\left(1.9\times28+0.08\times\frac{19.05}{0.013\ 4}\right)$$

$$=0.028\ \text{mm}<w_{lim}=0.3\ \text{mm}$$

满足要求。

8. 柱施工图

柱模板图及配筋图如图 3-95 所示。

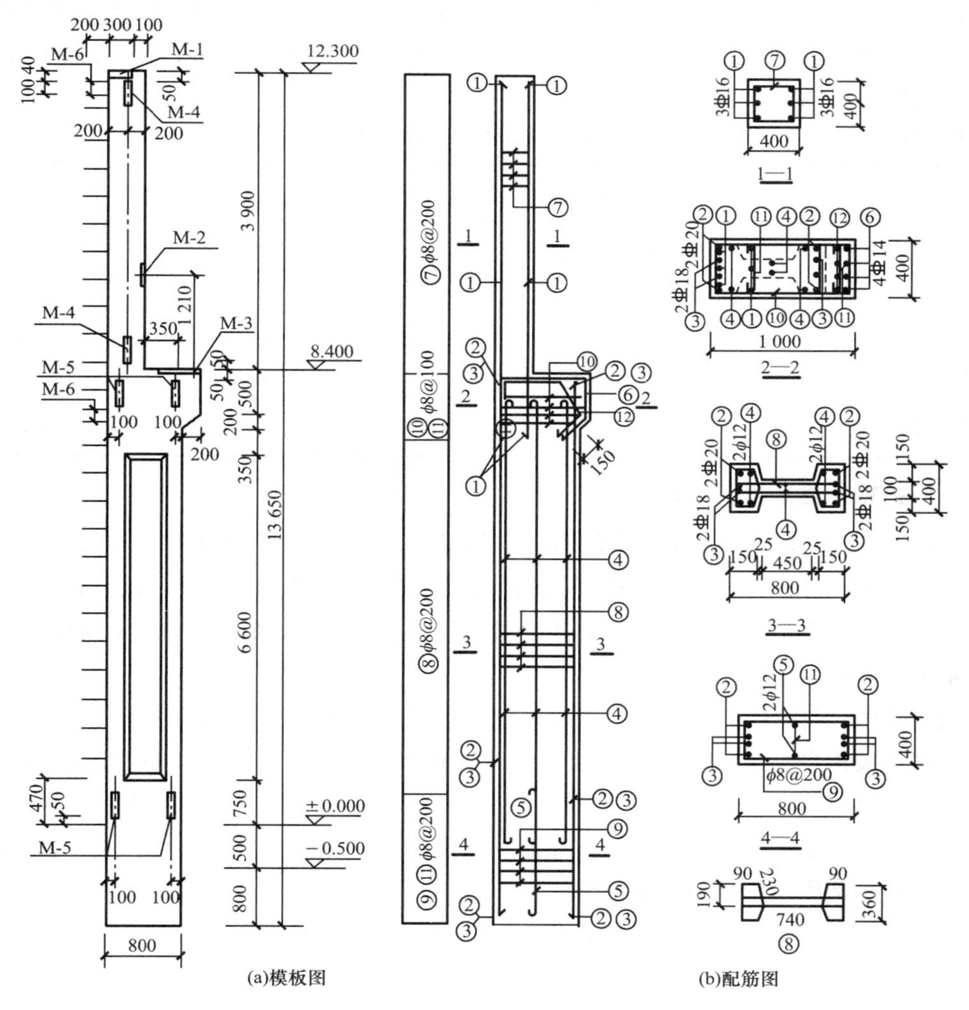

图 3-95　柱模板图及配筋图

3.8.9 基础设计

《建筑地基基础设计规范》(GB 50007—2011)规定,对 6 m 柱距单层排架结构厂房,当地基承载力特征值为 160 N/mm² $\leqslant f_{ak} <$ 200 N/mm²,厂房跨度 $l \leqslant$ 30 m,起重机额定起重力不超过 30 t,以及设计等级为丙级时,设计时可不做地基变形验算。本例符合上述条件,故不需进行地基变形验算。

基础材料:混凝土强度等级取 C20,f_c = 9.6 N/mm²,f_t = 1.10 N/mm²;钢筋采用 HRB335 级,f_y = 300 N/mm²;基础垫层采用 C15 素混凝土。

1. 基础设计时不利内力的选取

作用于基础顶面上的荷载包括柱底(Ⅲ—Ⅲ截面)传给基础的 M、N、V 以及围护墙自重重力荷载两部分。按照《建筑地基基础设计规范》(GB 50007—2011)的规定,基础的地基承载力验算取用荷载效应标准组合,基础的受冲切承载力验算和底板配筋计算取用荷载效应基本组合。由于围护墙自重重力荷载大小、方向和作用位置均不变,故基础最不利内力主要取决于柱底(Ⅲ—Ⅲ截面)的不利内力,应选取轴力为最大的不利内力组合以及正负弯矩为最大的不利内力组合。经过对表 3-18～表 3-20 中的柱底截面不利内力进行分析可知,基础设计时的不利内力见表 3-21。

表 3-21 基础设计时的不利内力

组别	荷载效应标准组合			荷载效应基本组合		
	M_k/(kN·m)	N_k/(kN·m)	V_k/(kN·m)	M/(kN·m)	N/(kN·m)	V/(kN·m)
第 1 组	370.57	775.10	37.02	513.00	989.48	50.10
第 2 组	−316.51	559.00	−25.57	−448.91	686.93	−37.52
第 3 组	291.42	891.49	22.45	402.19	1 152.42	29.71

2. 围护墙自重重力荷载计算

如图 3-96 所示,每个基础承受的围护墙总宽度为 6 m,总高度为 14.5+0.50−0.45=14.55 m;墙体为 240 mm 厚烧结普通砖砌筑,双面抹灰,按 5.24 kN/m² 计算;墙上设置钢框玻璃窗,按 0.45 kN/m² 计算;每根基础梁自重为 16.7 kN,则每个基础承受的由墙体传来的重力荷载标准值为

墙自重(含双面抹灰) $5.24\times[14.55\times6-4\times(5.1+1.8)]=312.83$ kN

钢框玻璃窗自重 $0.45\times(4\times5.1+4\times1.8)=12.42$ kN

基础梁自重 16.7 kN

由基础梁传至基础顶面荷载的标准值 $N_{wk}=341.95$ kN

N_{wk} 对基础底面中心的偏心距为

$$e_w=240/2+800/2=520\ \text{mm}$$

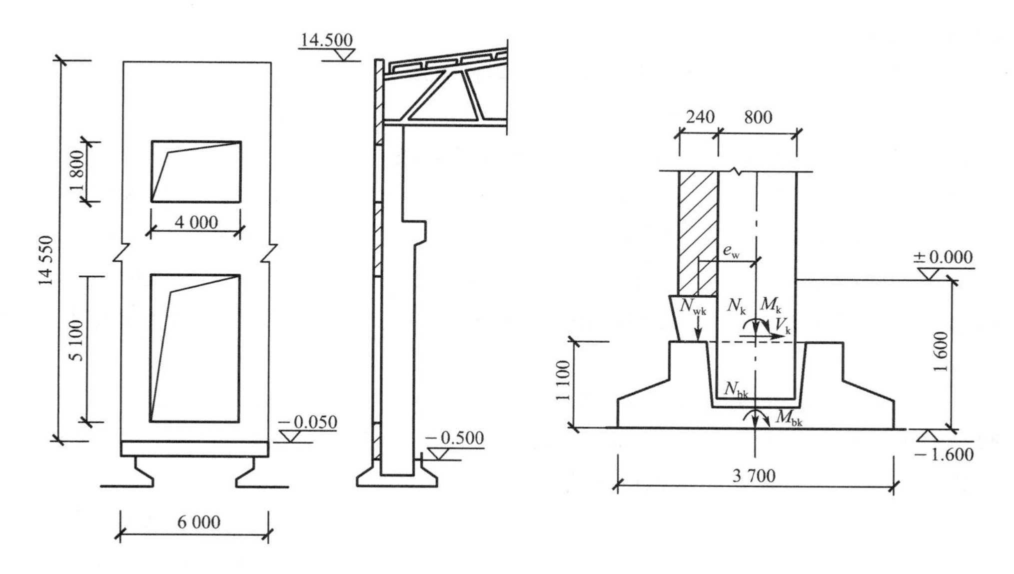

图 3-96 围护墙自重计算

3. 基础底面尺寸及地基承载力验算

(1)基础高度和埋深的确定

由构造要求可知,基础高度为 $h=h_1+a_1+50$ mm,其中 h_1 为柱插入杯口深度,由表 3-13 可知,$h_1=0.9\times800=720$ mm,取 $h_1=800$ mm;a_1 为杯壁厚度,由表 3-14 可知,$a_1\geqslant$ 200 mm,取 $a_1=250$ mm;故基础高度为

$$h=800+250+50=1\ 100\ \text{mm}$$

因基础顶面标高为−0.500 m,室内外高差为 150 mm,则基础埋深为

$$d=1\ 100+500-150=1\ 450\ \text{mm}$$

(2)基础底面尺寸的确定

基础底面面积按地基承载力验算确定,并取用荷载效应标准组合。由《建筑地基基础设计规范》(GB 50007—2011)可查得 $\eta_d=1.0$,$\eta_b=0$(黏性土),取基础底面以上土及基础的平均自重为 $\gamma_m=20$ kN/m³,则基础深度修正后的地基承载力特征值 f_a 按下式计算:

$$f_a=f_{ak}+\eta_d\gamma_m(d-0.5)=195+1.0\times20\times(1.45-0.5)=214\ \text{kN/m}^2$$

由式(3-31)按轴心受压估算基础底面尺寸,取

$$N_k=N_{k,max}+N_{wk}=891.49+341.95=1\ 233.44\ \text{kN}$$

则

$$A\geqslant(1.2\sim1.4)\frac{N_k}{f_a-\gamma_m d}=(1.2\sim1.4)\times\frac{1\ 233.44}{214-20\times1.45}=(8.00\sim9.33)\ \text{m}^2$$

取

$$A=l\times b=2.4\times3.7=8.88\ \text{m}^2$$

基础底面的弹性抵抗矩为

$$W=\frac{1}{6}lb^2=\frac{1}{6}\times2.4\times3.7^2=5.476\ \text{m}^3$$

(3)地基承载力验算

基础自重和土重为(基础及其上填土的平均自重取 $\gamma_m=20\ \text{kN/m}^3$)

$$G_k=\gamma_m dA=20\times1.45\times8.88=257.52\ \text{kN}$$

由表 3-21 可知,选取以下三组不利内力进行基础底面积计算:

$$①\begin{cases}M_k=370.57\ \text{kN}\cdot\text{m}\\N_k=775.10\ \text{kN}\\V_k=37.02\ \text{kN}\end{cases}\quad ②\begin{cases}M_k=-316.51\ \text{kN}\cdot\text{m}\\N_k=599.00\ \text{kN}\\V_k=-25.57\ \text{kN}\end{cases}\quad ③\begin{cases}M_k=291.42\ \text{kN}\cdot\text{m}\\N_k=891.49\ \text{kN}\\V_k=22.45\ \text{kN}\end{cases}$$

取第一组不利内力计算,基础底面相应于荷载效应标准组合时的竖向压力值和力矩值分别为(图 3-97(a))

$$N_{bk}=N_k+G_k+N_{wk}=775.10+257.52+341.95=1\ 374.57\ \text{kN}$$

$$M_{bk}=M_k+V_kh\pm N_{wk}e_w=370.57+37.02\times1.1-341.95\times0.52=233.48\ \text{kN}\cdot\text{m}$$

由式(3-32)可得基础底面边缘的压力为

$$\begin{matrix}p_{k,max}\\p_{k,min}\end{matrix}=\frac{N_{bk}}{A}\pm\frac{M_{bk}}{W}=\frac{1\ 374.57}{8.88}\pm\frac{233.48}{5.476}=154.79\pm42.64=\begin{matrix}197.43\ \text{kN/m}^2\\112.15\ \text{kN/m}^2\end{matrix}$$

由式(3-37)和式(3-38)进行地基承载力验算得

$$p=\frac{p_{k,max}+p_{k,min}}{2}=\frac{197.43+112.15}{2}=154.79\ \text{kN/m}^2<f_a=214\ \text{kN/m}^2$$

$$p_{k,max}=197.43\ \text{kN/m}^2<1.2f_a=1.2\times214=256.8\ \text{kN/m}^2$$

满足要求。

取第二组不利内力计算,基础底面相应于荷载效应标准组合时的竖向压力值和力矩值分别为(图 3-97(b))

$$N_{bk}=N_k+G_k+N_{wk}=599.00+257.52+341.95=1\ 198.47\ \text{kN}$$

$$M_{bk}=M_k+V_kh\pm N_{wk}e_w=-316.51-25.57\times1.1-341.95\times0.52=-522.45\ \text{kN}\cdot\text{m}$$

由式(3-32)可得基础底面边缘的压力为

$$\begin{matrix}p_{k,max}\\p_{k,min}\end{matrix}=\frac{N_{bk}}{A}\pm\frac{M_{bk}}{W}=\frac{1\ 198.47}{8.88}\pm\frac{522.45}{5.476}=134.96\pm95.41=\begin{matrix}230.37\ \text{kN/m}^2\\39.55\ \text{kN/m}^2\end{matrix}$$

由式(3-37)和式(3-38)进行地基承载力验算得

$$p=\frac{p_{k,max}+p_{k,min}}{2}=\frac{230.37+39.55}{2}=134.96\ \text{kN/m}^2<f_a=214\ \text{kN/m}^2$$

$$p_{k,max}=230.37\ \text{kN/m}^2<1.2f_a=1.2\times214=256.8\ \text{kN/m}^2$$

满足要求。

取第三组不利内力计算,基础底面相应于荷载效应标准组合时的竖向压力值和力矩值分别为(图 3-97(c))

$$N_{bk}=N_k+G_k+N_{wk}=891.49+257.52+341.95=1\ 490.96\ \text{kN}$$

$$M_{bk}=M_k+V_kh\pm N_{wk}e_w=291.42+22.45\times1.1-341.95\times0.52=138.30\ \text{kN}\cdot\text{m}$$

由式(3-32)可得基础底面边缘的压力为

$$\begin{matrix}p_{k,max}\\p_{k,min}\end{matrix}=\frac{N_{bk}}{A}\pm\frac{M_{bk}}{W}=\frac{1\ 490.96}{8.88}\pm\frac{138.30}{5.476}=167.90\pm25.26=\begin{matrix}193.16\ \text{kN/m}^2\\142.64\ \text{kN/m}^2\end{matrix}$$

由式(3-37)和式(3-38)进行地基承载力验算得

$$p=\frac{p_{k,max}+p_{k,min}}{2}=\frac{193.16+142.64}{2}=167.9\ kN/m^2<f_a=214\ kN/m^2$$

$$p_{k,max}=193.16\ kN/m^2<1.2f_a=1.2\times214=256.8\ kN/m^2$$

满足要求。

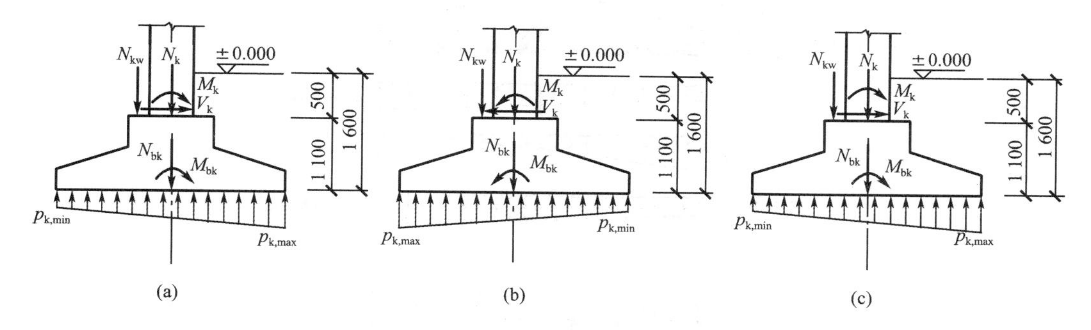

图 3-97 基础底面的压应力分布

4. 基础受冲切承载力验算

基础受冲切承载力验算时采用荷载效应的基本组合,并采用基底净反力。由表 3-21 可知,选取下列三组不利内力:

$$①\begin{cases}M=513.00\ kN\cdot m\\N=989.48\ kN\\V=50.10\ kN\end{cases}\quad ②\begin{cases}M=-448.91\ kN\cdot m\\N=686.93\ kN\\V=-37.52\ kN\end{cases}\quad ③\begin{cases}M=402.19\ kN\cdot m\\N=1\ 152.42\ kN\\V=29.71\ kN\end{cases}$$

先按第一组不利内力计算,扣除基础自重及其上土重后相应于荷载效应基本组合时的地基土单位面积净反力(图 3-98(b))为

$$N_b=N+\gamma_G N_{wk}=989.48+1.2\times341.95=1\ 399.82\ kN$$

$$M_b=M+Vh\pm\gamma_G N_{wk}e_w=513.00+50.10\times1.1-1.2\times341.95\times0.52=354.73\ kN\cdot m$$

$$\begin{matrix}p_{s,max}\\p_{s,min}\end{matrix}=\frac{N_b}{A}\pm\frac{M_b}{W}=\frac{1\ 399.82}{8.88}\pm\frac{354.73}{5.476}=157.64\pm64.78=\begin{matrix}222.42\ kN/m^2\\92.86\ kN/m^2\end{matrix}$$

按第二组不利内力计算,扣除基础自重及其上土重后相应于荷载效应基本组合时的地基土单位面积净反力(图 3-98(c))为

$$N_b=N+\gamma_G N_{wk}=686.93+1.2\times341.95=1\ 097.27\ kN$$

$$M_b=M+Vh\pm\gamma_G N_{wk}e_w=-448.91-37.52\times1.1-1.2\times341.95\times0.52=-703.56\ kN\cdot m$$

$$\begin{matrix}p_{s,max}\\p_{s,min}\end{matrix}=\frac{N_b}{A}\pm\frac{M_b}{W}=\frac{1\ 097.27}{8.88}\pm\frac{703.56}{5.476}=123.57\pm128.48=\begin{matrix}252.05\ kN/m^2\\-4.91\ kN/m^2\end{matrix}$$

因最小净反力为负值,故基础底面净反力应按式(3-36)计算(图 3-98(c))得

$$e_0=\frac{M_b}{N_b}=\frac{703.56}{1\ 097.27}=0.641\ m$$

$$k=\frac{1}{2}b-e_0=\frac{1}{2}\times3.7-0.641=1.209\ m$$

$$p_{s,max}=\frac{2N_b}{3kl}=\frac{2\times1\ 097.27}{3\times1.209\times2.4}=252.11\ kN/m^2$$

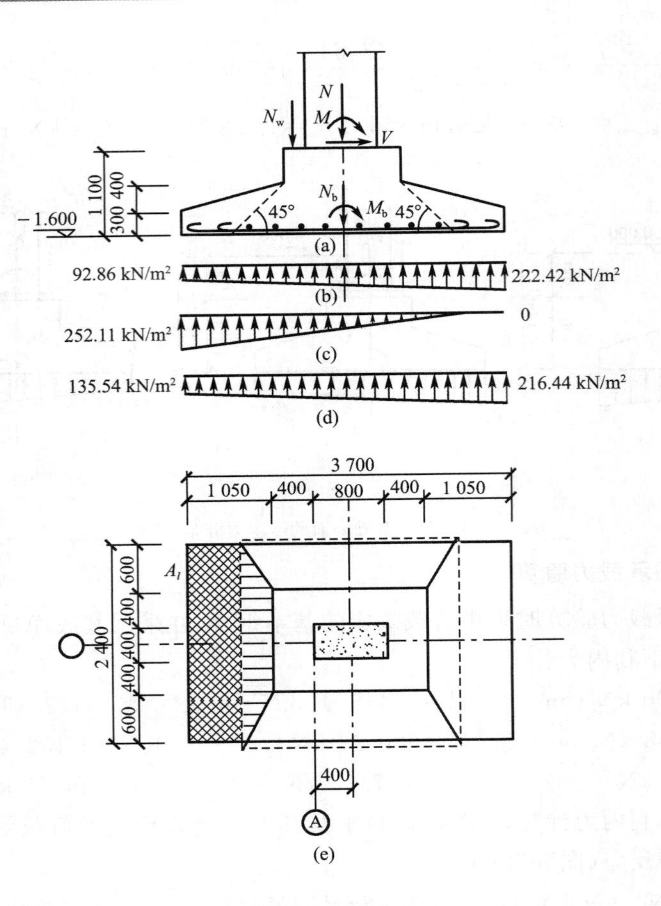

图 3-98 冲切破坏锥面

按第三组不利内力计算，扣除基础自重及其上土重后相应于荷载效应基本组合时的地基土单位面积净反力(图 3-98(d))为

$$N_b = N + \gamma_G N_{wk} = 1\,152.42 + 1.2 \times 341.95 = 1\,562.76\ \text{kN}$$

$$M_b = M + Vh \pm \gamma_G N_{wk} e_w = 402.19 + 29.71 \times 1.1 - 1.2 \times 341.95 \times 0.52 = 221.49\ \text{kN} \cdot \text{m}$$

$$\left.\begin{matrix} p_{s,\max} \\ p_{s,\min} \end{matrix}\right. = \frac{N_b}{A} \pm \frac{M_b}{W} = \frac{1\,562.76}{8.88} \pm \frac{221.49}{5.476} = 175.99 \pm 40.45 = \begin{matrix} 216.44\ \text{kN/m}^2 \\ 135.54\ \text{kN/m}^2 \end{matrix}$$

基础各细部尺寸如图 3-98(a)、图 3-98(e)所示。其中基础顶面突出柱边的宽度主要取决于杯壁厚度 t，由表 3-14 查得 $t \geqslant 300$ mm，取 $t = 325$ mm，则基础顶面突出柱边的宽度为 $t + 75$ mm$= 325 + 75 = 400$ mm。杯壁高度取 $h_2 = 400$ mm。根据所确定的尺寸可知，变阶处的冲切破坏锥面比较危险，故只须对变阶处进行受冲切承载力验算。冲切破坏锥面如图 3-98 中的虚线所示。

$$b_t = b + 800 = 400 + 800 = 1\,200\ \text{mm}$$

取保护层厚度为 45 mm，则基础变阶处截面的有效高度为

$$h_0 = 700 - 45 = 655\ \text{mm}$$

$$b_b = b_t + 2h_0 = 1\,200 + 2 \times 655 = 2\,510\ \text{mm} > l = 2\,400\ \text{mm}$$

$$b_m = \frac{b_t + b_b}{2} = \frac{1\,200 + 2\,400}{2} = 1\,800\ \text{mm}$$

$$A_l=\left(\frac{b}{2}-\frac{b_1}{2}-h_0\right)l=\left(\frac{3.7}{2}-\frac{1.6}{2}-0.655\right)\times 2.4=0.948\ \text{m}^2$$

因为变阶处的截面高度 $h=700\ \text{mm}<800\ \text{mm}$，故 $\beta_h=1.0$。由式(3-40)和式(3-39)可得

$$F_l=p_sA=252.11\times 0.948=239.00\ \text{kN}$$

$$0.7\beta_h f_t b_m h_0=0.7\times 1.0\times 1.10\times 1\ 800\times 655=907.83\times 10^3\ \text{N}=907.83\ \text{kN}>F_l=239.00\ \text{kN}$$

受冲切承载力满足要求。

5. 基础底板配筋计算

(1)柱边及变阶处基底净反力计算

由表 3-21 中三组不利内力设计值所产生的基底净反力见表 3-22，如图 3-98 所示。其中 $p_{s,\text{I}}$ 为基础柱边或变阶处所对应的基底净反力。经分析可知，第一组基底净反力不起控制作用。基础底板配筋可按第二组和第三组基底净反力计算。

表 3-22　　基底净反力值

基底净反力		第一组	第二组	第三组
$p_{s,\max}/(\text{kN}\cdot\text{m}^{-2})$		222.42	252.11	216.44
$p_{s,\text{I}}/(\text{kN}\cdot\text{m}^{-2})$	柱边处	171.65	151.32	184.74
	变阶处	185.65	179.13	193.48
$p_{s,\min}/(\text{kN}\cdot\text{m}^{-2})$		92.86	0	135.54

(2)柱边及变阶处弯矩计算

基础的宽高比为

$$(3.7-0.8-2\times 0.4)/[2\times(1.1-0.4)]=1.5<2.5$$

第二组不利内力时基础的偏心距为

$$e_0=\frac{M_b}{N_b}=\frac{703.56}{1\ 097.27}=0.641\ \text{m}>\frac{1}{6}\times 3.7=0.617\ \text{m}$$

由于基础偏心距大于 1/6 基础宽度，则在沿弯矩作用方向上，任意截面Ⅰ－Ⅰ处相应于荷载效应基本组合时的弯矩设计值 M_I 可按式(3-46)计算，在垂直于弯矩作用方向上，柱边截面或截面变高度处相应于荷载效应基本组合时的弯矩设计值 M_II 仍可近似地按式(3-47)计算。

柱边处截面弯矩：

先按第二组内力计算，即

$$M_\text{I}=\frac{1}{12}a_1^2[(2l+a')(p_{s,\max}+p_{s,\text{I}})+(p_{s,\max}-p_{s,\text{I}})l]$$

$$=\frac{1}{12}\times 1.45^2\times[(2\times 2.4+0.4)\times(252.11+151.32)+(252.11-151.32)\times 2.4]$$

$$=409.94\ \text{kN}\cdot\text{m}$$

$$M_\text{II}=\frac{1}{48}(l-a')^2(2b+b')(p_{s,\max}+p_{s,\min})$$

$$=\frac{1}{48}(2.4-0.4)^2\times(2\times 3.7+0.8)\times(252.11+0)=172.28\ \text{kN}\cdot\text{m}$$

再按第三组内力计算,即

$$M_{\mathrm{I}}=\frac{1}{12}a_1^2[(2l+a')(p_{s,max}+p_{s,\mathrm{I}})+(p_{s,max}-p_{s,\mathrm{I}})l]$$

$$=\frac{1}{12}\times1.45^2\times[(2\times2.4+0.4)\times(216.44+184.74)+(216.44-184.74)\times2.4]$$

$$=378.84\ \mathrm{kN\cdot m}$$

$$M_{\mathrm{II}}=\frac{1}{48}(l-a')^2(2b+b')(p_{s,max}+p_{s,min})$$

$$=\frac{1}{48}(2.4-0.4)^2\times(2\times3.7+0.8)\times(216.44+135.54)=240.52\ \mathrm{kN\cdot m}$$

变阶处截面的弯矩:

先按第二组内力计算,即

$$M_{\mathrm{I}}=\frac{1}{12}a_1^2[(2l+a')(p_{s,max}+p_{s,\mathrm{I}})+(p_{s,max}-p_{s,\mathrm{I}})l]$$

$$=\frac{1}{12}\times1.05^2\times[(2\times2.4+1.2)\times(252.11+179.13)+(252.11-179.13)\times2.4]$$

$$=253.81\ \mathrm{kN\cdot m}$$

$$M_{\mathrm{II}}=\frac{1}{48}(l-a')^2(2b+b')(p_{s,max}+p_{s,min})$$

$$=\frac{1}{48}(2.4-1.2)^2\times(2\times3.7+1.6)\times(252.11+0)=68.07\ \mathrm{kN\cdot m}$$

再按第三组内力计算,即

$$M_{\mathrm{I}}=\frac{1}{12}a_1^2[(2l+a')(p_{s,max}+p_{s,\mathrm{I}})+(p_{s,max}-p_{s,\mathrm{I}})l]$$

$$=\frac{1}{12}\times1.05^2\times[(2\times2.4+1.2)\times(216.44+193.48)+(216.44-193.48)\times2.4]$$

$$=231.03\ \mathrm{kN\cdot m}$$

$$M_{\mathrm{II}}=\frac{1}{48}(l-a')^2(2b+b')(p_{s,max}+p_{s,min})$$

$$=\frac{1}{48}(2.4-1.2)^2\times(2\times3.7+1.6)\times(216.44+135.54)=95.03\ \mathrm{kN\cdot m}$$

(3)配筋计算

基础底板受力钢筋采用HRB335级($f_y=300\ \mathrm{N/mm^2}$),则基础底板沿长边b方向的受力钢筋截面面积可由式(3-44)计算得

$$A_{s\mathrm{I}}=\frac{M_{\mathrm{I}}}{0.9h_0f_y}=\frac{409.94\times10^6}{0.9\times(1\ 100-45)\times300}=1\ 439.14\ \mathrm{mm^2}$$

$$A_{s\mathrm{I}}=\frac{M_{\mathrm{I}}}{0.9h_0f_y}=\frac{253.81\times10^6}{0.9\times(700-45)\times300}=1\ 435.17\ \mathrm{mm^2}$$

选用19Φ10@130($A_s=1\ 491.5\ \mathrm{mm^2}$)。

基础底板沿短边l方向的受力钢筋截面面积可由式(3-45)计算得

$$A_{s\mathrm{II}}=\frac{M_{\mathrm{II}}}{0.9(h_0-d)f_y}=\frac{240.52\times10^6}{0.9\times(1\ 100-45-10)\times300}=852.45\ \mathrm{mm^2}$$

$$A_{s\mathrm{II}}=\frac{M_{\mathrm{II}}}{0.9(h_0-d)f_y}=\frac{95.03\times10^6}{0.9\times(700-45-10)\times300}=545.68\ \mathrm{mm^2}$$

选用 19 Φ 10@200(A_s=1 491.5 mm^2)。

基础配筋如图 3-99 所示。

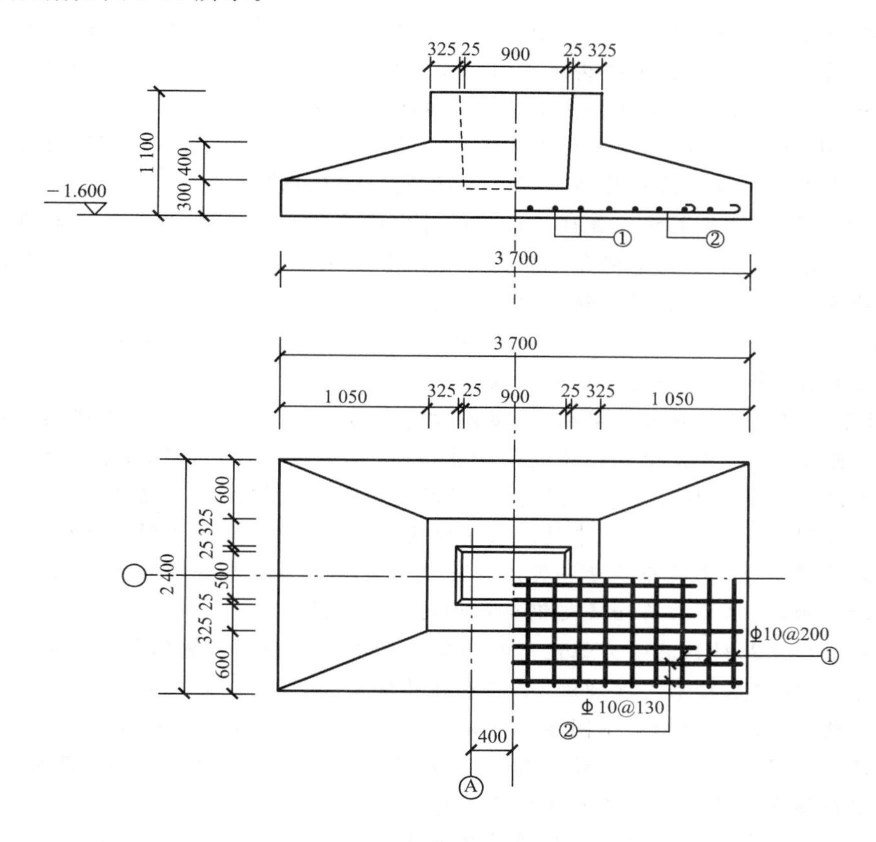

图 3-99　基础配筋图

本章小结

(1)排架结构是单层厂房中应用最广泛的一种结构形式,由屋盖结构、横向平面排架、纵向平面排架和围护结构组成,是一个空间受力体系。一般将单层厂房结构简化为横向平面排架和纵向平面排架分别进行计算。横向平面排架主要由屋架(或屋面梁)、横向柱列和基础组成,承受全部竖向荷载和横向水平荷载,并通过横向平面排架传至基础及地基;纵向平面排架由纵向柱列、连系梁、起重机梁、柱间支撑和基础等组成,它不仅承受厂房的水平荷载,而且保证厂房结构的纵向稳定性和刚度。

(2)单层厂房排架结构的设计工作主要有结构布置、构件选型、排架内力计算、构件截面配筋计算、构造措施及结构施工图绘制等。

(3)单层厂房结构布置包括柱网尺寸、变形缝的设置、厂房高度的确定、支撑系统和围护结构布置等。对装配式钢筋混凝土排架结构,尤其要重视支撑系统(包括屋盖支撑和柱间支撑)的布置,它们不仅影响个别构件的承载力(如屋架上弦杆),而且与厂房的整体性和空间工作有关。

(4)单层装配式钢筋混凝土排架结构厂房的屋面板、檩条、屋架(屋面梁)、天窗架、托架、起重机梁、连系梁和基础梁等构件,一般都有相应的标准图供设计选用和施工制作。

(5)排架内力计算包括纵向平面排架结构计算、横向平面排架结构计算。纵向平面排架结构计算主要是纵向柱列中各构件的内力计算,据此进行柱间支撑设计;在非地震区不必对纵向平面排架进行计算,而是根据厂房的具体情况和工程设计经验通过设置柱间支撑从构造上予以加强。横向平面排架结构计算的主要内容有:确定计算简图、荷载计算、内力计算和内力组合等,依此作为排架柱和基础设计的依据。

(6)横向平面排架结构一般采用力法进行结构内力计算。对于等高排架,还可采用剪力分配法计算内力。起重机荷载作用下可考虑厂房整体空间作用。

(7)作用于排架结构上的各单独活荷载同时出现的可能性较大,但各活荷载都同时达到最大值的可能性却较小。通常将各单独荷载作用下排架的内力分别计算出来,再按一定的组合原则确定柱控制截面的最不利内力,即内力组合。

(8)单层厂房中的柱主要有排架柱和抗风柱两类。其设计内容主要包括选择柱的形式、确定截面尺寸、配筋计算、牛腿设计和吊装验算等。

(9)对于预制钢筋混凝土排架柱,除按偏心受压构件计算以保证使用阶段的承载力要求和裂缝宽度限值外,还要按受弯构件进行验算,以保证施工阶段(吊装、运输)的承载力要求和裂缝宽度限值。抗风柱主要承受风荷载,可按变截面受弯构件进行设计。

(10)柱牛腿分为长牛腿和短牛腿。长牛腿为悬臂受弯构件,按悬臂梁进行设计;短牛腿为一变截面悬臂深梁,其截面高度一般以不出现斜裂缝作为控制条件来确定,其纵向受力钢筋一般由计算确定,水平箍筋和弯起钢筋按构造要求设置。

(11)柱下独立基础按其受力性能可分为轴心受压基础和偏心受压基础两类。基础设计的主要内容为:确定基础形式和埋深,确定基础的底面尺寸和基础高度,并进行基础底板的配筋计算和构造处理及绘制施工图等。基础的截面形状一般可采用对称的阶梯形或锥形,基础底面尺寸应根据地基承载力计算确定,基础高度由构造要求和受冲切承载力计算确定,基础底板配筋按支承于柱上倒置的变截面悬臂板计算。

(12)装配式钢筋混凝土排架结构通过预埋件将各构件连接起来。预埋件由锚筋和锚板两部分组成。锚板一般按构造要求确定其面积和厚度;锚筋一般对称配置,其直径和数量可根据不同预埋件的受力特点通过计算确定。

思考题

3.1 简述装配式钢筋混凝土单层厂房排架结构的结构组成及荷载传递路线。

3.2 说明有檩与无檩屋盖体系的区别及各自的应用范围。

3.3 单层厂房的结构布置包括哪些内容?简述结构柱网布置的主要内容及其设计原则。

3.4 装配式钢筋混凝土单层厂房排架结构中一般应设置哪些支撑?简述这些支撑的作用和设置原则。

3.5 抗风柱与屋架的连接应满足哪些要求?连系梁、圈梁、基础梁的作用各是什么?它们与柱是如何连接的?

3.6 装配式钢筋混凝土单层厂房排架结构中主要有哪些构件?如何进行构件选型?

3.7 如何确定单层厂房排架结构的计算简图?

3.8 作用于横向平面排架上的荷载有哪些?这些荷载的作用位置如何确定?试画出各单独荷载作用下排架结构的计算简图。

3.9　如何计算作用于排架柱上的起重机竖向荷载 D_{max}(D_{min})和起重机横向水平荷载 T_{max}?

3.10　什么是等高排架?如何用剪力分配法计算等高排架的内力?试述在任意荷载作用下等高排架内力计算步骤。

3.11　什么是单层厂房的空间作用?影响单层厂房空间作用的因素有哪些?考虑空间作用对柱内力有何影响?

3.12　单阶排架柱应选取哪些控制截面进行内力组合?简述内力组合原则、组合项目及注意事项。

3.13　如何确定排架柱的计算长度?

3.14　为什么要对柱进行吊装阶段验算?如何验算?

3.15　简述柱牛腿的三种主要破坏形态。牛腿设计有哪些内容?设计中应如何考虑?

3.16　说明抗风柱的设计计算方法。

3.17　柱下独立基础的基础底面尺寸和基础高度如何确定?基础底板配筋如何计算?

3.18　比较轴心受压基础和偏心受压基础设计的异同处。

3.19　装配式钢筋混凝土排架结构中常用的节点连接构造有哪些?试说明预埋件的设计内容及其计算方法。

习　题

3.1　某单跨厂房排架结构,跨度为 24 m,柱距为 6 m。厂房内设有 15/3 t 和 30/5 t 工作级别为 A4 的起重机各一台,起重机有关参数见表 3-23,试求排架柱承受的起重机竖向荷载标准值 D_{max}、D_{min} 和起重机横向水平荷载标准值 T_{max}。

表 3-23　起重机有关参数

起重力/t	跨度 L_k/m	最大宽度 B/m	大车轮距 K/m	小车重力 Q_1/t	最大轮压 $P_{k,max}$/t	最小轮压 $P_{k,min}$/t
15/3	22.5	5.55	4.40	7.4	18.5	5.0
30/5	22.5	6.15	4.80	11.8	29.0	7.0

3.2　已知单层厂房柱距为 6 m,基本风压 $w_0=0.35\ kN/m^2$,其体型系数和外形尺寸如图 3-100 所示,求作用在排架上的风荷载。

3.3　如图 3-101 所示排架结构,各柱均为等截面,截面弯曲刚度如图 3-101 所示。试求该排架在柱顶水平力作用下各柱所承受的剪力,并绘制弯矩图。

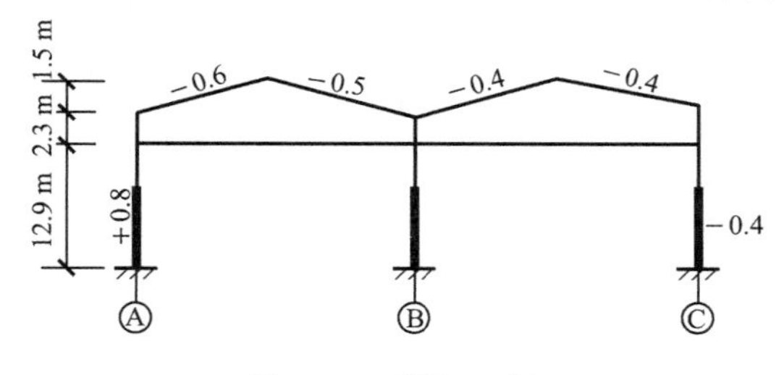

图 3-100　习题 3.2 图

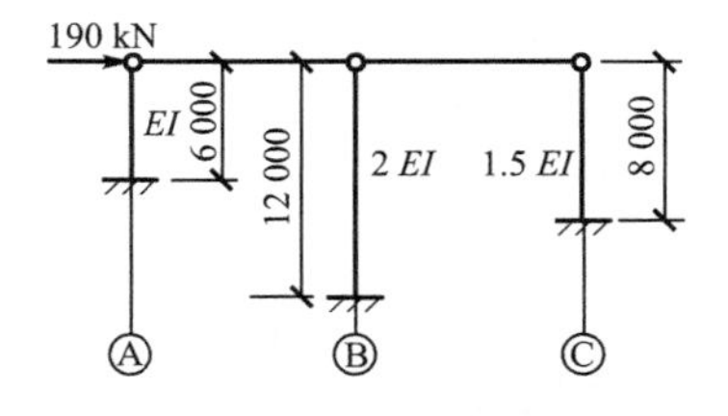

图 3-101　习题 3.3 图

3.4　如图 3-102 所示单跨排架结构,两柱截面尺寸相同,上柱 $I_u=25.0\times10^8\ mm^4$,下柱 $I_l=174.8\times10^8\ mm^4$,混凝土强度等级为 C30。起重机竖向荷载在牛腿顶面处产生的力

矩分别为 $M_1=397.89\ \text{kN}\cdot\text{m}$，$M_2=66.41\ \text{kN}\cdot\text{m}$。求排架柱的剪力并绘制弯矩图。

3.5　如图3-103所示两跨排架结构，作用起重机横向水平荷载 $T_{\max}=19.70\ \text{kN}$。已知边柱 $I_u=2.13\times10^9\ \text{mm}^4$，$I_l=19.5\times10^9\ \text{mm}^4$，中柱 $I_u=7.2\times10^9\ \text{mm}^4$，$I_l=25.6\times10^9\ \text{mm}^4$，空间作用分配系数 $\mu=0.9$。求各柱剪力，并与不考虑空间作用（$\mu=1.0$）的计算结果进行比较分析。

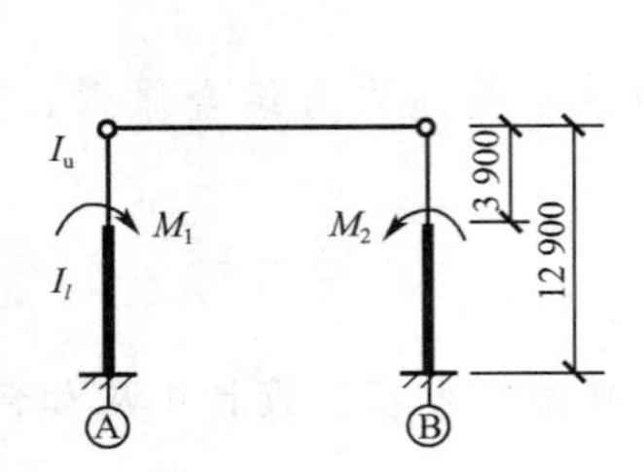

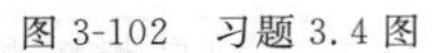
图3-102　习题3.4图

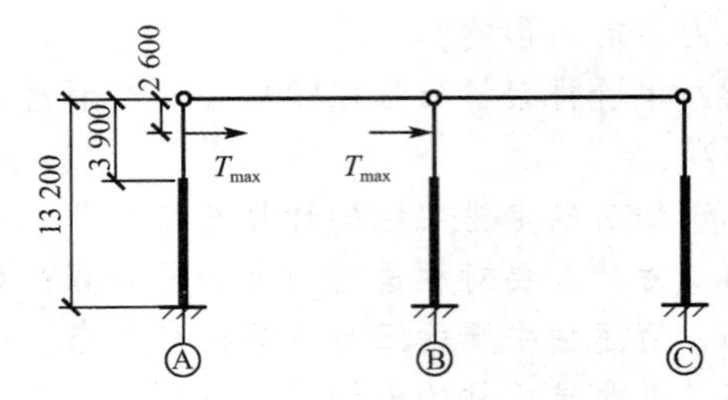

图3-103　习题3.5图

3.6　如图3-104所示的柱牛腿，已知竖向力设计值 $F_v=425\ \text{kN}$，水平拉力设计值 $F_h=115\ \text{kN}$，混凝土强度等级为C30，环境等级为一类，采用HRB400级纵向受力钢筋及弯起钢筋，采用HRB335级箍筋。试计算该牛腿的配筋，并绘制配筋图。

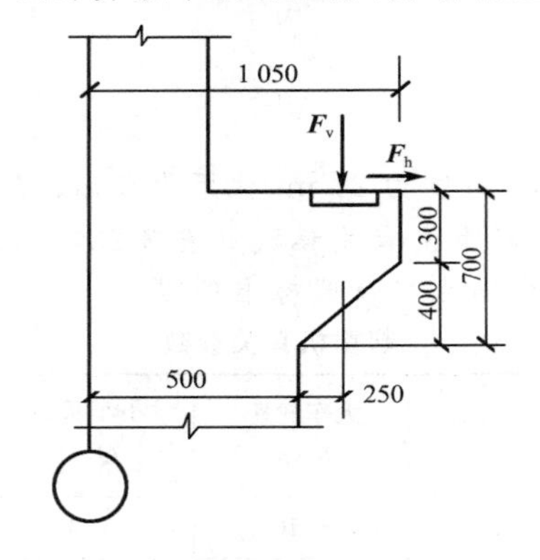

图3-104　习题3.6图

3.7　某单跨厂房，在各种荷载标准值作用下A柱Ⅲ—Ⅲ截面内力见表3-24，设有两台起重机，起重机工作级别为A5级，试对该截面进行内力组合。

表3-24　A柱Ⅲ—Ⅲ截面内力标准值

简图及正、负号规定	荷载类型		序号	$M/(\text{kN}\cdot\text{m})$	N/kN	V/kN
	恒荷载		①	30.79	363.77	6.31
	屋面活荷载		②	9.14	56.70	1.93
	起重机竖向荷载	$D_{\max}$ 作用在A柱	③	14.76	261.00	−3.37
		$D_{\max}$ 作用在B柱	④	−38.61	47.52	−3.37
	起重机水平荷载		⑤、⑥	±99.32	0	±8.00
	风荷载	右吹风	⑦	437.57	0	50.44
		左吹风	⑧	−402.43	0	−40.10

第4章 多层框架结构

浅析框架结构

本章提要

本章介绍了框架结构的布置，梁、柱截面尺寸的选择和框架计算简图的确定方法。介绍了框架结构在竖向和水平荷载作用下的内力计算方法以及内力组合的原则，给出了竖向荷载作用下的分层法、水平荷载作用下的反弯点法和 D 值法。介绍了框架结构在水平荷载作用下的侧移验算方法以及基础的设计方法。最后给出了某办公楼九层现浇钢筋混凝土框架结构的设计实例。

框架结构是由梁和柱构成的空间杆系结构，因平面布置灵活、使用方便，可形成开阔的内部空间，建筑立面容易处理，可以适用于不同的房屋类型，故可广泛应用于电子、轻工等多层厂房和住宅、商用、旅馆等民用建筑。又因其侧移刚度小，故多用于3～9层或房屋高度不超过28 m的住宅建筑，以及房屋高度不超过24 m的其他民用建筑。

4.1 框架结构的组成、类型与布置

4.1.1 框架结构的组成

框架结构是由梁和柱连接而成的承重结构体系(图4-1)。梁和柱交接处的框架节点通常为刚接，有时也将部分节点做成铰接或半铰接。柱底一般为固定支座，必要时也设计成铰支座。有时由于屋面排水或其他方面的要求，将屋面梁和板做成斜梁和斜板。框架可以是等跨或不等跨的，也可以是层高相同或不完全相同；因工艺和使用要求，也可以做成在某层缺柱或某跨缺梁的形式(图4-2)。

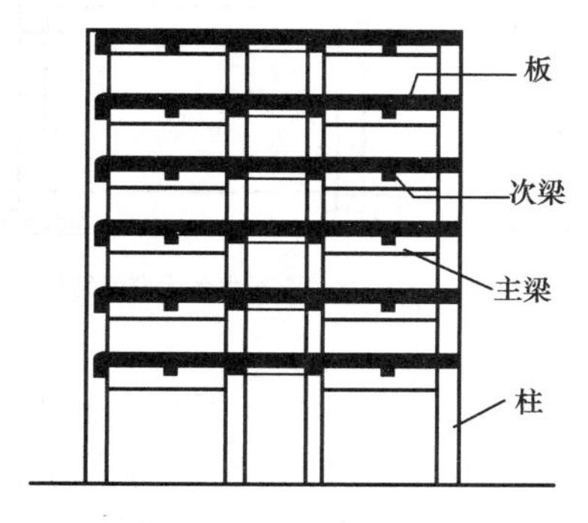

图4-1 多层多跨框架的组成图

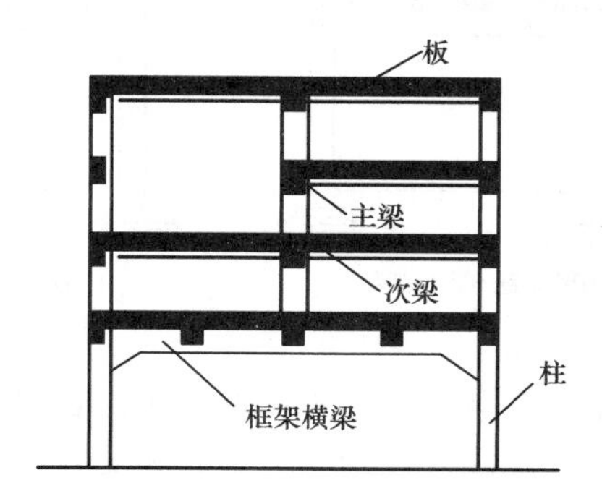

图4-2 缺梁缺柱的框架

框架结构可以形成较大的使用空间，但其抗侧刚度较小，抵抗水平力的能力较差，因此框架结构的经济层数为10层左右，通常不超过15层。框架结构房屋的墙体一般只起围护作用，通常采用较轻质的墙体材料，以减轻房屋的自重，降低地震作用。墙体与框架梁、柱应有可靠的连接，以增强结构的侧移刚度。

4.1.2 框架结构的类型

按施工方法的不同，钢筋混凝土框架结构可分为现浇整体式、装配式和装配整体式等。

1. 现浇整体式框架结构

梁、柱、楼板均为现浇钢筋混凝土框架结构(图4-3(a))，即现浇整体式框架结构。这种框架一般是逐层施工，每层柱与其上部的梁板同时支模、绑扎钢筋，然后一次浇捣混凝土，自基础顶面逐层向上施工。板中的钢筋应伸入梁内锚固，梁的纵向钢筋应伸入柱内锚固。因此，现浇整体式框架结构的整体性好，抗震、抗风能力强，对工艺复杂、构件类型较多的建筑适应性较好，但其模板用量大，劳动强度高，工期也较长。但自从采用组合钢模版、泵送混凝土等新的施工方法后，现浇整体式框架结构的应用更为普遍。

2. 装配式框架结构

梁、柱、楼板均为预制，然后在现场吊装，通过焊接拼装连接成整体的框架结构(图4-3(b))，即装配式框架结构。由于所有构件均为预制，可实现标准化、工厂化、机械化生产。因此，装配式框架施工速度快、效率高。由于机械运输吊装费用高，节点焊接接头耗钢量较大，装配式框架相应的造价较高。同时，由于结构的整体性差，抗震能力弱，故不宜在地震区使用。

3. 装配整体式框架结构

梁、柱、楼板均为预制，吊装就位后，焊接或绑扎节点区钢筋，浇筑节点区混凝土，形成框架节点，从而将梁、柱、楼板连接成整体的框架结构(图4-3(c))，即装配整体式框架结构。这种结构兼有现浇整体式框架结构和装配式框架结构的优点，既具有良好的整体性和抗震能力，又可采用预制构件，减少现场浇筑混凝土的工作量，且可节省接头耗钢量。但节点区现浇混凝土施工较复杂。

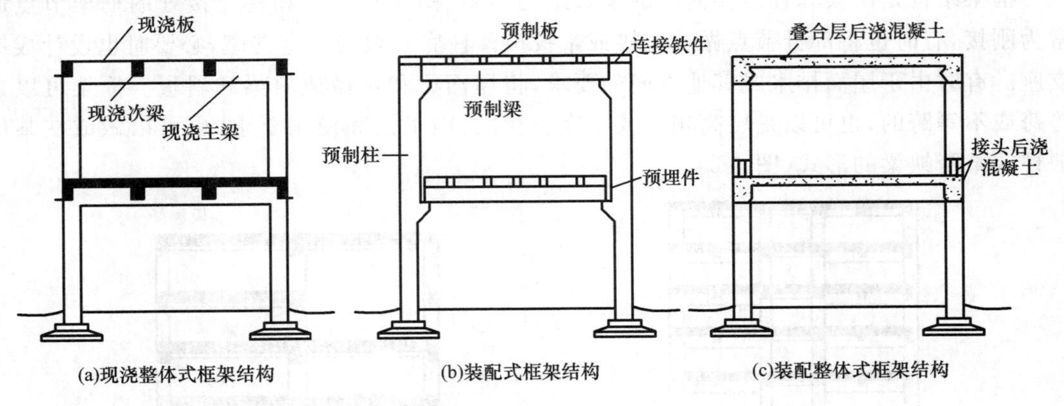

图4-3 框架结构的类型

装配式和装配整体式框架接头位置的选择十分重要。一方面，它直接影响整个结构在施工阶段和使用阶段的受力状态和受力性能(结构承载力、刚度和延性)；另一方面，它还将决定预制构件的大小、形式和数量，以及构件的生产、运输和吊装的难易程度。

鉴于目前国内外泵送混凝土技术和商品混凝土的普及，工程大多采用现浇钢筋混凝土框架结构。

4.1.3　框架结构的布置

框架结构的布置是否合理，对结构的安全性、适用性、经济性影响很大。合理的结构布置应力求简单、规则、均匀、对称。

1.柱网布置和层高

(1)柱网布置

柱网是由于柱在平面上其轴线常形成矩形网格而得名。框架结构的柱网布置既要满足生产工艺和建筑功能的要求，又要使结构受力合理，施工方便。

①柱网布置应满足生产工艺的要求

工业建筑的柱网主要依据生产工艺的要求确定，建筑平面布置可分为内廊式、统间式、大宽度式等几种。与此相应，柱网布置形式分为内廊式、等跨式、对称不等跨式等，如图 4-4 所示。

内廊式柱网一般为对称三跨，边跨跨度常采用 6 m、6.6 m 和 6.9 m；中间跨为走廊，跨度常采用 2.4 m、2.7 m、3.0 m。内廊式柱网多用于对工艺环境有较高要求和防止工艺相互干扰的工业厂房，如仪表、电子和电气工业等厂房。

等跨式柱网主要用于对工艺要求有大统间、便于布置生产流水线的厂房，如机械加工厂、仓库、商店等，常用跨度为 6 m、7.5 m、9 m 和 12 m 四种。随着预应力混凝土技术的发展，已可建造大柱网、灵活隔断的通用厂房。

对称不等跨柱网常用于建筑平面宽度较大的厂房。常用的柱网有(5.8+6.2+5.8+6.2)m×6.0 m、(7.5+7.5+12.0+7.5)m×6.0 m、(8.0+12.0+8.0)m×6.0 m 等。

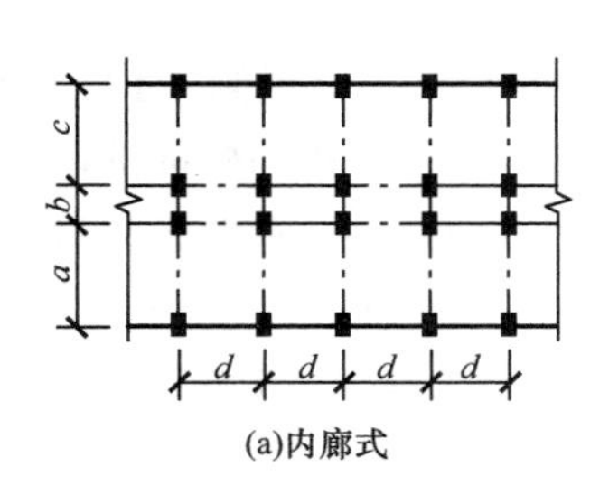

(a)内廊式

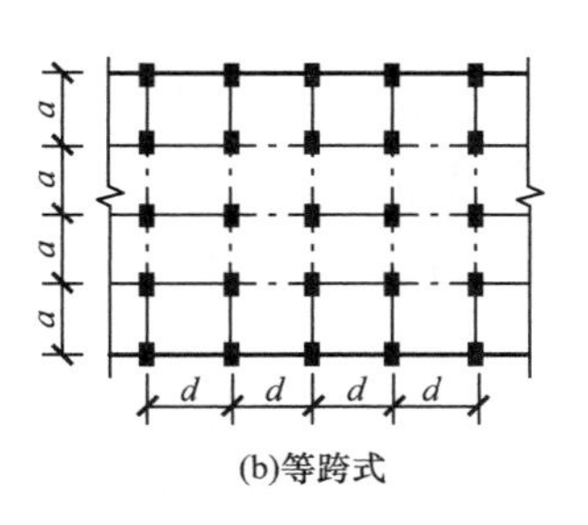

(b)等跨式

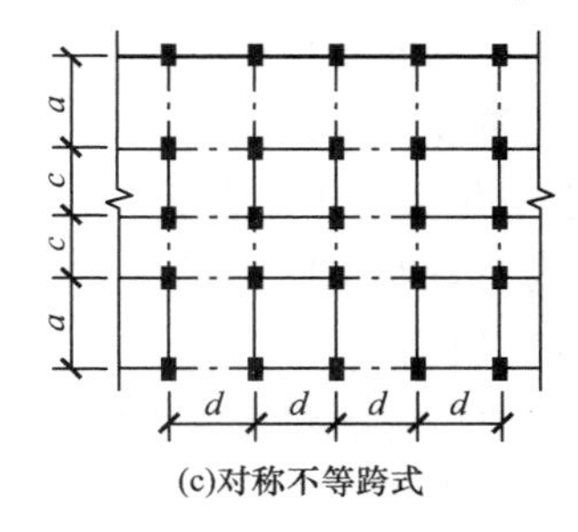

(c)对称不等跨式

图 4-4　工业建筑柱网布置形式

②柱网布置应满足建筑平面功能的要求

在旅馆、办公楼等民用建筑中，一般常将柱子设在纵横建筑隔墙交叉点上，以尽量减少柱子对建筑使用功能的影响。柱网的尺寸还受梁跨度的限制，梁的经济跨度一般在 6～9 m 范围内。

在旅馆建筑中，建筑平面一般布置成两边为客房，中间为走廊。这时，柱网布置可有两种方案：一种是将柱子布置成走廊为一跨，客房与卫生间为一跨，如图 4-5(a)所示；另一种是将走廊与两侧的卫生间并为一跨，边跨仅布置客房，如图 4-5(b)所示。

在办公楼建筑中，一般是两边为办公室，中间为走廊，这时可将中柱布置在走廊两侧，如图 4-6(a)所示；也可取消一排柱子，布置成两跨框架，如图 4-6(b)所示。

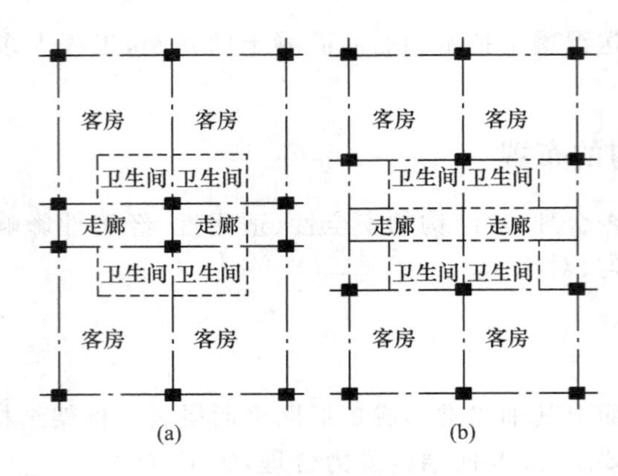

图 4-5　旅馆横向柱列布置图

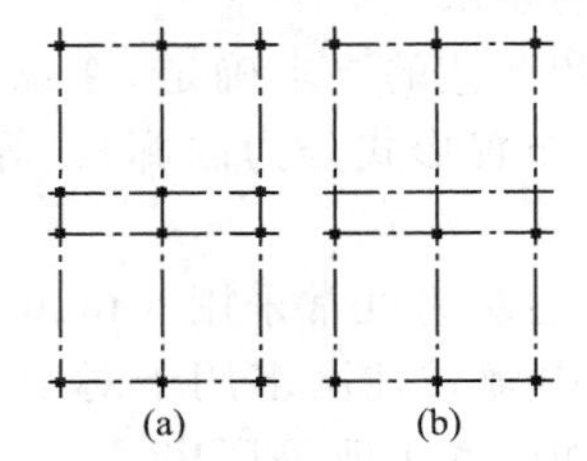

图 4-6　办公楼横向柱列布置

③柱网布置应使结构受力合理

多层框架主要承受竖向荷载。柱网布置时，应考虑到结构在竖向荷载作用下内力分布均匀合理，各构件材料强度均能充分利用。由力学分析可知，图 4-5 所示的两种框架结构，图 4-5(b)所示框架的内力分布比图 4-5(a)所示的框架内力分布要均匀。

④柱网布置应方便施工

建筑设计及结构布置时，均应考虑施工方便，力求做到柱网平面简单规则，有利于装配化、定型化和施工工业化。现浇整体式框架结构虽然可不受建筑模数和构件标准的限制，但在结构布置时也应尽量使梁板布置简单规则，方便施工，以加快施工进度，降低工程造价。

(2)层高

多层厂房的层高主要取决于采光、通风和工艺要求，常用层高为 4.2～6.0 m，每级级差 300 mm。民用房屋的常用层高为 3 m、3.6 m、3.9 m 和 4.2 等，在住宅中常用层高为 2.8 m。

2. 承重框架的布置

框架结构是梁与柱连接起来而形成的空间受力体系。其传力路径为：楼板将楼面荷载传给梁，由梁传给柱子，再由柱子传给基础，基础传到地基上。为计算方便起见，可把实际框架结构看成纵横两个方向的平面框架，即沿建筑物长向的纵向框架和沿建筑物短向的横向框架。纵向框架和横向框架分别承受各自方向上的水平力，而楼面竖向荷载则可传递到纵横两个方向的框架上。按楼面竖向荷载传递路线的不同，承重框架的布置方案有横向框架承重、纵向框架承重和纵横向框架混合承重等几种。

(1)横向框架承重方案

横向框架承重方案是在横向布置承重框架梁，楼面荷载主要由横向框架梁承担并传至柱，如图 4-7(a)所示。由于横向框架跨数较少，主梁沿横向布置有利于增强建筑物的横向抗侧刚度。纵向框架梁高度一般较小,也有利于室内的采光与通风。但由于主梁截面尺寸较大,当房屋需要大空间时,其净空较小,且不利于布置纵向管道。

(2)纵向框架承重方案

在纵向布置框架承重梁,楼面荷载主要由纵向框架梁承担,如图 4-7(b)所示。因为楼面荷载由纵向框架梁传至柱子,所以横向框架梁高度较小,有利于设备管线的穿行;当房屋纵向需要较大空间时,纵向框架承重方案可获得较大的室内净高。该承重方案的缺点是房屋的横向抗侧刚度较小。

(3)纵横向框架混合承重方案

纵横向框架混合承重方案是在两个方向均布置框架承重梁以承受楼面荷载。当采用现浇楼盖时,其布置如图 4-7(c)所示。当楼面上作用有较大荷载,或楼面有较大开洞,或当柱网布置为正方形或接近正方形时,常采用这种承重方案。纵横向框架混合承重方案具有较好的整体工作性能,对抗震有利。这种布置方案一般用于现浇整体式框架结构中。

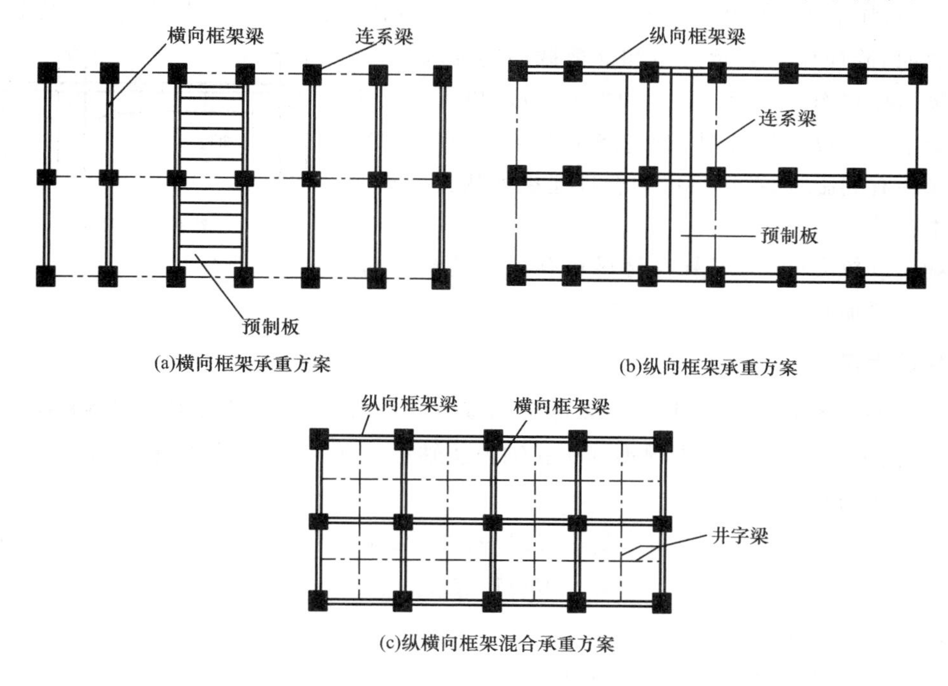

图 4-7　框架结构的承重方案

4.2　框架结构的计算简图

在框架结构设计计算中,应首先确定构件截面尺寸及结构计算简图,然后进行荷载计算以及结构内力和侧移分析。本节主要说明构件截面尺寸和结构计算简图的确定以及荷载计算等内容。

4.2.1 截面尺寸的确定

框架梁、柱截面尺寸应根据承载力、刚度及延性等要求确定。初步设计时，通常由经验或估算先选定截面尺寸，再进行承载力、变形等验算，检查所选尺寸是否合适。

1. 梁截面尺寸

框架结构中框架梁的截面高度 h_b 可根据梁的计算跨度 l_b、活荷载大小等，按 $h_b=(1/18\sim1/10)l_b$（单跨用较大值，多跨用较小值）确定。为了防止梁发生剪切破坏，h_b 不宜大于 1/4 梁净跨。主梁截面宽度可取 $b_b=(1/3\sim1/2)h_b$，且不宜小于 200 mm。为了保证梁的侧向稳定性，梁截面的高宽比（h_b/b_b）不宜大于 4。

为了降低楼层高度，可将梁设计成宽度较大而高度较小的扁梁，扁梁的截面高度可按 $(1/18\sim1/15)l_b$ 估算。扁梁的截面宽度 b（肋宽）与其高度 h 的比值 h/b 不宜大于 3。

设计中，如果梁上作用的荷载较大，可选择较大的高跨比 h_b/l_b。当梁截面高度较小或采用扁梁时，除应验算其承载力和受剪截面的要求外，尚应验算竖向荷载作用下梁的挠度和裂缝宽度，以保证其正常使用要求。在挠度计算时，对现浇梁板结构，宜考虑梁受压翼缘的有利影响，并可将梁的合理起拱值从其计算所得挠度中扣除。

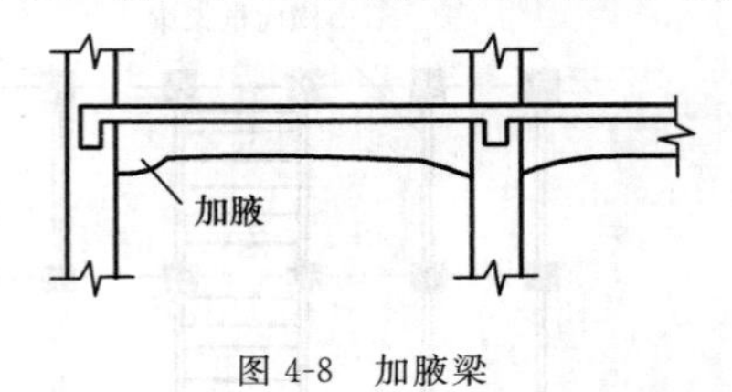

图 4-8 加腋梁

当梁跨度较大时，为了节省材料和有利于建筑空间，可将梁设计成加腋形式，如图 4-8 所示。

2. 柱截面尺寸

确定框架柱的截面尺寸时，不但要考虑承载力的要求，而且要考虑框架的侧移刚度和延性要求，可按下述方法取值：先根据其所受轴力按轴心受压构件估算，再乘以适当的放大系数以考虑弯矩的影响，即

$$A_c \geqslant (1.1\sim1.2)N/f_c \tag{4-1}$$

$$N=1.25N_v \tag{4-2}$$

式中 A_c——柱截面面积；

N——柱所承受的轴心压力设计值；

N_v——根据柱支承的楼面面积计算由重力荷载产生的轴向力值，重力荷载标准值可根据实际荷载取值，也可近似按 12～14 kN/m² 计算；

1.25——重力荷载的荷载分项系数平均值；

f_c——混凝土轴心抗压强度设计值。

框架柱的截面形式一般采用矩形、方形、圆形或多边形等，截面高、宽可取 $(1/15\sim1/20)H_c$，H_c 为层高。同时要求：①截面宽度不宜小于 350 mm，截面高度不宜小于 400 mm；②截面尺寸以 50 mm 为模数；③柱的净高与柱截面长边之比不宜小于 4。

3. 框架梁、柱的截面抗弯刚度

框架结构是超静定结构，必须先知道各杆件的抗弯刚度才能计算结构的内力和变形。

在初步确定梁、柱截面尺寸后，可按材料力学的方法计算截面惯性矩。但是，由于楼板参加梁的工作，在使用阶段梁又可能带裂缝工作，因而很难精确地确定梁截面的抗弯刚度。为了简化计算，做如下规定：

(1)在计算框架的水平位移时，对整个框架的各个构件引入一个统一的刚度折减系数β_c，以$\beta_c E_c I$作为该构件的抗弯刚度。在风荷载作用下，对现浇整体式框架，β_c取 0.85；对装配式框架，β_c可取 0.7～0.8。

(2)对于现浇楼盖结构的中部框架，其梁的惯性矩I可取用$2I_0$；对现浇楼盖结构的边框架，其惯性矩I可取用$1.5I_0$。其中，I_0为矩形截面梁的惯性矩。

(3)对于装配式楼盖，梁截面惯性矩按梁本身截面计算。

(4)对于做整浇层的装配整体式楼盖，中间框架梁可按 1.5 倍梁的惯性矩取用，边框架梁可按 1.2 倍梁的惯性矩取用。但若楼板开洞过多，仍宜按梁本身的惯性矩取用。

4.2.2　计算单元的确定

框架结构房屋是由梁、柱、楼板、基础等构件组成的空间结构体系，一般应按三维空间结构进行分析。但对于平面布置较规则的框架结构房屋(图 4-9)，为了简化计算，通常将实际的空间结构简化为若干个横向和纵向平面框架进行分析，每榀平面框架为一计算单元，计算单元宽度取相邻跨中线之间的距离。

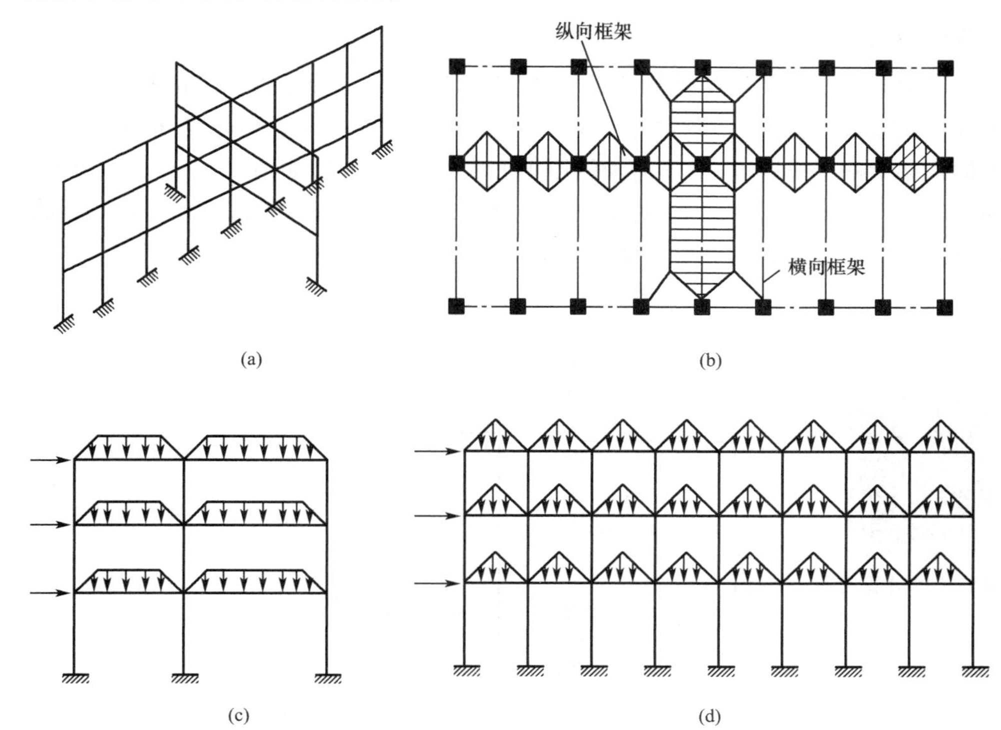

图 4-9　平面框架的计算单元及计算简图

就承受竖向荷载而言，当横向(纵向)框架承重，且在截取横向(纵向)框架计算时，全部楼面竖向荷载由横向(纵向)框架承担，不考虑纵向(横向)框架的作用。当纵横向框架混合承重时，应根据结构的不同特点进行分析，并对楼面竖向荷载按楼盖的实际支承情况进行传递，这时楼面竖向荷载通常由纵、横向框架共同承担。实际上除楼面荷载外尚有墙体重力等重力荷载，故通常纵、横向框架都承受竖向荷载，各自取平面框架及其所承受的竖向荷载而分别计算，如图 4-9(b)所示。

在某一方向的水平荷载(风荷载或水平地震作用)作用下，整个框架结构体系可视为若干个平面框架，共同抵抗与平面框架平行的水平荷载，与该方向正交的结构不参与受力。一般采用刚性楼盖假定，故每榀平面框架所抵抗的水平荷载，则为按各平面框架的侧向刚度比例所分配到的水平力。当为风荷载时，为简化计算可近似取计算单元范围内的风荷载。水平荷载一般可简化成作用于楼层节点的集中力，如图 4-9(c)、图 4-9(d)所示。

4.2.3 框架结构的计算简图

将复杂的空间框架结构简化为平面框架之后，应进一步将实际的平面框架转化为力学模型，在该力学模型上施加作用荷载，就成为框架结构的计算简图，如图 4-9(c)、图 4-9(d)所示。

框架结构的近似内力分析多采用线弹性杆系模型，一般采用以下基本假定：一是假定杆件均为线弹性材料；二是假定楼盖平面刚度无穷大；三是假定框架基础是理想的刚接或铰接节点；四是假定杆件的轴向、剪切和扭转变形对结构内力分析影响不大，可不予考虑。

1. 杆件轴线

当将一榀具体的框架结构抽象为计算模型时，梁柱的位置是以杆件的轴线来确定的。等截面柱的轴线取该截面的形心线，变截面柱的轴线取其小截面的形心线；框架柱轴线之间的距离即框架梁的计算跨度；横梁的轴线原则上取截面形心线，如图 4-10 所示。为了简便，并使横梁轴线位于同一水平线上，对于现浇混凝土楼盖，也可以楼板底面作为横梁轴线。这时，各层柱高即相应的层高，底层柱高应取基础顶面至二层楼板底面之间的距离。

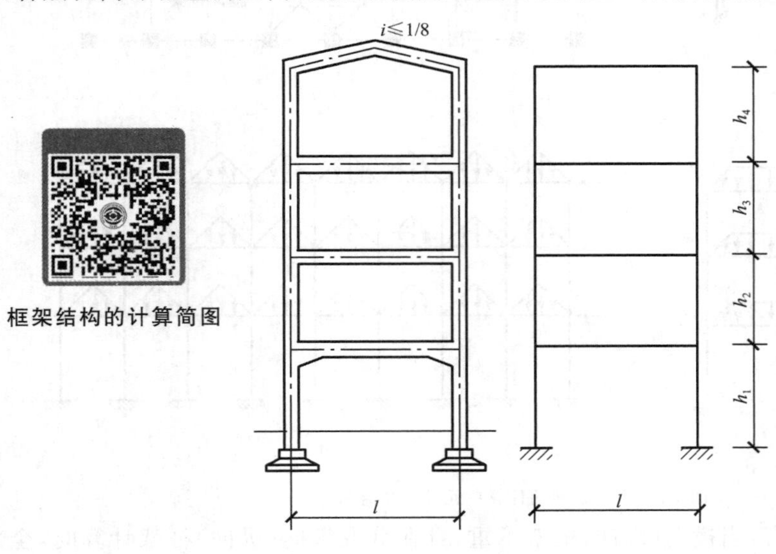

图 4-10　框架结构的计算模型

在实际工程设计中，还可以对计算模型做如下的简化：

①对于框架横梁为坡度 $i \leqslant 1/8$ 的折梁，可简化为直杆。

②对于不等跨的框架，当各跨跨度相差不大于10%时，可简化为等跨框架，计算跨度取原框架各跨跨度的平均值。

③当框架横梁为有加腋的变截面梁时，且 $I_m/I<4$ 或 $h_m/h<1.6$ 时，可以不考虑加腋的影响，按等截面梁进行内力计算。此处，I_m、h_m 为加腋端最高截面的惯性矩和梁高，I、h 为跨中等截面梁的惯性矩和梁高。

2. 节点的简化

框架梁、柱的交汇点称为框架节点。框架节点往往处于复杂的受力状态，但当按平面框架进行结构分析时，则可根据其实际施工方案和构造措施简化为刚接、铰接或半铰接。

在现浇整体式框架结构中，梁、柱的纵向钢筋都将穿过节点(图4-11(a))或锚入节点区(图4-11(b))，并现浇成整体，因此，节点应简化为刚性节点。

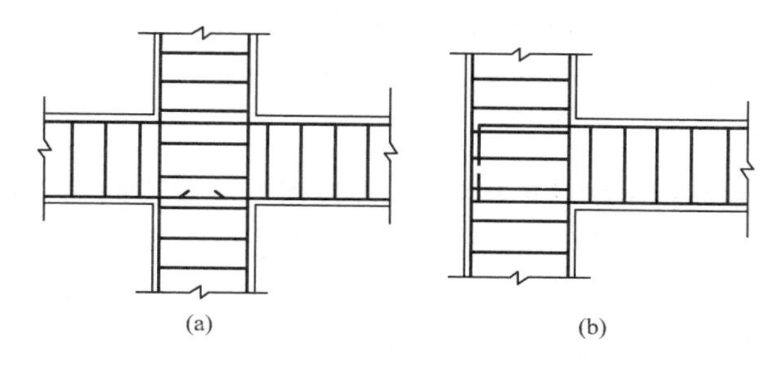

图4-11 现整体式框架的节点构造

装配式框架结构则是在梁底和柱的适当部位预埋钢板，安装就位后再焊接。由于钢板自身平面外的刚度很小，难以保证结构受力后梁、柱间没有相对转动，相应节点一般视为铰接节点(图4-12(a))或半铰接节点(图4-12(b))。

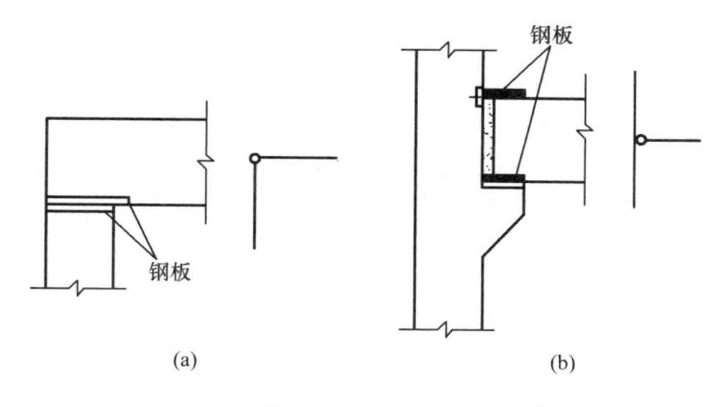

图4-12 装配式框架节点构造和计算简图

在装配整体式框架结构中，梁(柱)中的钢筋在节点处或为焊接或为搭接，并现场浇筑节点部分的混凝土。节点左右梁端均可有效地传递弯矩，因此可认为是刚接节点。然而，这种节点的刚性不如现浇整体式框架结构好，节点处梁端的实际负弯矩要小于按刚性节点假定所得到的计算值。必须注意，在施工阶段，在尚未形成整体前，应按铰节点考虑。

框架柱与基础的连接可分为固定支座和铰支座，当为现浇钢筋混凝土柱时，一般设计成固定支座(图 4-13(a));当为预制柱杯形基础时,则应视构造措施不同分别视为固定支座(图 4-13(b))或铰支座(图 4-13(c))。

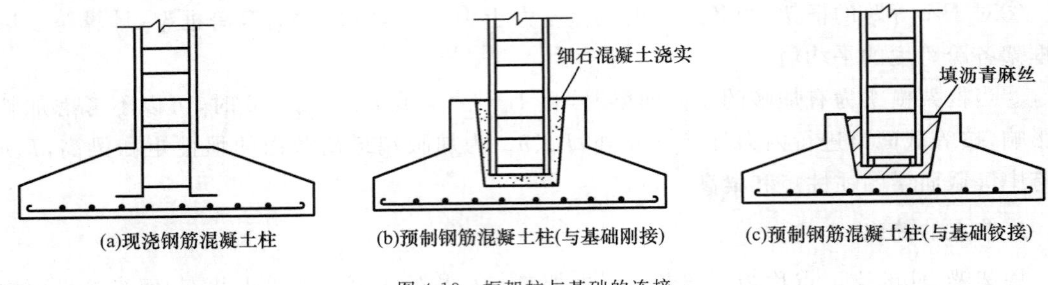

图 4-13 框架柱与基础的连接

4.2.4 框架结构上的荷载

作用于框架结构上的荷载有竖向荷载和水平荷载两种。竖向荷载包括建筑结构自重及楼(屋)面活荷载,一般为分布荷载,有时也以集中荷载的形式出现。水平荷载包括风荷载和水平地震作用,一般均简化成作用于框架梁、柱节点处的水平集中力。

1. 楼(屋)面活荷载

作用在多、高层框架结构上的楼面活荷载,可根据房屋及房间的不同用途按《建筑结构荷载规范》(GB 50009—2012)取用。应该指出,《建筑结构荷载规范》(GB 50009—2012)规定的楼面活荷载值,是根据大量调查资料所得到的等效均布活荷载标准值,且以楼板的等效均布活荷载作为楼面活荷载。因此,在设计楼板时可以直接取用;而在计算梁、墙、柱及基础时,应将其乘以折减系数,以考虑所给楼面活荷载在楼面上满布的程度。对楼面梁来说,主要考虑梁的承载面积,承载面积越大,荷载满布的可能性越小。对于多层房屋的墙、柱和基础,应考虑计算截面以上各楼层活荷载的满布程度,楼层数越多,满布的可能性越小。

各种房屋或房间的楼面活荷载折减系数可由《建筑结构荷载规范》(GB 50009—2012)查得。对于住宅、宿舍、旅馆、办公楼、医院病房、托儿所、幼儿园的楼面梁,当楼面梁的从属面积(按梁两侧各延伸 1/2 梁间距的范围的实际面积确定)超过 25 m² 时,折减系数为 0.9;设计墙、柱、基础时,楼面活荷载按楼层的折减系数按表 4-1 取值。

表 4-1 活荷载按楼层的折减系数

墙、柱、基础计算截面以上的层数	1	2～3	4～5	6～8	9～20	>20
计算截面以上各楼层活荷载总和的折减系数	1.00(0.90)	0.85	0.70	0.65	0.60	0.55

注:当楼面梁的从属面积超过 25 m² 时,应采用括号内的系数。

2. 风荷载

风荷载标准值是指垂直作用于建筑物表面上的单位面积风荷载,风向指向建筑物表面时为压力,离开建筑物表面时为吸力。它的大小取决于风速、建筑物的体型以及地面的粗糙程度等。具体计算方法详见本书第 3 章。当对框架结构进行计算时,垂直于建筑物表面的风荷载标准值 w_k(kN/m^2)按式(3-10)计算,对于多、高层框架结构房屋,式中的计算参数应按下列规定采用。

(1)基本风压 w_0 应按《建筑结构荷载规范》(GB 50009—2012)的规定采用。对于风荷载比较敏感的高层建筑，承载力设计时应按基本风压的 1.1 倍采用。

(2)计算主体结构的风荷载效应时，风荷载体型系数 μ_s 可按下列规定采用：

①圆形平面建筑取 0.8。

②高宽比 H/B 不大于 4 的矩形、方形、十字形平面建筑取 1.3。

③V 形、Y 形、弧形、双十字形、井字形平面建筑，L 形、槽形和高宽比 H/B 大于 4 的十字形平面建筑，以及高宽比 H/B 大于 4、长宽比 L/B 不大于 1.5 的矩形、鼓形平面建筑，均取 1.4。

④正多边形及截角三角形平面建筑，由下式计算：

$$\mu_s = 0.8 + 1.2/\sqrt{n} \tag{4-3}$$

式中　n——多边形的边数。

注意：上述风荷载体型系数值均指迎风面与背风面体型系数之和(绝对值)。

⑤在需要更细致地进行风荷载计算的场合，风荷载体型系数可按附表 4-1 采用，或进行风洞试验确定。

(3)当多栋或群集的高层建筑相互间距较近时，由于漩涡的相互干扰，房屋某些部位的局部风压会显著增大，这时宜考虑风力相互干扰的群体效应。一般可将单栋建筑的体型系数 μ_s 乘以相互干扰增大系数，该系数可参考类似条件的试验资料确定；必要时宜通过风洞试验确定。

(4)对于高度大于 30 m 且高宽比大于 1.5 的框架结构房屋，应考虑风压脉动对结构产生顺风向风振的影响。仅考虑结构第一阵型的影响，结构在 z 高度处的风振系数 β_z 按下式计算：

$$\beta_z = 1 + 2gI_{10}B_z\sqrt{1+R^2} \tag{4-4}$$

式中　g——峰值因子，可取 2.5；

I_{10}——10 m 高度名义湍流强度，对应 A、B、C 和 D 类地面粗糙度，可分别取 0.12、0.14、0.23 和 0.39；

R——脉动风荷载的共振分量因子；

B_z——脉动风荷载的背景分量因子。

脉动风荷载的共振分量因子按下式计算：

$$R = \sqrt{\frac{\pi}{6\zeta_1}\frac{x_1^2}{(1+x_1^2)^{4/3}}} \tag{4-5}$$

$$x_1 = \frac{30f_1}{\sqrt{k_w w_0}} \quad (x_1 > 5) \tag{4-6}$$

式中　f_1——结构第 1 阶自振频率(Hz)；

k_w——地面粗糙度修正系数，对 A、B、C 和 D 类地面粗糙度，分别取 1.28、1.0、0.54 和 0.26；

ζ_1——结构阻尼比，对钢筋混凝土及砌体结构可取 0.05。

对体型和质量沿高度均匀分布的高层建筑，脉动风荷载的背景分量因子按下式计算：

$$B_z = kH^{a1}\rho_x\rho_z\frac{\varphi_1(z)}{\mu_z(z)} \tag{4-7}$$

式中 $\varphi_1(z)$——结构第1阶振型系数，可由结构动力计算确定，对于外形、质量和刚度沿高度分布比较均匀的弯剪型高层建筑，可根据相对高度 z/H 按附表4-3确定，对于混凝土框架结构可近似取 $\varphi_1(z)=(z/H)[2-(z/H)]$，其中 z 为计算点到室外地面的高度；

H——结构总高度(m)；

ρ_x——脉动风荷载水平方向相关系数；

ρ_z——脉动风荷载竖直方向相关系数；

k、α_1——系数，按表4-2取值。

表4-2　系数 k 和 α_1 的取值

粗糙度类别		A	B	C	D
高层建筑	k	0.944	0.670	0.295	0.112
	α_1	0.155	0.187	0.261	0.346

脉动风荷载的空间相关系数 ρ_x 和 ρ_z 可按下列规定确定：

①竖直方向的相关系数 ρ_z

$$\rho_z=\frac{10\sqrt{H+60e^{-H/60}-60}}{H} \tag{4-8}$$

式中 H——结构总高度(m)，对A、B、C和D类地面粗糙度，H 取值分别不应大于300 m、350 m、450 m和550 m。

②水平方向的相关系数 ρ_x

$$\rho_x=\frac{10\sqrt{B+50e^{-B/50}-50}}{B} \tag{4-9}$$

式中 B——结构迎风面宽度(m)，$B\leqslant 2H$。

当计算围护结构时，垂直于围护结构表面上的风荷载标准值，应按下式计算：

$$w_k=\beta_{gz}\mu_{s1}\mu_z w_0 \tag{4-10}$$

式中 β_{gz}——高度 z 处的阵风系数，按附表4-4确定。其余符号同式(4-10)。

风力作用在建筑物表面上，压力分布很不均匀，在角隅、檐口、边棱处和附属结构部位(阳台、雨篷等外挑构件)，局部风压会超过平均风压。因此，验算围护构件及其连接的强度时，式(4-7)中的风荷载体型系数 μ_{s1} 可按下列规定采用：

①封闭式矩形平面房屋的墙面及屋面可按《建筑结构荷载规范》(GB 50009—2012)表8.3.3的规定采用；

②檐口、雨篷、遮阳板、边棱处的装饰条等突出构件，取−2.0；

③其他房屋和构筑物可按附表4-1规定的体型系数的1.25倍取值。

4.3 竖向荷载作用下框架结构内力的近似计算

在竖向荷载作用下，多、高层框架结构的内力可用力法、位移法、矩阵位移法等结构力学方法计算。工程设计中，如采用手算，可采用迭代法、分层法、弯矩二次分配法等近似方法。

本节主要介绍分层法和弯矩二次分配法的基本概念和计算要点。

4.3.1 分层法

1. 竖向荷载作用下框架结构的受力特点及内力计算假定

力法或位移法的精确计算结果表明，在竖向荷载作用下，框架结构的侧移对其内力的影响较小。例如，图 4-14 表示两层两跨不对称框架结构承受竖向荷载作用及由此引起的弯矩图，其中 i 表示各杆件的相对线刚度。图中不带括号的杆端弯矩为精确值(考虑框架侧移影响)，带括号的弯矩值是近似值(不考虑框架侧移影响)。可见，在梁线刚度大于柱线刚度的情况下，只要结构和荷载不是非常不对称，则竖向荷载作用下框架结构的侧移较小，对杆端弯矩的影响较小。

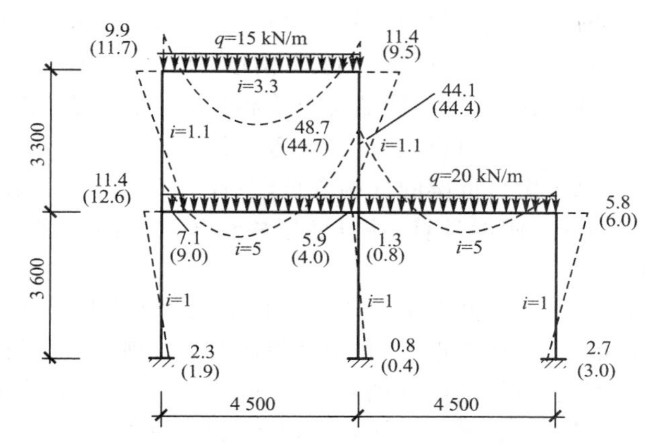

图 4-14 竖向荷载作用下框架弯矩图

另外，由影响线理论及精确计算结果可知，框架各层横梁上的竖向荷载只对本层横梁及与之相连的上、下层柱的弯矩影响较大，对其他各层梁、柱的弯矩影响较小。也可从弯矩分配法的过程来理解，受荷载作用杆件的杆端弯矩值通过弯矩的多次分配与传递，逐渐向左右上下衰减传播，在梁线刚度大于柱线刚度的情况下，柱中弯矩衰减更快，因而对其他各层的杆端弯矩影响较小。

根据上述分析，计算竖向荷载作用下框架结构内力时，可采用以下两个简化假定：

(1)不考虑框架结构的侧移对其内力的影响；

(2)每层梁上的荷载仅对本层梁及其上下柱的内力产生影响，对其他各层梁、柱内力的影响可忽略不计。

应当指出，上述假定中所指的内力不包括柱轴力，因为某层梁上的荷载对下部各层柱的轴力均有较大影响，不能忽略。

分层法适用于节点梁柱线刚度比 $\sum i_b/\sum i_c \geqslant 3$，且结构与荷载沿高度分布比较均匀的多层框架结构。

2. 计算要点及步骤

(1)将多层框架沿高度分成若干单层无侧移的敞口框架，每个敞口框架包括本层梁和与之相连的上、下层柱。梁上作用的荷载、各层柱高及梁跨度均与原结构相同，如图 4-15 所示。

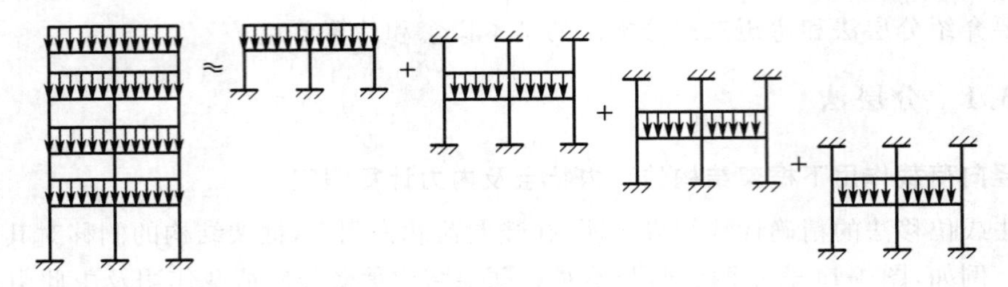

图 4-15　竖向荷载作用下分层计算示意图

(2)除底层柱的下端外,其他各柱的柱端应为弹性约束。为便于计算,均将其处理为固定端(图 4-15),这样将使柱的弯曲变形有所减小。为消除这种影响,可把除底层柱以外的其他各层柱的线刚度乘以修正系数 0.9。

(3)用无侧移框架的计算方法(如弯矩分配法)计算各敞口框架的杆端弯矩,由此所得的梁端弯矩即其最后的弯矩值;因每一柱属于上、下两层,所以每一柱端的最终弯矩值需将上、下层计算所得弯矩值相加。在上、下层柱端弯矩值相加后,将引起新的节点不平衡弯矩,如欲进一步修正,可对这些不平衡弯矩再进行一次弯矩分配。

如用弯矩分配法计算各敞口框架的杆端弯矩,在计算每个节点周围各杆件的弯矩分配系数时,应采用修正后的柱线刚度计算;并且底层柱和各层梁的传递系数均取 1/2,其他各层柱的传递系数改用 1/3。

(4)在杆端弯矩求出后,可用静力平衡条件计算梁端剪力及跨中弯矩;由逐层叠加柱上的竖向荷载(包括节点集中力、柱自重等)和与之相连的梁端剪力,即得柱的轴力。

【例 4-1】　某两层框架,计算简图如图 4-16 所示,其中杆件旁括号内的数字为相应杆的相对线刚度。要求用分层法计算框架杆件弯矩,并绘制弯矩图。

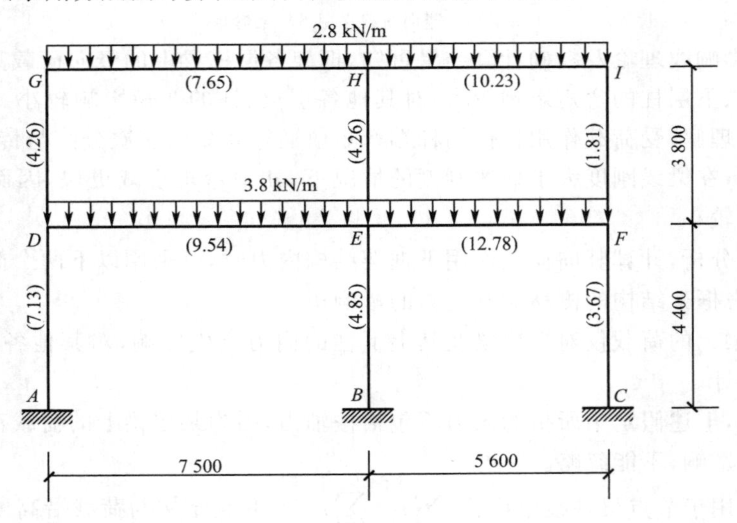

图 4-16　例 4-1 分层法框架示意图

解:该框架可分为两层计算,从下到上计为第 1 层、第 2 层,如图 4-17 所示。

(1)第 1 层的计算

计算简图如图 4-17(a)所示。D 节点的各杆端分配系数为

$$\mu_{\mathrm{DA}}=\frac{4\times 7.13}{4\times(7.13+0.9\times 4.26+9.54)}=0.347\ 7$$

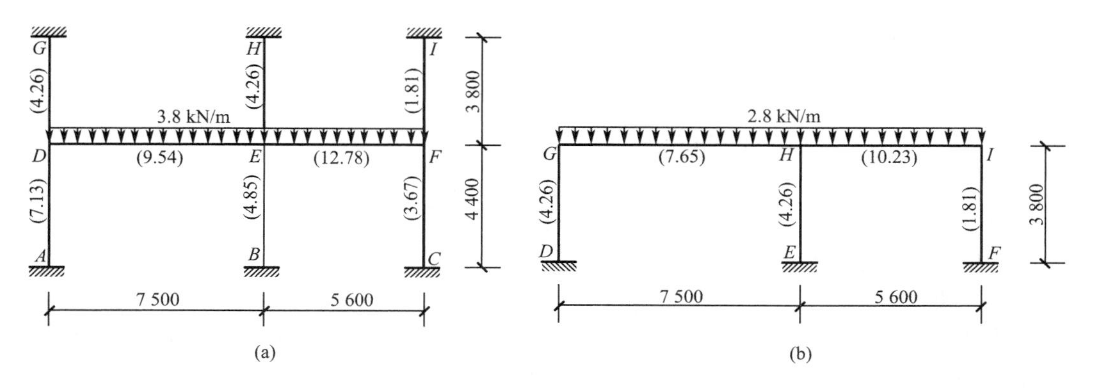

图 4-17　例 4-1 按分层法的计算简图

$$\mu_{DG}=\frac{4\times 0.9\times 4.26}{4\times(7.13+0.9\times 4.26+9.54)}=0.187\ 0$$

$$\mu_{DE}=\frac{4\times 9.54}{4\times(7.13+0.9\times 4.26+9.54)}=0.465\ 3$$

注意柱线刚度乘以 0.9 折减(底层柱除外)。E、F 节点的分配系数可类似算得。

分层法计算过程如图 4-18(b)所示。注意柱远端传递系数,除底层取 1/2 外,其余层为 1/3。

GD　GH　HG　HE　HI　IH　IF

0.333 9　0.666 1　0.352 3　0.176 6　0.471 1　0.862 6　0.137 4

G　−13.13　13.13　H　−7.32　7.32　I

4.38　8.75　4.38　−3.16　−6.31　−1.01

−1.24　−2.48　−1.24　−3.31　−1.66

0.41　0.83　0.42　0.72　1.43　0.23

−0.2　−0.40　−0.20　−0.54　−0.27

0.07　0.13　0.23　0.04

Σ 4.86　−4.86　15.05　−1.44　−13.61　0.74　−0.74

D　E　F

柱远端弯矩1.62　−0.48　−0.25

(a)

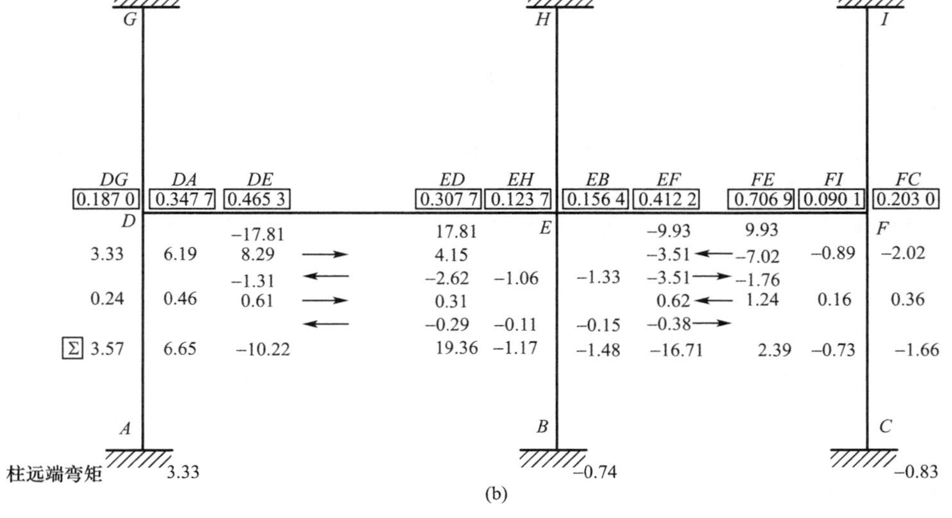

(b)

图 4-18　分层法计算过程

(2)第 2 层的计算

计算简图如图 4-17(b)所示。G 节点的各杆端分配系数为

$$\mu_{GH}=\frac{4\times 7.65}{4\times(7.65+0.9\times 4.26)}=0.6661$$

$$\mu_{GD}=\frac{4\times 0.9\times 4.26}{4\times(7.65+0.9\times 4.26)}=0.3339$$

H、I 节点的分配系数可类似算得。计算过程如图 4-18(a)所示。

(3)框架的弯矩图

把同层柱上下端弯矩叠加,即得该框架的弯矩图,如图 4-19 所示。若欲提高精度,可把节点的不平衡弯矩再分配一次。

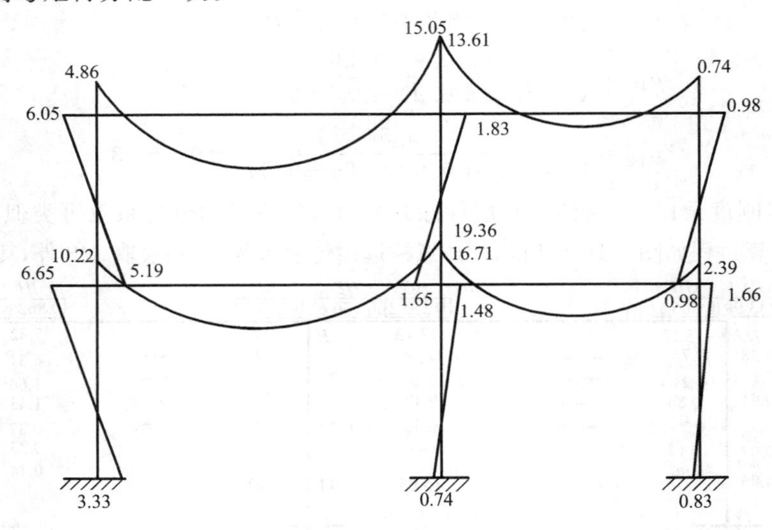

图 4-19　例 4-1 弯矩图

4.3.2　弯矩二次分配法

计算竖向荷载作用下多层框架结构的杆端弯矩时,如用无侧移框架的弯矩分配法,由于该法要考虑任一节点的不平衡弯矩对框架结构所有杆件的影响,因而计算相当复杂。根据在分层法中所做的分析可知,多层框架中某节点的不平衡弯矩对与其相邻的节点影响较大,对其他节点的影响较小,因而可假定某一节点的不平衡弯矩只对该节点相交的各杆件的远端有影响,这样可将弯矩分配法的循环次数简化到弯矩二次分配和其间的一次传递,此即弯矩二次分配法。下面说明这种方法的具体计算步骤。

(1)根据各杆件的线刚度计算各节点的杆端弯矩分配系数,并计算竖向荷载作用下各跨梁的固端弯矩。

(2)计算框架各节点的不平衡弯矩,并对所有节点的不平衡弯矩分别反向后进行第一次分配(期间不进行弯矩传递)。

(3)将所有杆端的分配弯矩分别向该杆的他端传递(对于刚接框架,传递系数均取 1/2)。

(4)将各节点因传递弯矩而产生的新的不平衡弯矩反向后进行第二次分配,使各节点处于平衡状态。

至此,整个弯矩分配和传递过程即告结束。

(5)将各杆端的固端弯矩、分配弯矩和传递弯矩叠加,即得各杆端弯矩。

4.4 水平荷载作用下框架内力的近似计算

4.4.1 反弯点法

1. 计算假定

框架结构在水平荷载(如风荷载、水平地震作用等)作用下,一般都可等效为受节点水平力的作用。由精确法分析可知,框架结构在节点水平力作用下,各杆件的弯矩图都呈线性分布,且一般都有一个反弯点,如图4-20所示。然而,各柱的反弯点位置未必相同。这时,各柱上、下端既有角位移,又有水平位移。通常认为楼板是不可压缩的刚性杆,故同一层各节点的侧移是相同的,即同一层内的各柱具有相同的层间位移。

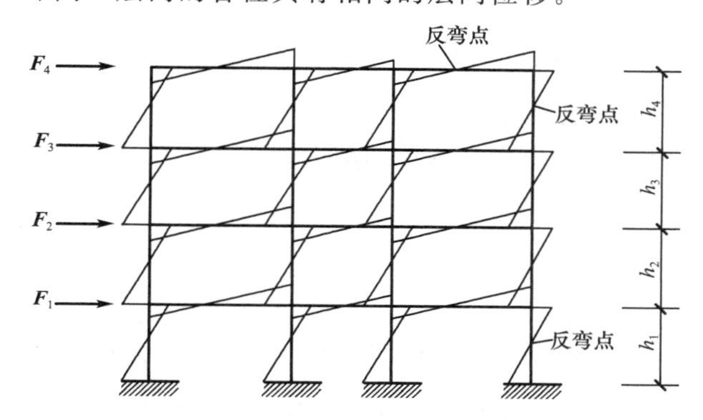

图4-20 框架在水平力作用下的弯矩图

由于反弯点处弯矩为零,因此,如能确定各柱所能承受的剪力及其反弯点的位置,便可求得柱端弯矩,进而利用节点平衡条件可求得梁端弯矩及整个框架结构的内力。根据框架的实际受力状态,在分析内力时,可做如下假定:

(1)在同层各柱间分配楼层剪力时,假定横梁为无限刚性,即各柱端无转角。

(2)在确定各柱的反弯点位置时,假定底层柱的反弯点位于距柱下端2/3柱高处;其余各层框架柱的反弯点均位于柱高的中点处。

(3)梁端弯矩可由节点平衡条件求出,并按节点左、右梁的线刚度进行分配。

2. 计算步骤

根据上述的分析和假定,反弯点法的计算要点和步骤可归纳如下:

(1)由假定(1),可求出任一楼层的楼层剪力在各柱之间的分配。

对于层数较少且楼面荷载较大的框架结构,柱的刚度较小,梁的刚度较大,此时,假定(1)与实际情况较为符合。一般认为,当梁柱的线刚度比超过3时,由假定(1)所引起的误差能够满足工程设计的精度要求。设框架结构共有 n 层,每层内有 m 根柱,如图4-21(a)所示。将框架沿第 j 层各柱的反弯点处切开代以剪力和轴力,如图4-21(b)所示。则由水平力的平衡条件有

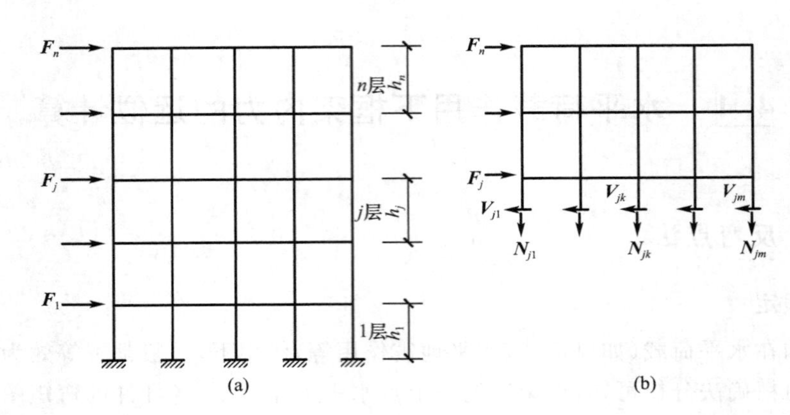

图 4-21　反弯点法推导

$$V_j = \sum_{i=j}^{n} F_i \tag{4-11}$$

$$V_j = V_{j1} + \cdots + V_{jk} + \cdots + V_{jm} = \sum_{k=1}^{m} V_{jk} \tag{4-12}$$

式中　F_i—作用在楼层 i 的水平力；

V_j—水平力 F 在第 j 层所产生的层间剪力；

V_{jk}—第 j 层 k 柱所承受的剪力；

m—第 j 层内柱的数量；

n—楼层数。

(2)将楼层剪力 V_j 近似地按同层各柱的侧移刚度($D=\frac{12i}{H_c^2}$)的比例分配给各柱。

设该层的层间侧向位移为 Δ_j，由假定(1)知，各柱的两端只有水平位移而无转角，则有

$$V_{jk} = \frac{12i_{jk}}{H_{cj}^2}\Delta_j \tag{4-13}$$

式中　i_{jk}——第 j 层 k 柱的线刚度；

H_{cj}——第 j 层柱子高度；

$\frac{12i}{H_{cj}}$——两端固定柱的侧移刚度，它表示要使柱上下端产生单位相对侧向位移时，需要在柱顶施加的水平力。

将式(4-13)代入式(4-12)，由于忽略梁的轴向变形，第 j 层的各柱具有相同的层间侧向位移 Δ_j，因此有

$$\Delta_j = \frac{V_j}{\sum_{k=1}^{m}\frac{12i_{jk}}{H_{cj}^2}} = \frac{V_j}{D_j} \tag{4-14}$$

将式(4-14)代入式(4-13)，得 j 楼层中任一柱 k 在层间剪力 V_j 中分配到的剪力为

$$V_{jk} = \frac{i_{jk}}{\sum_{k=1}^{m} i_{jk}} V_j \tag{4-15}$$

$$V_{jk} = \frac{D_{jk}}{D_j} V_j \tag{4-16}$$

(3)求得各柱所承受的剪力 V_{jk} 以后，由假定(2)便可求得各柱的杆端弯矩。

对于底层柱：

$$M_{cjk}^{u}=V_{jk}\frac{H_{c1}}{3} \tag{4-17}$$

$$M_{cjk}^{l}=V_{jk}\frac{2H_{c1}}{3} \tag{4-18}$$

对于上部各层柱：

$$M_{cjk}^{u}=M_{cjk}^{l}=V_{jk}\frac{H_{cj}}{2} \tag{4-19}$$

式(4-17)、式(4-18)、式(4-19)中的下标 c 表示柱，j、k 表示第 j 层第 k 号柱，上标 u、l 分别表示柱的上端和下端。

求得柱端弯矩后，由节点弯矩平衡条件(图 4-22)即可求得梁端弯矩为

$$M_{bl}=\frac{i_{bl}}{i_{bl}+i_{br}}(M_{cu}+M_{cl}) \tag{4-20}$$

$$M_{br}=\frac{i_{br}}{i_{bl}+i_{br}}(M_{cu}+M_{cl}) \tag{4-21}$$

式中　M_{bl}、M_{br}——节点处左、右的梁端弯矩；

M_{cu}、M_{cl}——节点处柱上、下端弯矩；

i_{bl}、i_{br}——节点左、右的梁的线刚度。

以各个梁为脱离体，将梁的左右端弯矩之和除以该梁的跨度，便得梁内剪力。自上而下逐层叠加节点左右的梁端剪力，即可得到柱在水平荷载作用下的轴力。

反弯点法一般用于梁、柱线刚度比 $\sum i_b/\sum i_c \geqslant 3$，且各层结构比较均匀的多层框架。

在实践工程中，有时框架的一层或数层横梁不全部贯通，如图 4-23 所示。此时，在水平荷载作用下的计算，仍可采用反弯点法。但是，对横梁没有贯通的层，柱的侧移刚度应进行适当的修正。

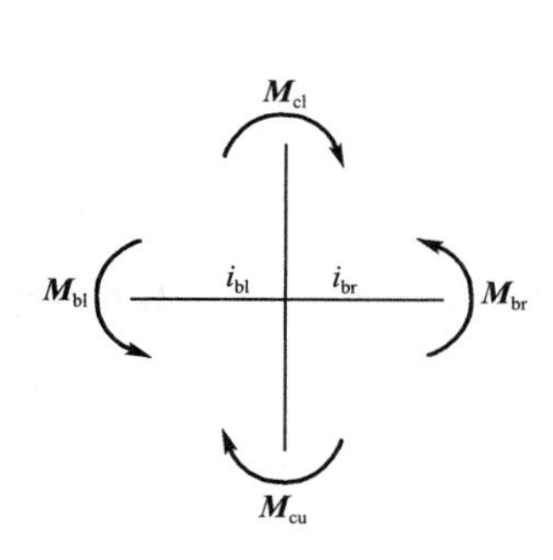

图 4-22　节点平衡条件

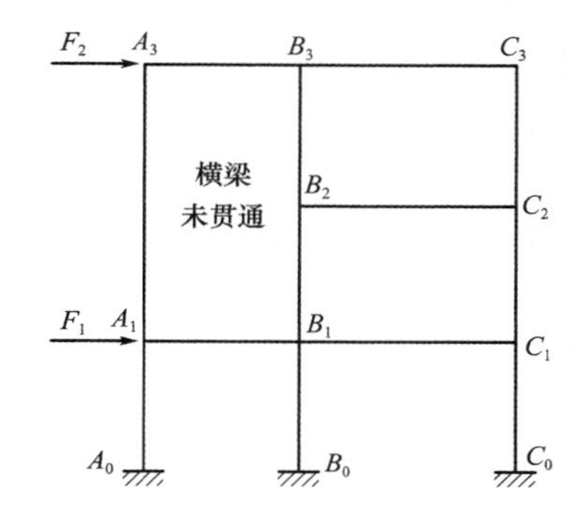

图 4-23　横梁未贯通的框架

①柱的并联

对同一层若干平行的柱(图 4-24)，其中侧移刚度等于各柱侧移刚度之和，即

$$F=D_1\Delta u+D_2\Delta u+D_3\Delta u \tag{4-22}$$

$$D=\frac{F}{\Delta u}=D_1+D_2+D_3 \tag{4-23}$$

将这些柱视为一具有总侧移刚度 D 的柱，则称此柱为并联柱。

②柱的串联

承受相等剪力的若干柱相互串联（图 4-25），则

$$\Delta u=\Delta u_1+\Delta u_2+\Delta u_3=\frac{F}{D_1}+\frac{F}{D_2}+\frac{F}{D_3}=\left(\frac{1}{D_1}+\frac{1}{D_2}+\frac{1}{D_3}\right)F \tag{4-24}$$

$$D=\frac{F}{\Delta u}=\frac{1}{\frac{1}{D_1}+\frac{1}{D_2}+\frac{1}{D_3}} \tag{4-25}$$

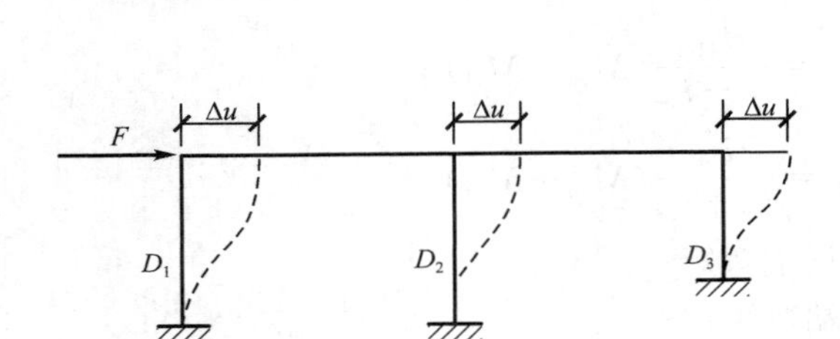

图 4-24　并联柱的侧移

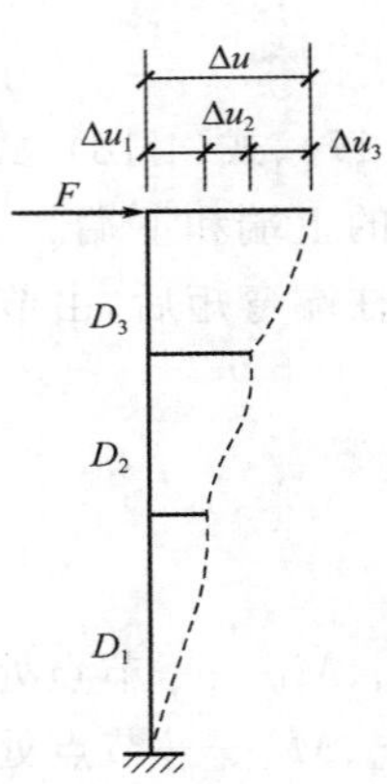

图 4-25　串联柱的侧移

将这些柱视为一具有总侧移刚度 D 的柱，则称此柱为串联柱。

根据并联柱和串联柱的概念，在计算图 4-23 所示框架在水平荷载作用下的内力时，可先将 B_1B_2 与 C_1C_2 并联，B_2B_3 与 C_2C_3 并联，然后再将二者串联，求出 $B_1C_1C_3B_3$ 的总侧移刚度，然后按反弯点法进行计算。

【例 4-2】 试用反弯点法计算图 4-26 所示框架在节点水平荷载作用下的弯矩，并绘制出弯矩图。图中括号内的数值为该杆的相对线刚度。

解：(1)求各层的楼层剪力和剪力分配系数

第三层　$V_3=12\ \text{kN}$

第二层　$V_2=12+15=27\ \text{kN}$

第一层　$V_1=12+15+6=33\ \text{kN}$

由于同层各柱线刚度相同，柱高相同，故每层的每根柱的层间剪力分配系数都为 1/3。

(2)求各柱柱端弯矩

三层各柱上、下端弯矩　$M_{c3k}^{u}=M_{c3k}^{l}=V_{3k}\dfrac{H_{c3}}{2}=\dfrac{12}{3}\times\dfrac{4}{2}=8\ \text{kN}\cdot\text{m}$

二层各柱上、下端弯矩　$M_{c2k}^{u}=M_{c2k}^{l}=V_{2k}\dfrac{H_{c2}}{2}=\dfrac{27}{3}\times\dfrac{4}{2}=18\ \text{kN}\cdot\text{m}$

一层各柱上端弯矩　$M_{c1k}^{u}=V_{1k}\dfrac{H_{c1}}{3}=\dfrac{33}{3}\times\dfrac{4.8}{3}=17.6\ \text{kN}\cdot\text{m}$

一层各柱下端弯矩　$M_{c1k}^{l}=V_{1k}\dfrac{2H_{c1}}{3}=\dfrac{33}{3}\times\dfrac{2\times4.8}{3}=35.2\ \text{kN}\cdot\text{m}$

(3)求各层横梁梁端弯矩

以 A_1B_1 横梁为例，有

$$M_{A1B1}=M_{A1A0}+M_{A1A2}=17.6+18=35.6\ \text{kN}\cdot\text{m}$$

$$M_{B1A1}=\frac{i_{B1A1}}{i_{B1A1}+i_{B1C1}}(M_{B1B0}+M_{B1B2})=\frac{2.0}{2.0+2.0}(17.6+18)=17.8\ \text{kN}\cdot\text{m}$$

(4)绘制框架的弯矩图

框架的弯矩图如图 4-27 所示。

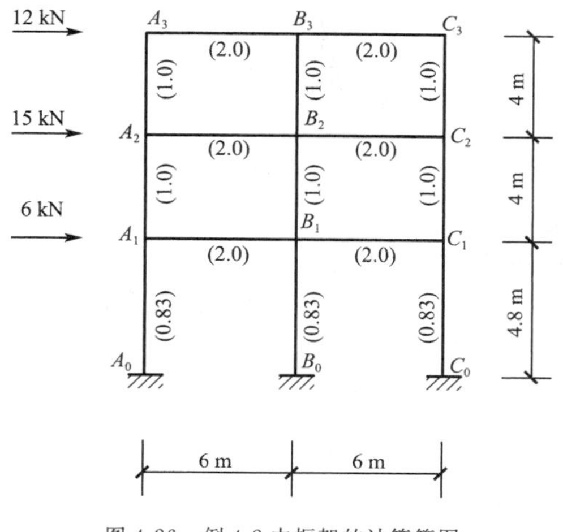

图 4-26　例 4-2 中框架的计算简图

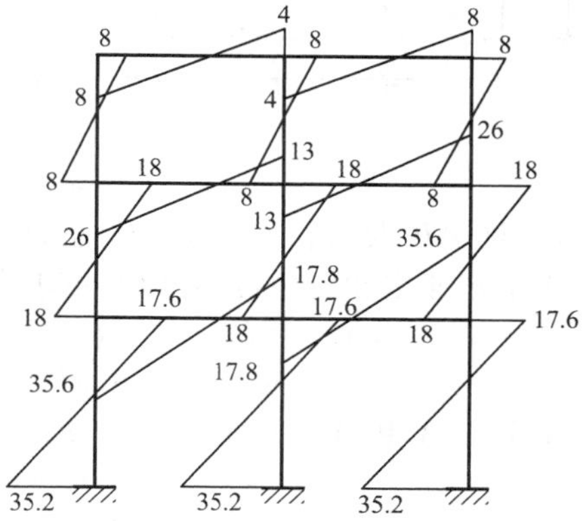

图 4-27　例 4-2 中框架的弯矩图

4.4.2 *D* 值法

如前所述，反弯点法假定梁、柱线刚度比为无穷大，且框架柱的反弯点高度为一定值，从而使框架结构在水平荷载作用下的内力计算大为简化。但上述假定与实际情况往往存在一定差距。首先，实践工程中梁的线刚度可能接近或小于柱的线刚度，尤其是在高层建筑中或抗震设计要求强柱弱梁的情况下，此时柱的侧移刚度除了与柱本身的线刚度和层高有关外，还与柱两端的梁的线刚度有关，因此，不能简单地按上述方法计算。同时，框架各层节点转角将不可能相等，柱的反弯点高度也就不是定值，而与柱上、下端的刚度有关。反弯点将偏向较柔的一端。影响柱反弯点高度的主要因素是：柱与梁的线刚度比，柱所在楼层的位置，上、下层梁的线刚度比，上、下层层高以及框架的总层数等。日本武藤清教授在分析了上述影响因素的基础上，提出了修正框架柱的侧移刚度和调整框架柱的反弯点高度的修正反弯点法。修正后的柱侧移刚度以 D 表示，故称此法为 D 值法。

1. 框架柱的修正侧移刚度 *D*

从框架一般层取柱 AB 及与其相连的梁柱为脱离体(图 4-28(b))进行分析，框架在水平荷载作用下发生侧移，柱 AB 达到新的位置 $A'B'$。柱 AB 的相对侧移为 δ，弦转角为 $\varphi=\delta/h$，上、下端均产生转角 θ。

为简化计算，做如下假定：

(1)柱 AB 及其相邻的上、下柱(即柱 AC 及柱 BD)的线刚度均为 i_c。

(2)柱 AB 及其相邻的上、下柱的弦转角均为 φ。

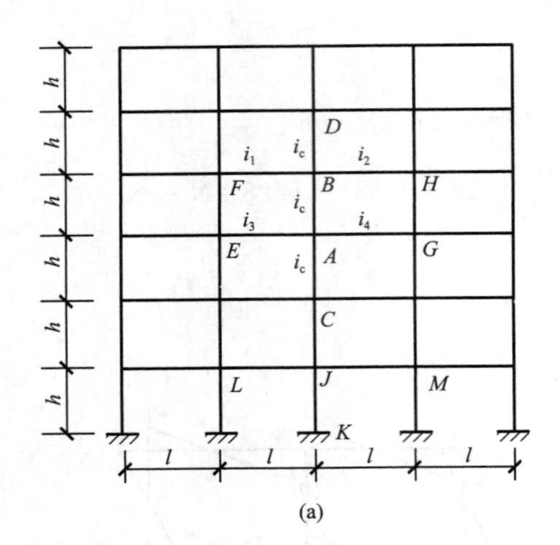

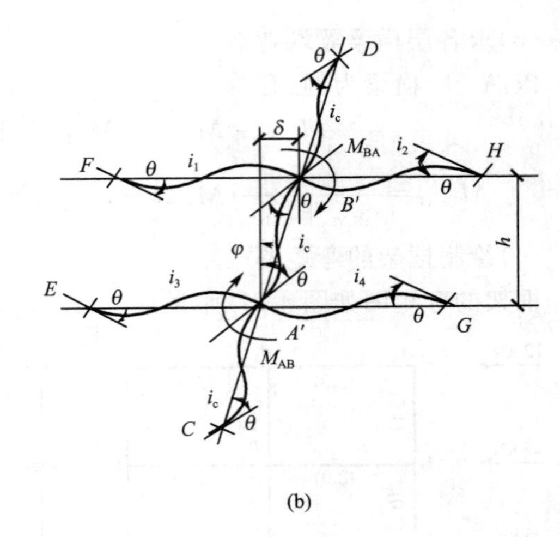

图 4-28　柱侧移刚度计算简图

(3)柱 AB 及其相邻的上、下、左、右各杆两端的转角均为 θ。

由上述假定和转角位移方程，可求出与节点 A 和节点 B 相邻杆件的杆端弯矩。

$$M_{AB}=M_{BA}=M_{AC}=M_{BD}=4i_c\theta+2i_c\theta-6i_c\varphi=6i_c(\theta-\varphi)$$

$$M_{AE}=6i_3\theta,M_{AG}=6i_4\theta,M_{BF}=6i_1\theta,M_{BH}=6i_2\theta$$

由节点 A 和节点 B 的力矩平衡条件分别得

$$6(i_3+i_4+2i_c)\theta-12i_c\varphi=0$$

$$6(i_1+i_2+2i_c)\theta-12i_c\varphi=0$$

将以上两式相加，经整理后得

$$\frac{\theta}{\varphi}=\frac{2}{2+\overline{K}} \tag{4-26}$$

式中　$\overline{K}$——节点两侧梁平均线刚度与柱线刚度的比值，简称梁柱线刚度比，$\overline{K}=\sum i/2i_c$ $=[(i_1+i_3)/2+(i_2+i_4)/2]/i_c$。

柱 AB 所受到的剪力为

$$V=-\frac{M_{AB}+M_{BA}}{h}=\frac{12i_c}{h}(1-\frac{\theta}{\varphi})\varphi \tag{4-27}$$

将式(4-26)带入式(4-27)得

$$V=\frac{\overline{K}}{2+\overline{K}}\cdot\frac{12i_c}{h}\varphi=\frac{\overline{K}}{2+\overline{K}}\cdot\frac{12i_c}{h^2}\cdot\delta$$

由此可得柱 AB 的修正侧移刚度 D 为

$$D=\frac{V}{\delta}=\frac{\overline{K}}{2+\overline{K}}\cdot\frac{12i_c}{h^2}=\alpha_c\frac{12i_c}{h^2} \tag{4-28}$$

$$\alpha_c=\frac{\overline{K}}{2+\overline{K}} \tag{4-29}$$

式中　α_c——柱的侧移刚度修正系数，它反映了节点转动对柱的侧移刚度的影响，而节点转动的大小则取决于梁对节点转动的约束程度。当 $\overline{K}$ 值无限大时，$\alpha_c=1$，这表明梁线刚度越大，对节点的约束能力越强，节点转动越小，柱的侧移刚度越大。

实际工程中，底层柱下端多为固定支座，有时也可能为铰支座，因而其 D 值与一般层不同。下面讨论底层柱的 D 值计算。

从图 4-28(a)中取出柱 JK 及与之相连的上柱和左、右梁，如图 4-29 所示。由转角位移方程可得

$$M_{JK}=4i_c\theta-6i_c\varphi, M_{KJ}=2i_c\theta-6i_c\varphi$$

$$M_{JL}=6i_5\theta, M_{JM}=6i_6\theta$$

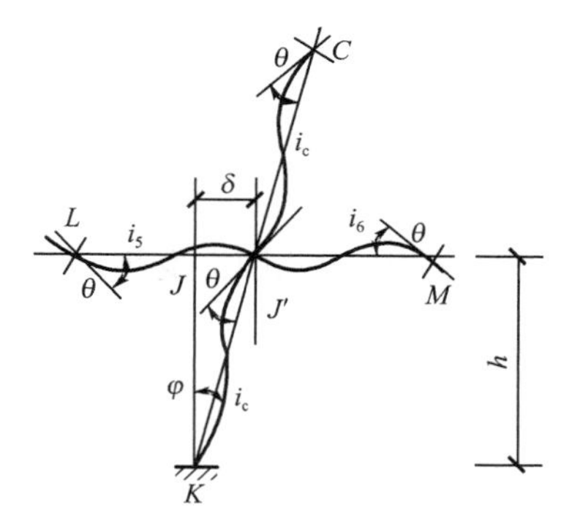

图 4-29　底层柱 D 值计算简图

柱 JK 所受的剪力为

$$V_{JK}=-\frac{M_{JK}+M_{KJ}}{h}=-\frac{6i_c\theta-12i_c\varphi}{h}=\frac{12i_c}{h^2}(1-\frac{\theta}{2\varphi})\delta$$

则柱 JK 的侧移刚度为

$$D=\frac{V_{JK}}{\delta}=(1-\frac{\theta}{2\varphi})\frac{12i_c}{h^2}=\alpha_c\frac{12i_c}{h^2} \tag{4-30}$$

式中，$\alpha_c=1-\dfrac{\theta}{2\varphi}$

设 $\beta=\dfrac{M_{JK}}{M_{JL}+M_{JM}}=\dfrac{4i_c\theta-6i_c\varphi}{6(i_5+i_6)\theta}=\dfrac{2\theta-3\varphi}{3\overline{K}\theta}$，进而可得

$$\frac{\theta}{\varphi}=\frac{3}{2-3\beta\overline{K}}$$

$$\alpha_c=1-\frac{\theta}{2\varphi}=\frac{0.5-3\beta\overline{K}}{2-3\beta\overline{K}}$$

$$\overline{K}=\frac{i_5+i_6}{i_c}$$

式中　β——柱所承受的弯矩与其两侧梁弯矩之和的比值，因梁、柱弯矩反向，故 β 为负值。

实际工程中，$\overline{K}$ 值通常在 0.3～5.0 范围内变化，β 在 −0.14～−0.50 范围内变化，相应的 α_c 变化范围为 0.30～0.84。为简化计算，若统一取 $\beta=-1/3$，相应的 α_c 变化范围为 0.35～0.79，可见对 D 值产生的误差不大。当取 $\beta=-1/3$ 时，α_c 的表达式可简化为

$$\alpha_c=\frac{0.5+\overline{K}}{2+\overline{K}} \tag{4-31}$$

同理，当底层柱的下端为铰接时，可得

$$M_{JK}=3i_c\theta-3i_c\varphi, M_{KJ}=0$$

$$M_{JK}=-\frac{3i_c\theta-3i_c\varphi}{h}=(1-\frac{\theta}{\varphi})\frac{3i_c}{h^2}\delta$$

$$D=\frac{V_{JK}}{\delta}=\frac{1}{4}\left(1-\frac{\theta}{\varphi}\right)\frac{12i_c}{h^2}=\alpha_c\frac{12i_c}{h^2} \tag{4-32}$$

式中，$\alpha_c=\frac{1}{4}\left(1-\frac{\theta}{\varphi}\right)$

设 $\beta=\frac{M_{JK}}{M_{JL}+M_{JM}}=\frac{\theta-\varphi}{2\overline{K}\theta}$，则

$$\frac{\theta}{\varphi}=\frac{1}{1-2\beta\overline{K}}$$

当 $\overline{K}$ 取不同值时，β 通常在 $-1\sim-0.67$ 范围内变化，为简化计算且在保证精度的条件下，可取 $\beta=-1$，则 $\frac{\theta}{\varphi}=\frac{1}{1+2\overline{K}}$，故

$$\alpha_c=\frac{0.5\overline{K}}{1+2\overline{K}} \tag{4-33}$$

综上所述，各种情况下柱的侧移刚度 D 均可按式(4-28)、式(4-30)和式(4-32)计算，其中系数及梁柱线刚度比 $\overline{K}$ 可按表 4-3 所列公式计算。

表 4-3　节点转动影响系数

位置		边柱		中柱		α_c
		简图	$\overline{K}$	简图	$\overline{K}$	
一般层		i_2, i_c, i_4	$\overline{K}=\frac{i_2+i_4}{2i_c}$	i_1, i_2, i_c, i_3, i_4	$\overline{K}=\frac{i_1+i_2+i_3+i_4}{2i_c}$	$\alpha_c=\frac{\overline{K}}{2+\overline{K}}$
底层	固定	i_2, i_c	$\overline{K}=\frac{i_2}{i_c}$	i_1, i_2, i_c	$\overline{K}=\frac{i_1+i_2}{i_c}$	$\alpha_c=\frac{0.5+\overline{K}}{2+\overline{K}}$
	铰支	i_2, i_c	$\overline{K}=\frac{i_2}{i_c}$	i_1, i_2, i_c	$\overline{K}=\frac{i_1+i_2}{i_c}$	$\alpha_c=\frac{0.5\overline{K}}{1+2\overline{K}}$

2. 柱的修正反弯点高度

各柱的反弯点位置与该柱上、下端转角的比值有关。对于等截面柱，如果柱上、下端转角相同，反弯点在柱高的中点；如果柱上、下端转角不同，则反弯点偏向转角较大的一端。影响柱两端转角大小的主要因素有：梁柱线刚度比，该柱所在楼层的位置，上、下梁线刚度及上、下层层高等。

为了便于分析，将多层多跨框架的计算简图进行适当的简化。

多层多跨框架在节点水平荷载作用下，可假定同层各节点的转角相等，即假定各层横梁的反弯点在各横梁跨度的中央，而该点又无竖向位移。这样，一个多层多跨的框架可简化成半框架，如图 4-29 所示。

因此，框架各柱的反弯点高度比 y 可表示为

$$y=y_n+y_1+y_2+y_3 \tag{4-34}$$

式中　y_n——标准反弯点高度比；

y_1——上、下横梁线刚度变化时反弯点高度比的修正值；

y_2、y_3——上、下层层高变化时反弯点高度比的修正值。

(1)标准反弯点高度比 y_n

在水平荷载作用下，假定框架横梁的反弯点在跨中，且该点无竖向位移。因此，图 4-30(a)所示的框架可简化为图 4-30(b)，进而可叠合成图 4-30(c)所示的合成框架。合成框架中，柱的线刚度等于原框架同层各柱线刚度之和；由于半梁的线刚度等于原梁线刚度的 2 倍，所以梁的线刚度等于同层梁根数乘以 $4i_b$，其中 i_b 为原梁线刚度。

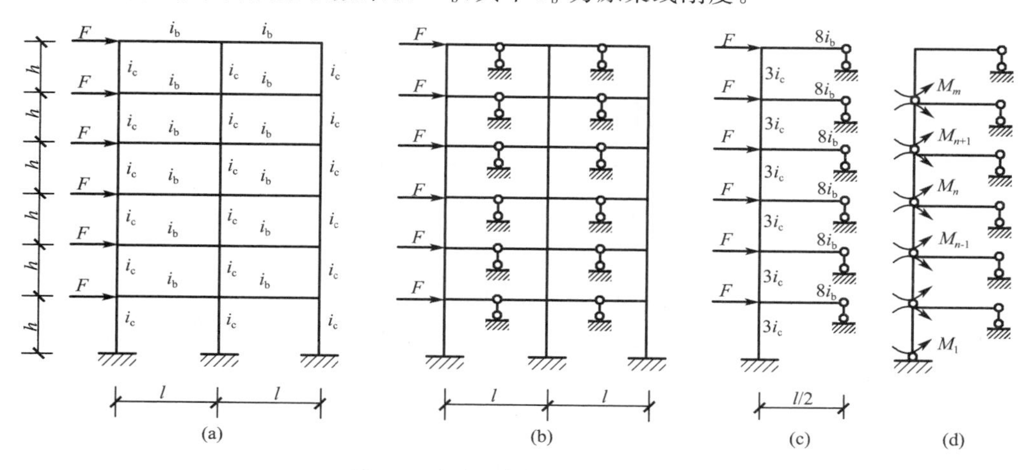

图 4-30　标准反弯点位置简化求解

用力法求解图 4-30(c)所示的合成框架内力时，以各柱下端截面的弯矩 M_n 作为基本未知量，取基本体系如图 4-30(d)所示。因各层剪力 V_n 可通过平衡条件求出，用力法求出 M_n 后，就可确定各层柱的反弯点高度比 y_n，即

$$y_n=\frac{M_n}{V_n h} \tag{4-35}$$

按上述方法可确定各种荷载作用下规则框架的标准反弯点高度比。对于承受均布水平荷载、倒三角形分布水平荷载和顶点集中水平荷载作用的规则框架，其第 n 层的标准反弯点高度比 y_n 分别为

$$y_n=\frac{1}{2}-\frac{1}{6\overline{K}(m-n+1)}+\frac{1+2m}{2(m-n+1)}\cdot\frac{r^n}{1-r}+\frac{r^{m-n+1}}{6\overline{K}(m-n+1)} \tag{4-36}$$

$$y_n=\frac{1}{2}+\frac{1}{m^2+m-n^2+n}\cdot\left[\frac{1-2n}{6\overline{K}}+\frac{1+2m}{6\overline{K}}\cdot r^{m-n+1}+\left(m^2+m-\frac{1}{3\overline{K}}\right)\cdot\frac{r^n}{1-r}\right] \tag{4-37}$$

$$y_n=\frac{1}{2}+\frac{r^n}{1-r}-\frac{1}{2}r^{m-n+1} \tag{4-38}$$

式中，$r=(1+3\overline{K})-\sqrt{(1+3\overline{K})^2-1}$

分析表明，不同荷载作用下框架柱的反弯点高度比 y_n 主要与梁柱线刚度比 $\overline{K}$、结构总层数 m 以及该柱所在的楼层位置 n 有关。为了便于应用，对上述三种荷载作用下的标准反

弯点高度比 y_n 已制成数字表格，见附表 6-1～附表 6-3，计算时可直接查用。应当注意，按附表 6-1～附表 6-3 查取 y_n 时，梁柱线刚度比 $\overline{K}$ 应按表 4-3 所列公式计算。

(2)上、下横梁线刚度变化时反弯点高度比的修正值 y_1

若与某层柱相连的上、下横梁线刚度不同，则该层柱的反弯点位置不同于标准 $y_n h$，其修正值为 $y_1 h$，如图 4-31 所示。y_1 的分析方法与 y_n 类似，计算时可直接由附表 6-4 查取。

由附表 6-4 查取 y_1 时，梁柱线刚度比 $\overline{K}$ 仍按表 4-3 所列公式确定。当 $i_1+i_2<i_3+i_4$ 时，取 $\alpha_1=(i_1+i_2)/(i_3+i_4)$，$y_1$ 取正值，反弯点向上移动(图 4-31(a))；当 $i_1+i_2>i_3+i_4$ 时，取 $\alpha_1=(i_3+i_4)/(i_1+i_2)$，$y_1$ 取负值，反弯点向下移动(图 4-31(b))。对底层框架柱，不考虑修正值 y_1。

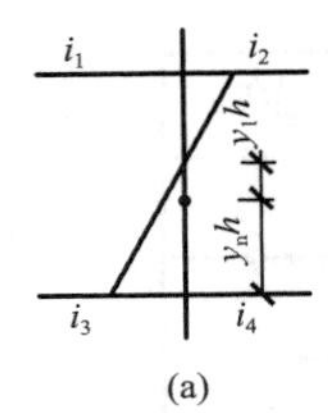

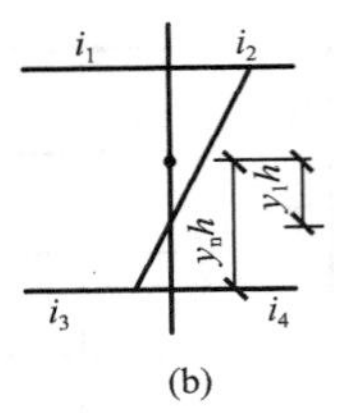

图 4-31　梁线刚度变化时对反弯点的修正

(3)上、下层层高变化时反弯点高度比的修正值 y_2 和 y_3

当与某柱相邻的上层或下层层高改变时，柱上端或下端的约束刚度发生变化，引起反弯点发生移动，其修正值为 $y_2 h$ 或 $y_3 h$。y_2、y_3 的分析方法同 y_n，计算时可查附表 6-5 确定。

如与某柱相邻的上层层高较大时(图 4-32(a))，取 $\alpha_2=h_u/h$，若 $\alpha_2>1.0$，y_2 为正值，反弯点向上移动 $y_2 h$；若 $\alpha_2<1.0$，y_2 为负值，反弯点向下移动 $y_2 h$。

如与某柱相邻的下层层高变化时(图 4-32(b))，取 $\alpha_3=h_l/h$，若 $\alpha_3>1.0$，y_3 为负值，反弯点向下移动 $y_3 h$；若 $\alpha_3<1.0$，y_3 为正值，反弯点向上移动 $y_3 h$。

对顶层柱不考虑修正值 y_2，对底层柱不考虑修正值 y_3。

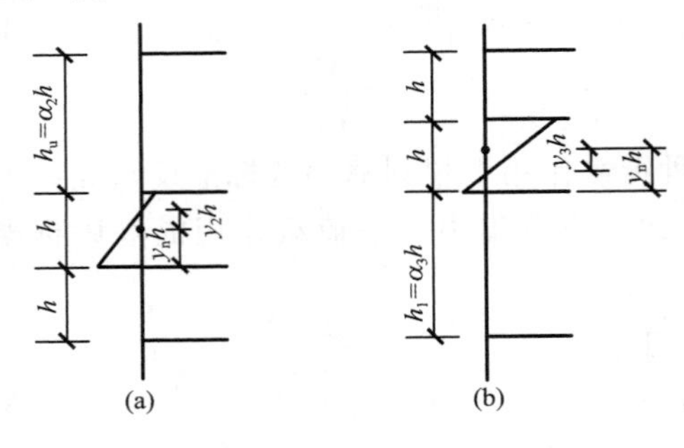

图 4-32　层高变化时对反弯点的修正

3. 计算要点

(1)按式(4-11)计算框架结构各层层间剪力 V_j。

(2)按式(4-28)、式(4-30)和式(4-32)计算各柱的侧移刚度 D_{ij}，然后按式(4-15)、式(4-16)求出第 j 层第 k 柱的剪力 V_{jk}。

(3)按式(4-34)及相应的表格(附表 6-1～附表 6-5)确定各柱的反弯点高度比 y，并按式(4-39)计算第 j 层第 k 柱的下端弯矩 M_{jk}^{b} 和上端弯矩 M_{jk}^{u}。

柱上端弯矩　　$M_{jk}^{u}=V_{jk}\cdot(1-y)h$　　(4-39)

柱下端弯矩　　$M_{jk}^{b}=V_{jk}\cdot yh$　　(4-40)

(4)根据节点的平衡条件，将节点上、下柱端弯矩之和按左、右梁的线刚度(当各梁远端不都是刚接时，应取用梁的转动刚度)分配给梁端。

(5)根据梁端弯矩计算梁端剪力，再由梁端剪力计算柱轴力，这些均可由静力平衡条件计算。

【例 4-3】　某框架结构及所受的风荷载如图 4-33 所示，其中杆件旁的数字为相应杆的线刚度 i(单位为 $10^{-4}E\ \mathrm{m}^3$，其中 E 为混凝土弹性模量)。试用 D 值法求解该框架的弯矩并作弯矩图。

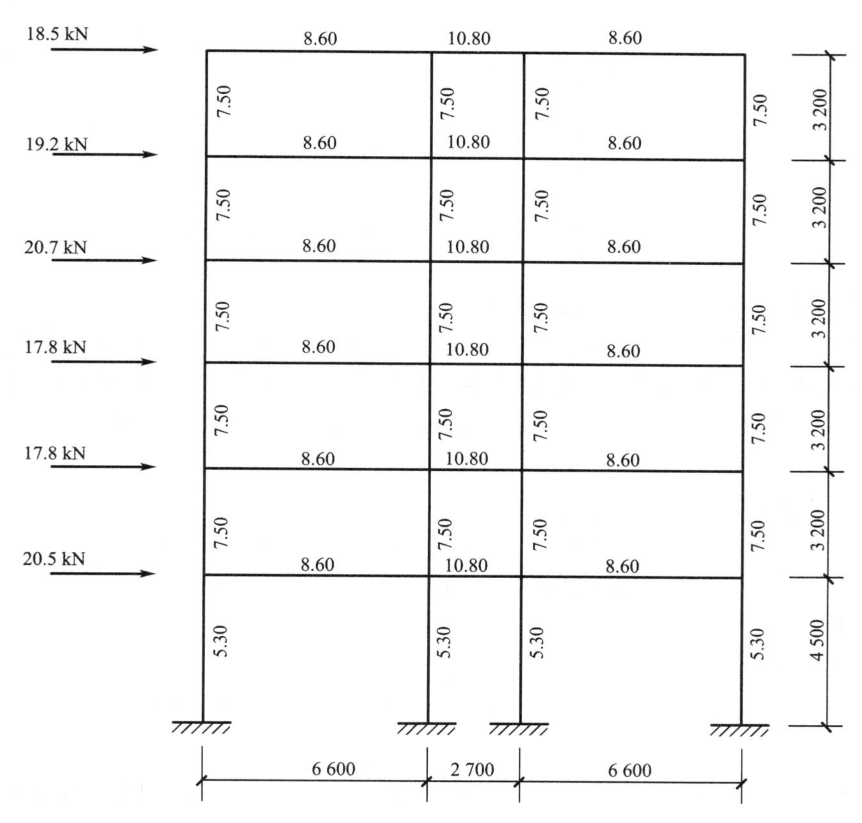

图 4-33　例 4-3 框架简图与荷载

解：(1)求顶层各柱的抗侧刚度 D 值

①左 1 柱

$$\overline{K}=\frac{8.6+8.6}{2\times7.5}=1.147$$

$$\alpha=\frac{1.147}{2+1.147}=0.364\ 5$$

$$D=0.364\ 5\times\frac{12\times7.5\times10^{-4}}{3.2^2}=3.204\times10^{-4}E\ \mathrm{m}$$

②左 2 柱

$$\overline{K}=\frac{8.6+10.8+8.6+10.8}{2\times7.5}=2.587$$

$$\alpha=\frac{2.587}{2+2.587}=0.5640$$

$$D=0.5640\times\frac{12\times7.5\times10^{-4}}{3.2^2}=4.957\times10^{-4}E\ \mathrm{m}$$

③顶层抗侧刚度 D 值总和

$$\sum D=2\times(3.204+4.957)\times10^{-4}=16.322\times10^{-4}E\ \mathrm{m}$$

(2)求顶层各柱分配到的剪力

①左 1 柱
$$\frac{D}{\sum D}=\frac{3.204}{16.322}=0.1963$$

$$V_{61}=\frac{D}{\sum D}V_6=0.1963\times18.5=3.632\ \mathrm{kN}$$

②左 2 柱
$$\frac{D}{\sum D}=\frac{4.957}{16.322}=0.3037$$

$$V_{62}=\frac{D}{\sum D}V_6=0.3037\times18.5=5.618\ \mathrm{kN}$$

(3)求各层各柱反弯点高度及柱端弯矩

各柱因上、下层梁的线刚度及层高(除底层外)均无变化,可知各柱的上、下层横梁线刚度之比对反弯点高度的修正值 y_1 均为零,且上层层高变化对反弯点高度的修正值 y_2(除底层外)均为零,下层层高变化对反弯点高度的修正值 y_3(除二层外)也均为零。

①左 1 柱

由附表 6-1 查得 $y_n=0.3574,y=y_n$

$$M_{cu1}=3.632\times3.2\times(1-0.3574)=7.47\ \mathrm{kN\cdot m}$$

$$M_{cl1}=3.632\times3.2\times0.3574=4.15\ \mathrm{kN\cdot m}$$

②左 2 柱

由附表 6-1 查得 $y_n=0.4294,y=y_n$

$$M_{cu2}=5.618\times3.2\times(1-0.4294)=10.26\ \mathrm{kN\cdot m}$$

$$M_{cl2}=5.618\times3.2\times0.4294=7.72\ \mathrm{kN\cdot m}$$

其余各层参照此步骤进行,注意底层柱的 $\overline{K}$ 和 α 计算公式不同,各计算数值详见表 4-4。

表 4-4 例 4-2 框架的 D 值法求解

柱	楼层	楼层剪力 V_i/kN	$\overline{K}$	α	$D\times10^{-4}E/\mathrm{m}^2$	$\frac{D}{\sum D}$	V_{ij}/kN	y	M_{cu}/(kN·m)	M_{cl}/(kN·m)
左边第 1 根柱	6	18.5	1.147	0.3645	3.204	0.1962	3.63	0.3574	7.47	4.15
	5	37.7	1.147	0.3645	3.204	0.1962	7.397	0.4074	14.03	9.65
	4	58.4	1.147	0.3645	3.204	0.1962	11.458	0.4500	20.17	16.50
	3	76.2	1.147	0.3645	3.204	0.1962	14.50	0.4574	25.96	21.88
	2	94.0	1.147	0.3645	3.204	0.1962	18.43	0.5000	29.51	29.51
	1	114.5	1.623	0.5860	1.840	0.2220	25.19	0.5877	47.16	67.23

（续表）

柱	楼层	楼层剪力 V_i/kN	$\overline{K}$	α	$D\times$ $10^{-4}E/\mathrm{m}^2$	$\frac{D}{\sum D}$	V_{ij}/kN	y	M_{cu}/ (kN·m)	M_{cl}/ (kN·m)
左边第2根柱	6	18.5	2.587	0.564 0	4.957	0.303 7	5.68	0.429 4	10.26	7.72
	5	37.7	2.587	0.564 0	4.957	0.303 7	11.449	0.450 0	20.15	16.49
	4	58.4	2.587	0.564 0	4.957	0.303 7	17.736	0.479 4	29.55	27.21
	3	76.2	2.587	0.564 0	4.957	0.303 7	23.14	0.500 0	37.03	37.03
	2	94.0	2.587	0.564 0	4.957	0.303 7	28.548	0.500 0	45.68	45.68
	1	114.5	3.660	0.735 0	2.308	0.278 2	31.854	0.550 0	64.50	78.84

将节点处柱端弯矩之和反号按左、右梁的线刚度之比进行分配，即可得到水平荷载作用下的梁端弯矩。计算结构如图 4-34 所示。

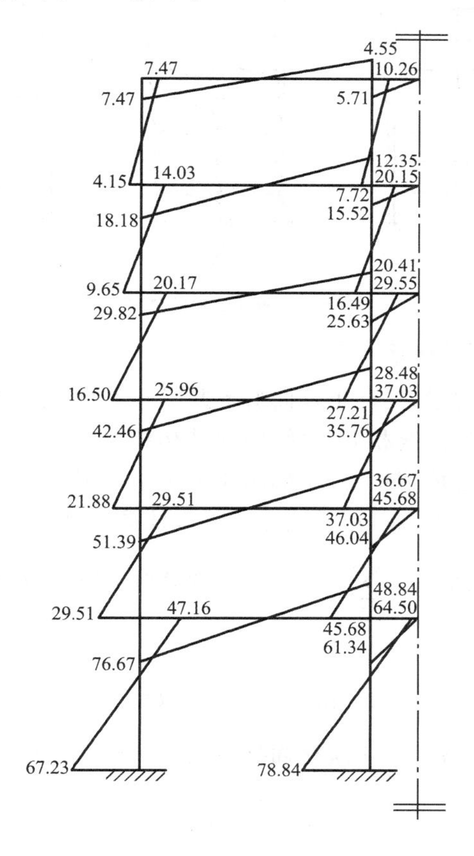

图 4-34　框架弯矩图

（未表示出与之对称部分弯矩图）

4.5 水平荷载作用下框架结构的侧移计算

4.5.1 侧移的近似计算

水平荷载作用下框架结构的侧移如图 4-35 所示,它可以看作由梁、柱的弯曲变形引起的侧移(图 4-35(b))和由柱轴向变形引起的侧移(图 4-35(c))的叠加。前者是由水平荷载产生的层间剪力引起的,后者主要是由水平荷载产生的倾覆力矩引起的。

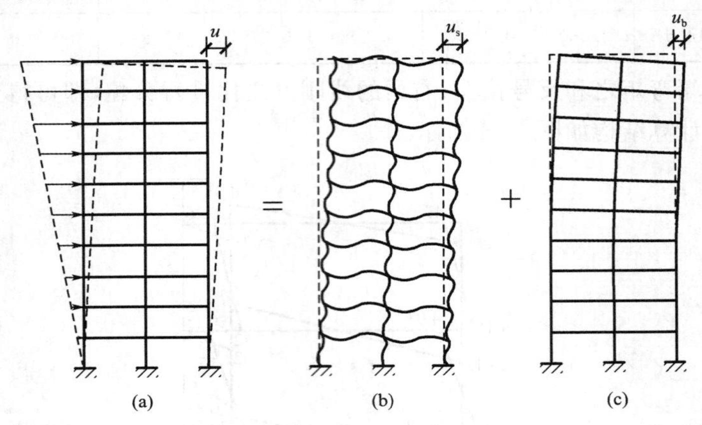

图 4-35 框架结构的侧移

1. 梁、柱弯曲变形引起的侧移

层间剪力使框架层间的梁、柱产生弯曲变形并引起侧移,整个框架的整体侧移曲线与等截面剪切悬臂柱的剪切变形曲线相似,曲线凹向结构的竖轴,层间相对侧移是下大上小,故这种变形称为框架结构的总体剪切变形,如图 4-36 所示。由于剪切变形主要表现为层间构件的错动,楼盖仅产生平移,所以可用下述方法近似计算其侧移。

设 V_j 为第 j 层的层间剪力,$\sum_{k=1}^{s} D_{jk}$ 为该层的总侧向刚度,则框架第 j 层的层间相对侧移 $(\Delta u)_j$ 为

$$(\Delta u)_j = V_j / \sum_{k=1}^{s} D_{jk} \tag{4-41}$$

式中 s——第 j 层的柱总数。第 j 层楼面标高处的侧移 u_j 为

$$u_j = \sum_{i=1}^{j} (\Delta u)_i \tag{4-42}$$

框架结构的顶点侧移 $u_{\rm r}$ 为

$$u_{\rm r} = \sum_{i=1}^{m} (\Delta u)_i \tag{4-43}$$

式中 m——框架结构的总层数。

2. 柱轴向变形引起的侧移

倾覆力矩使框架结构一侧的柱产生轴向拉力并伸长，另一侧的柱产生轴向压力并缩短，从而引起侧移，如图 4-37(a)所示。这种侧移曲线凸向结构竖轴，其层间相对侧移下小上大，与等截面悬臂柱的弯曲变形曲线相似，故称为框架结构的总体弯曲变形，如图 4-37(b)所示。

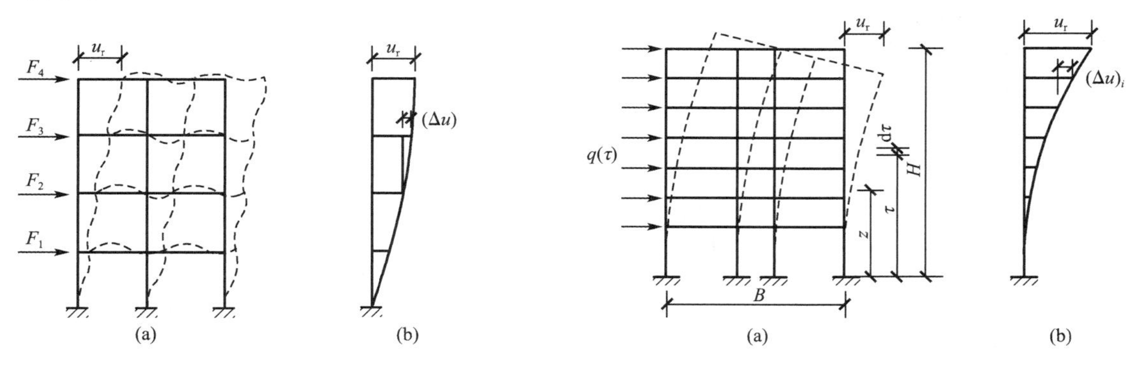

图 4-36　框架结构的剪切变形　　　　图 4-37　框架结构的弯曲变形

柱轴向变形引起的框架侧移，可借助计算机用矩阵位移法求得精确值，也可用近似方法得到近似值。近似算法较多，下面仅介绍连续积分法。

用连续积分法计算柱轴向变形引起的侧移时，假定水平荷载只在边柱中产生轴力及轴向变形。在任意分布的水平荷载作用下(图 4-37(a))，边柱的轴力可近似计算，即

$$N=\pm M(z)/B=\pm\frac{1}{B}\int_{z}^{H}q(\tau)(\tau-z)\mathrm{d}\tau \tag{4-44}$$

式中　$M(z)$——水平荷载在 z 高度处产生的倾覆力矩；

B——外柱轴线间的距离；

H——结构总高度。

假定柱轴向刚度由结构底部的$(EA)_b$ 线性地变化到顶部的$(EA)_t$，并采用图 4-37(a)所示坐标轴，则由几何关系可得 z 高度处的轴向刚度 EA 为

$$EA=(EA)_b\left(1-\frac{b}{H}z\right) \tag{4-45}$$

$$b=1-(EA)_t/(EA)_b \tag{4-46}$$

用单位荷载法可求得结构顶点侧移 u_r 为

$$u_r=2\int_{0}^{H}\frac{\overline{N}N}{EA}\mathrm{d}z \tag{4-47}$$

式中　2——两个边柱，其轴力大小相等，方向相反；

$\overline{N}$——在框架结构顶点作用单位水平力时，在 z 高度处产生的柱轴力，按下式计算：

$$\overline{N}=\pm\frac{\overline{M}(z)}{B}=\pm\frac{H-z}{B} \tag{4-48}$$

将式(4-44)、式(4-45)及式(4-48)代入式(4-47)，得

$$u_r=\frac{1}{B^2(EA)_b}\int_{0}^{H}\frac{H-z}{\left(1-\frac{b}{H}z\right)}\int_{z}^{H}q(\tau)(\tau-z)\mathrm{d}\tau\,\mathrm{d}z \tag{4-49}$$

对于不同形式的水平荷载，经对式(4-49)积分运算后，可将顶点位移 u_r 写成统一公式，即

$$u_r=\frac{V_0H^3}{B^2(EA)_b}F(b) \tag{4-50}$$

式中　V_0——结构底部总剪力；

$F(b)$——与 b 有关的函数，按下列公式计算。

(1)均布水平荷载作用

此时 $q(\tau)=q$，$V_0=qH$，则

$$F(b)=\frac{6b-15b^2+11b^3+6(1-b)^3\cdot\ln(1-b)}{6b^4}$$

(2)倒三角形水平分布荷载作用

此时 $q(\tau)=q\cdot\tau/H$，$V_0=qH/2$，

$$F(b)=\frac{2}{3b^2}\left[(1-b-3b^2+5b^3-2b^4)\cdot\ln(1-b)+b-\frac{b^2}{2}-\frac{19}{6}b^3+\frac{41}{12}b^4\right]$$

(3)顶点水平集中荷载作用

此时 $V_0=F$，则

$$F(b)=\frac{-2b+3b^2-2(1-b)^2\cdot\ln(1-b)}{b^3}$$

由式(4-50)可见，H 越大(房屋高度越大)，B 越小(房屋宽度越小)，则柱轴向变形引起的侧移越大。因此，当房屋高度较大或高宽比(H/B)较大时，宜考虑柱轴向变形对框架结构侧移的影响。

4.5.2　框架结构的水平位移控制

框架结构的侧向刚度过小，水平位移过大，将影响正常使用；侧向刚度过大，水平位移过小，虽满足使用要求，但不满足经济性要求。因此，框架结构的侧向刚度宜合适，一般以使结构满足层间位移限值以及满足其他构造要求等为宜。我国《高层建筑混凝土结构技术规程》(JGJ 3—2010)规定，按弹性方法计算的楼层层间最大位移与层高之比 $\Delta u/h$ 宜小于其限值 $[\Delta u/h]$，即

$$\Delta u/h\leqslant[\Delta u/h] \tag{4-51}$$

式中　$[\Delta u/h]$——层间位移角限值，对框架结构取 1/550；

h——层高。

由于变形验算属于正常使用极限状态的验算，所以计算 Δu 时，各作用分项系数均应采用 1.0，混凝土结构构件的截面刚度可采用弹性刚度。另外，楼层层间最大位移 Δu 以楼层最大的水平位移差计算，不扣除整体弯曲变形。

层间位移角(剪切变形角)限值 $[\Delta u/h]$ 是根据以下两条原则并综合考虑其他因素确定的：

(1)保证主体结构基本处于弹性受力状态。避免混凝土墙、柱构件出现裂缝；同时，将混凝土梁等楼面构件的裂缝数量、宽度和高度限制在规范允许的范围内。

(2)保证填充墙、隔墙和幕墙等非结构构件的完好，避免产生明显损伤。

如果式(4-51)不成立，则可增大构件截面尺寸或提高混凝土强度等级。

4.5.3 框架结构侧移二阶效应的近似计算

《高层建筑混凝土结构技术规程》(JGJ 3—2010)规定,在水平荷载作用下,当框架结构满足下式规定时,可不考虑重力二阶效应的不利影响,即

$$D_i \geqslant 20\sum_{j=i}^{n} G_j / h_i (i=1,2,3,\cdots,n) \tag{4-52}$$

式中 D_i——第 i 楼层的弹性等效侧向刚度,可取该层剪力与层间位移的比值;

h_i——第 i 楼层层高;

G_j——第 j 楼层重力荷载设计值,取1.2倍的永久荷载标准值与1.4倍的楼面可变荷载标准值的组合值;

n——结构计算总层数。

对框架结构,当采用增大系数法近似计算结构因侧移产生的二阶效应(P-Δ 效应)时,应对未考虑 P-Δ 效应的一阶弹性分析所得的柱端和梁端弯矩 M 以及层间位移 Δ 分别按下式乘以增大系数 η_s:

$$M = M_{ns} + \eta_s M_s \tag{4-53}$$

$$\Delta = \eta_s \Delta_1 \tag{4-54}$$

式中 M_s——引起结构侧移的荷载或作用所产生的一阶弹性分析构件端弯矩设计值;

M_{ns}——不引起结构侧移荷载产生的一阶弹性分析构件端弯矩设计值;

Δ_1——一阶弹性分析的层间位移;

η_s——P-Δ 效应增大系数,其中梁端 η_s 取为相应节点处上、下柱端或上、下墙肢端 η_s 的平均值。

在框架结构中,所计算楼层各柱的 η_s 可按式(4-55)计算:

$$\eta_s = \frac{1}{1 - \frac{\sum N_j}{DH_0}} \tag{4-55}$$

式中 D——所计算楼层的侧向刚度,计算框架结构构件弯矩增大系数时,对梁、柱的截面弹性抗弯刚度 $E_c I$ 应分别乘以折减系数0.4、0.6,计算结构位移的增大系数 η_s 时,不对刚度进行折减;

N_j——所计算楼层第 j 列柱轴力设计值;

H_0——所计算楼层的层高。

4.6 荷载效应组合及构件设计

4.6.1 荷载效应组合

框架结构在各种荷载作用下的荷载效应(内力、位移等)确定之后,必须进行荷载效应组合,才能求得框架梁、柱各控制截面的最不利内力。

一般来说,对于构件某个截面的某种内力,并不一定是所有荷载同时作用时其内力最为

不利(即最大),而是在一些荷载同时作用下才能得到最不利内力。因此,必须对构件的控制截面进行最不利内力组合。

1. 控制截面及最不利内力

构件内力一般沿其长度变化。为了方便施工,构件配筋通常不完全与内力一样变化,而是分段配筋。设计时可根据内力图的变化特点,选取内力较大或截面尺寸改变处的截面作为控制截面,并按控制截面内力进行配筋计算。

框架梁的控制截面通常是梁两端支座处和跨中这三个截面。竖向荷载作用下梁支座截面是最大负弯矩(弯矩绝对值)和最大剪力作用的截面,水平荷载作用下还可能出现正弯矩。因此,梁支座截面处的最不利内力 $|M|_{max}$ 有最大负弯矩($-M_{max}$)、最大正弯矩($+M_{max}$)和最大剪力(V_{max});跨中截面的最不利内力一般是最大正弯矩($+M_{max}$),有时可能出现最大负弯矩($-M_{max}$)。

根据竖向及水平荷载作用下框架的内力图,可知框架柱的弯矩在柱的上、下两端截面最大,剪力和轴力在同一层柱内通常无变化或变化很小。因此,柱的控制截面为柱上、下端截面。柱属于偏心受力构件,随着截面上所作用的弯矩和轴力的不同组合,构件可能发生不同形态的破坏,故组合的不利内力类型有若干组。此外,同一柱端截面在不同内力组合时可能出现正弯矩或负弯矩,但框架柱一般采用对称配筋,所以只需选择绝对值最大的弯矩即可。综上所述,框架柱控制截面最不利内力组合一般有以下几种:

(1) $|M|_{max}$ 及其相应的 N 和 V。

(2) N_{max} 及其相应的 M 和 V。

(3) N_{min} 及其相应的 M 和 V。

(4) $|V|_{max}$ 及其相应的 N。

这四组内力组合的前三组用来计算柱正截面偏压或偏拉承载力,以确定纵向受力钢筋数量;第四组用来计算斜截面受剪承载力,以确定箍筋数量。

应当指出,由结构分析所得内力是构件轴线处的内力值,而梁支座截面的最不利位置是柱边缘处,如图 4-38 所示。此外,不同荷载作用下构件内力的变化规律也不同。因此,内力组合前应将各种荷载作用下柱轴线处梁的弯矩值换算到柱边缘处梁的弯矩值(图 4-38),然后进行内力组合。

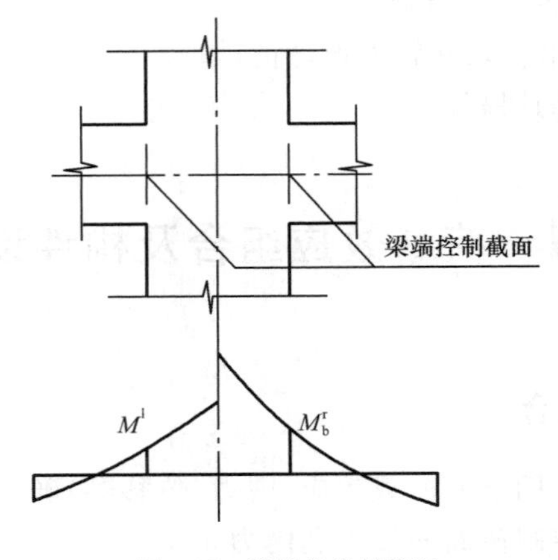

图 4-38 梁端的控制截面

2. 楼面活荷载的不利布置

永久荷载是长期作用于结构上的竖向荷载，结构内力分析时应按荷载的实际分布和数值作用于结构上，计算其效应。

楼面活荷载是随机作用的竖向荷载，对于框架房屋某层的某跨梁来说，它有时作用，有时不作用。如第 2 章所述，对于连续梁，应通过活荷载的不利布置确定其支座截面或跨中截面的最不利内力（弯矩或剪力）。对于多、高层框架结构，同样存在楼面活荷载不利布置问题，只是活荷载不利布置方式比连续梁更为复杂。一般来说，结构构件的不同截面或同一截面的不同种类的最不利内力，有不同的活荷载最不利布置。因此，活荷载的最不利布置需要根据截面位置及最不利内力种类分别确定。设计中，一般按下述方法确定框架结构楼面活荷载的最不利布置。

(1)分层分跨组合法

这种方法是将楼面活荷载逐层逐跨单独作用在框架结构上，分别计算出结构的内力。然后对结构上的各个控制截面上的不同内力，按照不利与可能的原则进行挑选与叠加，得到控制截面的最不利内力。这种方法的工作量很大，适用于计算机求解。

(2)最不利荷载布置法

对某一指定截面的某种最不利内力，可直接根据影响线原理确定产生此最不利内力的荷载位置，然后计算结构内力。图 4-39 所示为一无侧移的多层多跨框架某跨有活荷载时各杆的变形曲线，其中圆点表示受拉纤维的一边。

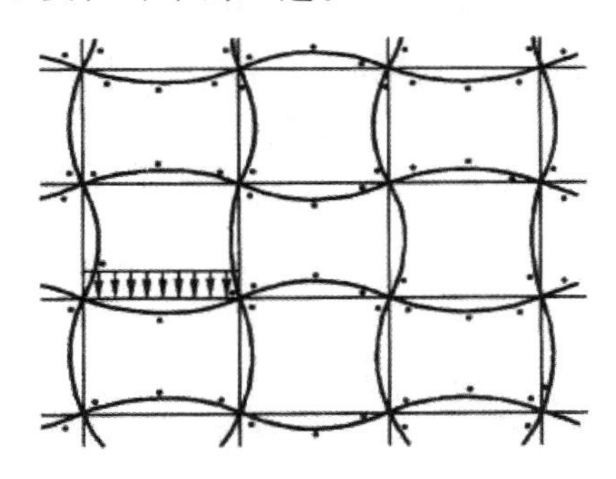

图 4-39　框架杆件的变形曲线

由图 4-39 可见，如果某跨有活荷载作用，则该跨跨中产生正弯矩，并使沿横向隔跨、竖向隔层然后隔跨隔层的各跨跨中引起正弯矩，还使横向邻跨、竖向邻层然后隔跨隔层的各跨跨中产生负弯矩。由此可见，如果要求某跨跨中产生最大正弯矩，则应在该跨布置活荷载，然后沿横向隔跨、竖向隔层的各跨也布置活荷载；如果要求某跨跨中产生最大负弯矩（绝对值），则活荷载布置恰好与上述相反。图 4-40(a)所示为 B_1C_1、D_1E_1、A_2B_2、C_2D_2、B_3C_3、D_3E_3、A_4B_4 和 C_4D_4 跨的各跨跨中产生最大正弯矩时活荷载的不利布置方式。

由图 4-39 可见，如果某跨有活荷载作用，则使该跨梁端产生负弯矩，并引起上、下邻层梁端负弯矩然后逐层相反，还引起横向邻跨近端梁端负弯矩和远端梁端正弯矩，然后逐层逐跨相反。按此规律，如果要求图 4-40(b)中 BC 跨梁 B_2C_2 的左端 B_2 产生最大负弯矩（绝对值），则可按此图布置活荷载。按此图活荷载布置计算得到 B_2 截面的负弯矩，即该截面的最大负弯矩（绝对值）。

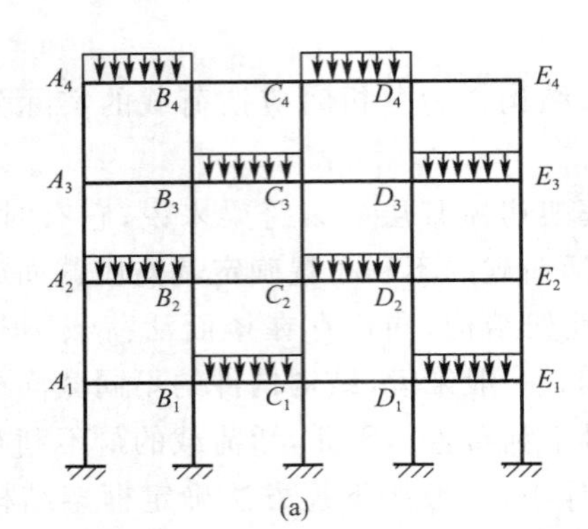

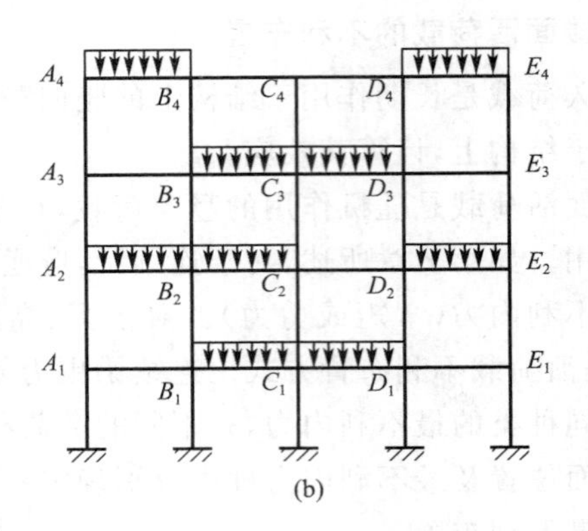

图 4-40　框架结构活荷载不利布置示例

对于梁和柱的其他截面，也可根据图 4-39 的规律得到最不利荷载布置。一般来讲，对应于一个截面的一种内力，就有一种最不利荷载布置，相应地须进行一次结构内力计算，这样计算工作量就很大。

目前，国内混凝土框架结构由恒荷载和楼面活荷载引起的单位面积重力荷载为 12～14 kN/m²，其中活荷载部分为 2～3 kN/m²，只占全部重力荷载的 15%～20%，活荷载不利分布的影响较小。因此，一般情况下，可以不考虑楼面活荷载不利布置的影响，而按活荷载满布各层各跨梁的一种情况计算内力。为了安全起见，实用上可将这样求得的梁跨中截面弯矩及支座截面弯矩乘以 1.1～1.3 的放大系数，活荷载大时可选用较大的数值。近似考虑活荷载不利分布影响时，梁正、负弯矩应同时予以放大。但是，当楼面活荷载大于 4 kN/m² 时，应考虑楼面活荷载不利布置引起的梁弯矩的增大。

风荷载和水平地震作用应考虑正、反两个方向的作用。如果结构对称，这两种作用均为反对称，只需要做一次内力计算，内力改变符号即可。

3. 效应组合

由于框架结构的侧移主要是由水平荷载引起的，通常不考虑竖向荷载对侧移的影响，所以荷载效应组合实际上是指内力组合。这是将各种荷载单独作用时所产生的内力，按照不利与可能的原则进行挑选与叠加，得到控制截面的最不利内力。内力组合时，既要分别考虑各种荷载单独作用时的不利分布情况，又要综合考虑它们同时作用的可能性。

持久设计状况和短暂设计状况下，当荷载与荷载效应按线性关系考虑时，荷载基本组合的效应设计值应按下式确定：

$$S=\gamma_G S_{Gk}+\gamma_L \varphi_Q \gamma_Q S_{Qk}+\varphi_W \gamma_W S_{Wk} \tag{4-56}$$

式中　S——荷载效应组合的设计值；

γ_G——永久荷载分项系数，当其效应对结构不利时，对由可变荷载效应控制的组合应取 1.2，对由永久荷载效应控制的组合应取 1.35，当其效应对结构有利时，应取 1.0；

γ_Q——楼面活荷载分项系数，一般情况下应取 1.4；

γ_W——风荷载分项系数，应取 1.4；

γ_L——考虑结构设计使用年限的荷载调整系数，设计使用年限为 50 年时取 1.0，设计使用年限为 100 年时取 1.1；

S_{Gk}——永久荷载效应标准值；

S_{Qk}——楼面活荷载效应标准值；

S_{Wk}——风荷载效应标准值；

φ_{Q}、φ_{W}——楼面活荷载组合值系数和风荷载组合值系数，当永久荷载效应起控制作用时应分别取 0.7 和 0.0，当可变荷载效应起控制作用时应分别取 1.0 和 0.6 或 0.7 和 1.0。

由式(4-55)一般可以做出以下几种组合：

(1)当永久荷载效应起控制作用(γ_{G} 取 1.35)时，仅考虑楼面活荷载效应参与组合，γ_{Q} 一般取 0.7，风荷载效应不参与组合(φ_{W} 取 0.0)，即

$$S=1.35S_{\mathrm{Gk}}+\gamma_{\mathrm{L}}\times0.7\times1.4S_{\mathrm{Qk}} \tag{4-57}$$

(2)当可变荷载效应起控制作用(γ_{G} 取 1.2 或 1.0)，而风荷载作为主要可变荷载、楼面活荷载作为次要可变荷载时，φ_{W} 取 1.0，φ_{Q} 取 0.7，即

$$S=1.2S_{\mathrm{Gk}}\pm1.0\times1.4S_{\mathrm{Wk}}+\gamma_{\mathrm{L}}\times0.7\times1.4S_{\mathrm{Qk}} \tag{4-58}$$

$$S=1.0S_{\mathrm{Gk}}\pm1.0\times1.4S_{\mathrm{Wk}}+\gamma_{\mathrm{L}}\times0.7\times1.4S_{\mathrm{Qk}} \tag{4-59}$$

(3)当可变荷载效应起控制作用(γ_{G} 取 1.2 或 1.0)，而楼面活荷载作为主要可变荷载、风荷载作为次要可变荷载时，φ_{Q} 取 1.0，φ_{W} 取 0.6，即

$$S=1.2S_{\mathrm{Gk}}+\gamma_{\mathrm{L}}\times1.0\times1.4S_{\mathrm{Qk}}\pm0.6\times1.4S_{\mathrm{Wk}} \tag{4-60}$$

$$S=1.0S_{\mathrm{Gk}}+\gamma_{\mathrm{L}}\times1.0\times1.4S_{\mathrm{Qk}}\pm0.6\times1.4S_{\mathrm{Wk}} \tag{4-61}$$

应当注意，式(4-56)～式(4-61)中，对书库、档案库、储藏室、通风机房和电梯机房等楼面活荷载较大且相对固定的情况下，其楼面活荷载组合值系数应由 0.7 改为 0.9。

4.6.2 构件设计

1.框架梁

框架梁属于受弯构件，应按受弯构件正截面受弯承载力计算所需要的纵向钢筋数量，按斜截面受剪承载力计算所需要的箍筋数量，并采取相应的构造措施。

为了避免梁支座处抵抗负弯矩的钢筋过分拥挤，以及在抗震结构中形成梁铰破坏机构增加结构的延性，可以考虑框架梁端塑性变形内力重分布。对竖向荷载作用下梁端负弯矩进行调整，即人为地减小梁端负弯矩，以减少节点附近梁上部钢筋。

设某框架梁 AB 在竖向荷载作用下，梁端最大负弯矩分别为 M_{A0}、M_{B0}，梁跨中最大正弯矩为 M_{C0}，则调幅后梁端弯矩可按下式计算：

$$M_{\mathrm{A}}=\beta M_{\mathrm{A0}} \tag{4-62}$$

$$M_{\mathrm{B}}=\beta M_{\mathrm{B0}} \tag{4-63}$$

式中 β——弯矩调幅系数。

对于现浇整体框架，可取 $\beta=0.8\sim0.9$；对于装配整体式框架，由于框架梁端的实际弯矩比弹性计算值要小，弯矩调幅系数允许取得低一些，一般取 $\beta=0.7\sim0.8$。

梁端弯矩调幅后，在相应荷载作用下的跨中弯矩将增加，如图 4-41 所示。这时应校核该梁的静力平衡条件，即调幅后梁端弯矩 M_{A}、M_{B} 的平均值与跨中最大正弯矩 M_{C0} 之和应不小于按简支梁计算的跨中弯矩值 M_0，即

$$\frac{|M_{\mathrm{A}}+M_{\mathrm{B}}|}{2}+M_{\mathrm{C0}}\geqslant M_0 \tag{4-64}$$

截面设计时，框架梁跨中截面正弯矩设计值不应小于竖向荷载作用下按简支梁计算的跨中截面弯矩设计值的 50%。

梁端弯矩调幅将增大梁的裂缝宽度及变形，故对裂缝宽度及变形控制较严格的结构不应进行弯矩调幅。

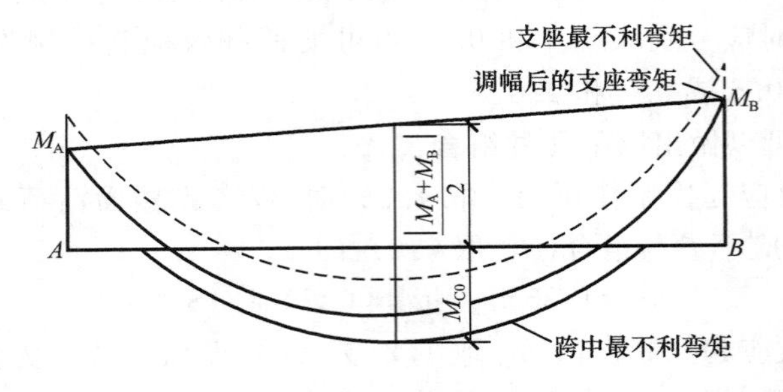

图 4-41　支座弯矩调幅

必须指出，弯矩调幅只对竖向荷载作用下的内力进行，即水平荷载作用产生的弯矩不参加调幅，因此，应先对竖向荷载作用下的框架梁弯矩进行调整，再与水平荷载产生的框架梁弯矩进行组合。

2. 框架柱

框架柱一般为偏心受压构件，通常采用对称配筋。柱中纵向钢筋数量应按偏心受压构件的正截面受压承载力计算确定；箍筋数量应按偏心受压构件的斜截面受剪承载力计算确定。下面对框架柱截面设计中的两个问题作补充说明。

(1)柱截面最不利内力的选取

经内力组合后，每根柱上、下两端组合的内力设计值通常有 6～8 组，应从中挑选出一组最不利内力进行截面配筋计算。但是，由于 M 与 N 的相互影响，很难找出哪一组为最不利内力。此时可根据偏心受压构件的判别条件，将这几组内力分为大偏心受压组和小偏心受压组。对于大偏心受压组，按照“弯矩相差不多时，轴力越小越不利；轴力相差不多时，弯矩越大越不利”的原则进行比较，选出最不利内力。对于小偏心受压组，按照“弯矩相差不多时，轴力越大越不利；轴力相差不多时，弯矩越大越不利”的原则进行比较，选出最不利内力。

(2)框架柱的计算长度 l_0

在偏心受压构件承载力计算中，考虑构件自身挠曲二阶效应的影响时，构件的计算长度取其支撑长度。对于一般多层房屋中的梁、柱为刚接的框架结构，当计算轴心受压框架柱稳定系数，以及计算偏心受压构件裂缝宽度的偏心距增大系数时，各层柱的计算长度 l_0 可按表 4-5 取用。

表 4-5　　框架结构各层柱的计算长度

楼盖类型	柱的类别	l_0
现浇楼盖	底层柱	$1.0H$
	其余各层柱	$1.25H$
装配式楼盖	底层柱	$1.25H$
	其余各层柱	$1.5H$

表 4-5 中的 H 为柱的高度，对底层柱取从基础顶面到一层楼盖顶面的高度；对其余各层柱取上、下两层楼盖顶面之间的距离。

3. 框架节点

因节点失效后果严重，故节点的重要性大于一般构件，因而有强节点弱构件的设计原则。节点设计应保证整个框架结构安全可靠、经济合理，且便于施工。在非地震区，框架节点的承载能力可通过相应构造措施来保证。

(1)一般要求

①混凝土强度

框架节点区的混凝土强度等级，应不低于柱子的混凝土强度等级。

②箍筋

在框架节点范围内箍筋按柱箍设置，并应符合现行混凝土设计规范柱中箍筋的构造要求。当顶层端节点内设有梁上部纵向钢筋和柱外侧纵向钢筋的搭接接头时，节点内水平箍筋的布置应依照纵向钢筋搭接范围内箍筋的布置要求确定。

③截面尺寸

如节点截面过小，梁、柱负弯矩钢筋配置数量过高时，以承受静力荷载为主的顶层端节点将由于核芯区斜压杆结构中压力过大，而发生核芯区混凝土的斜向压碎。因此对梁上部纵向钢筋的截面面积应加以限制，这也相当于限制节点的截面尺寸不能过小。《混凝土结构设计规范》(GB 50010—2010)规定，在框架顶层端节点处，计算所需梁上部钢筋的面积 A_s 应满足下式要求：

$$A_s \leqslant \frac{0.35\beta_c f_c b_b h_{b0}}{f_y} \tag{4-65}$$

式中 b_b——梁腹板宽度；

h_{b0}——梁截面有效高度。

(2)梁、柱纵向钢筋在节点区的锚固

①中间层中节点

框架中间节点梁上部纵向钢筋应贯穿中间节点，该钢筋自柱边伸向跨中的截断位置应根据梁端负弯矩确定。梁下部纵向钢筋的锚固与搭接要求如图 4-42 所示，当计算中不利用下部钢筋强度时，其伸入节点的锚固长度可按简支梁 $V>0.7f_cbh_0$ 的情况取用。否则，其下部纵向钢筋应伸入节点内锚固。图 4-42(a)为直线锚固方式，适用于柱截面尺寸较大的情况；图 4-42(b)所示为带 90°弯折的锚固方式，适用于柱截面尺寸不够的情况。锚固长度 l_a 在第 2 章已有介绍。梁下部纵向钢筋也可贯穿框架节点，在节点外梁内弯矩较小部位搭接，如图 4-42(c)所示。当计算中充分利用钢筋的抗压强度时，其下部纵向钢筋应按受压钢筋的要求锚固，锚固长度应不小于 $0.7l_a$。

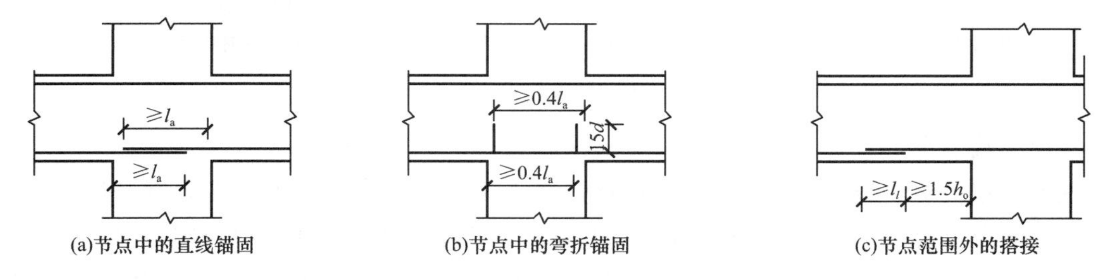

图 4-42 框架中间节点梁纵向钢筋的锚固与搭接

②中间层端节点

框架中间层端节点应将梁上部纵向钢筋伸至节点外并向下弯折，如图 4-43 所示。当柱截面尺寸足够时，框架梁的上部纵向钢筋可用直线方式伸入节点。梁下部纵向钢筋在端节点的锚固要求与中间节点相同。

框架柱纵向钢筋应贯穿中间层中节点和端节点。柱纵向钢筋接头位置应尽量选择在层高中间弯矩较小的区域。

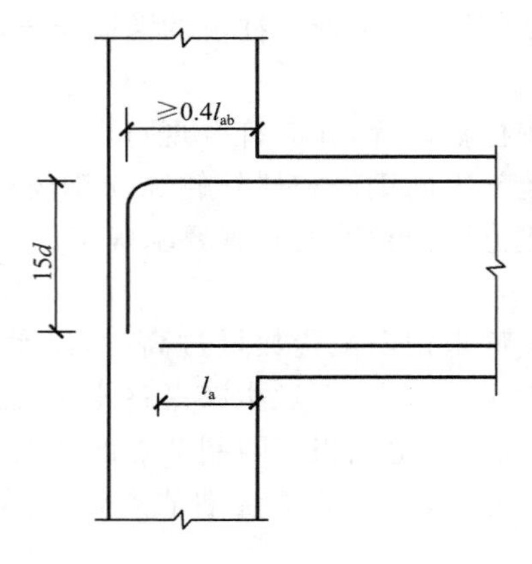

图 4-43　框架中间层端节点梁纵向钢筋的锚固

③顶层中节点

顶层柱的纵向钢筋应在节点内锚固。当顶层节点处梁截面高度足够时，柱纵向钢筋可用直线方式锚固，同时必须伸至梁顶面，如图 4-44(a)所示；当顶层节点处梁截面高度小于柱纵向钢筋锚固长度时，如图 4-44(b)所示，柱纵向钢筋应伸至梁顶面然后向节点内水平弯折；当楼盖为现浇，且板厚不小于 100 mm、混凝土强度等级不低于 C20 时，柱纵向钢筋水平段也可向外弯折，如图 4-44(c)所示。

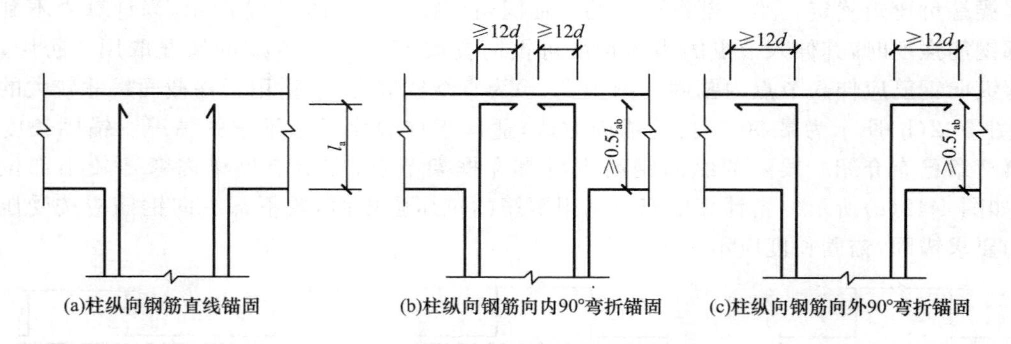

图 4-44　顶层中节点柱纵向钢筋的锚固

④顶层端节点

框架顶层端节点最好是将柱外侧纵向钢筋弯入梁内作为梁上部纵向受力钢筋使用，因为该做法施工方便，也可将梁上部纵向钢筋和柱外侧纵向钢筋在顶层端节点及其临近部位搭接，如图 4-45 所示。需要注意的是，顶层端节点的梁、柱外侧纵向钢筋不是在节点内锚固，而是在节点处搭接，因为在该节点处梁、柱弯矩相同。

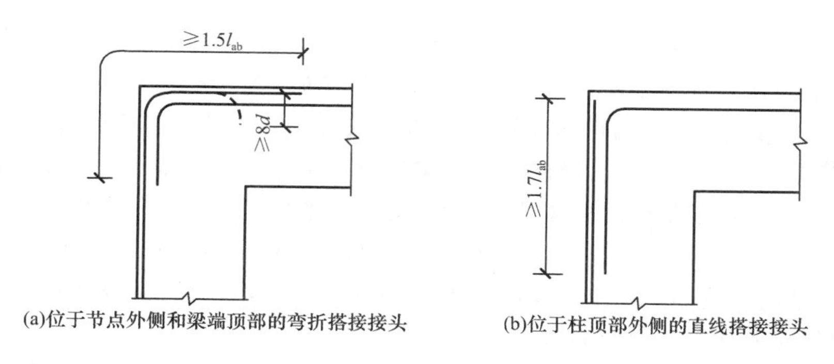

图 4-45　梁上部纵向钢筋与柱外侧纵向钢筋在顶层端节点的搭接

4.7　框架结构房屋基础

4.7.1　基础类型及其选择

房屋建筑中常用的基础类型有柱下独立基础、条形基础、十字交叉条形基础、筏形基础、箱形基础和桩基础等，如图 4-46 所示。设计时应根据场地的工程地质和水文地质条件、上部结构形式的层数和荷载大小、上部结构对地基土不均匀沉降以及倾斜的敏感程度、施工条件等因素，选择合理的基础类型。

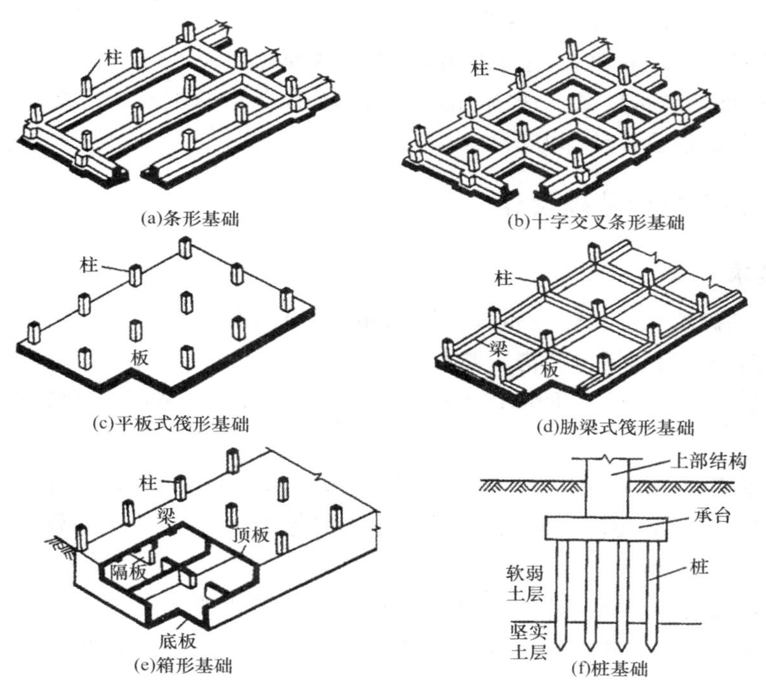

图 4-46　基础类型

当上部结构荷载较小或地基土坚实均匀且柱距较大时，可选用柱下独立基础，其计算与构造要求与单层工业厂房的柱下独立基础相同。

当采用独立基础会造成基础之间比较靠近甚至基础底面积互相重叠时，可将基础在一个方向或两个相互垂直的方向连接起来，形成条形基础(图 4-46(a))或十字交叉条形基础(图 4-46(b))。当上部结构的荷载比较均匀、地基土也比较均匀时，条形基础一般沿房屋纵向布置；但若上部结构的荷载沿横向分布不均匀或沿房屋横向地基土性质差别较大时，也可沿横向布置。为了增强基础的整体性，一般在垂直于条形基础的另一方向，每隔一定距离设置拉梁，将条形基础连为整体。十字交叉条形基础将上部结构在纵、横两个方向都较好地联系起来，这种基础的整体性比单向条形基础好，适用于上部结构的荷载分布在纵、横两个方向都很不均匀或地基土不均匀的房屋。

当采用十字交叉条形基础会造成基础的底面积几乎覆盖甚至超过建筑物的全部底面积时，可将建筑结构下的全部基础连为整体形成筏形基础，如图 4-46(c)、图 4-46(d)所示。筏形基础可以做成平板式或梁板式。平板式筏形基础(图 4-46(c))是一块等厚度的钢筋混凝土平板，其厚度通常为 1～3 m，故混凝土用量较大，但施工方便快捷。梁板式筏形基础(图 4-46(d))的底板较薄，但在底板上沿纵、横柱列布置有肋梁，以增强底板的刚度，改善底板的受力性能。优点是可节约混凝土用量，但施工较复杂。

当上部结构传来的荷载很大，需进一步增大基础刚度以减小不均匀沉降时，可采用箱形基础(图 4-46(e))。这种基础由钢筋混凝土底板、顶板和纵横交错的隔墙组成，其整体刚度很大，可使建筑物的不均匀沉降大大减小。箱形基础还可以作为人防、设备层以及储藏室使用。由于这种基础不需回填土，所以相应地提高了地基的有效承载力。

当地基土质太差，或上部结构的荷载较大以及上部结构对地基不均匀沉降很敏感时，可采用桩基础。桩基础由承台和桩两部分组成(图 4-46(f))。承台作为上部结构与桩之间的连接部件。桩基础的承载力大，稳定性好，但造价较高。

对多、高层框架结构房屋，一般采用柱下独立基础条形基础或十字交叉条形基础，本节仅介绍后两种基础的设计计算方法。

4.7.2 柱下条形基础设计

1. 构造要求

柱下条形基础的尺寸和构造如图 4-47 所示，其横截面一般呈倒 T 形，下部伸长部分称为翼板，中间部分称为肋梁。其构造要求如下：

(1)柱下条形基础梁的高度 h 宜为柱距的 1/8～1/4；翼板宽度 b_f 应按地基承载力计算确定。

(2)翼板厚度 h_f 不应小于 200 mm，当 $h_f=200\sim250$ mm 时，翼板可做成等厚度板；当 $h_f>250$ mm 时，宜采用变厚度板，其坡度宜小于或等于 1∶3。当柱荷载较大时，可在柱位处加腋，如图 4-47(a)所示。

(3)条形基础的端部宜向外伸出，其长度宜为第一跨距的 1/4。

(4)现浇柱与条形基础梁的交接处，其基础梁平面尺寸不应小于图 4-47(c)的规定。

2. 基础底面积的确定

基础底面积应按地基承载力计算确定，即基底的压力应符合下列要求：

$$p_k \leqslant f_a \tag{4-66}$$

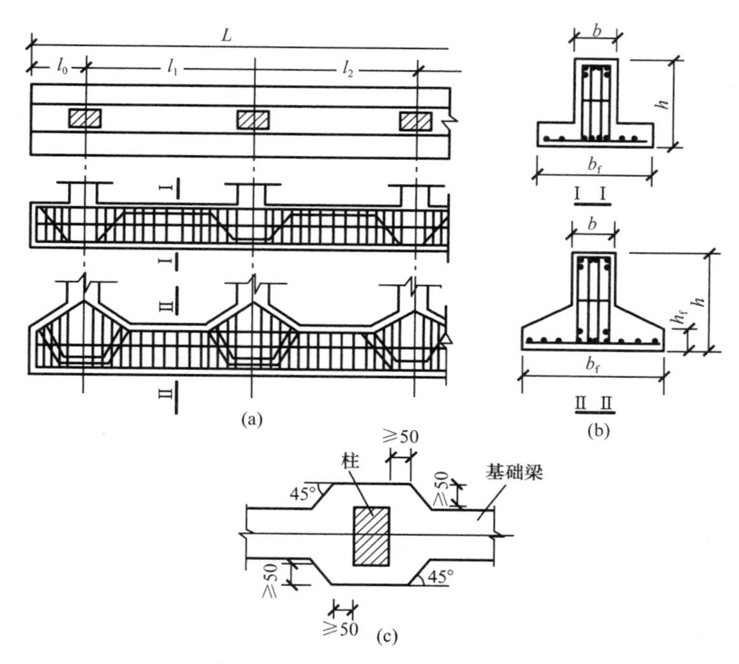

图 4-47　柱下条形基础的尺寸和构造

$$p_{k,max} \leqslant 1.2 f_a \tag{4-67}$$

式中　p_k——相应于荷载效应标准组合时，基础底面处的平均压力值(kPa)；

$p_{k,max}$——相应于荷载效应标准组合时，基础底面边缘的最大压力值(kPa)；

f_a——修正后的地基承载力特征值，按《建筑地基基础设计规范》(GB 50007—2011)确定。

按上式验算地基承载力时，须计算基底压力 p_k 和 $p_{k,max}$。为此，应先确定基底压力的分布。基底压力的分布，除与地基因素有关外，实际上还受基础刚度及上部结构刚度的制约。《建筑地基基础设计规范》(GB 50007—2011)规定：在比较均匀的地基上，上部结构刚度较好，荷载分布较均匀，且条形基础梁的高度不小于 1/6 柱距时，基底压力可按直线分布，条形基础梁的内力可按连续梁计算。当不满足上述要求时，宜按弹性地基梁计算。下面仅说明基底压力为直线分布时，p_k 和 $p_{k,max}$ 的确定方法。

将条形基础看作长度为 L、宽度为 b_f 的刚性矩形基础。计算时先确定荷载合力的位置，然后调整基础两端的悬臂长度，使荷载合力的重心尽可能与基底形心重合，则基底压力为均匀分布(图 4-48(a))，并按下式计算：

$$p_k = \frac{\sum F_k + G_k}{b_f L} \tag{4-68}$$

式中　$\sum F_k$——相应于荷载效应标准组合时，上部结构传至基础顶面的竖向力值总和；

G_k——基础自重和基础上部的土重。

如果荷载合力不可能调整到与基底形心重合，则基底压力为梯形分布(图 4-48(b))，并按下式计算：

$$\frac{p_{k,max}}{p_{k,min}} = \frac{\sum F_k + G_k}{b_f L}\left(1 \pm \frac{6e}{L}\right) \tag{4-69}$$

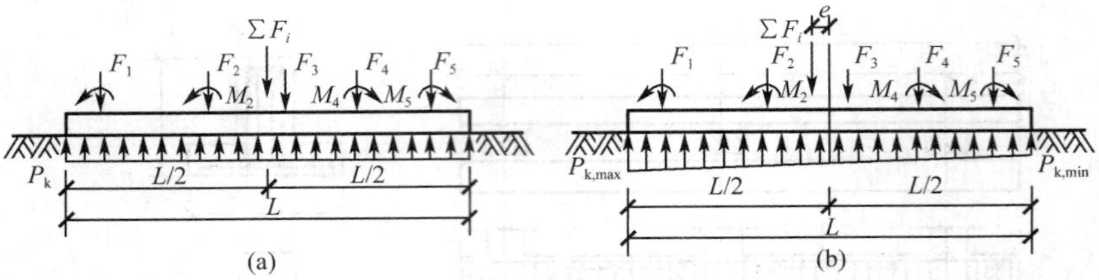

图 4-48　条形基础基底压力分布

式中　e——荷载合力在基础长度方向的偏心距。

当基底压力为均匀分布时，在基础长边 L 确定后，由式(4-66)和式(4-68)可直接确定翼板宽度 b_{f}，即

$$b_{\mathrm{f}} \geqslant \frac{\sum F_{\mathrm{k}}}{(f_{\mathrm{a}} - \gamma_{\mathrm{a}} d)L} \tag{4-70}$$

式中　γ_{a}——基础及回填土的平均重度，一般取 20 kN/m^3；

d——基础埋深，从设计地面或室内外平均设计地面算起。

当基底压力为梯形分布时，可先按式(4-70)求出 b_{f}，将 b_{f} 乘以 1.2～1.4；然后将如此求出的 b_{f} 及其他参数代入式(4-69)计算基底压力，并须满足式(4-66)和式(4-67)，其中 $p_{\mathrm{k}} = (p_{\mathrm{k,max}} + p_{\mathrm{k,min}})/2$。如不满足要求，则可调整 b_{f}，直至满足为止。

3. 基础内力分析

在实际工程中，柱下条形基础梁内力常采用静力平衡法或倒梁法等简化方法计算。下面简要介绍倒梁法的计算要点。

倒梁法假定上部结构是刚性的，各柱之间没有沉降差异，又因基础刚度颇大可将柱脚视为条形基础的铰支座，支座之间不产生相对竖向位移。如假定基座压力为直线分布，则在基底净反力 $p_{\mathrm{n}} b_{\mathrm{f}}$ 以及除去柱的竖向集中力所余下的各种作用(包括局部荷载、柱传来的力矩等)下，条形基础犹如一倒置的连续梁，其计算简图如图 4-49(a)所示。

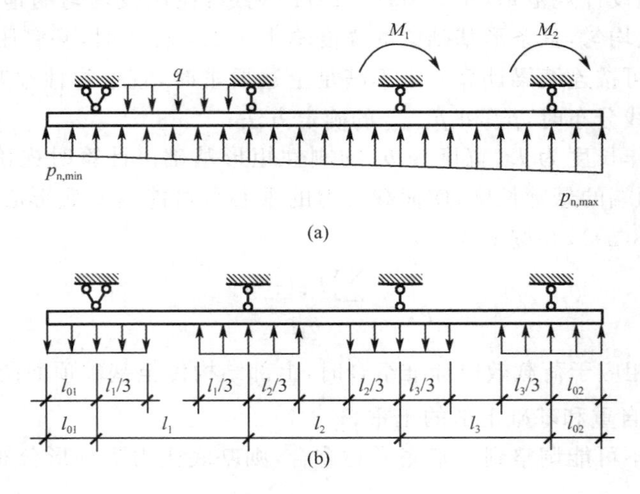

图 4-49　倒梁法计算简图

考虑到按倒梁法计算时，基础及上部结构的刚度都较好，由上部结构、基础与地基共同工作所引起的枳架作用较强，基础梁两端部的基底压力可能会比直线分布的压力有所增加。

因此，按倒梁法所求得的条形基础梁边跨跨中弯矩及第一内支座的弯矩值宜乘以 1.2。

另外，用倒梁法计算所得的支座反力一般不等于原先用以计算基底净反力的竖向柱荷载。若二者相差超过工程容许范围，可做必要的调整。即将支座压力与竖向柱荷载的差值折算成分布荷载 Δq（支座处的不平衡力），均匀分布在相应支座两侧各 1/3 跨度范围内（图 4-49(b)），进行基础梁内力计算，并与第一次的计算结果叠加。可进行多次调整，直至支座反力接近柱荷载为止。

当满足下列条件时，可以用倒梁法计算柱下条形基础的内力：①上部结构的整体刚度较好；②基础梁高度大于 1/6 的平均柱距；③地基压缩性、柱距和荷载分布都比较均匀。

在基底净压力作用下，倒 T 形截面的基础梁其翼板的最大弯矩和剪力发生在肋梁边缘截面，可沿基础梁长度方向取单位板宽，按倒置的悬臂板计算翼板的内力。

4. 配筋计算与构造

条形基础配筋包括肋梁和翼板两部分。肋梁中的纵向受力钢筋应采用 HRB400、HRBF400、HRB500、HRBF500 级钢筋；翼板中的受力钢筋宜采用 HRB400、HRBF400、HRB500、HRBF500、HRB335、HPB300 级钢筋。箍筋可采用 HRB400、HRB500、HRB335、HPB300 级钢筋。混凝土强度等级不应低于 C20。

肋梁应进行正截面受弯承载力计算。取跨中截面弯矩按 T 形截面计算梁顶部的纵向钢筋，将计算配筋全部贯通，或部分纵向钢筋弯下以负担支座截面的负弯矩；取支座截面弯矩按矩形截面计算梁底部的纵向受力钢筋，并将不少于 1/3 底部受力钢筋总截面面积的钢筋通长布置，其余钢筋可在适当部位切断。纵向受力钢筋的直径不应小于 12 mm，配筋率不应小于 0.2% 和 $0.45f_t/f_y$ 中的较大值。当梁的腹板高度 h_w（$h_w=h_0-h_f$，h_f 为翼缘厚度，h_0 为梁截面有效高度）$\geqslant$450 mm 时，在梁的两个侧面应沿高度配置纵向构造钢筋，每侧纵向构造钢筋（不包括梁上、下部受力钢筋及架立钢筋）的截面面积不应小于腹板截面面积 bh_w 的 0.1%，其间距不宜大于 200 mm。

肋梁还应进行斜截面受剪承载力计算。根据支座截面处的剪力设计值计算所需要的箍筋和弯筋数量。由于基础梁截面较大，所以通常须采用四肢箍筋，箍筋直径不宜小于 8 mm，间距不应大于 15 倍的纵向受力钢筋直径，也不应大于 300 mm。在梁跨度的中部，箍筋间距可适当放大。

翼板的受力钢筋按悬臂板根部弯矩计算。受力钢筋直径不宜小于 10 mm，间距不宜大于 200 mm，也不宜小于 100 mm；纵向分布钢筋的直径不小于 8 mm，间距不大于 300 mm，每延米分布钢筋的面积不小于受力钢筋面积的 1/10。

4.7.3 柱下十字交叉条形基础设计

柱下十字交叉条形基础是由柱网下的纵、横两组条形基础组成的结构，柱网传来的集中荷载和力矩作用在条形基础的交叉点上。这种基础内力的精确计算比较复杂，目前工程设计中多采用简化方法，即对于力矩不予分配，由力矩所在平面的单向条形基础负担；对于竖向荷载则按一定原则分配到纵、横两个方向的条形基础上，然后分别按单向条形基础进行内力计算和配筋。

1. 节点荷载的分配

节点荷载按下列原则进行分配：①满足静力平衡条件，即各节点分配到纵、横基础梁上的荷载之和应等于作用在该节点上的荷载；②满足变形协调条件，即纵、横基础梁在交叉节点处的沉降相等。

根据上述原则，对图 4-50 所示的各种节点，可按下列方法进行节点荷载分配。

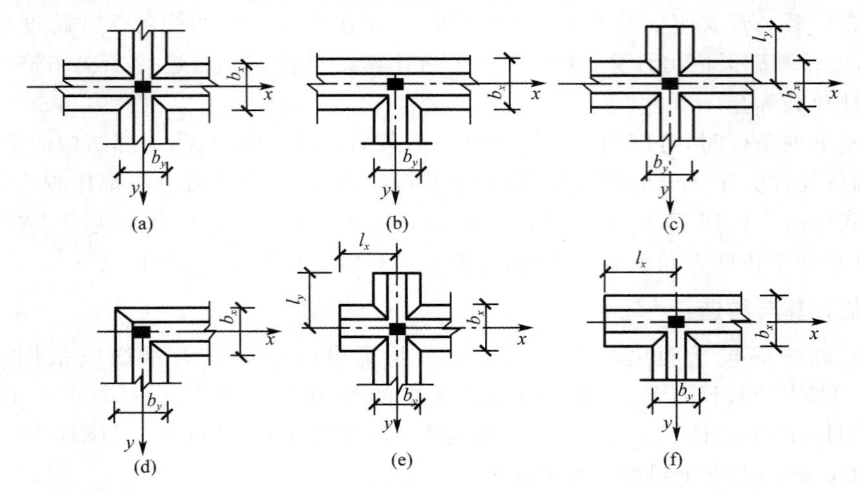

图 4-50　十字交叉条形基础节点类型

(1)内柱节点(图 4-50(a))

$$\left.\begin{aligned}F_{xi}&=\frac{b_xS_x}{b_xS_x+b_yS_y}F_i\\F_{yi}&=\frac{b_yS_y}{b_xS_x+b_yS_y}F_i\end{aligned}\right\}\tag{4-71}$$

$$S_x=\sqrt[4]{\frac{4EI_x}{kb_x}},S_y=\sqrt[4]{\frac{4EI_y}{kb_y}}\tag{4-72}$$

式中　F_i——作用在节点 i 由上部结构传来的竖向集中力；

F_{xi}、F_{yi}——节点 i 上 x、y 方向条形基础所承担的荷载；

b_x、b_y——x、y 方向的基础梁的底面宽度；

S_x、S_y——x、y 方向的基础梁弹性特征长度；

I_x、I_y——x、y 方向的基础梁截面惯性矩；

k——地基的基床系数；

E——基础梁材料的弹性模量。

(2)边柱节点(图 4-50(b))

$$\left.\begin{aligned}F_{xi}&=\frac{4b_xS_x}{4b_xS_x+b_yS_y}F_i\\F_{yi}&=\frac{b_yS_y}{4b_xS_x+b_yS_y}F_i\end{aligned}\right\}\tag{4-73}$$

当边柱有伸出悬臂长度时(图 4-50(c))，则荷载分配为

$$\left.\begin{aligned}F_{xi}&=\frac{\alpha b_xS_x}{\alpha b_xS_x+b_yS_y}F_i\\F_{yi}&=\frac{b_yS_y}{\alpha b_xS_x+b_yS_y}F_i\end{aligned}\right\}\tag{4-74}$$

当悬臂长度 $l_y=(0.6\sim0.75)S_y$ 时，系数 α 可由表 4-6 查得。

表 4-6 α 和 β 值表

l/S	0.60	0.62	0.64	0.65	0.66	0.67	0.68	0.69	0.70	0.71	0.73	0.75
α	1.43	1.41	1.38	1.36	1.35	1.34	1.32	1.31	1.30	1.29	1.26	1.24
β	2.80	2.84	2.91	2.94	2.97	3.00	3.03	3.05	3.08	3.10	3.18	3.23

(3)角柱节点

对图 4-50(d)所示的角柱节点，节点荷载可按式(4-70)分配。为了减缓角柱节点处基底反力过于集中，纵、横两个方向的条形基础常有伸出悬臂(图 4-50(e))，当 $l_x=(0.6\sim0.75)S_x$，$l_y=(0.6\sim0.75)S_y$ 时，节点荷载的分配公式也同式(4-70)。

当角柱节点仅有一个方向伸出悬臂时(图 4-50(f))，则荷载分配为

$$F_{xi}=\frac{\beta b_x S_x}{\beta b_x S_x+b_y S_y}F_i$$

$$F_{yi}=\frac{b_y S_y}{\beta b_x S_x+b_y S_y}F_i \tag{4-75}$$

当悬臂长度 $l_x=(0.6\sim0.75)S_x$ 时，系数 β 可查表 4-6。表中 l 表示 l_x 或 l_y，S 相应地为 S_x 或 S_y。

2. 节点分配荷载的调整

按以上方法进行柱荷载分配后，可分别按纵、横两个方向的条形基础计算。在交叉点处，这样计算将会使基底重叠部分面积重复计算一次，结果使基底反力减小，计算结果偏于不安全，故在节点荷载分配后还需按下述方法进行调整。

(1)调整前的基底平均反力

$$p=\frac{\sum F}{\sum A+\sum \Delta A} \tag{4-76}$$

式中 $\sum F$—— 十字交叉条形基础上竖向荷载的总和；

$\sum A$—— 十字交叉条形基础的基底总面积；

$\sum \Delta A$—— 十字交叉条形基础节点处重叠面积之和。

(2)基底反力增量

$$\Delta p=\frac{\sum \Delta A}{\sum A}p \tag{4-77}$$

(3)节点 i 在 x、y 方向的分配荷载增量

$$\left.\begin{aligned}\Delta F_{xi}&=\frac{F_{xi}}{F_i}\Delta A_i\cdot\Delta p\\ \Delta F_{yi}&=\frac{F_{yi}}{F_i}\Delta A_i\cdot\Delta p\end{aligned}\right\} \tag{4-78}$$

(4)调整后节点 i 在 x、y 方向的分配荷载

$$\left.\begin{aligned}F_{xi}'&=F_x+\Delta F_{xi}\\ F_{yi}'&=F_y+\Delta F_{yi}\end{aligned}\right\} \tag{4-79}$$

3. 方法的适用范围

在推导式(4-70)～(4-74)时，忽略了相邻柱荷载的影响，这只在相邻柱距大于 πS_x 或 πS_y 时才是合理的。因此，当相邻柱距(或相邻节点之间的距离)大于 πS_x 或 πS_y 时，才可用上述公式进行节点荷载的分配。

4.8 多层框架结构设计实例

4.8.1 设计资料

某办公楼为 9 层现浇钢筋混凝土框架结构，柱网布置如图 4-51 所示，各层层高均为 3.6 m。拟建房屋所在地的基本雪压 $s_0=0.40\ \mathrm{kN/m^2}$，基本风压 $w_0=0.80\ \mathrm{kN/m^2}$，地面粗糙度为 B 类，不考虑抗震设防。设计使用年限为 50 年。

年降雨量为 650 mm，常年地下水位于地表下 6.5 m，水质对混凝土无侵蚀性。地基承载力特征值 $f_{ak}=160\ \mathrm{kN/m^2}$。

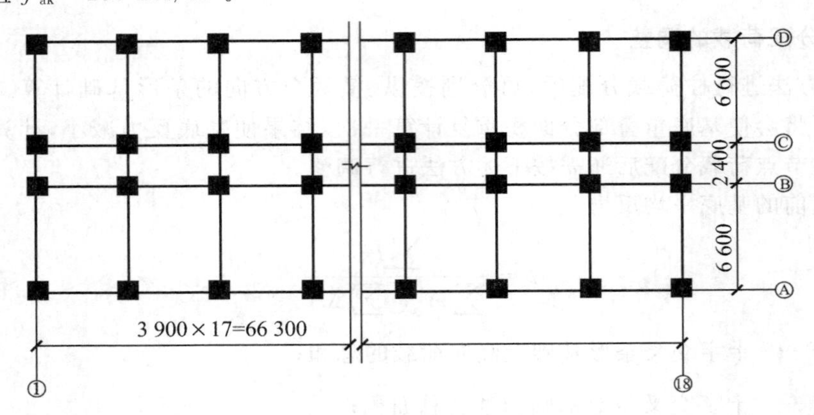

图 4-51 柱网布置

4.8.2 梁、柱截面尺寸及计算简图

楼盖及屋盖均采用现浇混凝土结构，楼板厚度取 100 mm。梁截面高度按梁跨度的 1/18～1/10 估算，由此估算的梁截面尺寸见表 4-7，表中还给出了各层梁、板和柱的混凝土强度等级。其强度设计值为：C30($f_c=14.3\ \mathrm{kN/m^2}$，$f_t=1.43\ \mathrm{kN/m^2}$)；C25($f_c=11.9\ \mathrm{kN/m^2}$，$f_t=1.27\ \mathrm{kN/m^2}$)。

表 4-7　梁截面尺寸(mm)及各层混凝土强度等级

层次	混凝土强度等级	横梁($b\times h$)		纵梁($b\times h$)
		AB 跨、CD 跨	BC 跨	
1、2	C30	300×650	300×450	300×450
3～9	C25	300×650	300×450	300×450

柱截面尺寸根据式(4-1)估算。各层的重力荷载可近似取 14 kN/m²，由图 4-51 可知边

柱及中柱的负载面积分别为 3.9 m×3.3 m 和 3.9 m×4.5 m。由式(4-1)和式(4-2)可得第1层柱截面面积为

边柱　$A_c \geqslant 1.2\dfrac{N}{f_c} = \dfrac{1.2\times(1.25\times3.9\times3.3\times14\times10^3\times9)}{14.3} = 170\ 100\ \text{mm}^2$

中柱　$A_c \geqslant 1.2\dfrac{N}{f_c} = \dfrac{1.2\times(1.25\times3.9\times4.5\times14\times10^3\times9)}{14.3} = 231\ 955\ \text{mm}^2$

如取柱截面为正方形，则边柱和中柱截面尺寸分别为 412 mm 和 482 mm。根据上述估算结果并综合考虑其他因素，本设计柱截面尺寸取值为：1 层 550 mm×550 mm；2～9 层 500 mm×500 mm。

基础选用条形基础，基础埋深取 2.2 m(自室外地坪算起)，肋梁高度取 1.3 m，室内、外地坪高度差为 0.5 m。

本例仅取一榀横向框架进行分析，其计算简图如图 4-52 所示。取顶层柱的形心线作为框架柱的轴线，各层柱轴线重合；梁轴线取在板底处，2～9 层柱计算高度即层高，取 3.6 m；底层柱计算高度从基础梁顶面取至一层板底，即 $h_1 = 3.6+0.5+2.2-1.3-0.1=4.9$ m。

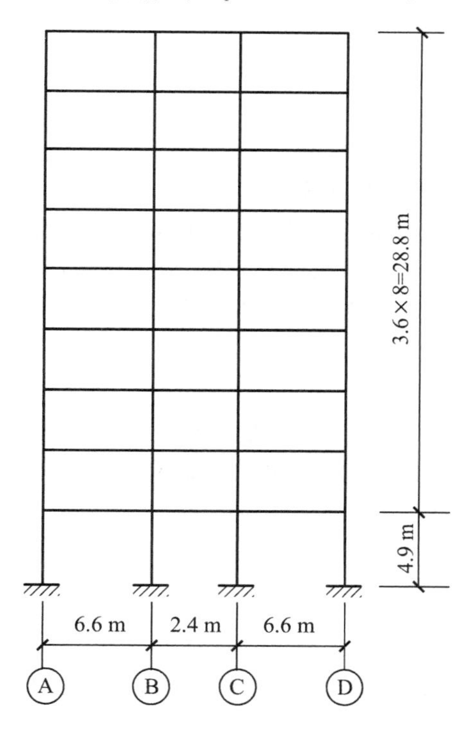

图 4-52　横向框架计算简图

4.8.3　重力荷载和水平荷载计算

1. 重力荷载计算

(1)屋面及楼面的永久荷载标准值

屋面(上人)：

30 mm 厚细石混凝土保护层　　　　$24\times0.03=0.72\ \text{kN/m}^2$

三毡四油防水层	$0.40\ kN/m^2$
20 mm 厚水泥砂浆找平层	$20\times0.02=0.40\ kN/m^2$
150 mm 水泥蛭石保温层	$5\times0.15=0.75\ kN/m^2$
100 mm 厚钢筋混凝土板	$25\times0.10=2.50\ kN/m^2$
	$4.77\ kN/m^2$

1～8 层楼面：

瓷砖地面(包括水泥粗砂打底)	$0.55\ kN/m^2$
100 mm 厚钢筋混凝土板	$25\times0.10=2.50\ kN/m^2$
V 形轻钢龙骨吊顶	$0.20\ kN/m^2$
	$3.25\ kN/m^2$

(2)屋面及楼面的可变荷载标准值

上人屋面均布活荷载标准值	$2.0\ kN/m^2$
楼面活荷载标准值(房间)	$2.0\ kN/m^2$
楼面活荷载标准值(走廊)	$2.5\ kN/m^2$
屋面雪荷载标准值	$s_k=\mu_r\cdot s_0=1.0\times0.40=0.40\ kN/m^2$

式中　u_r——屋面积雪分布系数，取 $u_r=1.0$。

(3)梁、柱、墙、门、窗等重力荷载计算

梁、柱可根据截面尺寸、材料密度等计算出单位长度的重力荷载，因计算楼、屋面的永久荷载时，已考虑了板的自重，故在计算梁的自重时，应从梁截面高度中减去板的厚度。

内墙为 250 mm 厚的水泥空心砖($9.6\ kN/m^3$)，两侧均为 20 mm 厚抹灰，则墙面单位面积重力荷载为

$$9.6\times0.25+17\times0.02\times2=3.08\ kN/m^2$$

外墙也为 250 mm 厚的水泥空心砖，外墙面贴瓷砖($0.5\ kN/m^2$)，内墙面为 20 mm 厚抹灰($0.34\ kN/m^2$)，则外墙墙面单位面积重力荷载为

$$9.6\times0.25+0.5+0.34=3.24\ kN/m^2$$

外墙窗尺寸为 1.5 m×1.8 m，单位面积自重为 $0.4\ kN/m^2$。

2. 风荷载计算

风荷载标准值按式 $\omega_k=\beta_z\mu_s\mu_z\omega_0$ 计算。基本风压 $\omega_0=0.8\ kN/m^2$，风荷载体型系数 $\mu_s=0.8$(迎风面)、$\mu_s=-0.5$(背风面)。因 $H=33.7$ m>30 m，且 $H/B=33.7/15.6=2.16>1.5$，所以应考虑风振系数。

房屋总高度 $H=33.7$ m，迎风面宽度 $B=66.3$ m，则框架结构的横向自振周期为

$$T_1=0.25+0.53\times10^{-3}\frac{H^2}{\sqrt[3]{B}}=0.25+0.53\times10^{-3}\frac{33.7^2}{\sqrt[3]{15.6}}=0.49\ s$$

风振系数由式(4-4)计算，其中 $g=2.5$，$I_{10}=0.14$，$f_1=1/T_1=1/0.49=2.0$ Hz。由式(4-6)和式(4-5)分别计算 x_1、R，其中，$k_w=1.0$，$\zeta_1=0.05$，则

$$x_1=\frac{30f_1}{\sqrt{k_w w_0}}=\frac{30\times2.0}{\sqrt{1.0\times0.8}}=67.08>5$$

$$R=\sqrt{\frac{\pi}{6\zeta_1}\frac{x_1^2}{(1+x_1^2)^{4/3}}}=\sqrt{\frac{3.14}{6\times0.05}\times\frac{67.08^2}{(1+67.08^2)^{4/3}}}=0.796$$

竖直方向的相关系数 ρ_z 和水平方向的相关系数 ρ_x 分别按式(4-8(a))和(4-8(b))计算如下：

$$\rho_z=\frac{10\sqrt{H+60e^{-H/60}-60}}{H}=\frac{10\sqrt{33.7+60e^{-33.7/60}-60}}{33.7}=0.835$$

$$B=66.3\ \text{m}\leqslant 2H=2\times33.7=67.4\ \text{m}$$

$$\rho_x=\frac{10\sqrt{B+50e^{-B/50}-50}}{B}=\frac{10\sqrt{66.3+50e^{-15.6/50}-50}}{66.3}=1.097$$

由表 4-2 得 $k=0.670$，$\alpha_1=0.187$，代入式(4-7)得脉动风荷载的背景分量因子 B_z：

$$B_z=kH^{\alpha_1}\rho_x\rho_z\frac{\varphi_1(z)}{\mu_z(z)}=0.670\times33.7^{0.187}\times1.097\times0.835\frac{\varphi_1(z)}{\mu_z(z)}=1.185\frac{\varphi_1(z)}{\mu_z(z)}$$

将上式数据代入式(4-4)得

$$\beta_z=1+2gI_{10}B_z\sqrt{1+R^2}=1+2\times2.5\times0.14\times1.185\frac{\varphi_1(z)}{\mu_z(z)}\sqrt{1+0.796^2}$$

$$=1+1.060\frac{\varphi_1(z)}{\mu_z(z)}$$

其中

$$\varphi_1(z)=(z/H)[2-(z/H)]$$

在图 4-51 中，取其中一榀横向框架计算，则沿房屋高度的分布风荷载标准值为

$$q(z)=3.9\times0.8\mu_s\mu_z\beta_z$$

$q(z)$的计算结果见表 4-8，沿框架结构高度的分布见图 4-53(a)。内力及侧移计算时，可按静力等效原理将分布风荷载转换为节点集中荷载，如图 4-53(b)所示。每层层高范围内的水平荷载视为沿高度的均布荷载与三角形荷载之和，1～3 层计算如下：

$$F_1=(3.207+2.005)\times(4.9+3.6)\times\frac{1}{2}+[(3.659-3.207)+(2.287-2.005)]\times3.6\times\frac{1}{2}\times\frac{1}{3}$$

$$=22.591\ \text{kN}$$

$$F_2=(3.207+2.005+3.659+2.287)\times3.6\times\frac{1}{2}+[(3.659-3.207)+(2.287-2.005)]\times3.6\times\frac{1}{2}\times\frac{2}{3}+$$

$$[(4.192-3.659)+(2.620-2.287)]\times3.6\times\frac{1}{2}\times\frac{1}{3}=20.0844+0.8808+0.5196=21.4848\ \text{kN}$$

$$F_3=(3.659+2.287+4.192+2.620)\times3.6\times\frac{1}{2}+[(4.192-3.659)+(2.620-2.287)]\times3.6\times\frac{1}{2}\times\frac{2}{3}+$$

$$[(4.749-4.192)+(2.968-2.620)]\times3.6\times\frac{1}{2}\times\frac{1}{3}=22.9644+1.0392+0.5430=24.5466\ \text{kN}$$

表 4-8　沿房屋高度风荷载标准值　kN/m

层次	z/m	z/H	$\varphi_1(z)$	μ_z	β_z	$q_1(z)$	$q_2(z)$
9	33.7	1.000	1.000	1.438	1.737	6.235	3.897
8	30.1	0.893	0.989	1.391	1.754	6.090	3.806
7	26.5	0.786	0.954	1.334	1.758	5.854	3.659
6	22.9	0.680	0.898	1.276	1.746	5.561	3.476

（续表）

层次	z/m	z/H	$\varphi_1(z)$	μ_z	β_z	$q_1(z)$	$q_2(z)$
5	19.3	0.573	0.818	1.216	1.713	5.199	3.249
4	15.7	0.466	0.715	1.144	1.663	4.749	2.968
3	12.1	0.359	0.589	1.055	1.592	4.192	2.620
2	8.5	0.252	0.440	1.000	1.466	3.659	2.287
1	4.9	0.145	0.269	1.000	1.285	3.207	2.005

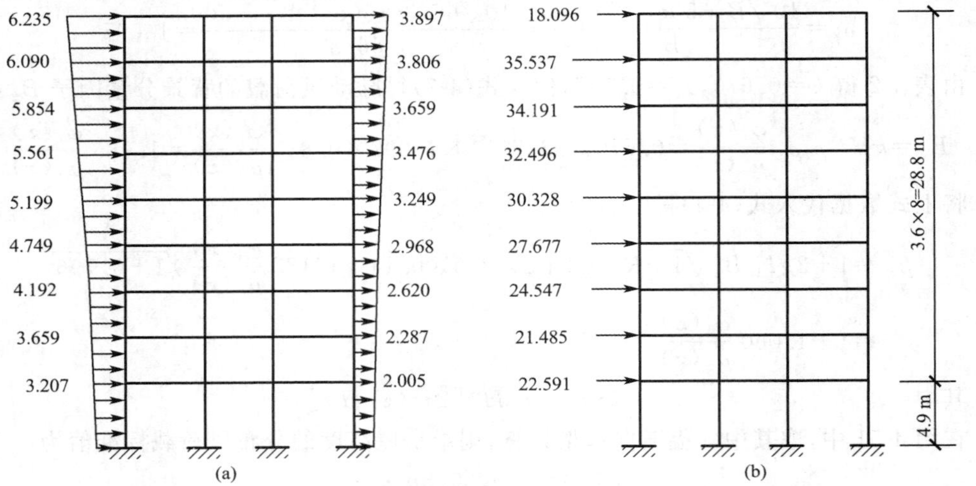

图 4-53　框架结构上的风荷载

4.8.4　竖向荷载作用下框架结构内力分析

1. 计算简图及计算单元

仍取中间框架进行计算。取两轴线之间的长度作为计算单元宽度，如图 4-54 所示。

因梁板为整体现浇，且各区格为双向板，故直接传给横梁的楼面荷载为梯形分布荷载（边梁）或三角形分布荷载（走廊梁），计算单元内的其余荷载通过纵梁以集中荷载的形式传给框架柱。另外，本例中纵梁轴线与柱轴线不重合，所以作用在框架上的荷载还有集中力矩。框架横梁自重以及直接作用在横梁上的填充墙自重则按均布荷载考虑。竖向荷载作用下框架结构计算简图如图 4-55 所示。

2. 荷载计算

下面以 2～8 层的恒荷载计算为例，说明荷载计算方法，其余荷载计算过程从略，计算结果见表 4-9。

在图 4-55 中 q_0 及 q_0'包括梁自重（扣除板自重）和填充墙自重。

$$q_0=25\times0.3\times(0.65-0.1)+3.08\times(3.6-0.65)=13.21\ \text{kN/m}$$

$$q_0'=25\times0.3\times(0.45-0.1)=2.63\ \text{kN/m}$$

q_1、q_2 为板自重传给横梁的梯形及三角形分布荷载峰值，即

$$q_1=3.25\times3.9=12.68\ \text{kN/m}$$

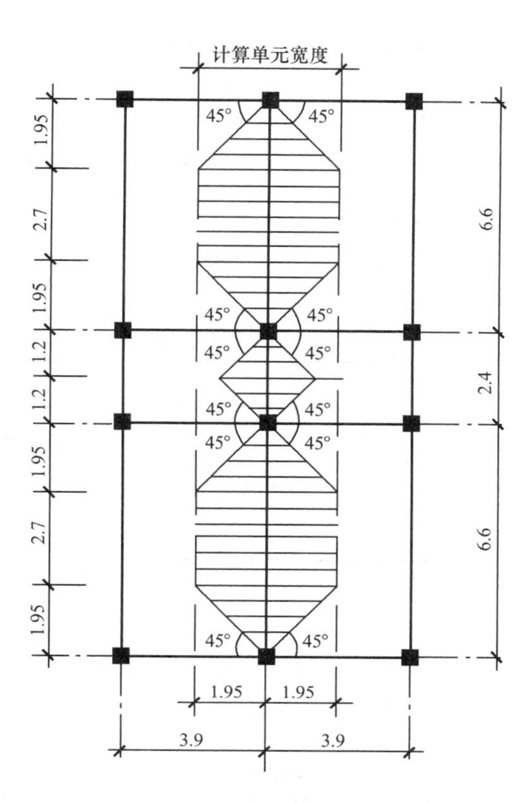

图 4-54　框架的计算单元

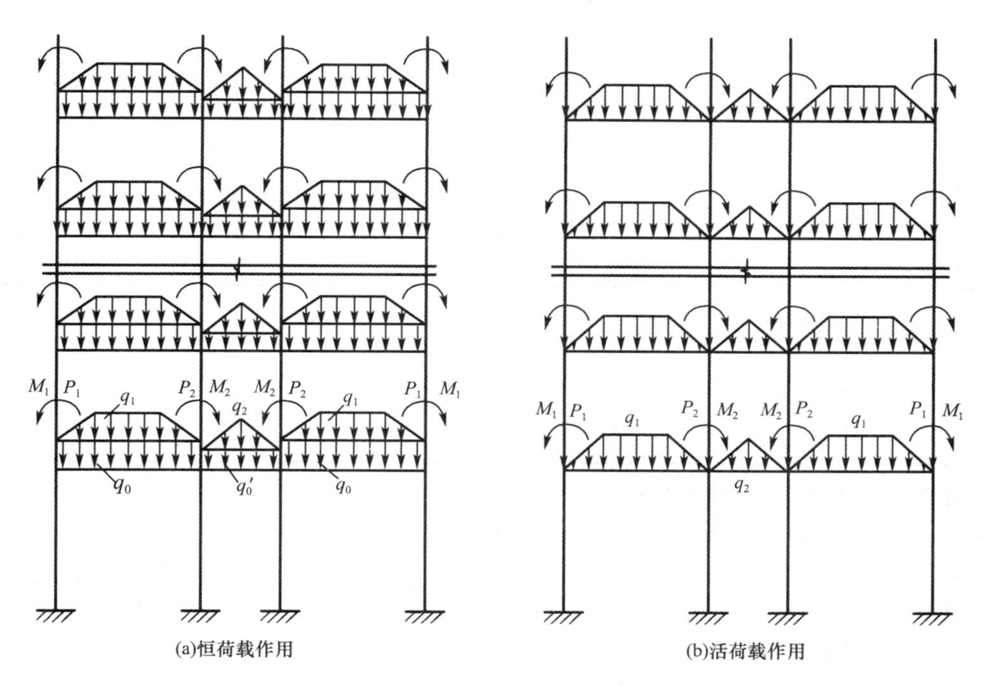

图 4-55　竖向荷载作用下框架结构计算简图

$$q_2=3.25\times 2.4=7.80\ \text{kN/m}$$

p_1、p_2 为通过纵梁传给柱的板自重、纵梁自重、纵墙自重，M_1、M_2 为产生的集中力矩。

$p_1=25\times0.3\times(0.45-0.1)\times3.9+3.25\times1.95^2+3.24\times[(3.6-0.45)\times(3.9-0.5)-1.5\times1.8]+1.5\times1.8\times0.4=49.63\ \text{kN}$

$p_2=25\times0.3\times(0.45-0.1)\times3.9+3.25\times7.04+3.08\times(3.6-0.45)\times(3.9-0.5)=66.10\ \text{kN}$

$$M_1=49.63\times\left(\frac{500-300}{2}\right)=4.96\ \text{kN}\cdot\text{m}$$

$$M_2=66.10\times0.1=6.61\ \text{kN}\cdot\text{m}$$

具体结果见表 4-9。

表 4-9　各层梁上的竖向荷载标准值

层数	恒荷载								活荷载					
	q_0	q'_0	q_1	q_2	p_1	p_2	M_1	M_2	q_1	q_2	p_1	p_2	M_1	M_2
9	4.13	2.63	19.38	11.93	45.0	45.24	4.50	4.52	7.8	4.8	7.61	14.09	0.76	1.41
2～8	13.21	2.63	12.68	7.8	49.63	66.10	4.96	6.61	7.8	6.0	7.61	15.71	0.76	1.57
1	13.21	2.63	12.68	7.8	49.12	65.62	4.91	6.56	7.8	6.0	7.61	15.71	0.76	1.57

注：表中 q_0，q'_0，q_1，q_2 的量纲为 kN/m；p_1，p_2 的量纲为 kN；M_1，M_1 的量纲为 kN·m。

3. 梁、柱线刚度计算

框架梁线刚度 $i_b=EI_b/l$，因取中框架计算，故 $i_b=2E_cI_0/l$，其中 I_0 为按 $b\times h$ 的矩形截面梁计算所得的梁截面惯性矩，计算结果见表 4-10。柱线刚度 $i_c=E_cI_c/h_c$，计算结果见表 4-11。

表 4-10　梁线刚度　N·mm

类别	层次	$E_c/(\text{N}\cdot\text{mm}^{-2})$	$b\times h$/mm	I_0/mm^4	l/mm	$i_b=\frac{2E_cI_0}{l}$
边梁	3～9	2.8×10^4	300×650	6.866×10^9	6 600	5.826×10^{10}
	1～2	3.0×10^4	300×650	6.866×10^9	6 600	6.242×10^{10}
走道梁	3～9	2.8×10^4	300×450	2.278×10^9	2 400	5.315×10^{10}
	1～2	3.0×10^4	300×450	2.278×10^9	2 400	5.695×10^{10}

表 4-11　柱线刚度　N·mm

层次	层高	$b\times h$	E_c	I_c	$i_b=\frac{E_cI_c}{h_c}$
3～9	3 600	500×500	2.8×10^4	5.208×10^9	4.051×10^{10}
2	3 600	500×500	3.0×10^4	5.208×10^9	4.34×10^{10}
1	4 900	550×550	3.0×10^4	7.626×10^9	4.669×10^{10}

4. 竖向荷载作用下框架内力计算

本例中，因结构和荷载均对称，故取对称轴一侧的框架为计算对象，且中间跨梁取为竖向滑动支座。因除底层和顶层的荷载数值不同外，其余各层荷载的分布和数值均相同，所以为简化计算，沿竖向取 5 层框架，其中 1、2 层代表原结构的底部两层，第 3 层代表原结构的 3～7 层，4、5 层代表原结构的顶部两层，如图 4-56 所示。

用 4.3.2 小节所述弯矩二次分配法计算杆端弯矩，首先计算杆端弯矩分配系数。下面以第 1 层两个框架节点的杆端弯矩分配系数计算为例，说明计算方法，其中 S_A、S_B 分别表示节点和中节点各杆端的转动刚度之和。

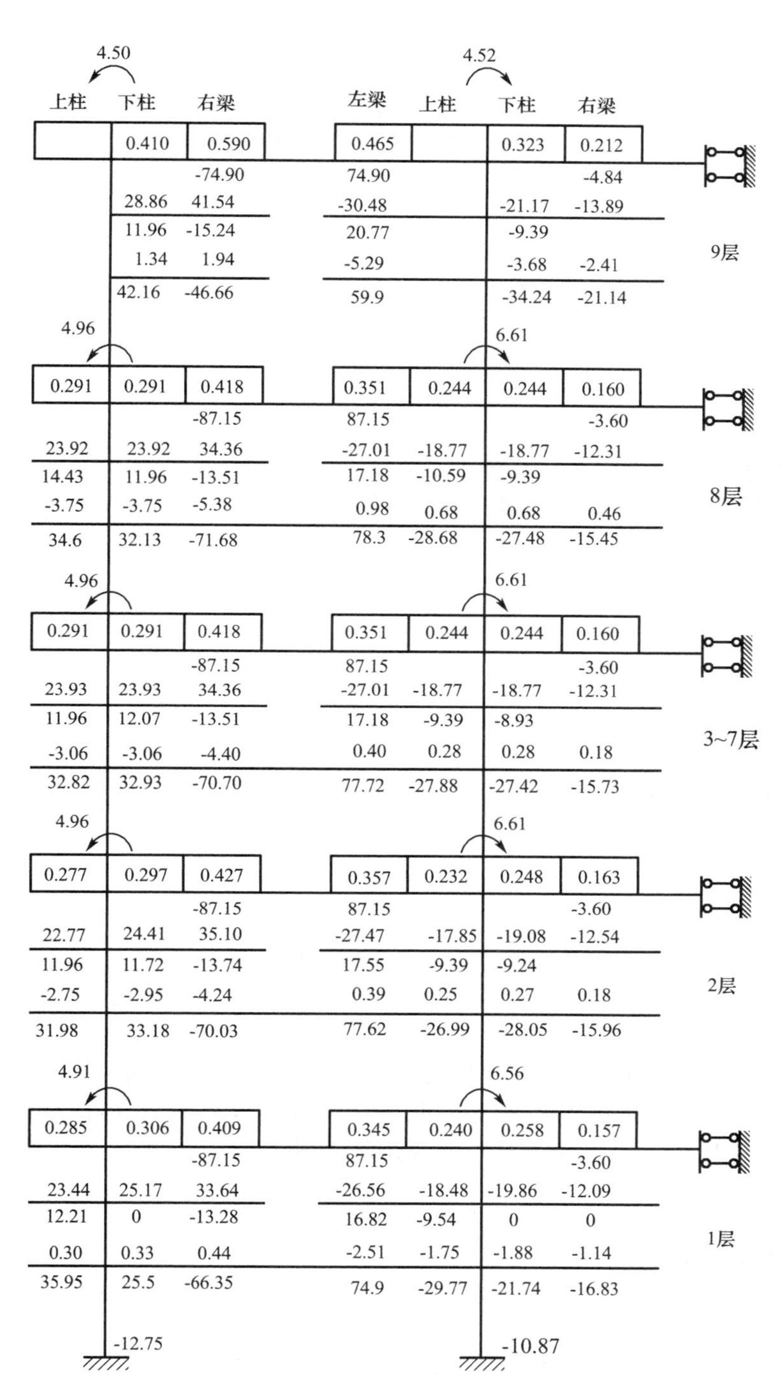

图 4-56 恒荷载作用下框架结构的弯矩二次分配

$$S_A = 4 \times (4.34 + 4.669 + 6.242) \times 10^{10} = 4 \times 15.251 \times 10^{10}$$

$$S_B = 4 \times (4.34 + 4.669 + 6.242) \times 10^{10} + 2 \times 5.695 \times 10^{10} = 72.394 \times 10^{10}$$

$$\mu_{上柱}^{A} = \frac{4 \times 4.34}{4 \times 15.251} = 0.285$$

$$\mu^{A}_{下柱}=\frac{4\times 4.669}{4\times 15.251}=0.306$$

$$\mu^{A}_{右梁}=\frac{6.242}{15.251}=0.409$$

$$\mu^{B}_{上柱}=\frac{4\times 4.34}{72.394}=0.240$$

$$\mu^{B}_{下柱}=\frac{4\times 4.669}{72.394}=0.258$$

$$\mu^{B}_{左梁}=\frac{4\times 6.242}{72.394}=0.345$$

$$\mu^{B}_{右梁}=\frac{2\times 5.695}{72.394}=0.157$$

其余各节点的杆端弯矩分配系数计算过程从略,计算结果见图 4-56。

其次,计算杆件固端弯矩。现以在恒荷载作用下第 1 层的边梁和走廊梁为例说明计算方法。

边梁的固端弯矩为

$$\begin{aligned}M_{A}&=-\frac{1}{12}q_{0}l^{2}-\frac{1}{12}q_{1}l^{2}(1-2\alpha^{2}+\alpha^{3})\\&=-\frac{1}{12}\times 13.21\times 6.6^{2}-\frac{1}{12}\times 12.68\times 6.6^{2}\times(1-2\times 0.295^{2}+0.295^{3})\\&=-87.15\ \text{kN}\cdot\text{m}\end{aligned}$$

走廊梁的固端弯矩为

$$\begin{aligned}M_{B}&=-\frac{1}{12}q'_{0}l^{2}-\frac{1}{12}\times\frac{5}{8}q_{2}l^{2}\\&=-\frac{1}{12}\times 2.63\times 2.4^{2}-\frac{1}{12}\times\frac{5}{8}\times 7.8\times 2.4^{2}=-3.60\ \text{kN}\cdot\text{m}\end{aligned}$$

恒荷载作用下框架各节点的弯矩分配以及杆端分配弯矩的传递过程在图 4-56 中进行,最后得到的杆端弯矩应为固端弯矩、分配弯矩和传递弯矩的代数和,不得再计入节点力矩。梁跨间最大弯矩根据梁两端的杆端弯矩及作用于梁上的荷载,用平衡条件求得。活荷载作用下框架结构的弯矩分配与传递过程从略。恒荷载与活荷载的弯矩图如图 4-57 所示。

根据作用于梁上的荷载及梁端弯矩,用平衡条件可求得梁端剪力及梁跨中截面弯矩。将柱两侧的梁端剪力、节点集中力及柱轴力叠加,即得柱轴力。例如,在恒荷载作用下,第 9 层 B 柱上端的轴力为

$$N^{u}_{B}=69.98+12.10+45.24=127.32\ \text{kN}$$

该层柱下端的轴力要计入柱自重,即

$$N^{b}_{B}=127.32+25\times 0.5\times 0.5\times 3.6=149.82\ \text{kN}$$

梁端剪力、柱轴力见表 4-12。

表 4-12　竖向荷载作用下梁端剪力及柱轴力　kN

层次	恒荷载内力							活荷载内力				
	梁端剪力			A 柱轴力		B 柱轴力		梁端剪力			柱轴力	
	v_A	V^{l}_{B}	$v^{r}_{B}=v^{l}_{C}$	N^{u}_{A}(上)	N^{b}_{A}(下)	N^{u}_{B}(上)	N^{b}_{B}(下)	v_A	V^{l}_{B}	$v^{r}_{B}=v^{l}_{C}$	N_A	N_B
9	65.98	69.98	12.10	110.98	133.48	127.32	149.82	24.05	19.71	3.6	31.66	37.4
8	78.16	80.17	9.0	261.27	283.77	305.09	327.59	21.55	22.21	4.5	60.28	79.82
7	78.10	80.23	9.0	411.5	434	482.92	505.42	21.50	22.25	4.5	89.93	122.28

（续表）

层次	恒荷载内力							活荷载内力				
	梁端剪力			A 柱轴力		B 柱轴力		梁端剪力			柱轴力	
	v_A	V_B^l	$v_B^r=v_C^l$	N_A^u(上)	N_A^b(下)	N_B^u(上)	N_B^b(下)	v_A	V_B^l	$v_B^r=v_C^l$	N_A	N_B
6	78.10	80.23	9.0	561.73	584.23	660.75	683.25	21.50	22.25	4.5	119.04	164.74
5	78.10	80.23	9.0	711.96	734.46	838.58	861.08	21.50	22.25	4.5	148.15	207.2
4	78.10	80.23	9.0	862.19	884.69	1 016.41	1 038.91	21.50	22.25	4.5	177.26	249.66
3	78.10	80.23	9.0	1 012.42	1 034.92	1 194.24	1 216.74	21.50	22.25	4.5	206.37	292.12
2	78.06	80.28	9.0	1 162.61	1 185.11	1 372.12	1 394.62	21.49	22.27	4.5	257.74	334.6
1	78.87	80.46	9.0	1 312.1	1 349.16	1 549.7	1 586.76	21.44	22.31	4.5	286.76	377.12

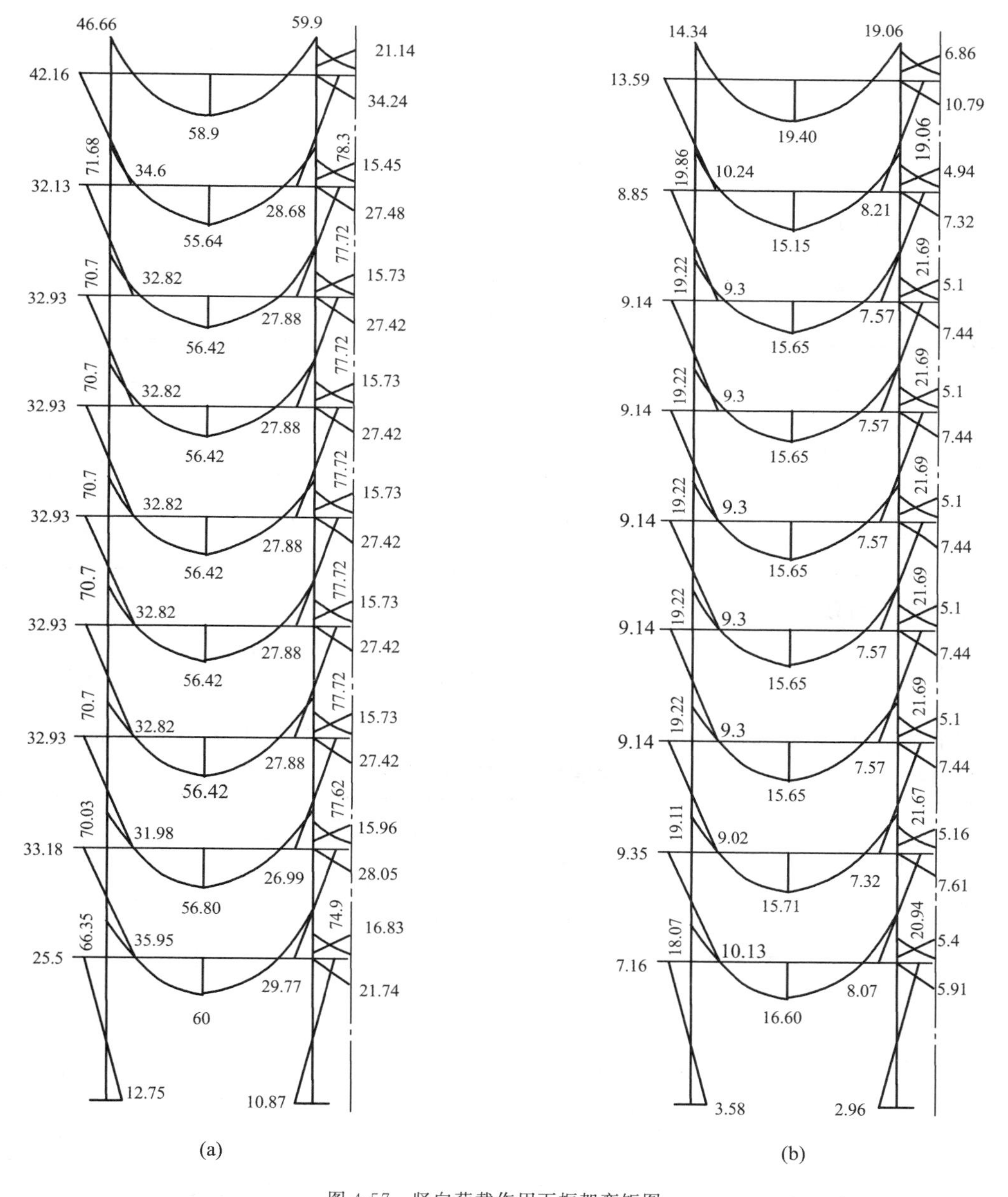

图 4-57　竖向荷载作用下框架弯矩图

4.8.5 风荷载作用下框架结构分析

1. 框架结构侧向刚度计算

柱侧向刚度按式(4-21(a))、或(4-22(a))计算，其中 α_c 按表 4-3 所列公式计算。梁、柱线刚度分别见表 4-10、表 4-11。现以第 3 层边柱与中柱为例说明计算过程：

$$\overline{K}=\frac{i_1+i_2}{2i_c}=\frac{5.826+6.242}{2\times 4.051}=1.490 \quad \alpha_c=\frac{\overline{K}}{2+\overline{K}}=\frac{1.490}{2+1.490}=0.427$$

$$D_{31}=\alpha_c\frac{12i_c}{h^2}=0.427\times\frac{12\times 4.051\times 10^{10}}{3\ 600^2}=16\ 016\ \text{N/mm}^2$$

$$\overline{K}=\frac{i_1+i_2+i_3+i_4}{2i_c}=\frac{5.826+5.315+6.242+5.695}{2\times 4.051}=2.848$$

$$\alpha_c=\frac{\overline{K}}{2+\overline{K}}=\frac{2.848}{2+2.848}=0.587$$

$$D_{32}=\alpha_c\frac{12i_c}{h^2}=0.587\times\frac{12\times 4.051\times 10^{10}}{3\ 600^2}=22\ 018\ \text{N/mm}^2$$

其余各层柱侧向刚度计算过程从略，结果见表 4-13。

表 4-13 各层柱侧向刚度 *D* 值 N/mm

层次	边框			中框			$\sum D$
	$\overline{K}$	α_c	D_{i1}	$\overline{K}$	α_c	D_{i2}	
4～9	1.438	0.418	15 679	2.750	0.579	21 718	74 794
3	1.490	0.427	16 016	2.848	0.587	22 018	76 068
2	1.438	0.418	16 797	2.750	0.579	23 267	80 128
1	1.377	0.550	12 834	2.557	0.671	15 658	56 984

2. 侧移二阶效应的考虑

首先需按式(4-39)验算是否须考虑侧移二阶效应的影响，式中 $\sum_{j=i}^{n}G_j$ 可根据表 4-12 中各层柱下端截面的轴力计算，且换算为设计值，其中 $\gamma_G=1.2$，$\gamma_Q=1.4$，计算结果见表 4-14。

表 4-14 各楼层重力荷载设计值计算

层次	层高	恒荷载轴力标准值		活荷载轴力标准值		G_j	G_j/h_i
		A	B	A	B		
9	3.6	133.48	149.82	31.66	37.4	873.29	242.58
8	3.6	283.77	327.59	60.82	79.82	1 861.06	516.96
7	3.6	434	505.42	89.93	122.28	2 848.80	791.33
6	3.6	584.23	683.25	119.04	164.74	3 836.54	1 065.71
5	3.6	734.46	861.08	148.15	207.2	4 824.28	1 340.08
4	3.6	884.69	1 038.91	177.26	249.66	5 812.02	1 614.45
3	3.6	1 034.92	1 216.74	206.37	292.12	6 799.76	1 888.82
2	3.6	1 185.11	1 394.62	257.74	334.6	7 849.90	2 180.53
1	4.9	1 349.16	1 586.76	286.76	377.12	8 905.07	1 817.36

比较表 4-14 相应数值可见，各层均满足式(4-52)的要求，即本例的框架结构不需要考虑二阶效应影响。

3. 框架结构侧移验算

根据图 4-53(b)所示的水平荷载，由式(4-10)计算层间剪力，依据表 4-13 所列的层间刚度，按式(4-28)计算各层的相对位移，计算过程见表 4-15。由于该房屋的高宽比($H/B=33.7/15.6=2.16$)较小，故可以不考虑柱轴向变形产生的侧移。

按式(4-41)进行侧移验算，验算结果也列在表 4-15 中，可见，各层的层间位移角均小于 1/550，满足要求。

表 4-15　　层间剪力及侧移计算

层次	9	8	7	6	5	4	3	2	1
F_i	18.096	35.537	34.191	32.496	30.328	27.677	24.547	21.485	22.591
V_i	18.096	53.633	87.824	120.32	150.648	178.325	202.872	224.357	246.948
$\sum D$	74 794	74 794	74 794	74 794	74 794	74 794	76 068	80 128	56 984
Δu_i	0.24	0.72	1.17	1.61	2.01	2.38	2.67	2.80	4.33
$\Delta u_i/h_i$	1/15 000	1/5 000	1/3 077	1/2 250	1/1 791	1/1 513	1/1 348	1/1 286	1/831

4. 框架结构内力计算

按式(4-15)计算各柱的分配剪力，然后按式(4-39)、式(4-40)计算柱端弯矩。由于结构对称，故只需计算一根边柱与一根中柱的内力，计算过程见表 4-16。表 4-16 中的反弯点高度比 y 是按式(4-34)确定的，其中标准反弯点高度比 y_n 查均布荷载作用下的相应值，第 3 层柱考虑了修正值 y_1，第 2 层柱考虑了修正值 y_3，底层柱考虑了修正值 y_2，其余柱均无修正。

表 4-16　　风荷载作用下各层框架柱端弯矩计算

层次	层高/m	V_i/kN	D_i/(N·mm^{-1})	边柱						中柱					
				D_{i1}	V_{i1}	$\overline{K}$	y	M_{i1}^{b}	M_{i1}^{u}	D_{i2}	V_{i1}	$\overline{K}$	y	M_{i2}^{b}	M_{i2}^{u}
9	3.6	18.096	74 794	15 679	3.793	1.438	0.394	5.38	8.275	21 718	5.248	2.750	0.450	8.502	10.391
8	3.6	53.633	74 794	15 679	11.263	1.438	0.423	17.151	23.396	21 718	15.554	2.750	0.450	25.197	30.797
7	3.6	87.824	74 794	15 679	18.443	1.438	0.450	29.878	36.517	21 718	25.469	2.750	0.488	44.744	46.944
6	3.6	120.32	74 794	15 679	25.267	1.438	0.472	42.934	48.028	21 718	34.893	2.750	0.500	62.807	62.807
5	3.6	150.648	74 794	15 679	31.636	1.438	0.472	53.756	60.133	21 718	43.688	2.750	0.500	78.638	78.638
4	3.6	178.325	74 794	15 679	37.448	1.438	0.472	63.632	71.181	21 718	51.714	2.750	0.500	93.085	93.085
3	3.6	202.872	76 068	16 016	42.714	1.490	0.500	76.885	76.885	22018	58.721	2.848	0.500	105.698	105.698
2	3.6	224.357	80 128	16 797	47.031	1.438	0.500	84.656	84.656	23 267	65.147	2.750	0.500	117.265	117.265
1	4.9	246.948	56 984	12 834	55.618	1.337	0.616	167.877	104.651	15 658	67.856	2.557	0.550	182.872	149.622

注：表中剪力 V 的量纲为 kN；弯矩 M 的量纲为 kN·m。

梁端弯矩按式(4-20)、式(4-21)计算,然后由平衡条件求出梁端剪力及柱轴力,计算过程见表 4-17。在图 4-53 所示的风荷载作用下,框架左侧的边柱轴力和中柱轴力均为拉力,右侧的两根柱轴力均为压力,总拉力与总压力数值相等,符号相反。

表 4-17　风荷载作用下梁端弯矩、剪力及轴力计算值

层次	边梁				走廊梁				柱轴力	
	M_b^l	M_b^r	l	V_b	M_b^l	M_b^r	l	V_b	边柱	中柱
9	8.275	5.434	6.6	2.077	4.957	4.957	2.4	4.131	2.077	2.054
8	28.776	20.553	6.6	7.474	18.746	18.746	2.4	15.622	9.551	10.202
7	53.668	37.730	6.6	13.848	34.411	34.411	2.4	28.676	23.399	25.030
6	77.906	56.249	6.6	20.327	51.302	51.302	2.4	42.752	43.726	47.455
5	103.067	73.976	6.6	26.825	67.469	67.469	2.4	56.224	70.551	76.854
4	124.937	89.811	6.6	32.538	81.912	81.912	2.4	68.260	103.089	112.576
3	140.517	103.964	6.6	37.043	94.819	94.819	2.4	79.016	140.132	154.549
2	161.541	116.590	6.6	42.142	106.373	106.373	2.4	88.644	182.274	201.051
1	189.307	139.558	6.6	49.828	127.329	127.329	2.4	106.108	232.102	257.331

注:表中剪力和轴力的量纲为 kN;弯矩的量纲为 kN·m;梁跨度 l 的量纲为 m。

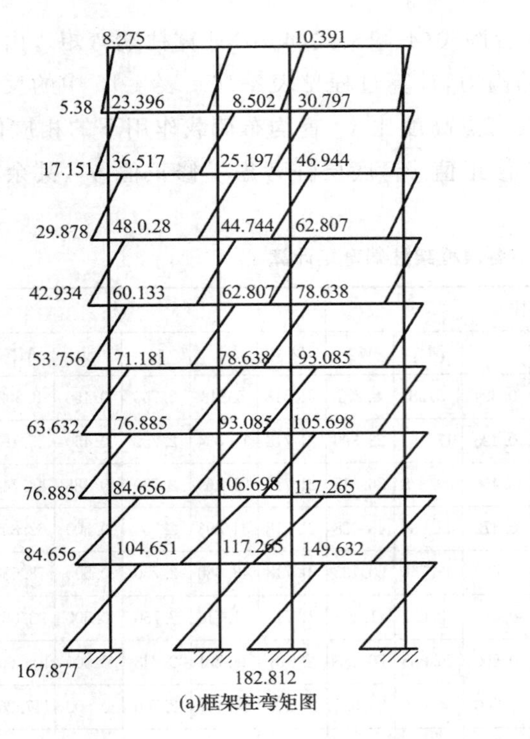

(a)框架柱弯矩图

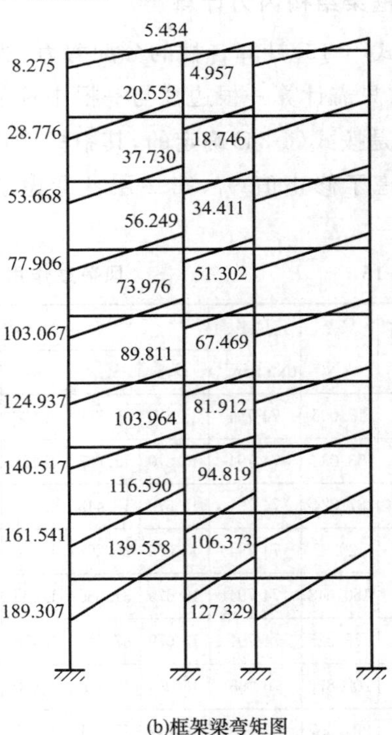

(b)框架梁弯矩图

图 4-58　风荷载作用下框架弯矩图

4.8.6　内力组合

本例仅以第 1 层的梁、柱内力组合和截面设计为例，说明设计方法，其他层从略。

1. 梁控制截面内力标准值

表 4-18 是第 1 层梁在恒荷载、活荷载和风荷载标准值作用下，柱轴线处及柱边缘处（控制截面）的梁端弯矩值和剪力值，其中柱轴线处的弯矩值和剪力值取自表 4-12、4-16 及图 4-57；柱边缘处的梁端弯矩值和剪力值按下述方法计算。

在竖向荷载作用下：$M_b = M - V \cdot b/2, V_b = V - q \cdot b/2$

例如，在恒荷载作用下 A 支座边缘处的 M_b 和 V_b 分别为

$$M_b = M - V \cdot b/2 = 66.35 - 77.87 \times 0.55/2 = 44.94\ \text{kK} \cdot \text{m}$$

$$V_b = V - q \cdot b/2 = 77.87 - 13.21 \times 0.55/2 = 74.24\ \text{kN}$$

在风荷载作用下：$M_b = M - V \cdot b/2, V_b = V$

例如，风荷载作用下 A 支座边缘处的弯矩值和剪力值分别为

$$M_b = M - V \cdot b/2 = 189.31 - 49.83 \times 0.55/2 = 175.61\ \text{kN} \cdot \text{m}$$

$$V_b = V = 49.83\ \text{kN}$$

表 4-18　第 1 层梁端控制截面内力标准值

截面	恒荷载内力				活荷载内力				风荷载内力			
	柱轴线处		柱边缘处		柱轴线处		柱边缘处		柱轴线处		柱边缘处	
	M	V	M	V	M	V	M	V	M	V	M	V
A	66.35	77.87	44.94	74.24	18.07	21.44	12.17	21.44	189.31	49.83	175.61	49.83
B	74.90	80.46	52.77	76.83	20.94	22.31	14.80	22.31	139.56	49.83	125.86	49.83
B_r	16.83	9.0	14.36	8.28	5.4	4.5	4.16	4.5	127.33	106.11	98.15	106.11

注：表中弯矩 M 的量纲为 kN·m；剪力 V 的量纲为 kN。

2. 梁控制截面内力组合

梁内力组合按 4.6.1 小节所述方法进行，第 1 层梁控制截面内力组合值见表 4-19，相应的内力标准值取自表 4-18。组合时，竖向荷载作用下的梁支座截面负弯矩乘以调幅系数 0.8，以考虑塑性内力重分布，跨中截面弯矩由平衡条件确定；当风荷载作用下支座截面为正弯矩且与永久荷载效应组合时，永久荷载分项系数取 1.0。

表 4-19　第 1 层梁控制截面组合的内力设计值

截面		$1.2S_{Gk}+1.0\times1.4S_{Wk}+0.7\times1.4S_{Qk}$ 或 $1.0S_{Gk}\pm1.0\times1.4S_{Wk}+0.7\times1.4S_{Qk}$				$1.2S_{Gk}+1.0\times1.4S_{Qk}\pm0.6\times1.4S_{Wk}$ 或 $1.0S_{Gk}+1.0\times1.4S_{Qk}\pm0.6\times1.4S_{Wk}$				$1.35S_{Gk}+0.7\times1.4S_{Qk}$	
		左风		右风		左风		右风			
		M	V	M	V	M	V	M	V	M	V
支座	A	200.36	25.48	−298.54	167.58	97.93	60.43	−204.29	146.71	−58.08	106.42
	B	−238.47	170.54	122.38	28.44	−172.96	149.95	46.93	63.67	−68.59	109.90
	B_1	122.66	−139.71	−154.46	159.77	66.30	−79.24	−100.89	101.51	−18.77	10.87

（续表）

截面		$1.2S_{Gk}+1.0\times1.4S_{Wk}+0.7\times1.4S_{Qk}$ 或 $1.0S_{Gk}\pm1.0\times1.4S_{Wk}+0.7\times1.4S_{Qk}$				$1.2S_{Gk}+1.0\times1.4S_{Qk}\pm0.6\times1.4S_{Wk}$ 或 $1.0S_{Gk}+1.0\times1.4S_{Qk}\pm0.6\times1.4S_{Wk}$				$1.35S_{Gk}+0.7\times1.4S_{Qk}$	
		左风		右风		左风		右风			
		M	V	M	V	M	V	M	V	M	V
跨中	AB	215.78		141.18		166.46		120.92		120.71	
	BC	122.66		122.66		66.30		66.30		−12.86	

注：弯矩 M 的量纲为 kN·m；剪力 V 的量纲为 kN；支座截面上部受拉时为负弯矩（$-M$），下部受拉时为正弯矩（M）。

下面以第1层AB跨梁为例，说明在 $1.2S_{Gk}\pm1.0\times1.4S_{Wk}\pm0.7\times1.4S_{Qk}$ 或 $1.0S_{Gk}\pm1.0\times1.4S_{Wk}+0.7\times1.4S_{Qk}$ 组合中，各内力组合值的确定方法。

在风荷载(→)作用下，由表4-18的有关数据，并对竖向荷载作用下的梁端弯矩乘以调幅系数0.8，可得A端及 B_l 端的弯矩组合值为

$$M_A=1.0\times0.8\times(-44.94)+1.0\times1.4\times175.61+0.7\times1.4\times0.8\times(-12.17)=200.36\ \text{kN}\cdot\text{m}$$

$$M_{Bl}=1.2\times0.8\times(-52.77)+1.0\times1.4\times(-125.86)+0.7\times1.4\times0.8\times(-14.80)=-238.47\ \text{kN}\cdot\text{m}$$

$$M_{Br}=1.0\times0.8\times(-14.36)+1.0\times1.4\times98.15+0.7\times1.4\times0.8\times(-4.16)=122.66\ \text{kN}\cdot\text{m}$$

梁两端截面的剪力及跨间弯矩可根据梁的平衡条件求得（图4-59）。其中作用于梁上的恒荷载和活荷载设计值分别为

$$q_0=1.2\times13.21=15.85\ \text{kN/m}$$

$$q_1=1.2\times12.68+0.7\times1.4\times7.8=22.86\ \text{kN/m}$$

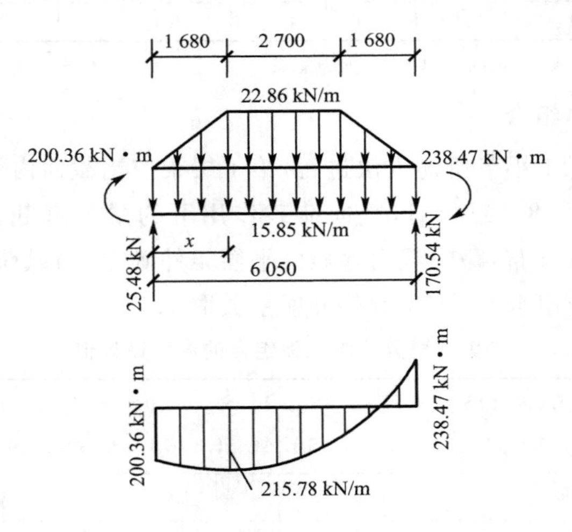

图4-59 第1层AB梁

由于梁端弯矩系支座边缘处的弯矩值，故计算时应取净跨：

$$l_n=6.6-0.55=6.05\ \text{m}$$

由图4-59可得梁两端的剪力值为

$$V_A=\left(\frac{15.85\times6.05}{2}+\frac{22.86\times1.68}{2}+\frac{22.86\times2.7}{2}\right)-\left(\frac{200.36+238.47}{6.05}\right)$$

$$=98.01-72.53=25.48\ \text{kN}$$

$$V_{Bl}=98.01+72.53=170.54\ \text{kN}$$

假定梁跨中最大弯矩至 A 端的距离为 x，且 $x\leqslant1.68$ m，则最大弯矩处的剪力应满足 $V_{(x)}=25.48-15.85x-\left(\frac{22.86}{1.68}x\right)\frac{x}{2}=0x=1.09<1.68$ m，满足假设。梁跨中最大弯矩为

$$M=200.36+25.48\times1.09-\frac{15.85\times1.09^2}{2}-\left(\frac{22.86}{1.68}\times1.09\right)\times1.09\times\frac{1}{2}\times\frac{1}{3}\times1.09$$

$$=215.78\ \text{kN}\cdot\text{m}$$

同样，可求出有右风荷载(←)作用时，梁端截面弯矩、剪力及跨中截面弯矩。在考虑风荷载效应组合时，BC 跨中无最大正弯矩，此时取相应的支座正弯矩作为跨中截面下部纵向受力钢筋计算的依据。

3. 柱控制截面内力组合

柱控制截面为其上、下端截面，其内力组合值见表 4-20。表 4-20 中的柱端弯矩以绕端截面反时针方向旋转为正；柱端剪力以绕柱端截面顺时针方向旋转为正。图 4-60 是第 1 层左侧 A、B 两柱在恒荷载、活荷载、左风及右风作用下的弯矩图以及相应的轴力图和剪力图的实际方向，组合时应根据此图确定内力值的正负号。

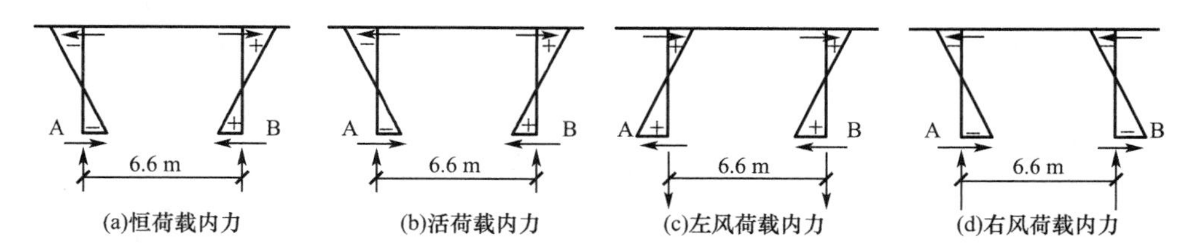

图 4-60　第 1 层左侧 AB 跨柱内力及方向示意图

下面以第 1 层 A 柱上端截面在 $1.2S_{Gk}\pm1.0\times1.4S_{Wk}+0.7\times1.4S_{Qk}$ 或 $1.0S_{Gk}\pm1.0\times1.4S_{Wk}+0.7\times1.4S_{Qk}$ 组合项时内力组合为例，说明组合方法。

在左风荷载(→)作用下

$M=1.0\times(-25.5)+1.0\times1.4\times104.65+0.7\times1.4\times(-7.16)=113.99$ kN·m

$N=1.0\times1\,312.11+1.0\times1.4\times(-232.10)+0.7\times1.4\times286.76=1\,268.19$ kN

$V=1.0\times(-7.81)+1.0\times1.4\times55.62+0.7\times1.4\times(-2.19)=67.91$ kN

在右风荷载(←)作用下

$M=1.2\times(-25.5)+1.0\times1.4\times(-104.65)+0.7\times1.4\times(-7.16)=-184.13$ kN·m

$N=1.2\times1\,312.11+1.0\times1.4\times232.10+0.7\times1.4\times286.76=2\,180.50$ kN

$V=1.2\times(-7.81)+1.0\times1.4\times(-55.62)+0.7\times1.4\times(-2.19)=-89.39$ kN

表 4-20　第 1 层柱控制截面内力组合值表

截面		分类	S_{Gk}	S_{Qk}	S_{Wk}	$1.35S_{Gk}+0.7\times1.4S_{Qk}$	$1.2S_{Gk}\pm1.0\times1.4S_{Wk}+0.7\times1.4S_{Qk}$ 或 $1.0S_{Gk}\pm1.0\times1.4S_{Wk}+0.7\times1.4S_{Qk}$		$1.2S_{Gk}+1.0\times1.4S_{Qk}\pm0.6\times1.4S_{Wk}$ 或 $1.0S_{Gk}+1.0\times1.4S_{Qk}\pm0.6\times1.4S_{Wk}$		$\|M\|_{max}$ N V	N_{max} M V	N_{min} M V
							→	←	→	←			
A 柱	上端	M	−25.5	−7.16	±104.65	−41.44	113.99	−184.13	52.83	−128.53	−184.13	2 180.50	113.99
		N	1 312.11	286.76	±232.10	2 052.37	1 268.19	2 180.50	1 518.61	2 170.96	2 180.50	−184.13	1 268.19
		V	−7.81	−2.19	±55.02	−12.69	67.91	−89.39	38.84	−59.16	−89.39	−89.39	67.91
	下端	M	−12.75	−3.58	±167.88	−20.72	218.77	−253.84	123.26	−161.33	−253.84	−253.84	−253.84
		N	1 349.16	286.76	±232.10	2 102.39	1 305.24	2 224.96	1 555.66	2 215.42	2 224.96	2 224.96	1 305.24
		V	−7.81	−2.19	±55.62	−12.69	67.91	−89.39	38.84	−59.16	−89.39	−89.39	−89.39
B 柱	上端	M	21.74	5.91	±149.62	35.14	237.00	−177.59	155.69	−91.32	237.00	−91.32	237.00
		N	1 549.7	377.12	±257.33	2 461.67	1 559.02	2 589.48	1 861.51	2 603.77	1 559.02	2 603.77	1 559.02
		V	6.66	1.81	±67.86	10.76	103.44	−85.24	66.20	−46.48	103.44	−46.48	103.44
	下端	M	10.87	2.96	±182.87	17.58	269.79	−240.07	168.62	−136.42	269.79	−136.42	269.79
		N	1 586.76	377.12	±257.33	2 511.70	1 596.08	2 633.95	1 898.57	2 648.24	1 596.08	2 648.24	1 596.08
		V	6.66	1.81	±67.86	10.76	103.44	−85.24	66.20	−46.48	103.44	−46.48	103.44

注：M 的量纲为 kN·m；N、V 的量纲为 kN；弯矩以绕柱端截面反时针方向旋转为正，剪力以顺时针方向为正；轴力以受压为正。

4.8.7　梁、柱截面设计

1. 梁截面设计

材料强度：采用 C30 混凝土（$f_c=14.3\ \text{N/mm}^2$，$f_t=1.43\ \text{N/mm}^2$）；HRB400 级钢筋（$f_y=360\ \text{N/mm}^2$）；HPB300 级钢筋（$f_{yv}=270\ \text{N/mm}^2$）。

从表 4-20 中找出第 1 层梁的跨中及支座截面的最不利内力，即

AB 跨　　跨中截面 $M=215\ \text{kN}\cdot\text{m}$

支座截面　　　$M_A=-298.54\ \text{kN}\cdot\text{m}$，$M_{Bl}=-238.47\ \text{kN}\cdot\text{m}$

$V_A=-167.58\ \text{kN}$，$V_{Bl}=170.54\ \text{kN}$

BC 跨　　跨中截面 $M=122.66\ \text{kN}\cdot\text{m}$，$M=-12.86\ \text{kN}\cdot\text{m}$

支座截面　　　$M=-154.46\ \text{kN}\cdot\text{m}$，$V_A=159.77\ \text{kN}$

(1)梁正截面受弯承载力计算：

AB 梁跨中：因梁板现浇，故跨中截面按 T 形截面计算。$h_f'=100\ \text{mm}$，$h_0=610\text{mm}$。$h_f'/h_0=100/610=0.16>0.1$；$b+s_n=3\ 900\ \text{mm}$；$l_0/3=2\ 200\ \text{mm}$，故 $b_f'=2\ 200\ \text{mm}$

$$M_f'=\alpha_1 f_c b_f' h_f'\left(h_0-\frac{h_f'}{2}\right)=1.0\times14.3\times2\ 200\times100\times(610-50)=1\ 761.76\ \text{kN}\cdot\text{m}>$$

$215.78\ \text{kN}\cdot\text{m}$

所以为第一类 T 形截面。

$$x=h_0-\sqrt{h_0^2-\frac{2M}{\alpha_1 f_c b_f'}}=610-\sqrt{610^2-\frac{2\times215.78\times10^6}{1.0\times14.3\times2\ 200}}=11.35\ \text{mm}$$

$$A_s=\frac{\alpha_1 f_c b_f' x}{f_y}=\frac{1.0\times14.3\times2\ 200\times11.35}{360}=991.86\ \text{mm}^2$$

实际配筋 2 Φ 20+1 Φ 22（$A_s=1\ 008\ \text{mm}^2$）。

$\left\{0.45\%\dfrac{f_t}{f_y},0.2\%\right\}_{\max}=0.2\%$，$A_s>A_{s\min}=0.002bh=390\ \text{mm}^2$，满足要求。

将跨中截面的 2 Φ 20+1 Φ 22 全部伸入支座，作为支座负弯矩作用下的受压钢筋（A_s'），据此计算支座上部的受拉钢筋数量。

支座 A　　　　$M=-298.54\ \text{kN}\cdot\text{m}A_s'=1\ 008\ \text{mm}^2$

$$M_2=f_f'A_s'(h_0-a_s')=360\times1\ 008\times(610-40)=206.84\ \text{kN}\cdot\text{m}$$

$$M_1=M-M_2=298.54-206.84=91.16\ \text{kN}\cdot\text{m}$$

$$x=h_0-\sqrt{h_0^2-\frac{2M}{\alpha_1 f_c b_f'}}=610-\sqrt{610^2-\frac{2\times91.16\times10^6}{1.0\times14.3\times300}}=35.89\ \text{mm}<2a_s'=80\ \text{mm}$$

因此取 $x=2a_s'=80\ \text{mm}$。

$$A_s=\frac{M}{f_y(h_0-a_s')}=\frac{298.54\times10^6}{360\times(610-40)}=1\ 454.87\ \text{mm}^2$$

实配钢筋 3 Φ 25（$A_s=1\ 473\ \text{mm}^2$）。

支座 B_1　　　　$M=-238.47\ \text{kN}\cdot\text{m}, A_s'=1\ 008\ \text{mm}^2$

$$A_s=\frac{M}{f_y(h_0-a_s')}=\frac{238.47\times10^6}{360\times(610-40)}=1\ 162.13\ \text{mm}^2$$

实配钢筋 3Φ22（$A_s=1\ 140\ \text{mm}^2$）。

BC 跨梁　计算过程从略，计算结果为

跨中截面　2Φ20+1Φ18（$A_s=883\ \text{mm}^2$）

支座截面　3Φ20（$A_s=942\ \text{mm}^2$）

BC 跨梁支座截面上部钢筋不截断，全部拉通布置，以抵抗跨中截面的负弯矩。

(2)梁斜截面受剪承载力计算

AB 跨梁两端支座截面剪力值相差较小，所以两端支座截面均按 170 kN 确定箍筋配置。

$h_w/b=610/300=2.03<4.0$，故采用下式验算适用条件：

$$0.25\beta_c f_c bh_0=0.25\times1.0\times14.3\times300\times610=654.23\ \text{kN}>170\ \text{kN}$$

截面尺寸满足要求。

$$0.7f_t bh_0=0.7\times1.43\times300\times610=183.18\ \text{kN}>170\ \text{kN}$$

所以构造配箍，取 $\phi800@200$。

经计算，BC 跨梁配置箍筋也为 $\phi800@200$。

2. 柱截面设计

下面以第 1 层 B 柱为例说明计算方法。

材料强度：第 1 层采用 C30 混凝土（$f_c=14.3\ \text{N/mm}^2, f_t=1.43\ \text{N/mm}^2$）；HRB400 级钢筋（$f_y=f_y'=360\ \text{N/mm}^2$）；HPB300 级钢筋（$f_{yv}=270\ \text{N/mm}^2$）

从 B 柱的 6 组内力中选取下列两组内力进行截面配筋计算：

第 1 组：$M_2=269.79\ \text{kN}\cdot\text{m}, M_1=237.00\ \text{kN}\cdot\text{m}$, N=1 559.02 kN

第 2 组：$M_2=-136.42\ \text{kN}\cdot\text{m}, M_1=-91.32\ \text{kN}\cdot\text{m}, N=2\ 648.24\ \text{kN}$

(1)第 1 组内力的柱截面配筋计算

①判断构件是否需要考虑附加弯矩

取 $a_s=a_s'=45\ \text{mm}, h_0=h-a_s=550-45=505\ \text{mm}$

杆端弯矩比：$\dfrac{M_1}{M_2}=-\dfrac{237}{269.79}=-0.878<0.9$；

轴压比：$\dfrac{N}{f_cA}=\dfrac{1\ 559.02\times10^3}{14.3\times550^2}=0.36<0.9$；

截面回转半径：$i=\dfrac{h}{2\sqrt{3}}=\dfrac{550}{2\sqrt{3}}=158.77\ \text{mm}$

长细比：$\dfrac{l_c}{i}=\dfrac{4\ 900}{158.77}=30.86<34-12\left(\dfrac{M_1}{M_2}\right)=34-12\times(-0.878)=44.54$

故不需考虑杆件自身挠曲变形的影响。

②计算弯矩设计值

$$M=C_m\eta_{ns}M_2=1.0\times269.79=269.79\ \text{kN}\cdot\text{m}$$

③判断偏压类型

$$e_0=\frac{M}{N}=\frac{269.79\times10^6}{1\ 559.02\times10^3}=173.05\ \text{mm}$$

$\frac{h}{30}=\frac{550}{30}=18.33<20$ mm，所以 $e_a=20$ mm，$e_i=e_0+e_a=193.05$ mm。$e_i>\frac{h_0}{3}=168.33$ mm，所以初步判断为大偏压构件。

④计算 A_s

$$x=\frac{N}{\alpha_1 f_c b}=\frac{1\ 559.02\times10^3}{1.0\times14.3\times550}=198.22\ \text{mm}<\xi_b h_0=0.518\times505=261.59\ \text{mm}$$

$$e=e_i+\frac{h}{2}-a_s=193.05+275-45=423.05\ \text{mm}$$

$$A_s=A_s'=\frac{Ne-\alpha_1 f_c bx(h_0-\frac{x}{2})}{f_y'(h_0-a_s')}$$

$$=\frac{1\ 559.02\times10^3\times423.05-1.0\times14.3\times550\times198.22\times(505-0.5\times198.22)}{360\times(505-45)}=161.60\ \text{mm}^2$$

$A_s<A_{smin}=\rho_{min}bh=0.002\times550\times550=605\ \text{mm}^2$，取 $A_s=A_{s,min}$，选取 2 Φ 20+1 Φ 18（$A_s=882\ \text{mm}^2$）。

截面总配筋率 $\rho=\frac{A_s+A_s'}{bh}=\frac{882+882}{550\times550}=0.005\ 8>0.005\ 5$，满足要求。

(2)第 2 组内力的柱截面配筋计算

①判断构件是否需要考虑附加弯矩

杆端弯矩比：$\frac{M_1}{M_2}=-\frac{91.32}{136.14}=-0.671<0.9$；

轴压比：$\frac{N}{f_cA}=\frac{2\ 648.24\times10^3}{14.3\times550^2}=0.612<0.9$；

截面回转半径：$i=\frac{h}{2\sqrt{3}}=\frac{550}{2\sqrt{3}}=158.77$ mm

长细比：$\frac{l_c}{i}=\frac{4\ 900}{158.77}=30.86<34-12\left(\frac{M_1}{M_2}\right)=34-12\times(-0.670)=42.04$

故不需考虑杆件自身挠曲变形的影响。

②计算弯矩设计值

$$M=C_m\eta_{ns}M_2=1.0\times136.14=136.14\ \text{kN}\cdot\text{m}$$

③判断偏压类型

$$e_0=\frac{M}{N}=\frac{136.14\times10^6}{2\ 648.24\times10^3}=51.41\ \text{mm}$$

$\frac{h}{30}=\frac{550}{30}=18.33<20$ mm，所以 $e_a=20$ mm，$e_i=e_0+e_a=71.41$ mm。$e_i<\frac{h_0}{3}=168.33$ mm，

所以为小偏压构件。

$$e=e_{i}+\frac{h}{2}-a_{s}=71.41+275-45=301.41\ \text{mm}$$

④计算 A_s

$$\xi=\frac{N-\alpha_1 f_c b h_0 \xi_b}{\dfrac{Ne-0.43\alpha_1 f_c b h_0^2}{(\beta_1-\xi_b)(h_0-a_s')}+\alpha_1 f_c b h_0}+\xi_b$$

上式应满足 $N>\alpha_1 f_c b h_0 \xi_b$，$Ne>0.43\alpha_1 f_c b h_0$，否则为构造配筋。对本例而言有

$\beta_1=0.8$，$\alpha_1=1.0$，$\xi_b=0.518$，$e=301.41$ mm

$\alpha_1 f_c b h_0 \xi_b=1.0\times14.3\times550\times505\times0.518=2\ 057.41\ \text{kN}<N=2\ 648.24\ \text{kN}$

$0.43\alpha_1 f_c b h_0^2=0.43\times1.0\times14.3\times550\times505^2=862.48\ \text{kN}\cdot\text{m}$

$Ne=2\ 648.24\times10^3\times301.41=798.21\ \text{kN}\cdot\text{m}$，$Ne<0.43\alpha_1 f_c b h_0$。

因后式不满足要求，所以按构造要求配置纵向受力钢筋，选取 2Φ20+1Φ18($A_s=882\ \text{mm}^2$)，其余验算同上。

⑤验算垂直于弯矩作用平面的受压承载力

$l_0/b=\dfrac{4\ 900}{550}=8.9$，查表得 $\varphi=0.99$。

$$\begin{aligned}N_u&=0.9\varphi(f_c A+f_y' A_s')\\&=0.9\times0.99\times(14.3\times550\times550+360\times(882+882))=4\ 420.06\ \text{kN}>648.24\ \text{kN}\end{aligned}$$

满足要求。

⑥斜截面受剪承载力验算

B 柱最大剪力 $V=103.44$ kN，相应的轴力 $N=1\ 596.08$ kN。

$$\lambda=\frac{H_n}{2h_0}=\frac{4\ 900-(600+450)/2}{2\times505}=4.33>3(\text{取}\ \lambda=3)$$

$$\frac{1.75}{\lambda+1}f_t b h_0=\frac{1.75}{3+1}\times1.43\times550\times505=173.77\ \text{kN}>V=103.44\ \text{kN}$$

所以可按构造要求配置箍筋，选 ϕ8@200。柱截面配筋图如图 4-61 所示。

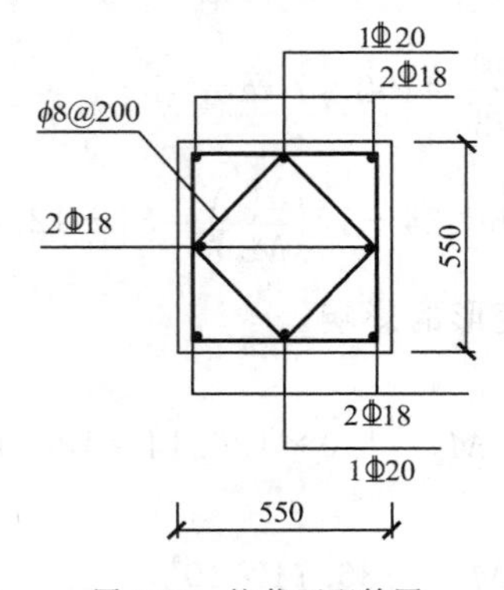

图 4-61　柱截面配筋图

本章小结

(1)框架结构是由梁和柱连接而成的承重结构体系。按施工方法的不同,钢筋混凝土框架结构可分为现浇整体式、装配式和装配整体式等。框架结构的布置是否合理,对结构的安全性、适用性、经济性影响很大。合理的结构布置应力求简单、规则、均匀、对称。框架结构的柱网布置既要满足生产工艺和建筑功能的要求,又要使结构受力合理,施工方便。按楼面竖向荷载传递路线的不同,承重框架的布置方案有横向框架承重、纵向框架承重和纵横向框架混合承重等几种。

(2)在框架结构设计计算中,应首先确定构件截面尺寸及结构计算简图,然后进行荷载计算以及结构内力和侧移分析。框架梁、柱截面尺寸应根据承载力、刚度及延性等要求确定。初步设计时,通常由验算或估算先选定截面尺寸,再进行承载力、变形等验算,检查所选尺寸是否合适。

(3)为了简化计算,通常将实际的空间结构简化为若干个横向或纵向平面框架进行分析,每榀平面框架为一计算单元,计算单元宽度取相邻跨中线之间的距离。再进一步将实际的平面框架转化为力学模型,一般采用以下基本假定:一是假定杆件均为线弹性材料;二是假定楼盖平面刚度无穷大;三是假定框架基础是理想的刚接或铰接节点;四是假定杆件的轴向、剪切和扭转变形对结构内力分析影响不大,可不予考虑。

(4)作用于框架结构上的荷载有竖向荷载和水平荷载两种。竖向荷载包括建筑结构自重及楼(屋)面活荷载,一般为分布荷载,有时也以集中荷载的形式出现。水平荷载包括风荷载和水平地震作用,一般均简化成作用于框架梁、柱节点处的水平集中力。

(5)在竖向荷载作用下,多、高层框架结构的内力可采用分层法、弯矩二次分配法及系数法等近似方法。水平荷载作用下框架内力的近似计算,可采用反弯点法、D 值法。

(6)水平荷载作用下框架结构的侧移可以看作由梁、柱的弯曲变形引起的侧移和由柱轴向变形引起的侧移的叠加。框架结构的侧向刚度过小,水平位移过大,将影响正常使用;侧向刚度过大,水平位移过小,虽满足使用要求,但不满足经济性要求。因此,框架结构的侧向刚度宜合适,一般以使结构满足层间位移限值,以及满足其他构造要求等为宜。

(7)框架结构在各种荷载作用下的荷载效应(内力、位移等)确定之后,必须进行荷载效应组合,才能求得框架梁、柱各控制截面的最不利内力。设计时可根据内力图的变化特点,选取内力较大或截面尺寸改变处的截面作为控制截面,并按控制截面内力进行配筋计算。永久荷载是长期作用于结构上的竖向荷载,结构内力分析时应按荷载的实际分布和数值作用于结构上,计算其效应。一般按分层分跨组合法、最不利荷载布置法确定框架结构楼面活荷载的最不利布置。

(8)框架梁属于受弯构件,应按受弯构件正截面受弯承载力计算所需要的纵向钢筋数量,按斜截面受剪承载力计算所需要的箍筋数量,并采取相应的构造措施。为了避免梁支座处抵抗负弯矩的钢筋过分拥挤,以及在抗震结构中形成梁铰破坏机构增加结构的延性,可以考虑框架梁端塑性变形内力重分布,对竖向荷载作用下梁端负弯矩进行调整,水平荷载作用产生的弯矩不参加调幅。框架柱一般为偏心受压构件,通常采用对称配筋。柱中纵向钢筋数量应按偏心受压构件的正截面受压承载力计算确定;箍筋数量应按偏心受压构件的斜截面受剪承载力计算确定。在非地震区，框架节点的承载能力可通过相应构造措施来保证。

(9)房屋建筑中常用的基础类型有柱下独立基础、条形基础、十字交叉条形基础、筏形基础、箱形基础和桩基础等。对于多、高层框架结构房屋，一般采用柱下独立基础、柱下条形基础或十字交叉条形基础。

思考题

4.1　框架结构在哪些情况下采用？现浇框架结构设计的主要内容和步骤是什么？

4.2　钢筋混凝土框架结构按施工方式的不同有哪些形式？各有何优、缺点？

4.3　框架结构布置的原则是什么？框架结构承重方案有哪几种？各有哪些优、缺点？

4.4　框架结构的计算简图如何确定？

4.5　框架设计中要考虑哪些荷载？风荷载是如何计算的？

4.6　分层法在计算中采用了哪些基本假定？简述分层法的主要计算步骤？

4.7　反弯点法和 D 值法的异同点是什么？D 值法的物理意义是什么？

4.8　水平荷载作用下框架的变形有何特征？如何计算框架在水平荷载作用下的侧移？计算时，为什么要对结构刚度进行折减？

4.9　梁端弯矩调幅应在内力组合前还是组合后进行？为什么？

4.10　如何计算框架梁、柱控制截面上的最不利内力？活荷载应如何布置？

4.11　框架梁、柱的纵向钢筋和箍筋应满足哪些构造要求？如何处理框架梁与柱、柱与柱的连接构造？

4.12　对于多层框架结构房屋，一般采用哪些类型的基础？如何进行设计？

习　题

4.1　试分别用弯矩二次分配法和分层法计算图 4-62 所示钢筋混凝土框架的弯矩，绘制弯矩图，并进行比较分析(图中括号内数值为各杆件的相对线刚度)。

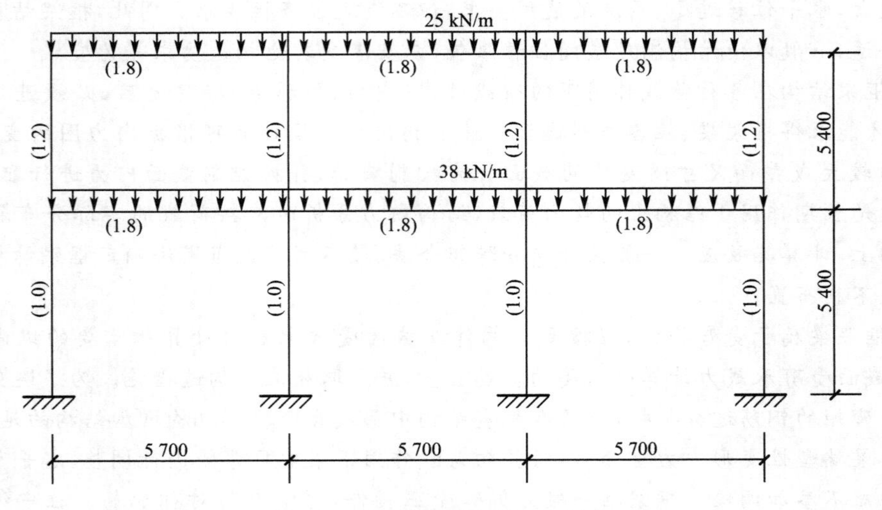

图 4-62　框架计算简图(习题 4.1 图)

4.2　试分别用反弯点法和 D 值法计算图 4-63 所示的框架结构的内力(弯矩、剪力、轴力和水平位移)。图 4-63 中在各杆件旁标出了该杆件的相对线刚度。

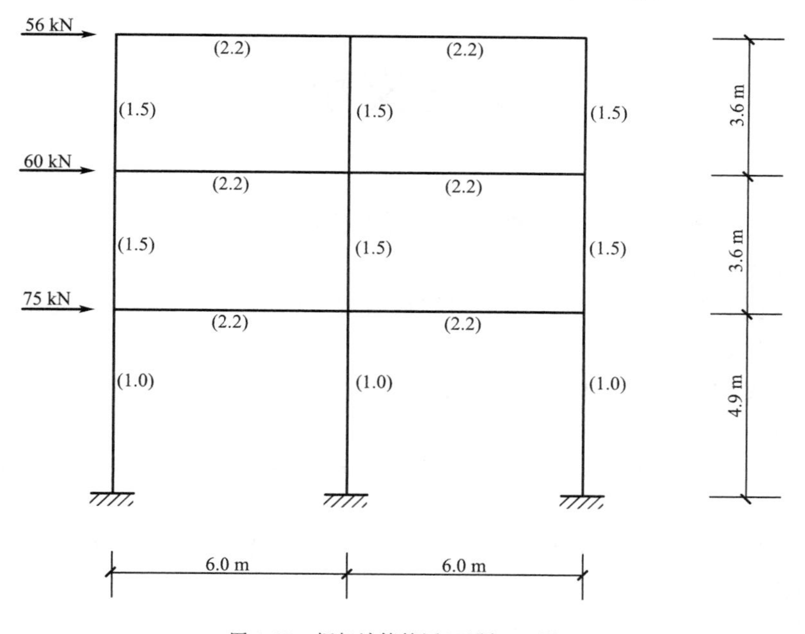

图 4-63　框架计算简图(习题 4.2 图)

参考文献

[1]中华人民共和国国家标准.混凝土结构设计规范(GB 50010—2010).北京:中国建筑工业出版社,2010

[2]中华人民共和国国家标准.建筑结构荷载规范(GB 5009—2012).北京:中国建筑工业出版社,2012

[3]中华人民共和国国家标准.工程结构可靠性设计统一标准(GB 50153—2008).北京:中国建筑工业出版社,2008

[4]中华人民共和国国家标准.建筑抗震设计规范(GB 50011—2010).北京:中国建筑工业出版社,2010

[5]中华人民共和国国家标准.建筑工程抗震设防分类标准(GB 50223—2008).北京:中国建筑工业出版,2008

[6]中华人民共和国国家标准.建筑地基基础设计规范(GB 50007—2011).北京:中国建筑工业出版社,2011

[7]叶列平,王毅红.混凝土结构(下册).2版.北京:清华大学出版社,2005

[8]国家建筑标准设计图集(12G101—1).北京:中国计划出版社,2011

[9]梁兴文,史庆轩.混凝土结构设计.2版.北京:中国建筑工业出版社,2011

[10]白国良,王毅红.混凝土结构设计.武汉:武汉理工大学出版社,2011

[11]东南大学,同济大学,天津大学.混凝土结构(下册).北京:中国建筑工业出版社,2002

[12]蓝宗建.混凝土结构(下册).北京:中国电力出版社,2012

[13]孙维东.混凝土结构设计.2版.北京:机械工业出版社,2013

[14]赵亮,熊海滢.混凝土结构原理与设计.2版.武汉:武汉理工大学出版社,2013

[15]张玉敏.混凝土结构.北京:中国电力出版社,2011

附　录

附录 1　等截面等跨连续梁在常用荷载作用下的内力系数表

1. 在均布及三角形荷载作用下

$$M = 表中系数 \times ql^2 (或 \times gl^2);$$
$$V = 表中系数 \times ql \quad (或 \times gl);$$

2. 在集中荷载作用下

$$M = 表中系数 \times Ql (或 \times Gl);$$
$$V = 表中系数 \times Q (或 \times G);$$

3. 内力正负号规定

M——使截面上部受压、下部受拉为正；

V——对邻近截面所产生的力矩沿顺时针方向者为正。

附表 1-1　　两 跨 梁

荷载简图	跨内最大弯矩		支座弯矩	剪力		
	M_1	M_2	M_B	V_A	V_{Bl} V_{Br}	V_C
g（均布满跨，A、B、C，l、l）	0.070	0.070	−0.125	0.375	−0.625 0.625	−0.375
q（均布第一跨，M_1、M_2）	0.096	—	−0.063	0.437	−0.563 0.063	0.063
g（三角形满跨）	0.048	0.048	−0.078	0.172	−0.328 0.328	−0.172
q（三角形第一跨）	0.064	—	−0.039	0.211	−0.289 0.039	0.039
G G	0.156	0.156	−0.188	0.312	−0.688 0.688	−0.312
Q	0.203	—	−0.094	0.406	−0.594 0.094	0.094
Q Q　Q Q	0.222	0.222	−0.333	0.667	−1.333 1.333	−0.667
Q Q	0.278	—	−0.167	0.833	−1.167 0.167	0.167

附表 1-2　　　　三跨梁

荷载简图	跨内最大弯矩		支座弯矩		剪力			
	M_1	M_2	M_B	M_C	V_A	V_{Bl} V_{Br}	V_{Cl} V_{Cr}	V_D
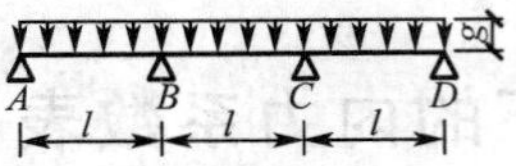	0.080	0.025	−0.100	−0.100	0.400	−0.600 0.500	−0.500 0.600	−0.400
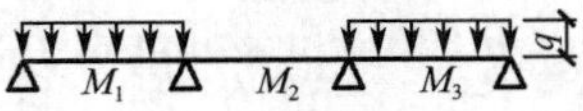	0.101	—	−0.050	−0.050	0.450	−0.550 0	0 0.550	−0.450
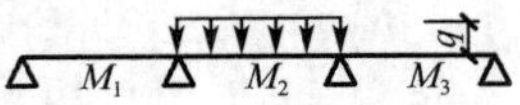	—	0.075	−0.050	−0.050	0.050	−0.050 0.500	−0.500 0.050	0.050
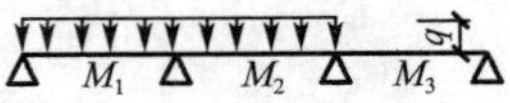	0.073	0.054	−0.117	−0.033	0.383	−0.617 0.583	−0.417 0.033	0.033
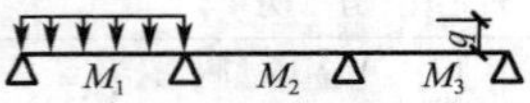	0.094	—	−0.067	0.017	0.433	−0.567 0.083	0.083 −0.017	−0.017
	0.054	0.021	−0.063	−0.063	0.183	−0.313 0.250	−0.250 0.313	−0.188
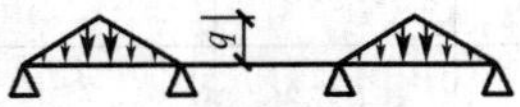	0.068	—	−0.031	−0.031	0.219	−0.281 0	0 0.281	−0.219
	—	0.052	−0.031	−0.031	0.031	−0.031 0.250	−0.250 0.051	0.031
	0.050	0.038	−0.073	−0.021	0.177	−0.323 0.302	−0.198 0.021	0.021
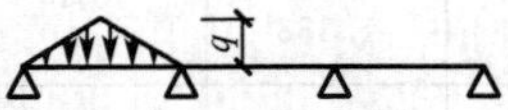	0.063	—	−0.042	0.010	0.208	−0.292 0.052	0.052 −0.010	−0.010

（续表）

荷载简图	跨内最大弯矩		支座弯矩		剪　力			
	M_1	M_2	M_B	M_C	V_A	V_{Bl} V_{Br}	V_{Cl} V_{Cr}	V_D
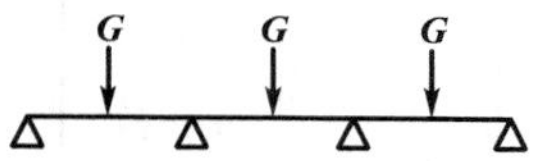 G G G	0.175	0.100	−0.150	−0.150	0.350	−0.650 0.500	−0.500 0.650	−0.350
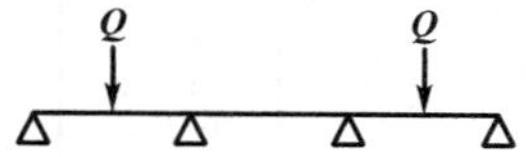 Q Q	0.213	—	−0.075	−0.075	0.425	−0.575 0	0 0.575	−0.425
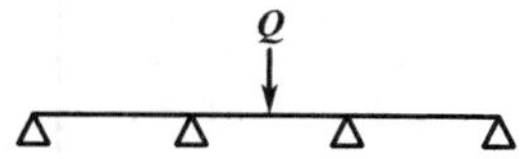 Q	—	0.175	−0.075	−0.075	−0.075	−0.075 0.500	−0.500 0.075	0.075
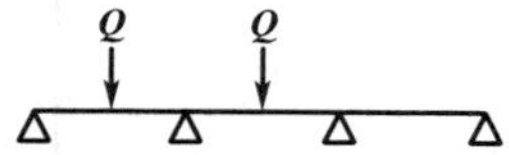 Q Q	0.162	0.137	−0.175	−0.050	0.325	−0.675 0.625	−0.375 0.050	0.050
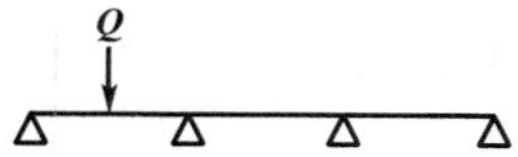 Q	0.200	—	−0.100	0.025	0.400	−0.600 0.125	0.125 −0.025	−0.025
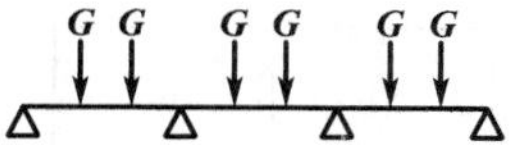 G G G G G G	0.244	0.067	−0.267	−0.267	0.733	−1.267 1.000	−1.000 1.267	−0.733
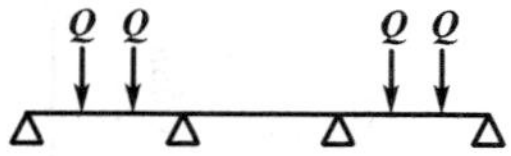 Q Q Q Q	0.289	—	−0.133	−0.133	0.866	−1.134 0	0 1.134	−0.866
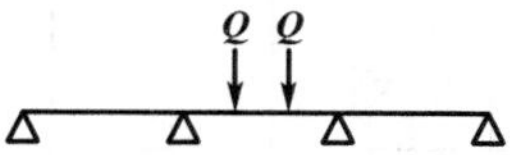 Q Q	—	0.200	−0.133	−0.133	−0.133	−0.133 1.000	−1.000 0.133	0.133
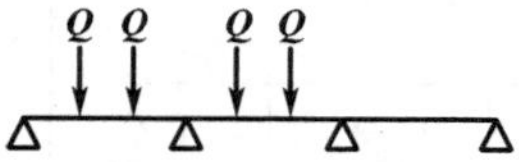 Q Q Q Q	0.229	0.170	−0.311	−0.089	0.689	−1.311 1.222	−0.778 0.089	0.089
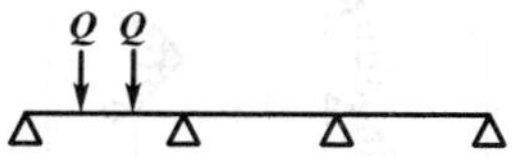 Q Q	0.274	—	−0.178	0.044	0.822	−1.178 0.222	0.222 −0.044	−0.044

附表 1-3　　四跨梁

荷载简图	跨内最大弯矩				支座弯矩			剪　力				
	M_1	M_2	M_3	M_4	M_B	M_C	M_D	V_A	V_{Bl} V_{Br}	V_{Cl} V_{Cr}	V_{Dl} V_{Dr}	V_E
A B C D E, l l l l	0.077	0.036	0.036	0.077	−0.107	−0.071	−0.107	0.393	−0.607 0.536	−0.464 0.464	−0.536 0.607	−0.393
M_1 M_2 M_3 M_4	0.100	—	0.081	—	−0.054	−0.036	−0.054	0.446	−0.554 0.018	0.018 0.482	−0.518 0.054	0.054
b	0.072	0.061	—	0.098	−0.121	−0.018	−0.058	0.380	−0.620 0.603	−0.397 −0.040	−0.040 0.558	−0.442
b	—	0.056	0.056	—	−0.036	−0.107	−0.036	−0.036	−0.036 0.429	−0.571 0.571	−0.429 0.036	0.036
b	0.094	—	—	—	−0.067	0.018	−0.004	0.433	−0.567 0.085	0.085 −0.022	−0.022 0.004	0.004
b	—	0.071	—	—	−0.049	−0.054	0.013	−0.049	−0.049 0.496	−0.504 0.067	0.067 −0.013	−0.013
b	0.062	0.028	0.028	0.052	−0.067	−0.045	−0.067	0.183	−0.317 0.272	−0.228 0.228	−0.272 0.317	−0.183
b	0.067	—	0.055	—	−0.084	−0.022	−0.034	0.217	−0.234 0.011	0.011 0.239	−0.261 0.034	0.034

（续表）

荷载简图	跨内最大弯矩				支座弯矩			剪力				
	M_1	M_2	M_3	M_4	M_B	M_C	M_D	V_A	V_{Bl} V_{Br}	V_{Cl} V_{Cr}	V_{Dl} V_{Dr}	V_E
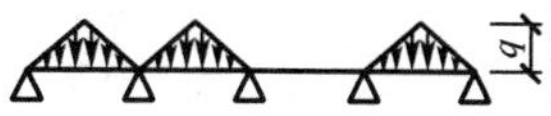	0.049	0.042	—	0.066	−0.075	−0.011	−0.036	0.175	−0.325 0.314	−0.186 −0.025	−0.025 0.286	−0.214
	—	0.040	0.040	—	−0.022	−0.067	−0.022	−0.022	−0.022 0.205	−0.295 0.295	−0.205 0.022	0.022
	0.088	—	—	—	−0.042	0.011	−0.003	0.208	−0.292 0.053	0.063 −0.014	−0.014 0.003	0.003
	—	0.051	—	—	−0.031	−0.034	0.008	−0.031	−0.031 0.247	−0.253 0.042	0.042 −0.008	−0.008
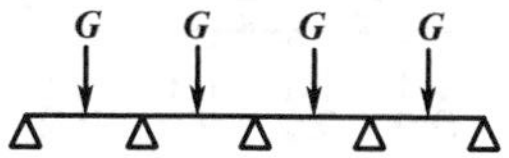	0.169	0.116	0.116	0.169	−0.161	−0.107	−0.161	0.339	−0.661 0.554	−0.446 0.446	−0.554 0.661	−0.330
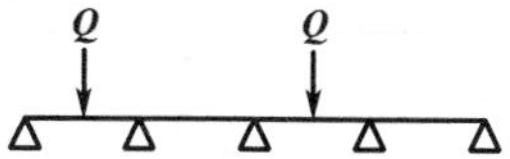	0.210	—	0.183	—	−0.080	−0.054	−0.080	0.420	−0.580 0.027	0.027 0.473	−0.527 0.080	0.080
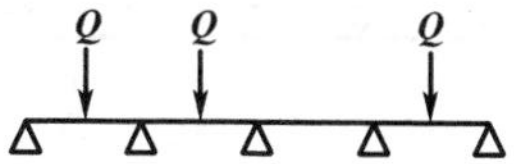	0.159	0.146	—	0.206	−0.181	−0.027	−0.087	0.319	−0.681 0.654	−0.346 −0.060	−0.060 0.587	−0.413
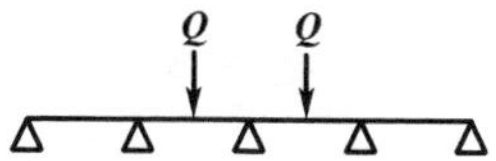	—	0.142	0.142	—	−0.054	−0.161	−0.054	0.054	−0.054 0.393	−0.607 0.607	−0.393 0.054	0.054

（续表）

荷载简图	跨内最大弯矩				支座弯矩			剪力				
	M_1	M_2	M_3	M_4	M_B	M_C	M_D	V_A	V_{Bl} V_{Br}	V_{Cl} V_{Cr}	V_{Dl} V_{Dr}	V_E
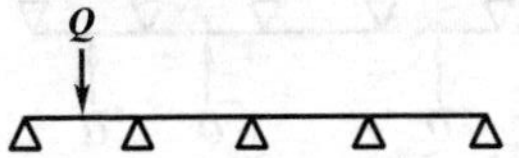 Q	0.200	—	—	—	−0.100	−0.027	−0.007	0.400	−0.600 0.127	0.127 −0.033	−0.033 0.007	0.007
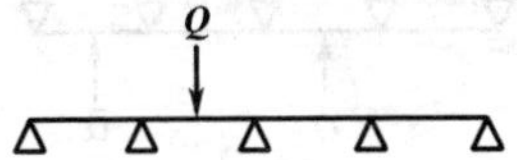 Q	—	0.173	—	—	−0.074	−0.080	0.020	−0.074	−0.074 0.493	−0.507 0.100	0.100 −0.020	−0.020
 GG GG GG GG	0.238	0.111	0.111	0.238	−0.286	−0.191	−0.286	0.714	1.286 1.095	−0.905 0.905	−1.095 1.286	−0.714
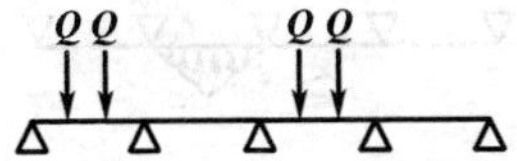 QQ QQ	0.286	—	0.222	—	−0.143	−0.095	−0.143	0.857	−1.143 0.048	0.048 0.952	−1.048 0.143	0.143
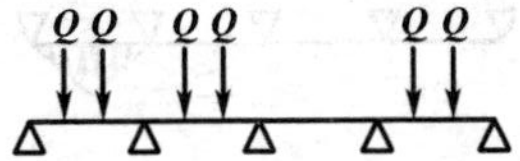 QQ QQ QQ	0.226	0.194	—	0.282	−0.321	−0.048	−0.155	0.679	−1.321 1.274	−0.726 −0.107	−0.107 1.155	−0.845
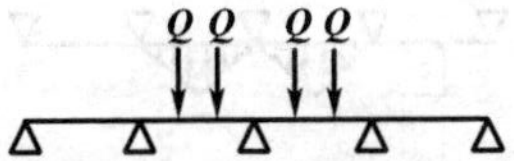 QQ QQ	—	0.175	0.175	—	−0.095	−0.286	−0.095	−0.095	0.095 0.810	−1.190 1.190	−0.810 0.095	0.095
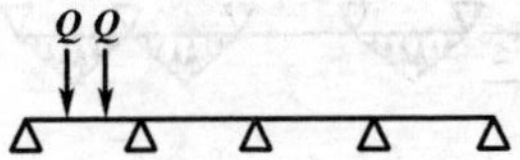 QQ	0.274	—	—	—	−0.178	0.048	−0.012	0.822	−1.178 0.226	0.226 −0.060	−0.060 0.012	0.012
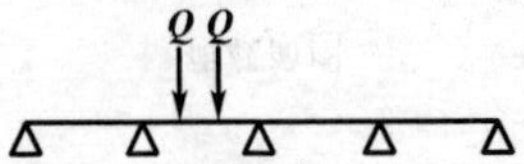 QQ	—	0.198	—	—	−0.131	−0.143	0.036	−0.131	−0.131 0.988	−1.012 0.178	0.178 −0.036	−0.036

附表 1-4

五跨梁

荷载简图	跨内最大弯矩			支座弯矩				剪力					
	M_1	M_2	M_3	M_B	M_C	M_D	M_E	V_A	V_{Bl} V_{Br}	V_{Cl} V_{Cr}	V_{Dl} V_{Dr}	V_{El} V_{Er}	V_F
	0.078	0.033	0.046	−0.105	−0.079	−0.079	−0.105	0.394	−0.606 0.526	−0.474 0.500	−0.500 0.474	−0.526 0.606	−0.394
	0.100	—	0.085	−0.053	−0.040	−0.040	−0.053	0.447	−0.553 0.013	0.013 0.500	−0.500 −0.013	−0.013 0.533	−0.447
	—	0.079	—	−0.053	−0.040	−0.040	−0.053	−0.053	−0.053 0.513	−0.487 0	0 0.487	−0.513 0.053	0.053
	0.073	(2)0.059 0.078	—	−0.119	−0.022	−0.044	−0.051	0.380	−0.620 0.598	−0.402 −0.023	−0.023 0.493	−0.507 0.052	0.052
	(1)— 0.098	0.055	0.064	−0.035	−0.111	−0.020	−0.057	0.035	0.035 0.424	0.576 0.591	−0.409 −0.037	−0.037 0.557	−0.443
	0.094	—	—	−0.067	0.018	−0.005	0.001	0.433	0.567 0.085	0.085 0.023	0.023 0.006	0.006 −0.001	0.001
	—	0.074	—	−0.049	−0.054	0.014	−0.004	0.019	−0.049 0.496	−0.505 0.068	0.068 −0.018	−0.018 0.004	0.004
	—	—	0.072	0.013	0.053	0.053	0.013	0.013	0.013 −0.066	−0.066 0.500	−0.500 0.066	0.066 −0.013	0.013
	0.053	0.026	0.034	−0.066	−0.049	0.049	−0.066	0.184	−0.316 0.266	−0.234 0.250	−0.250 0.234	−0.266 0.316	0.184
	0.067	—	0.059	−0.033	−0.025	−0.025	0.033	0.217	0.283 0.008	0.008 0.250	−0.250 −0.006	−0.008 0.283	0.217

（续表）

荷载简图	跨内最大弯矩			支座弯矩				剪力					
	M_1	M_2	M_3	M_B	M_C	M_D	M_E	V_A	V_{Bl} V_{Br}	V_{Cl} V_{Cr}	V_{Dl} V_{Dr}	V_{El} V_{Er}	V_F
	—	0.055	—	−0.033	−0.025	−0.025	−0.033	0.033	−0.033 0.258	−0.242 0	0 0.242	−0.258 0.033	0.033
	0.049	(2)0.041 0.053	—	−0.075	−0.014	−0.028	−0.032	0.175	0.325 0.311	−0.189 −0.014	−0.014 0.246	−0.255 0.032	0.032
	(1)— 0.066	0.039	0.044	−0.022	−0.070	−0.013	−0.036	−0.022	−0.022 0.202	−0.298 0.307	−0.193 −0.028	−0.023 0.286	−0.214
	0.063	—	—	−0.042	0.011	−0.003	0.001	0.208	−0.292 0.053	0.053 −0.014	−0.014 0.004	0.004 −0.001	−0.001
	—	0.051	—	−0.031	−0.034	0.009	−0.002	−0.031	−0.031 0.247	−0.253 0.043	0.049 −0.011	−0.011 0.002	0.002
	—	—	0.050	0.008	−0.033	−0.033	0.008	0.008	0.008 −0.041	−0.041 0.250	−0.250 0.041	0.041 −0.008	−0.008
	0.171	0.112	0.132	−0.158	−0.118	−0.118	−0.158	0.342	−0.658 0.540	−0.460 0.500	−0.500 0.460	−0.540 0.658	−0.342
	0.211	—	0.191	−0.079	−0.059	−0.059	−0.079	0.421	−0.579 0.020	0.020 0.500	−0.500 −0.020	−0.020 0.579	−0.421
	—	0.181	—	−0.079	−0.059	−0.059	−0.079	−0.079	−0.079 0.520	−0.480 0	0 0.480	−0.520 0.079	0.079
	0.160	(2)0.144 0.178	—	−0.179	−0.032	−0.066	−0.077	0.321	−0.679 0.647	−0.353 −0.034	−0.034 0.489	−0.511 0.077	0.077
	(1)— 0.207	0.140	0.151	−0.052	−0.167	−0.031	−0.086	−0.052	−0.052 0.385	−0.615 0.637	−0.363 −0.056	−0.056 0.586	−0.414

（续表）

荷载简图	跨内最大弯矩			支座弯矩				剪力					
	M_1	M_2	M_3	M_B	M_C	M_D	M_E	V_A	V_{Bl} V_{Br}	V_{Cl} V_{Cr}	V_{Dl} V_{Dr}	V_{El} V_{Er}	V_F
Q	0.200	—	—	−0.100	0.027	−0.007	0.002	0.400	−0.600 0.127	0.127 −0.031	−0.034 0.009	0.009 −0.002	−0.002
Q	—	0.173	—	−0.073	−0.081	0.022	−0.005	−0.073	−0.073 0.493	−0.507 0.102	0.102 −0.027	−0.027 0.005	0.005
Q	—	—	0.171	0.020	−0.079	−0.079	0.020	0.020	0.020 −0.099	−0.099 0.500	−0.500 0.099	0.099 −0.020	−0.020
G G G G G G G G G G	0.240	0.100	0.122	−0.281	−0.211	0.211	−0.281	0.719	−1.281 1.070	−0.930 1.000	−1.000 0.930	1.070 1.281	−0.719
Q Q Q Q Q Q	0.287	—	0.228	−0.140	−0.105	−0.105	−0.140	0.860	−1.140 0.035	0.035 1.000	1.000 −0.035	−0.035 1.140	−0.860
Q Q Q Q	—	0.216	—	−0.140	−0.105	−0.105	−0.140	−0.140	−0.140 1.035	−0.965 0.000	0.000 0.965	−1.035 0.140	0.140
Q Q Q Q Q Q	0.227	(2)0.189/0.209	—	−0.319	−0.057	−0.118	−0.137	0.681	−1.319 1.262	−0.738 −0.061	−0.061 0.981	−1.019 0.137	0.137
Q Q Q Q Q Q	(1)—/0.282	0.172	0.198	−0.093	−0.297	−0.054	−0.153	−0.093	−0.093 0.796	−1.204 1.243	−0.757 −0.099	−0.099 1.153	−0.847
Q Q	0.274	—	—	−0.179	0.048	−0.013	0.003	0.821	−1.179 0.227	0.227 −0.061	−0.061 0.016	0.016 −0.003	−0.003
Q Q	—	0.198	—	−0.131	−0.144	0.038	−0.010	−0.131	−0.131 0.987	−1.013 0.182	0.182 −0.048	−0.048 0.010	0.010
Q Q	—	—	0.193	0.035	−0.140	−0.140	0.035	0.035	0.035 −0.175	−0.175 1.000	−1.000 0.175	0.175 −0.035	−0.035

注：(1)分子及分母分别为 M_1 及 M_5 的弯矩系数；(2)分子及分母分别为 M_2 及 M_4 的弯距系数。

附录 2　双向板按弹性分析的计算系数

符号说明：

B_c——板的截面抗弯刚度，$B_c=\dfrac{Eh^3}{12(1-\nu^2)}$

E——混凝土弹性模量；

h——板厚；

υ——混凝土泊松比；

f、f_{max}——板中心点的挠度和最大挠度；

m_x、m_{xmax}——平行于 l_x 方向板中心点单位板宽内的弯矩和板跨内最大弯矩；

m_y、m_{ymax}——平行于 l_y 方向板中心点单位板宽内的弯矩和板跨内最大弯矩；

m'_x——固定边中点沿 l_x 方向单位板宽内的弯矩；

m'_y——固定边中点沿 l_y 方向单位板宽内的弯矩；

┴┴┴┴┴┴┴┴表示固定边；------------ 表示简支边；

正负号的规定：

弯矩——使板的受荷面受压者为正；

挠度——变位方向与荷载方向相同者为正。

附表 2-1　　**四边简支**

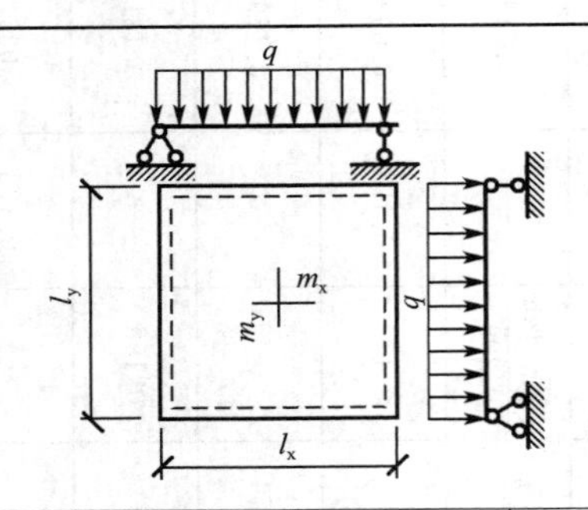

挠度＝表中系数×$\dfrac{ql^4}{B_c}$；

$\upsilon=0$，弯矩＝表中系数×ql^2。

式中 l 取用 l_x 和 l_y 中的较小者。

l_x/l_y	f	m_x	m_y	l_x/l_y	f	m_x	m_y
0.50	0.010 13	0.096 5	0.017 4	0.80	0.006 03	0.056 1	0.033 4
0.55	0.009 40	0.089 2	0.021 0	0.85	0.005 47	0.050 6	0.034 8
0.60	0.008 67	0.082 0	0.024 2	0.90	0.004 96	0.045 6	0.035 8
0.65	0.007 96	0.075 0	0.027 1	0.95	0.004 49	0.041 0	0.036 4
0.70	0.007 27	0.068 3	0.029 6	1.00	0.004 06	0.036 8	0.036 8
0.75	0.006 63	0.062 0	0.031 7				

附表 2-2 一边固定、三边简支

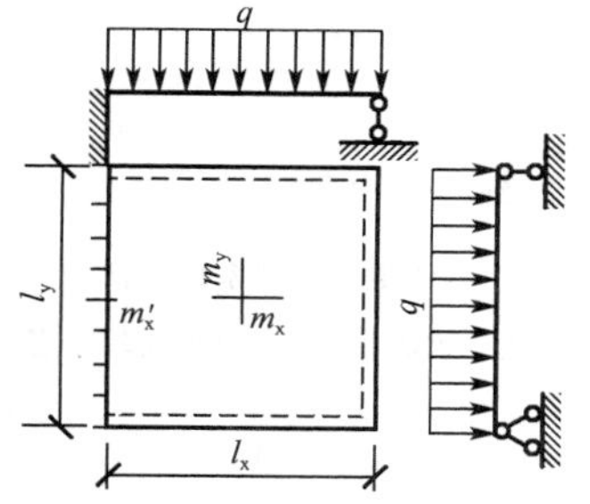

挠度＝表中系数×$\frac{ql^4}{B_c}$；

$\upsilon=0$，弯矩＝表中系数×ql^2。

式中 l 取用 l_x 和 l_y 中的较小者。

l_x/l_y	l_y/l_x	f	f_{max}	m_x	m_{xmax}	m_y	m_{ymax}	m_x'
0.50		0.004 88	0.005 04	0.058 3	0.064 6	0.006 0	0.006 3	−0.121 2
0.55		0.004 71	0.004 92	0.056 3	0.061 8	0.008 1	0.008 7	−0.118 7
0.60		0.004 53	0.004 72	0.053 9	0.058 9	0.010 4	0.011 1	−0.115 8
0.65		0.004 32	0.004 48	0.051 3	0.055 9	0.012 6	0.013 3	−0.112 4
0.70		0.004 10	0.004 22	0.048 5	0.052 9	0.014 8	0.015 4	−0.108 7
0.75		0.003 88	0.003 99	0.045 7	0.049 6	0.016 8	0.017 4	−0.104 8
0.80		0.003 65	0.003 76	0.042 8	0.046 3	0.018 7	0.019 3	−0.100 7
0.85		0.003 43	0.003 52	0.040 0	0.043 1	0.020 4	0.021 1	−0.096 5
0.90		0.003 21	0.003 29	0.037 2	0.040 0	0.021 9	0.026 6	−0.092 2
0.95		0.002 99	0.003 06	0.034 5	0.036 9	0.023 2	0.023 9	−0.088 0
1.00	1.00	0.002 79	0.002 85	0.031 9	0.034 0	0.024 3	0.024 9	−0.083 9
	0.95	0.003 16	0.003 24	0.032 4	0.034 5	0.028 0	0.028 7	−0.088 2
	0.90	0.003 60	0.003 68	0.032 8	0.034 7	0.032 2	0.033 0	−0.092 6
	0.85	0.004 09	0.004 17	0.032 9	0.034 7	0.037 0	0.037 8	−0.097 0
	0.80	0.004 64	0.004 73	0.032 6	0.034 3	0.042 4	0.043 3	−0.101 4
	0.75	0.005 26	0.005 36	0.031 9	0.033 5	0.048 5	0.049 4	−0.105 6
	0.70	0.005 95	0.006 05	0.030 8	0.032 3	0.055 3	0.056 2	−0.109 6
	0.65	0.006 70	0.006 80	0.029 1	0.030 6	0.062 7	0.063 7	−0.113 3
	0.60	0.007 52	0.007 62	0.026 8	0.028 9	0.070 7	0.071 7	−0.116 6
	0.55	0.008 38	0.008 48	0.023 9	0.027 1	0.079 2	0.080 1	−0.119 3
	0.50	0.009 27	0.009 35	0.020 5	0.024 9	0.088 0	0.088 8	−0.121 5

附表 2-3　　两对边固定、两对边简支

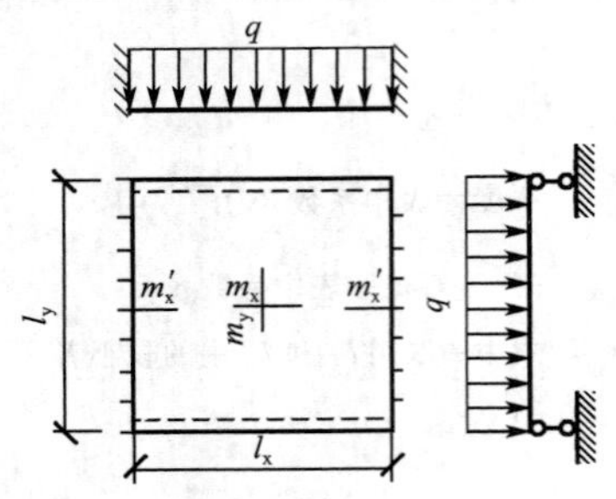

挠度＝表中系数×$\frac{ql^4}{B_c}$；

$\upsilon=0$，弯矩＝表中系数×ql^2。

式中 l 取用 l_x 和 l_y 中的较小者。

l_x/l_y	l_y/l_x	f	m_x	m_y	m_x'
0.50		0.002 61	0.041 6	0.001 7	−0.084 3
0.55		0.002 59	0.041 0	0.002 8	−0.084 0
0.60		0.002 55	0.040 2	0.004 2	−0.083 4
0.65		0.002 50	0.039 2	0.005 7	−0.082 6
0.70		0.002 43	0.037 9	0.007 2	−0.081 4
0.75		0.002 36	0.036 6	0.008 8	−0.079 9
0.80		0.002 28	0.035 1	0.010 3	−0.078 2
0.85		0.002 20	0.033 5	0.011 8	−0.076 3
0.90		0.002 11	0.031 9	0.013 3	−0.074 3
0.95		0.002 01	0.030 2	0.014 6	−0.072 1
1.00	1.00	0.001 92	0.028 5	0.015 8	−0.069 8
	0.95	0.002 23	0.029 6	0.018 9	−0.074 6
	0.90	0.002 60	0.030 6	0.022 4	−0.079 7
	0.85	0.003 03	0.031 4	0.026 6	−0.085 0
	0.80	0.003 54	0.031 9	0.031 6	−0.090 4
	0.75	0.004 13	0.032 1	0.037 4	−0.095 9
	0.70	0.004 82	0.031 8	0.044 1	−0.101 3
	0.65	0.005 60	0.0308	0.0518	−0.106 6
	0.60	0.006 47	0.029 2	0.060 4	−0.111 4
	0.55	0.007 43	0.026 7	0.069 8	−0.115 6
	0.50	0.008 44	0.023 4	0.079 8	−0.119 1

附表 2-4　　四边固定

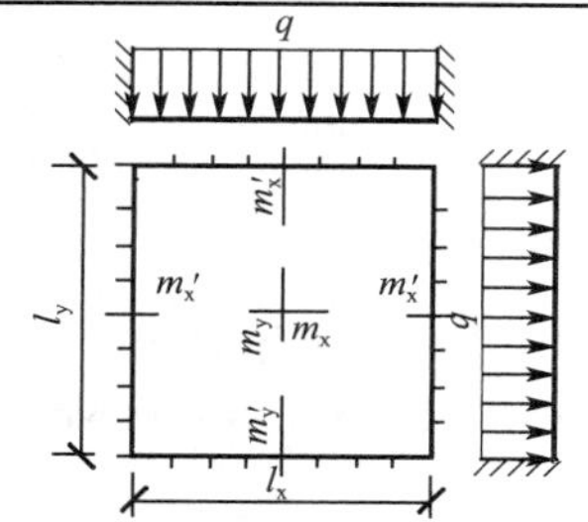

挠度＝表中系数×$\frac{ql^4}{B_c}$；

$\upsilon=0$，弯矩＝表中系数×ql^2。

式中 l 取用 l_x 和 l_y 中的较小者。

l_x/l_y	f	m_x	m_y	m_x'	m_y'
0.50	0.002 53	0.040 0	0.003 8	−0.082 9	−0.057 0
0.55	0.002 46	0.038 5	0.005 6	−0.081 4	−0.057 1
0.60	0.002 36	0.036 7	0.007 6	−0.079 3	−0.057 1
0.65	0.002 24	0.034 5	0.009 5	−0.076 6	−0.057 1
0.70	0.002 11	0.032 1	0.011 3	−0.073 5	−0.056 9
0.75	0.001 97	0.029 6	0.013 0	−0.070 1	−0.056 5
0.80	0.001 82	0.027 1	0.014 4	−0.066 4	−0.055 9
0.85	0.001 68	0.024 6	0.015 6	−0.062 6	−0.055 1
0.90	0.001 53	0.022 1	0.016 5	−0.058 8	−0.054 1
0.95	0.001 40	0.019 8	0.017 2	−0.055 0	−0.052 8
1.00	0.001 27	0.017 6	0.017 6	−0.051 3	−0.051 3

附表 2-5　　两邻边固定、两邻边简支

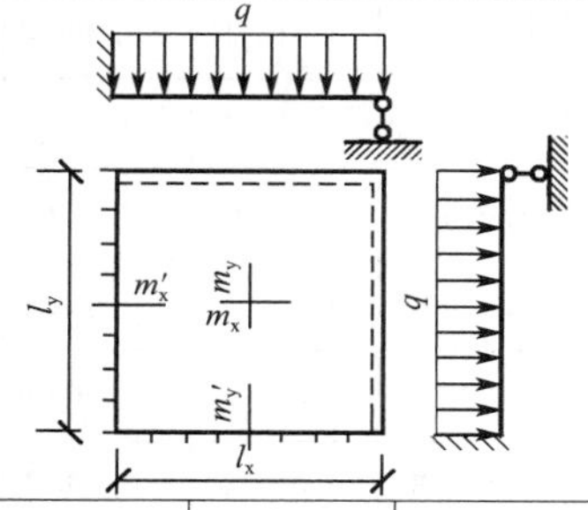

挠度＝表中系数×$\frac{ql^4}{B_c}$；

$\upsilon=0$，弯矩＝表中系数×ql^2。

式中 l 取用 l_x 和 l_y 中的较小者。

l_x/l_y	f	f_{max}	m_x	m_{xmax}	m_y	m_{ymax}	m_x'	m_y'
0.50	0.004 68	0.004 71	0.055 9	0.056 2	0.007 9	0.013 5	−0.117 9	−0.078 6
0.55	0.004 45	0.004 54	0.052 9	0.053 0	0.010 4	0.015 3	−0.114 0	−0.078 5
0.60	0.004 19	0.004 29	0.049 6	0.049 8	0.012 9	0.016 9	−0.109 5	−0.078 2
0.65	0.003 91	0.003 99	0.046 1	0.046 5	0.015 1	0.018 3	−0.104 5	−0.077 7
0.70	0.003 63	0.003 68	0.042 6	0.043 2	0.017 2	0.019 5	−0.099 2	−0.077 0
0.75	0.003 35	0.003 40	0.039 0	0.039 6	0.018 9	0.020 6	−0.093 8	−0.076 0
0.80	0.003 08	0.003 13	0.035 6	0.036 1	0.020 4	0.021 8	−0.088 3	−0.074 8
0.85	0.002 81	0.002 86	0.032 2	0.032 8	0.021 5	0.022 9	−0.082 9	−0.073 3
0.90	0.002 56	0.002 61	0.029 1	0.029 7	0.022 4	0.023 8	−0.077 6	−0.071 6
0.95	0.002 32	0.002 37	0.026 1	0.026 7	0.023 0	0.024 4	−0.072 6	−0.069 8
1.00	0.002 10	0.002 15	0.023 4	0.024 0	0.023 4	0.024 9	−0.067 7	−0.067 7

附表 2-6 三边固定、一边简支

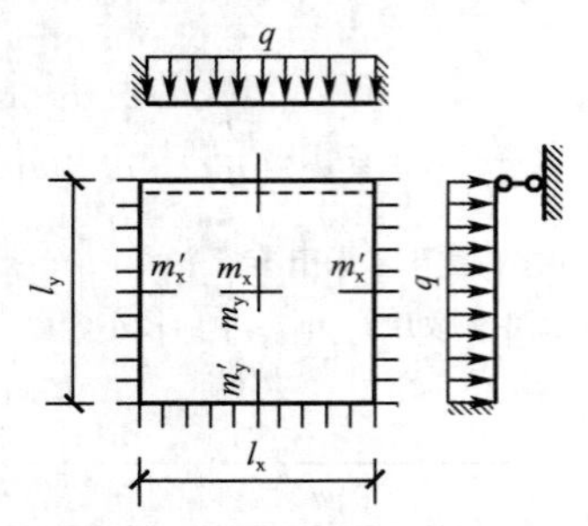

挠度=表中系数×$\frac{ql^4}{B_c}$；

$\upsilon=0$，弯矩=表中系数×ql^2。

式中 l 取用 l_x 和 l_y 中的较小者。

l_x/l_y	l_y/l_x	f	f_{max}	m_x	m_{xmax}	m_y	m_{ymax}	m_x'	m_y'
0.50		0.002 57	0.002 58	0.040 8	0.040 9	0.002 8	0.008 9	−0.083 6	−0.056 9
0.55		0.002 52	0.002 55	0.039 8	0.039 9	0.004 2	0.009 3	−0.082 7	−0.057 0
0.60		0.002 45	0.002 49	0.038 4	0.038 6	0.005 9	0.010 5	−0.081 4	−0.057 1
0.65		0.002 37	0.002 40	0.036 8	0.037 1	0.007 6	0.011 6	−0.079 6	−0.057 2
0.70		0.002 27	0.002 29	0.035 0	0.035 4	0.009 3	0.012 7	−0.077 4	−0.057 2
0.75		0.002 16	0.002 19	0.033 1	0.033 5	0.010 9	0.013 7	−0.075 0	−0.057 2
0.80		0.002 05	0.002 08	0.031 0	0.031 4	0.012 4	0.014 7	−0.072 2	−0.057 0
0.85		0.001 93	0.001 96	0.028 9	0.029 3	0.013 8	0.015 5	−0.069 3	−0.056 7
0.90		0.001 81	0.001 84	0.026 8	0.027 3	0.015 9	0.016 3	−0.066 3	−0.056 3
0.95		0.001 69	0.001 72	0.024 7	0.025 2	0.016 0	0.017 2	−0.063 1	−0.055 8
1.00	1.00	0.001 57	0.001 60	0.022 7	0.023 1	0.016 8	0.018 0	−0.060 0	−0.055 0
	0.95	0.001 78	0.001 82	0.022 9	0.023 4	0.019 4	0.020 7	−0.062 9	−0.059 9
	0.90	0.002 01	0.002 06	0.022 8	0.023 4	0.022 3	0.023 8	−0.065 6	−0.065 3
	0.85	0.002 27	0.002 33	0.022 5	0.023 1	0.025 5	0.027 3	−0.068 3	−0.071 1
	0.80	0.002 56	0.002 62	0.021 9	0.022 4	0.029 0	0.031 1	−0.070 7	−0.077 2
	0.75	0.002 86	0.002 94	0.020 8	0.021 4	0.032 9	0.035 4	−0.072 9	−0.083 7
	0.70	0.003 19	0.003 27	0.019 4	0.020 0	0.037 0	0.040 0	−0.074 8	−0.090 3
	0.65	0.003 52	0.003 65	0.017 5	0.018 2	0.041 2	0.044 6	−0.076 2	−0.097 0
	0.60	0.003 86	0.004 03	0.015 3	0.016 0	0.045 4	0.049 3	−0.077 3	−0.103 3
	0.55	0.004 19	0.004 37	0.012 7	0.013 3	0.049 6	0.054 1	−0.078 0	−0.109 3
	0.50	0.004 49	0.004 63	0.009 9	0.010 3	0.053 4	0.058 8	−0.078 4	−0.114 6

附录 3 电动桥式起重机数据表

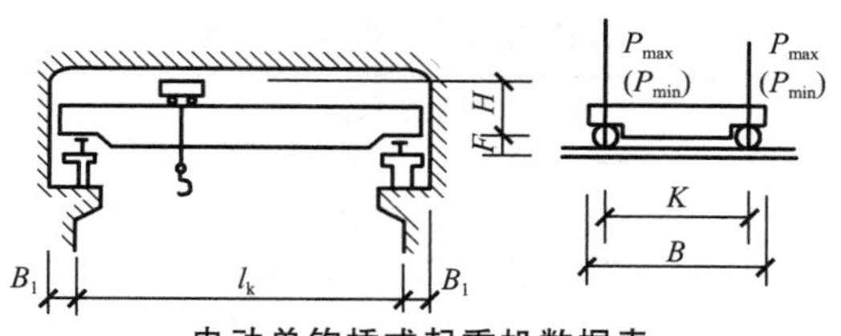

附表 3-1 电动单钩桥式起重机数据表

起重量 Q/t	跨度 l_k/m	起升高度/m	起重机工作级别 A4				主要尺寸/mm						大车轨道重/kN·m^{-1}
			最大轮压 P_{max}/kN	最小轮压 P_{min}/kN	小车自重 Q_1/kN	起重机总重 G/kN	起重机最大宽度 B	大车轮距 K	大车底面至轨道顶面的距离 F	轨道顶面至起重机顶面的距离 H	轨道中心至起重机外缘的距离 B_1	操纵室底面至主梁底面的距离 h_3	
5	10.5	12	64	19	19.9	116	4 500	3 400	−24	1 753.5	230.0	2 350	0.38
	13.5		70	22		134			126			2 195	
	16.5		76	27.5		157			226			2 170	
	22.5		90	41		212	4 660	3 550	526			2 180	
10	10.5	12	103	18.5	39.0	143	5 150	4 050	−24	1 677.0	230.0	2 350	0.43
	13.5		109	22		162			126			2 196	
	16.5		117	26		186			226			2 170	
	22.5		133	37		240	5 290	4 050	526			2 180	

附表 3-2 电动双钩桥式起重机数据表

起重量 Q/t	跨度 l_k/m	起升高度/m	起重机工作级别 A4				主要尺寸/mm						大车轨道重 kN·m^{-1}
			最大轮压 P_{max}/kN	最小轮压 P_{min}/kN	小车自重 Q_1/kN	起重机总重 G/kN	起重机最大宽度 B	大车轮距 K	大车底面至轨道顶面的距离 F	轨道顶面至起重机顶面的距离 H	轨道中心至起重机外缘的距离 B_1	操纵室底面至主梁底面的距离 h_3	
15/3	10.5	12/14	135	41.5	73.2	203	5660	4400	80	2 047	230	2 290	0.43
	13.5		145	40		220			80			2 290	
	16.5		155	42		244			180			2 170	
	22.5		176	55		312			390	2 137		2 180	
20/5	10.5	12/14	158	46.5	77.2	209	5600	4400	80	2 046	230	2 280	0.43
	13.5		169	45		228			84			2 280	
	16.5		180	46.5		253			184			2 170	
	22.5		202	60		324			392	2 136	260	2 180	

附录 4 风荷载特征值

附表 4-1 部分建筑的风荷载体型系数

项次	类别	体型及体型系数 μ_s	备注
1	封闭式落地双坡屋面	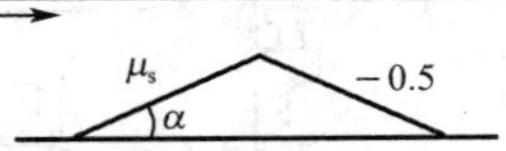 μ_s α −0.5 α | μ_s 0 | 0 30° | +0.2 ≥60° | +0.8	中间值按线性插入法计算
2	封闭式双坡屋面	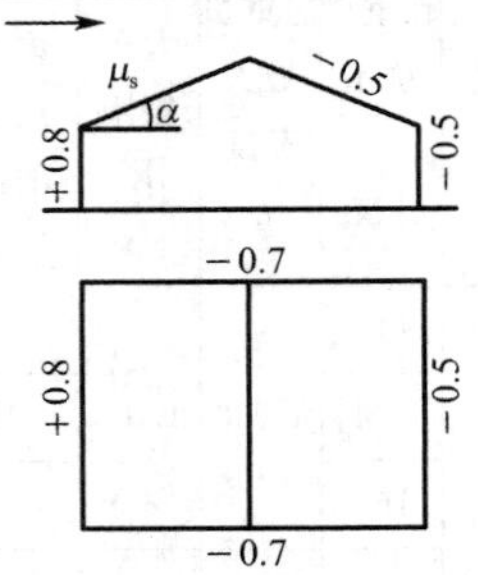 μ_s α −0.5 +0.8 −0.5 −0.7 +0.8 −0.5 −0.7 α | μ_s ≤15° | −0.6 30° | 0 ≥60° | +0.8	1. 中间值按线性插入法计算 2. μ_s 的绝对值不小于 0.1
3	封闭式高低双坡屋面	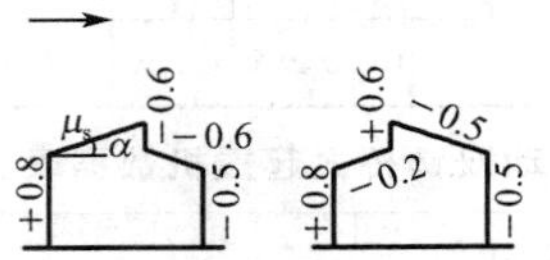 μ_s α −0.6 −0.6 +0.8 −0.5; +0.6 −0.5 −0.2 +0.8 −0.5	迎风坡面的 μ_s 按第 2 项采用
4	封闭式带天窗双坡屋面	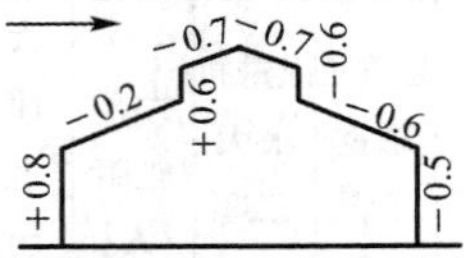 −0.7 −0.7 −0.6 −0.2 +0.6 −0.6 +0.8 −0.5	带天窗的拱形屋面可按本图采用
5	封闭式双跨双坡屋面	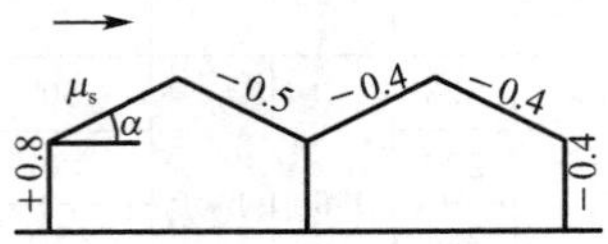 μ_s α −0.5 −0.4 −0.4 +0.8 −0.4	迎风坡面的 μ_s 按第 2 项采用
6	封闭式不等高不等跨的双跨双坡屋面	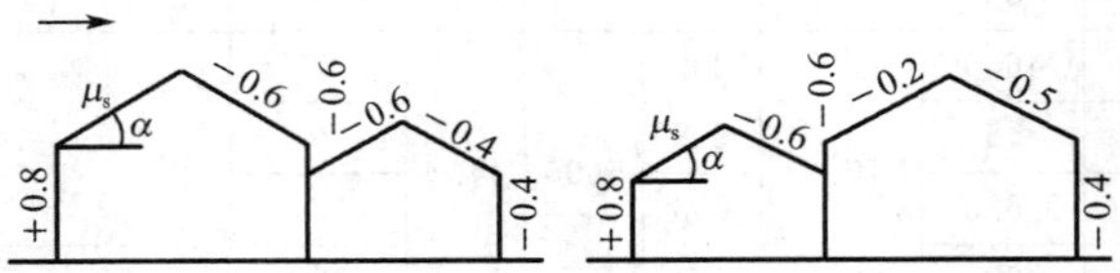 μ_s α −0.6 −0.6 −0.6 −0.4 +0.8 −0.4; μ_s α −0.6 −0.6 −0.2 −0.5 +0.8 −0.4	迎风坡面的 μ_s 按第 2 项采用

（续表）

项次	类别	体型及体型系数 μ_s	备注
7	封闭式不等高不等跨的三跨双坡屋面	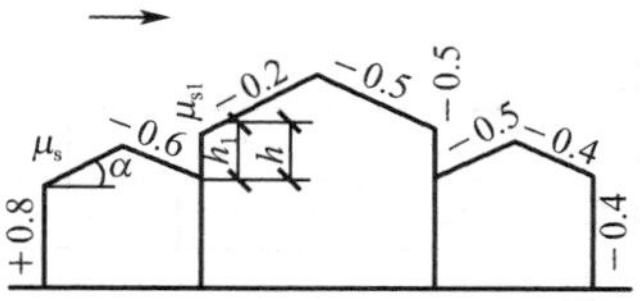 μ_s α +0.8 −0.6 μ_{s1} −0.2 h_1 h −0.5 −0.5 −0.5 −0.4 −0.4	1. 迎风坡面的 μ_s 按第 2 项采用 2. 中跨上部迎风墙面的 μ_{s1} 按下式采用： $\mu_{s1}=0.6(1-2h_1/h)$ 当 $h_1=h$ 时，取 $\mu_{s1}=-0.6$
8	封闭式不等高不等跨且中间带天窗的三跨双坡屋面	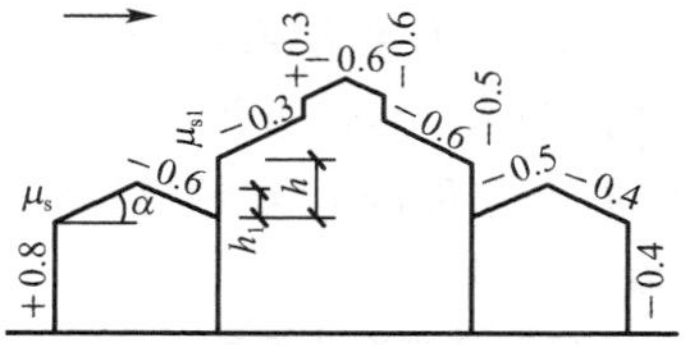 μ_s α +0.8 −0.6 μ_{s1} −0.3 +0.3 −0.6 −0.6 −0.5 h h_1 −0.5 −0.4 −0.4	1. 迎风坡面的 μ_s 按第 2 项采用 2. 中跨上部迎风墙面的 μ_{s1} 按下式采用： $\mu_{s1}=0.6(1-2h_1/h)$ 当 $h_1=h$ 时，取 $\mu_{s1}=-0.6$
9	封闭式带天窗的双跨双坡屋面	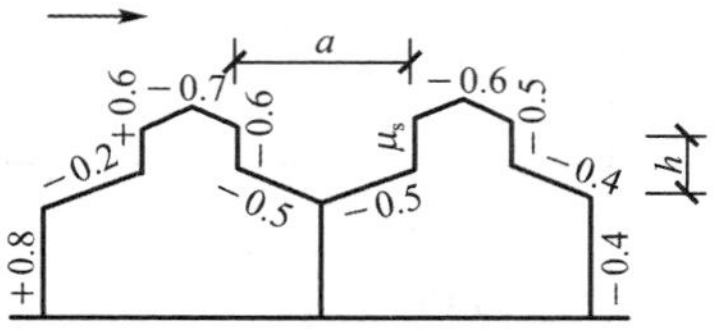 +0.8 −0.2 +0.6 −0.7 −0.6 a −0.5 μ_s −0.5 −0.6 −0.5 −0.4 h −0.4	迎风面第 2 跨的天窗面的 μ_s 按下列规定采用： 1. 当 $a\leqslant 4h$，取 $\mu_s=0.2$； 2. 当 $a>4h$，取 $\mu_s=0.6$
10	封闭式房屋和构筑物	(a)正多边形(包括矩形)平面 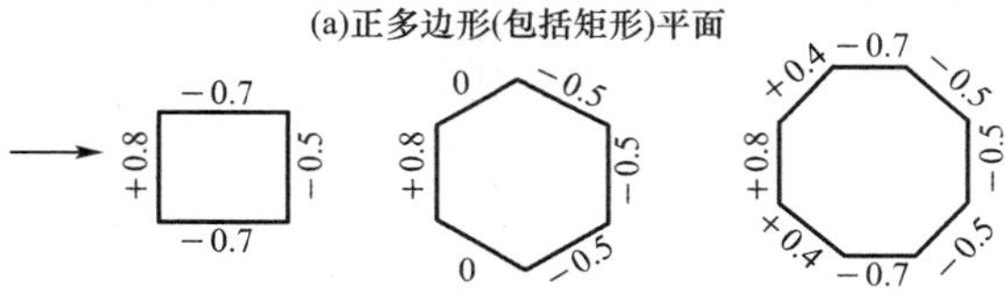 +0.8 −0.7 −0.5 −0.7；+0.8 0 −0.5 −0.5 0 −0.5；+0.8 +0.4 −0.7 −0.5 −0.5 −0.5 −0.7 +0.4 (b)Y形平面 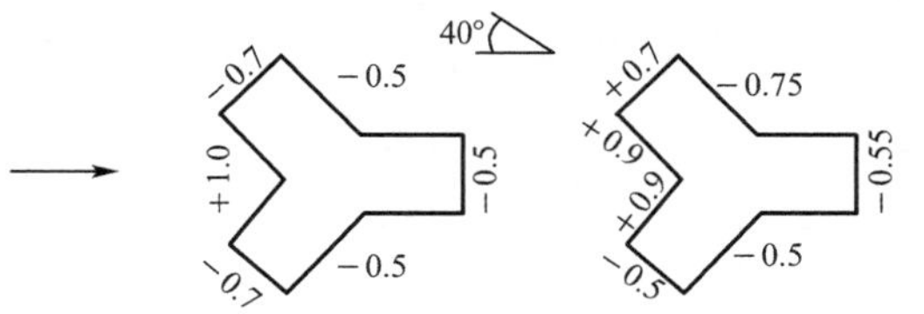 40° +1.0 −0.7 −0.5 −0.5 −0.5 −0.7；+0.7 +0.9 −0.75 −0.55 +0.9 −0.5 −0.5 (c)L形平面 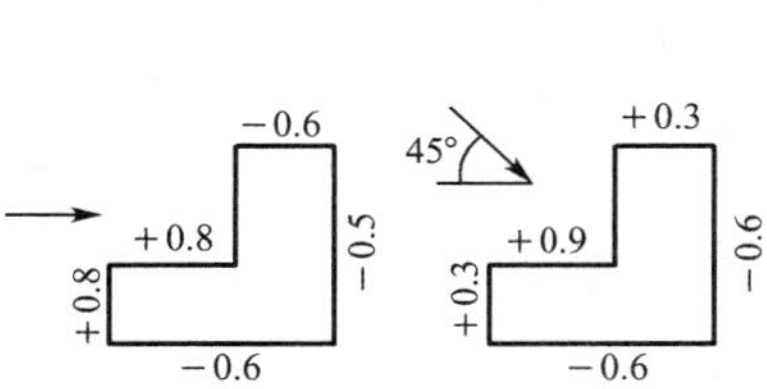 45° +0.8 +0.8 −0.6 −0.5 −0.6；+0.3 +0.9 +0.3 −0.6 −0.6 (d)∏形平面 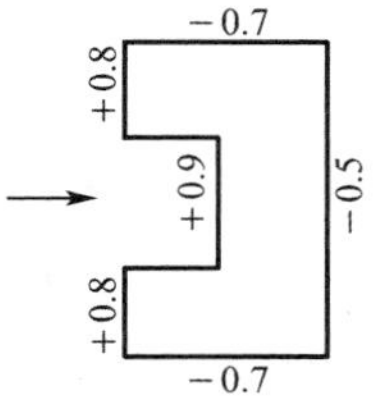 +0.8 +0.9 +0.8 −0.7 −0.5 −0.7 (e)十字形平面 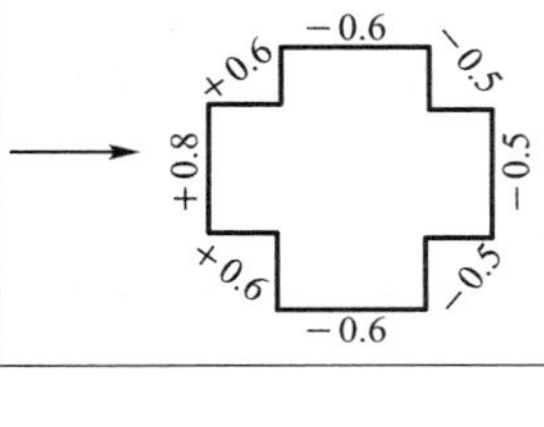 +0.8 +0.6 −0.6 −0.5 −0.5 −0.5 −0.6 +0.6 (f)截角三角形平面 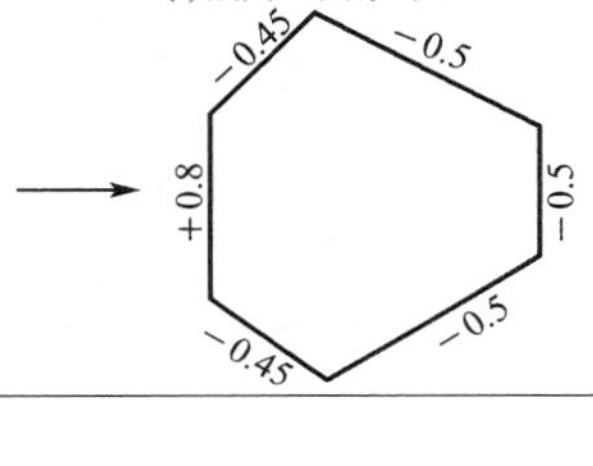 +0.8 −0.45 −0.5 −0.5 −0.5 −0.45	—

（续表）

项次	类别	体型及体型系数 μ_s	备注
11	高度超过 45 m 的矩形截面高层建筑	+0.8；μ_{s2}；μ_{s1}；μ_{s2}；H；B；D D/B：≤1，1.2，2，≥4 μ_{s1}：−0.6，−0.5，−0.4，−0.3 μ_{s2}：−0.7	——

对于平坦或稍有起伏的地形，风压高度变化系数应根据地面粗糙度类别按附表 4-2 确定。地面粗糙度可分为 A、B、C、D 四类：A 类指近海海面和海岛、海岸、湖岸及沙漠地区；B 类指田野、乡村、丛林、丘陵以及房屋比较稀疏的乡镇；C 类指有密集建筑群的城市市区；D 类指有密集建筑群且房屋较高的城市市区。

附表 4-2　风压高度变化系数 μ_z

离地面或海平面高度/m	地面粗糙度类别			
	A	B	C	D
5	1.09	1.00	0.65	0.51
10	1.28	1.00	0.65	0.51
15	1.42	1.13	0.65	0.51
20	1.52	1.23	0.74	0.51
30	1.67	1.39	0.88	0.51
40	1.79	1.52	1.00	0.60
50	1.89	1.62	1.10	0.69
60	1.97	1.71	1.20	0.77
70	2.05	1.79	1.28	0.84
80	2.12	1.87	1.36	0.91
90	2.18	1.93	1.43	0.98
100	2.23	2.00	1.50	1.04
150	2.46	2.25	1.79	1.33
200	2.64	2.46	2.03	1.58
250	2.78	2.63	2.24	1.81
300	2.91	2.77	2.43	2.02
350	2.91	2.91	2.60	2.22
400	2.91	2.91	2.76	2.40
450	2.91	2.91	2.91	2.58
500	2.91	2.91	2.91	2.74
≥550	2.91	2.91	2.91	2.91

附表 4-3　　高层建筑的振型系数

相对高度	振型序号			
z/H	1	2	3	4
0.1	0.02	−0.09	0.22	−0.38
0.2	0.08	−0.30	0.58	−0.73
0.3	0.17	−0.50	0.70	−0.40
0.4	0.27	−0.68	0.46	0.33
0.5	0.38	−0.63	−0.03	0.68
0.6	0.45	−0.48	−0.49	0.29
0.7	0.67	−0.18	−0.63	−0.47
0.8	0.74	0.17	−0.34	−0.62
0.9	0.86	0.58	0.27	−0.02
1.0	1.00	1.00	1.00	1.00

注：迎风面宽度较大的高层建筑，当剪力墙和框架均起主要作用时，其振型系数可按本表采用。

附表 4-4　　阵风系数 β_{gz}

离地面高度/m	地面粗糙度类别			
	A	B	C	D
5	1.65	1.70	2.05	2.40
10	1.60	1.70	2.05	2.40
15	1.57	1.66	2.05	2.40
20	1.55	1.63	1.99	2.40
30	1.53	1.59	1.90	2.40
40	1.51	1.57	1.85	2.29
50	1.49	1.55	1.81	2.20
60	1.48	1.54	1.78	2.14
70	1.48	1.52	1.75	2.09
80	1.47	1.51	1.73	2.04
90	1.46	1.50	1.71	2.01
100	1.46	1.50	1.69	1.98
150	1.43	1.47	1.63	1.87
200	1.42	1.45	1.59	1.79
250	1.41	1.43	1.57	1.74
300	1.40	1.42	1.54	1.70
350	1.40	1.41	1.53	1.67
400	1.40	1.41	1.51	1.64
450	1.40	1.41	1.50	1.62
500	1.40	1.41	1.50	1.60
550	1.40	1.41	1.50	1.59

附录 5　I 形截面柱的力学特性

附表 5-1　　I 形截面柱的力学特性

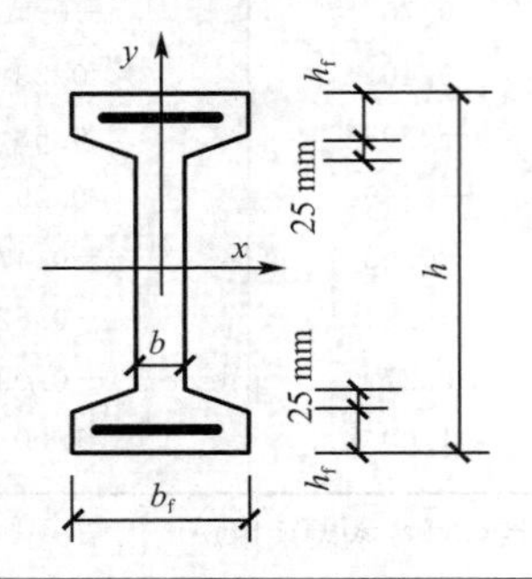

A——截面面积；

I_x——对 x 轴的惯性矩；

I_y——对 y 轴的惯性矩；

g——每米长的自重。

截面尺寸	A (×10² mm²)	I_x (×10⁸ mm⁴)	I_y (×10⁸ mm⁴)	g (kN·m⁻¹)
I300×400×60×60	588	12.68	3.31	1.47
I300×400×60×80	684	14.01	4.20	1.71
I300×500×60×60	648	22.30	3.33	1.62
I300×500×60×80	744	25.00	4.22	1.86
I300×600×60×60	708	35.16	3.35	1.77
I300×600×60×80	804	39.71	4.24	2.01
I300×600×80×80	887	40.09	4.34	2.22
I350×400×60×60	660	14.66	5.23	1.65
I350×400×60×80	776	16.27	6.65	1.94
I350×400×80×80	819	16.43	6.70	2.05
I350×500×60×60	720	25.64	5.25	1.80
I350×500×60×80	836	28.91	6.67	2.09
I350×500×80×80	899	29.43	6.74	2.25
I350×600×60×60	780	40.24	5.26	1.95
I350×600×60×80	896	45.73	6.69	2.24
I350×600×80×80	979	46.92	6.79	2.45
I350×700×80×80	1059	69.31	6.83	2.65
I350×800×80×80	1139	97.00	6.87	2.85
I400×400×60×60	733	16.64	7.79	1.83
I400×400×60×80	869	18.52	9.91	2.17
I400×400×80×80	912	18.68	9.96	2.28
I400×400×100×100	1075	19.99	12.15	2.69

（续表）

截面尺寸	A ($\times 10^2$ mm^2)	I_x ($\times 10^8$ mm^4)	I_y ($\times 10^8$ mm^4)	g (kN·m^{-1})
I400×500×60×60	793	28.99	7.80	1.98
I400×500×60×80	929	32.81	9.92	2.32
I400×500×80×80	992	33.33	10.00	2.48
I400×500×100×100	1175	36.47	12.23	2.94
I400×600×60×60	853	45.31	7.82	2.13
I400×600×60×80	989	51.75	9.94	2.47
I400×600×80×80	1072	52.94	10.04	2.68
I400×600×100×100	1275	58.76	11.84	3.19
I400×700×60×80	1094	77.11	9.38	2.62
I400×700×80×80	1152	77.91	10.09	2.88
I400×700×100×100	1375	87.47	11.93	3.44
I400×800×80×80	1232	108.64	10.13	3.08
I400×800×100×100	1475	123.14	12.48	3.69
I400×700×100×150	1775	143.80	17.26	4.44
I400×900×100×150	1875	195.38	17.34	4.69
I400×1100×100×150	1975	256.34	17.43	4.94
I400×1100×120×150	2230	334.94	18.03	5.58
I500×400×120×100	1335	24.97	23.69	3.34
I500×500×120×100	1455	45.50	23.83	3.64
I500×600×120×100	1575	73.30	23.98	3.94
I500×1000×120×200	2815	356.37	44.17	7.04
I500×1200×120×200	3055	572.45	44.45	7.64
I500×1300×120×200	3175	703.10	44.60	7.94
I500×1400×120×200	3295	849.64	44.74	8.24
I500×1500×120×200	3415	1012.65	44.89	8.54
I500×1600×120×200	3535	1192.73	45.03	8.84
I600×1800×150×250	5063	2127.91	96.50	12.66
I600×2000×150×250	5363	2785.72	97.07	13.41

注：I为工形截面 $b_f \times h \times b \times h_f$（$h_f$ 为翼缘高度）。

附录 6 框架柱反弯点高度比

附表 6-1 均布水平荷载作用下各层柱标准反弯点高度比 y_n

m	n \ K	0.1	0.2	0.3	0.4	0.5	0.6	0.7	0.8	0.9	1.0	2.0	3.0	4.0	5.0
1	1	0.80	0.75	0.70	0.65	0.65	0.60	0.60	0.60	0.60	0.55	0.55	0.55	0.55	0.55
2	2	0.45	0.40	0.35	0.35	0.35	0.35	0.40	0.40	0.40	0.40	0.45	0.45	0.45	0.45
	1	0.95	0.80	0.75	0.70	0.65	0.65	0.65	0.60	0.60	0.60	0.55	0.55	0.55	0.50
3	3	0.15	0.20	0.20	0.25	0.30	0.30	0.30	0.35	0.35	0.35	0.40	0.45	0.45	0.45
	2	0.55	0.50	0.45	0.45	0.45	0.45	0.45	0.45	0.45	0.45	0.45	0.50	0.50	0.50
	1	1.00	0.85	0.80	0.75	0.70	0.70	0.65	0.65	0.65	0.60	0.55	0.55	0.55	0.55
4	4	−0.05	0.05	0.15	0.20	0.25	0.30	0.30	0.35	0.35	0.35	0.40	0.45	0.45	0.45
	3	0.25	0.30	0.30	0.35	0.35	0.40	0.40	0.40	0.40	0.45	0.45	0.50	0.50	0.50
	2	0.65	0.55	0.50	0.50	0.45	0.45	0.45	0.45	0.45	0.45	0.50	0.50	0.50	0.50
	1	1.10	0.90	0.80	0.75	0.70	0.70	0.65	0.65	0.65	0.60	0.55	0.55	0.55	0.55
5	5	−0.20	0.00	0.15	0.20	0.25	0.30	0.30	0.30	0.35	0.35	0.40	0.45	0.45	0.45
	4	0.10	0.20	0.25	0.30	0.35	0.35	0.40	0.40	0.40	0.40	0.45	0.45	0.50	0.50
	3	0.40	0.40	0.40	0.40	0.40	0.45	0.45	0.45	0.45	0.45	0.50	0.50	0.50	0.50
	2	0.65	0.55	0.50	0.50	0.50	0.50	0.50	0.50	0.50	0.50	0.50	0.50	0.50	0.50
	1	1.20	0.95	0.80	0.75	0.75	0.70	0.70	0.65	0.65	0.65	0.55	0.55	0.55	0.55
6	6	−0.30	0.00	0.10	0.20	0.25	0.25	0.30	0.30	0.35	0.35	0.40	0.45	0.45	0.45
	5	0.00	0.20	0.25	0.30	0.35	0.35	0.40	0.40	0.40	0.40	0.45	0.45	0.50	0.50
	4	0.20	0.30	0.35	0.35	0.40	0.40	0.40	0.45	0.45	0.45	0.45	0.50	0.50	0.50
	3	0.40	0.40	0.40	0.45	0.45	0.45	0.45	0.45	0.45	0.45	0.50	0.50	0.50	0.50
	2	0.70	0.60	0.55	0.50	0.50	0.50	0.50	0.50	0.50	0.50	0.50	0.50	0.50	0.50
	1	1.20	0.95	0.85	0.80	0.75	0.70	0.70	0.65	0.65	0.65	0.55	0.55	0.55	0.55
7	7	−0.35	−0.05	0.10	0.20	0.20	0.25	0.30	0.30	0.35	0.35	0.40	0.45	0.45	0.45
	6	−0.10	0.15	0.25	0.30	0.35	0.35	0.35	0.40	0.40	0.40	0.45	0.45	0.50	0.50
	5	0.10	0.25	0.30	0.35	0.40	0.40	0.40	0.45	0.45	0.45	0.50	0.50	0.50	0.50
	4	0.30	0.35	0.40	0.40	0.40	0.45	0.45	0.45	0.45	0.45	0.50	0.50	0.50	0.50
	3	0.50	0.45	0.45	0.45	0.45	0.45	0.45	0.45	0.45	0.45	0.50	0.50	0.50	0.50
	2	0.75	0.60	0.55	0.50	0.50	0.50	0.50	0.50	0.50	0.50	0.50	0.50	0.50	0.50
	1	1.20	0.95	0.85	0.80	0.75	0.70	0.70	0.65	0.65	0.65	0.55	0.55	0.55	0.55
8	8	−0.35	−0.15	0.10	0.10	0.25	0.25	0.30	0.30	0.35	0.35	0.40	0.45	0.45	0.45
	7	−0.10	0.15	0.25	0.30	0.35	0.35	0.40	0.40	0.40	0.40	0.45	0.50	0.50	0.50
	6	0.05	0.25	0.30	0.35	0.40	0.40	0.40	0.45	0.45	0.45	0.45	0.50	0.50	0.50
	5	0.20	0.30	0.35	0.40	0.40	0.45	0.45	0.45	0.45	0.45	0.50	0.50	0.50	0.50
	4	0.35	0.40	0.40	0.45	0.45	0.45	0.45	0.45	0.45	0.45	0.50	0.50	0.50	0.50
	3	0.50	0.45	0.45	0.45	0.45	0.45	0.45	0.45	0.50	0.50	0.50	0.50	0.50	0.50
	2	0.75	0.60	0.55	0.55	0.50	0.50	0.50	0.50	0.50	0.50	0.50	0.50	0.50	0.50
	1	1.20	1.00	0.85	0.80	0.75	0.70	0.70	0.65	0.65	0.65	0.55	0.55	0.55	0.55

（续表）

m	$\overline{K}$ / n	0.1	0.2	0.3	0.4	0.5	0.6	0.7	0.8	0.9	1.0	2.0	3.0	4.0	5.0
9	9	-0.40	-0.05	0.10	0.20	0.25	0.25	0.30	0.30	0.35	0.35	0.45	0.45	0.45	0.45
	8	-0.15	0.15	0.25	0.30	0.35	0.35	0.35	0.40	0.40	0.40	0.45	0.45	0.50	0.50
	7	0.05	0.25	0.30	0.35	0.40	0.40	0.40	0.45	0.45	0.45	0.45	0.50	0.50	0.50
	6	0.15	0.30	0.35	0.40	0.40	0.45	0.45	0.45	0.45	0.45	0.50	0.50	0.50	0.50
	5	0.25	0.35	0.40	0.40	0.45	0.45	0.45	0.45	0.45	0.45	0.50	0.50	0.50	0.50
	4	0.40	0.40	0.40	0.45	0.45	0.45	0.45	0.45	0.45	0.45	0.50	0.50	0.50	0.50
	3	0.55	0.45	0.45	0.45	0.45	0.45	0.45	0.45	0.50	0.50	0.50	0.50	0.50	0.50
	2	0.80	0.65	0.55	0.55	0.50	0.50	0.50	0.50	0.50	0.50	0.50	0.50	0.50	0.50
	1	1.20	1.00	0.85	0.80	0.75	0.70	0.70	0.65	0.65	0.65	0.55	0.55	0.55	0.55
10	10	-0.40	-0.05	0.10	0.20	0.25	0.30	0.30	0.30	0.30	0.35	0.40	0.45	0.45	0.45
	9	-0.15	0.15	0.25	0.30	0.35	0.35	0.40	0.40	0.40	0.40	0.45	0.45	0.50	0.50
	8	0.00	0.25	0.30	0.35	0.40	0.40	0.40	0.45	0.45	0.45	0.45	0.50	0.50	0.50
	7	-0.10	0.30	0.35	0.40	0.40	0.40	0.45	0.45	0.45	0.45	0.50	0.50	0.50	0.50
	6	0.20	0.35	0.40	0.40	0.45	0.45	0.45	0.45	0.45	0.45	0.50	0.50	0.50	0.50
	5	0.30	0.40	0.40	0.45	0.45	0.45	0.45	0.45	0.45	0.50	0.50	0.50	0.50	0.50
	4	0.40	0.40	0.45	0.45	0.45	0.45	0.45	0.45	0.45	0.50	0.50	0.50	0.50	0.50
	3	0.55	0.50	0.45	0.45	0.45	0.50	0.50	0.50	0.50	0.50	0.50	0.50	0.50	0.50
	2	0.80	0.65	0.55	0.55	0.55	0.50	0.50	0.50	0.50	0.50	0.50	0.50	0.50	0.50
	1	1.30	1.00	0.85	0.80	0.75	0.70	0.70	0.65	0.65	0.65	0.60	0.55	0.55	0.55
11	11	-0.40	0.05	0.10	0.20	0.25	0.30	0.30	0.30	0.35	0.35	0.40	0.45	0.45	0.45
	10	-0.15	0.15	0.25	0.30	0.35	0.35	0.40	0.40	0.40	0.40	0.45	0.45	0.50	0.50
	9	0.00	0.25	0.30	0.35	0.40	0.40	0.40	0.45	0.45	0.45	0.45	0.50	0.50	0.50
	8	0.10	0.30	0.35	0.40	0.40	0.45	0.45	0.45	0.45	0.45	0.50	0.50	0.50	0.50
	7	0.20	0.35	0.40	0.45	0.45	0.45	0.45	0.45	0.45	0.45	0.50	0.50	0.50	0.50
	6	0.25	0.35	0.40	0.45	0.45	0.45	0.45	0.45	0.45	0.45	0.50	0.50	0.50	0.50
	5	0.35	0.40	0.40	0.45	0.45	0.45	0.45	0.45	0.45	0.50	0.50	0.50	0.50	0.50
	4	0.40	0.45	0.45	0.45	0.45	0.45	0.45	0.50	0.50	0.50	0.50	0.50	0.50	0.50
	3	0.55	0.50	0.50	0.50	0.50	0.50	0.50	0.50	0.50	0.50	0.50	0.50	0.50	0.50
	2	0.80	0.65	0.60	0.55	0.55	0.50	0.50	0.50	0.50	0.50	0.50	0.50	0.50	0.50
	1	1.30	1.00	0.85	0.80	0.75	0.70	0.70	0.65	0.65	0.65	0.60	0.55	0.55	0.55
12以上	自上1	-0.40	-0.05	0.10	0.20	0.25	0.30	0.30	0.30	0.35	0.35	0.40	0.45	0.45	0.45
	2	-0.15	0.15	0.25	0.30	0.35	0.35	0.40	0.40	0.40	0.40	0.45	0.45	0.50	0.50
	3	0.00	0.25	0.30	0.35	0.40	0.40	0.40	0.45	0.45	0.45	0.45	0.50	0.50	0.50
	4	0.10	0.30	0.35	0.40	0.40	0.45	0.45	0.45	0.45	0.45	0.50	0.50	0.50	0.50
	5	0.20	0.35	0.40	0.40	0.45	0.45	0.45	0.45	0.45	0.45	0.50	0.50	0.50	0.50
	6	0.25	0.35	0.40	0.45	0.45	0.45	0.45	0.45	0.45	0.45	0.50	0.50	0.50	0.50
	7	0.30	0.40	0.40	0.45	0.45	0.45	0.45	0.45	0.50	0.50	0.50	0.50	0.50	0.50
	8	0.35	0.40	0.45	0.45	0.45	0.45	0.45	0.50	0.50	0.50	0.50	0.50	0.50	0.50
	中间	0.40	0.40	0.45	0.45	0.45	0.45	0.50	0.50	0.50	0.50	0.50	0.50	0.50	0.50
	4	0.45	0.45	0.45	0.45	0.50	0.50	0.50	0.50	0.50	0.50	0.50	0.50	0.50	0.50
	3	0.60	0.50	0.50	0.50	0.50	0.50	0.50	0.50	0.50	0.50	0.50	0.50	0.50	0.50
	2	0.80	0.65	0.60	0.55	0.55	0.50	0.50	0.50	0.50	0.50	0.50	0.50	0.50	0.50
	自下1	1.30	1.00	0.85	0.80	0.75	0.70	0.70	0.65	0.65	0.55	0.55	0.55	0.55	0.55

附表 6-2　　倒三角形分布水平荷载作用下各层柱标准反弯点高度比 y_n

m	n \ K	0.1	0.2	0.3	0.4	0.5	0.6	0.7	0.8	0.9	1.0	2.0	3.0	4.0	5.0
1	1	0.80	0.75	0.70	0.65	0.65	0.60	0.60	0.60	0.60	0.55	0.55	0.55	0.55	0.55
2	2	0.50	0.45	0.40	0.40	0.40	0.40	0.40	0.40	0.40	0.45	0.45	0.45	0.45	0.50
	1	1.00	0.85	0.75	0.70	0.70	0.65	0.65	0.65	0.60	0.60	0.55	0.55	0.55	0.55
3	3	0.25	0.25	0.25	0.30	0.30	0.35	0.35	0.35	0.40	0.40	0.45	0.45	0.45	0.50
	2	0.60	0.50	0.50	0.50	0.50	0.45	0.45	0.45	0.45	0.45	0.50	0.50	0.50	0.50
	1	1.15	0.90	0.80	0.75	0.75	0.70	0.70	0.65	0.65	0.65	0.60	0.55	0.55	0.55
4	4	0.10	0.15	0.20	0.25	0.30	0.30	0.35	0.35	0.35	0.40	0.45	0.45	0.45	0.45
	3	0.35	0.35	0.35	0.40	0.40	0.40	0.40	0.40	0.45	0.45	0.45	0.50	0.50	0.50
	2	0.70	0.60	0.55	0.50	0.50	0.50	0.50	0.50	0.50	0.50	0.50	0.50	0.50	0.50
	1	1.20	0.95	0.85	0.80	0.75	0.70	0.70	0.70	0.65	0.65	0.55	0.55	0.55	0.50
5	5	−0.05	0.10	0.20	0.25	0.30	0.30	0.35	0.35	0.35	0.35	0.40	0.45	0.45	0.45
	4	0.20	0.25	0.35	0.35	0.40	0.40	0.40	0.40	0.40	0.45	0.45	0.50	0.50	0.50
	3	0.45	0.40	0.45	0.45	0.45	0.45	0.45	0.45	0.45	0.45	0.50	0.50	0.50	0.50
	2	0.75	0.60	0.55	0.55	0.50	0.50	0.50	0.60	0.50	0.50	0.50	0.50	0.50	0.50
	1	1.30	1.00	0.85	0.80	0.75	0.70	0.70	0.65	0.65	0.65	0.65	0.55	0.55	0.55
6	6	−0.15	0.05	0.15	0.20	0.25	0.30	0.30	0.35	0.35	0.35	0.40	0.45	0.45	0.45
	5	0.10	0.25	0.30	0.35	0.35	0.40	0.40	0.40	0.45	0.45	0.45	0.50	0.50	0.50
	4	0.30	0.35	0.40	0.40	0.45	0.45	0.45	0.45	0.45	0.45	0.50	0.50	0.50	0.50
	3	0.50	0.45	0.45	0.45	0.45	0.45	0.45	0.45	0.45	0.50	0.50	0.50	0.50	0.50
	2	0.80	0.65	0.55	0.55	0.55	0.55	0.50	0.50	0.50	0.50	0.50	0.50	0.50	0.50
	1	1.30	1.00	0.85	0.80	0.75	0.70	0.70	0.65	0.65	0.65	0.60	0.55	0.55	0.55
7	7	−0.20	0.05	0.15	0.20	0.25	0.30	0.30	0.35	0.35	0.35	0.45	0.45	0.45	0.45
	6	0.05	0.20	0.30	0.35	0.35	0.40	0.40	0.40	0.40	0.45	0.45	0.50	0.50	0.50
	5	0.20	0.30	0.35	0.40	0.40	0.45	0.45	0.45	0.45	0.45	0.50	0.50	0.50	0.50
	4	0.35	0.40	0.40	0.45	0.45	0.45	0.45	0.45	0.45	0.45	0.50	0.50	0.50	0.50
	3	0.55	0.50	0.50	0.50	0.50	0.50	0.50	0.50	0.50	0.50	0.50	0.50	0.50	0.50
	2	0.80	0.65	0.60	0.55	0.55	0.55	0.50	0.50	0.50	0.50	0.50	0.50	0.50	0.50
	1	1.30	1.00	0.90	0.80	0.75	0.70	0.70	0.70	0.65	0.65	0.60	0.55	0.55	0.55
8	8	−0.20	0.05	0.15	0.20	0.25	0.30	0.30	0.35	0.35	0.35	0.45	0.45	0.45	0.45
	7	0.00	0.20	0.30	0.35	0.35	0.40	0.40	0.40	0.40	0.45	0.45	0.50	0.50	0.50
	6	0.15	0.30	0.35	0.40	0.40	0.45	0.45	0.45	0.45	0.45	0.50	0.50	0.50	0.50
	5	0.30	0.45	0.40	0.45	0.45	0.45	0.45	0.45	0.45	0.45	0.50	0.50	0.50	0.50
	4	0.40	0.45	0.45	0.45	0.45	0.45	0.45	0.50	0.50	0.50	0.50	0.50	0.50	0.50
	3	0.60	0.50	0.50	0.50	0.50	0.50	0.50	0.50	0.50	0.50	0.50	0.50	0.50	0.50
	2	0.85	0.65	0.60	0.55	0.55	0.55	0.50	0.50	0.50	0.50	0.50	0.50	0.50	0.50
	1	1.30	1.00	0.90	0.80	0.75	0.70	0.70	0.70	0.65	0.65	0.60	0.55	0.55	0.55

（续表）

m	$\overline{K}$ / n	0.1	0.2	0.3	0.4	0.5	0.6	0.7	0.8	0.9	1.0	2.0	3.0	4.0	5.0
9	9	-0.25	0.00	0.15	0.20	0.25	0.30	0.30	0.35	0.35	0.40	0.45	0.45	0.45	0.45
	8	0.00	0.20	0.30	0.35	0.35	0.40	0.40	0.40	0.40	0.45	0.45	0.50	0.50	0.50
	7	0.15	0.30	0.35	0.40	0.40	0.45	0.45	0.45	0.45	0.45	0.50	0.50	0.50	0.50
	6	0.25	0.35	0.40	0.40	0.45	0.45	0.45	0.45	0.45	0.50	0.50	0.50	0.50	0.50
	5	0.35	0.40	0.45	0.45	0.45	0.45	0.45	0.45	0.50	0.50	0.50	0.50	0.50	0.50
	4	0.45	0.45	0.45	0.45	0.45	0.50	0.50	0.50	0.50	0.50	0.50	0.50	0.50	0.50
	3	0.65	0.50	0.50	0.50	0.50	0.50	0.50	0.50	0.50	0.50	0.50	0.50	0.50	0.50
	2	0.80	0.65	0.65	0.55	0.55	0.55	0.55	0.50	0.50	0.50	0.50	0.50	0.50	0.50
	1	1.35	1.00	1.00	0.80	0.75	0.70	0.70	0.70	0.65	0.65	0.60	0.55	0.55	0.55
10	10	-0.25	0.00	0.15	0.20	0.25	0.30	0.30	0.35	0.35	0.40	0.45	0.45	0.45	0.45
	9	-0.05	0.20	0.30	0.35	0.35	0.40	0.40	0.40	0.40	0.45	0.45	0.50	0.50	0.50
	8	0.10	0.30	0.35	0.40	0.40	0.40	0.45	0.45	0.45	0.45	0.45	0.50	0.50	0.50
	7	0.20	0.35	0.40	0.40	0.45	0.45	0.45	0.45	0.45	0.50	0.50	0.50	0.50	0.50
	6	0.30	0.40	0.40	0.45	0.45	0.45	0.45	0.45	0.45	0.50	0.50	0.50	0.50	0.50
	5	0.40	0.45	0.45	0.45	0.45	0.45	0.45	0.50	0.50	0.50	0.50	0.50	0.50	0.50
	4	0.50	0.45	0.45	0.45	0.50	0.50	0.50	0.50	0.50	0.50	0.50	0.50	0.50	0.50
	3	0.60	0.55	0.50	0.50	0.50	0.50	0.50	0.50	0.50	0.50	0.50	0.50	0.50	0.50
	2	0.85	0.65	0.60	0.55	0.55	0.55	0.55	0.50	0.50	0.50	0.50	0.50	0.50	0.50
	1	1.35	1.00	0.90	0.80	0.75	0.75	0.70	0.70	0.65	0.65	0.60	0.55	0.55	0.55
11	11	-0.25	0.00	0.15	0.20	0.25	0.30	0.30	0.30	0.35	0.35	0.45	0.45	0.45	0.45
	10	-0.05	0.20	0.25	0.30	0.35	0.40	0.40	0.40	0.40	0.45	0.45	0.50	0.50	0.50
	9	0.10	0.30	0.35	0.40	0.40	0.40	0.45	0.45	0.45	0.45	0.50	0.50	0.50	0.50
	8	0.20	0.35	0.40	0.40	0.45	0.45	0.45	0.45	0.45	0.45	0.50	0.50	0.50	0.50
	7	0.25	0.40	0.40	0.45	0.45	0.45	0.45	0.45	0.45	0.50	0.50	0.50	0.50	0.50
	6	0.35	0.40	0.45	0.45	0.45	0.45	0.45	0.50	0.50	0.50	0.50	0.50	0.50	0.50
	5	0.40	0.45	0.45	0.45	0.45	0.50	0.50	0.50	0.50	0.50	0.50	0.50	0.50	0.50
	4	0.50	0.50	0.50	0.50	0.50	0.50	0.50	0.50	0.50	0.50	0.50	0.50	0.50	0.50
	3	0.65	0.55	0.50	0.50	0.50	0.50	0.50	0.50	0.50	0.50	0.50	0.50	0.50	0.50
	2	0.85	0.65	0.60	0.55	0.55	0.55	0.55	0.50	0.50	0.50	0.50	0.50	0.50	0.50
	1	1.35	1.00	0.90	0.80	0.75	0.75	0.70	0.70	0.65	0.65	0.60	0.55	0.55	0.55
12以上	自上1	-0.30	0.00	0.15	0.20	0.25	0.30	0.30	0.30	0.35	0.35	0.40	0.45	0.45	0.45
	2	-0.10	0.20	0.25	0.30	0.35	0.40	0.40	0.40	0.40	0.40	0.45	0.45	0.45	0.50
	3	0.05	0.25	0.35	0.40	0.40	0.40	0.45	0.45	0.45	0.45	0.45	0.50	0.50	0.50
	4	0.15	0.30	0.40	0.40	0.45	0.45	0.45	0.45	0.45	0.45	0.45	0.50	0.50	0.50
	5	0.25	0.30	0.40	0.45	0.45	0.45	0.45	0.45	0.45	0.45	0.50	0.50	0.50	0.50
	6	0.30	0.40	0.40	0.45	0.45	0.45	0.45	0.50	0.50	0.50	0.50	0.50	0.50	0.50
	7	0.35	0.40	0.40	0.45	0.45	0.45	0.50	0.50	0.50	0.50	0.50	0.50	0.50	0.50
	8	0.35	0.45	0.45	0.45	0.50	0.50	0.50	0.50	0.50	0.50	0.50	0.50	0.50	0.50
	中间	0.45	0.45	0.45	0.50	0.50	0.50	0.50	0.50	0.50	0.50	0.50	0.50	0.50	0.50
	4	0.55	0.50	0.50	0.50	0.50	0.50	0.50	0.50	0.50	0.50	0.50	0.50	0.50	0.50
	3	0.65	0.55	0.50	0.50	0.50	0.50	0.50	0.50	0.50	0.50	0.50	0.50	0.50	0.50
	2	0.70	0.70	0.60	0.55	0.55	0.55	0.55	0.50	0.50	0.50	0.50	0.50	0.50	0.50
	自下1	1.35	1.05	0.90	0.80	0.75	0.70	0.70	0.70	0.65	0.65	0.60	0.55	0.55	0.55

附表 6-3　　顶点集中水平荷载作用下各层柱标准反弯点高度比 y_n

m	n \ $\overline{K}$	0.1	0.2	0.3	0.4	0.5	0.6	0.7	0.8	0.9	1.0	2.0	3.0	4.0	5.0
1	1	0.80	0.75	0.70	0.65	0.65	0.60	0.60	0.60	0.60	0.55	0.55	0.55	0.55	0.55
2	2	0.55	0.50	0.45	0.45	0.45	0.45	0.45	0.45	0.45	0.45	0.45	0.50	0.50	0.50
	1	1.15	0.95	0.85	0.80	0.75	0.70	0.70	0.65	0.65	0.65	0.60	0.55	0.55	0.55
3	3	0.40	0.40	0.40	0.40	0.40	0.40	0.40	0.45	0.45	0.45	0.45	0.50	0.50	0.50
	2	0.75	0.60	0.55	0.55	0.55	0.50	0.50	0.50	0.50	0.50	0.50	0.50	0.50	0.50
	1	1.30	1.00	0.90	0.80	0.75	0.70	0.70	0.70	0.65	0.65	0.60	0.55	0.55	0.55
4	4	0.35	0.35	0.35	0.40	0.40	0.40	0.40	0.45	0.45	0.45	0.45	0.50	0.50	0.50
	3	0.60	0.50	0.50	0.50	0.50	0.50	0.50	0.50	0.50	0.50	0.50	0.50	0.50	0.50
	2	0.85	0.65	0.60	0.55	0.55	0.55	0.55	0.55	0.50	0.50	0.50	0.50	0.50	0.50
	1	1.35	1.05	0.90	0.80	0.75	0.75	0.70	0.70	0.65	0.65	0.60	0.55	0.55	0.55
5	5	0.30	0.35	0.35	0.40	0.40	0.40	0.40	0.45	0.45	0.45	0.45	0.50	0.50	0.50
	4	0.50	0.45	0.45	0.50	0.50	0.50	0.50	0.50	0.50	0.50	0.50	0.50	0.50	0.50
	3	0.65	0.55	0.50	0.50	0.50	0.50	0.50	0.50	0.50	0.50	0.50	0.50	0.50	0.50
	2	0.90	0.70	0.60	0.55	0.55	0.55	0.55	0.55	0.50	0.50	0.50	0.50	0.50	0.50
	1	1.40	1.05	0.90	0.80	0.75	0.75	0.70	0.70	0.65	0.65	0.60	0.55	0.55	0.55
6	6	0.30	0.35	0.35	0.40	0.40	0.40	0.40	0.45	0.45	0.45	0.45	0.50	0.50	0.50
	5	0.45	0.45	0.45	0.45	0.50	0.50	0.50	0.50	0.50	0.50	0.50	0.50	0.50	0.50
	4	0.55	0.50	0.50	0.50	0.50	0.50	0.50	0.50	0.50	0.50	0.50	0.50	0.50	0.50
	3	0.65	0.55	0.55	0.50	0.50	0.50	0.50	0.50	0.50	0.50	0.50	0.50	0.50	0.50
	2	0.90	0.70	0.60	0.60	0.55	0.55	0.55	0.55	0.50	0.50	0.50	0.50	0.50	0.50
	1	1.40	1.05	0.90	0.80	0.75	0.75	0.70	0.70	0.65	0.65	0.60	0.55	0.55	0.55
7	7	0.30	0.35	0.35	0.40	0.40	0.40	0.40	0.45	0.45	0.45	0.45	0.50	0.50	0.50
	6	0.40	0.45	0.45	0.45	0.50	0.50	0.50	0.50	0.50	0.50	0.50	0.50	0.50	0.50
	5	0.50	0.50	0.50	0.50	0.50	0.50	0.50	0.50	0.50	0.50	0.50	0.50	0.50	0.50
	4	0.55	0.50	0.50	0.50	0.50	0.50	0.50	0.50	0.50	0.50	0.50	0.50	0.50	0.50
	3	0.70	0.55	0.55	0.50	0.50	0.50	0.50	0.50	0.50	0.50	0.50	0.50	0.50	0.50
	2	0.90	0.70	0.60	0.60	0.55	0.55	0.55	0.55	0.50	0.50	0.50	0.50	0.50	0.50
	1	1.40	1.05	0.90	0.80	0.75	0.75	0.70	0.70	0.65	0.65	0.60	0.55	0.55	0.55
8	8	0.30	0.35	0.35	0.40	0.40	0.40	0.40	0.45	0.45	0.45	0.45	0.50	0.50	0.50
	7	0.40	0.40	0.45	0.45	0.50	0.50	0.50	0.50	0.50	0.50	0.50	0.50	0.50	0.50
	6	0.45	0.50	0.50	0.50	0.50	0.50	0.50	0.50	0.50	0.50	0.50	0.50	0.50	0.50
	5	0.50	0.50	0.50	0.50	0.50	0.50	0.50	0.50	0.50	0.50	0.50	0.50	0.50	0.50
	4	0.60	0.50	0.50	0.50	0.50	0.50	0.50	0.50	0.50	0.50	0.50	0.50	0.50	0.50
	3	0.70	0.55	0.55	0.50	0.50	0.50	0.50	0.50	0.50	0.50	0.50	0.50	0.50	0.50
	2	0.90	0.70	0.60	0.60	0.55	0.55	0.55	0.55	0.50	0.50	0.50	0.50	0.50	0.50
	1	1.40	1.05	0.90	0.80	0.75	0.75	0.70	0.70	0.65	0.65	0.60	0.55	0.55	0.55

（续表）

m	$\overline{K}$ / n	0.1	0.2	0.3	0.4	0.5	0.6	0.7	0.8	0.9	1.0	2.0	3.0	4.0	5.0
9	9	0.25	0.35	0.35	0.40	0.40	0.40	0.40	0.45	0.45	0.45	0.45	0.50	0.50	0.50
	8	0.40	0.45	0.45	0.45	0.50	0.50	0.50	0.50	0.50	0.50	0.50	0.50	0.50	0.50
	7	0.45	0.50	0.50	0.50	0.50	0.50	0.50	0.50	0.50	0.50	0.50	0.50	0.50	0.50
	6	0.50	0.50	0.50	0.50	0.50	0.50	0.50	0.50	0.50	0.50	0.50	0.50	0.50	0.50
	5	0.55	0.50	0.50	0.50	0.50	0.50	0.50	0.50	0.50	0.50	0.50	0.50	0.50	0.50
	4	0.60	0.50	0.50	0.50	0.50	0.50	0.50	0.50	0.50	0.50	0.50	0.50	0.50	0.50
	3	0.70	0.55	0.50	0.50	0.50	0.50	0.50	0.50	0.50	0.50	0.50	0.50	0.50	0.50
	2	0.90	0.70	0.60	0.60	0.55	0.55	0.50	0.50	0.50	0.50	0.50	0.50	0.50	0.50
	1	1.40	1.05	0.90	0.80	0.75	0.75	0.70	0.70	0.65	0.60	0.60	0.55	0.55	0.55
10	10	0.25	0.35	0.35	0.40	0.40	0.40	0.40	0.45	0.45	0.45	0.45	0.50	0.50	0.50
	9	0.40	0.45	0.45	0.45	0.50	0.50	0.50	0.50	0.50	0.50	0.50	0.50	0.50	0.50
	8	0.45	0.50	0.50	0.50	0.50	0.50	0.50	0.50	0.50	0.50	0.50	0.50	0.50	0.50
	7	0.50	0.50	0.50	0.50	0.50	0.50	0.50	0.50	0.50	0.50	0.50	0.50	0.50	0.50
	6	0.50	0.50	0.50	0.50	0.50	0.50	0.50	0.50	0.50	0.50	0.50	0.50	0.50	0.50
	5	0.55	0.50	0.50	0.50	0.50	0.50	0.50	0.50	0.50	0.50	0.50	0.50	0.50	0.50
	4	0.60	0.50	0.50	0.50	0.50	0.50	0.50	0.50	0.50	0.50	0.50	0.50	0.50	0.50
	3	0.70	0.55	0.55	0.50	0.50	0.50	0.50	0.50	0.50	0.50	0.50	0.50	0.50	0.50
	2	0.90	0.70	0.60	0.60	0.55	0.55	0.55	0.55	0.50	0.50	0.50	0.50	0.50	0.50
	1	1.40	1.05	0.90	0.80	0.75	0.75	0.70	0.70	0.65	0.65	0.60	0.55	0.55	0.50
11	11	0.25	0.35	0.35	0.40	0.40	0.40	0.40	0.45	0.45	0.45	0.45	0.50	0.50	0.50
	10	0.40	0.45	0.45	0.45	0.50	0.50	0.50	0.50	0.50	0.50	0.50	0.50	0.50	0.50
	9	0.45	0.50	0.50	0.50	0.50	0.50	0.50	0.50	0.50	0.50	0.50	0.50	0.50	0.50
	8	0.50	0.50	0.50	0.50	0.50	0.50	0.50	0.50	0.50	0.50	0.50	0.50	0.50	0.50
	7	0.50	0.50	0.50	0.50	0.50	0.50	0.50	0.50	0.50	0.50	0.50	0.50	0.50	0.50
	6	0.50	0.50	0.50	0.50	0.50	0.50	0.50	0.50	0.50	0.50	0.50	0.50	0.50	0.50
	5	0.55	0.50	0.50	0.50	0.50	0.50	0.50	0.50	0.50	0.50	0.50	0.50	0.50	0.50
	4	0.60	0.50	0.50	0.50	0.50	0.50	0.50	0.50	0.50	0.50	0.50	0.50	0.50	0.50
	3	0.70	0.55	0.55	0.50	0.50	0.50	0.50	0.50	0.50	0.50	0.50	0.50	0.50	0.50
	2	0.90	0.70	0.60	0.60	0.55	0.55	0.55	0.55	0.50	0.50	0.50	0.50	0.50	0.50
	1	1.40	1.05	0.90	0.80	0.75	0.75	0.70	0.70	0.65	0.65	0.60	0.55	0.55	0.50
12	12	0.25	0.35	0.35	0.40	0.40	0.40	0.40	0.45	0.45	0.45	0.45	0.50	0.50	0.50
	11	0.40	0.45	0.50	0.45	0.50	0.50	0.50	0.50	0.50	0.50	0.50	0.50	0.50	0.50
	10	0.45	0.50	0.50	0.50	0.50	0.50	0.50	0.50	0.50	0.50	0.50	0.50	0.50	0.50
	9	0.50	0.50	0.50	0.50	0.50	0.50	0.50	0.50	0.50	0.50	0.50	0.50	0.50	0.50
	8	0.50	0.50	0.50	0.50	0.50	0.50	0.50	0.50	0.50	0.50	0.50	0.50	0.50	0.50
	7	0.50	0.50	0.50	0.50	0.50	0.50	0.50	0.50	0.50	0.50	0.50	0.50	0.50	0.50
	6	0.50	0.50	0.50	0.50	0.50	0.50	0.50	0.50	0.50	0.50	0.50	0.50	0.50	0.50
	5	0.55	0.50	0.50	0.50	0.50	0.50	0.50	0.50	0.50	0.50	0.50	0.50	0.50	0.50
	4	0.60	0.50	0.50	0.50	0.50	0.50	0.50	0.50	0.50	0.50	0.50	0.50	0.50	0.50
	3	0.70	0.55	0.50	0.50	0.50	0.50	0.50	0.50	0.50	0.50	0.50	0.50	0.50	0.50
	2	0.90	0.70	0.60	0.60	0.55	0.55	0.50	0.50	0.50	0.50	0.50	0.50	0.50	0.50
	1	1.40	1.05	0.90	0.80	0.75	0.75	0.70	0.65	0.65	0.65	0.60	0.55	0.55	0.55

附表 6-4　上、下层梁相对线刚度变化的修正值 y_1

α_1 \ K	0.1	0.2	0.3	0.4	0.5	0.6	0.7	0.8	0.9	1.0	2.0	3.0	4.0	5.0
0.4	0.55	0.40	0.30	0.25	0.20	0.20	0.20	0.15	0.15	0.15	0.05	0.05	0.05	0.05
0.5	0.45	0.30	0.20	0.20	0.20	0.15	0.15	0.10	0.10	0.10	0.05	0.05	0.05	0.05
0.6	0.30	0.20	0.15	0.15	0.10	0.10	0.10	0.10	0.05	0.05	0.05	0.05	0.00	0.00
0.7	0.20	0.15	0.10	0.10	0.10	0.05	0.05	0.05	0.05	0.05	0.05	0.00	0.00	0.00
0.8	0.15	0.10	0.05	0.05	0.05	0.05	0.05	0.05	0.05	0.00	0.00	0.00	0.00	0.00
0.9	0.05	0.05	0.05	0.05	0.00	0.00	0.00	0.00	0.00	0.00	0.00	0.00	0.00	0.00

注：对底层柱不考虑 α_1 值，不作此项修正。

附表 6-5　上、下层层高不同的修正值 y_2 和 y_3

α_2	α_3 \ K	0.1	0.2	0.3	0.4	0.5	0.6	0.7	0.8	0.9	1.0	2.0	3.0	4.0	5.0
2.0		0.25	0.15	0.15	0.10	0.10	0.10	0.10	0.10	0.05	0.05	0.05	0.05	0.00	0.00
1.8		0.20	0.15	0.10	0.10	0.10	0.05	0.05	0.05	0.05	0.05	0.05	0.00	0.00	0.00
1.6	0.4	0.15	0.10	0.10	0.05	0.05	0.05	0.05	0.05	0.05	0.05	0.00	0.00	0.00	0.00
1.4	0.6	0.10	0.05	0.05	0.05	0.05	0.05	0.05	0.05	0.05	0.00	0.00	0.00	0.00	0.00
1.2	0.8	0.05	0.05	0.05	0.00	0.00	0.00	0.00	0.00	0.00	0.00	0.00	0.00	0.00	0.00
1.0	1.0	0.00	0.00	0.00	0.00	0.00	0.00	0.00	0.00	0.00	0.00	0.00	0.00	0.00	0.00
0.8	1.2	−0.05	−0.05	−0.05	0.00	0.00	0.00	0.00	0.00	0.00	0.00	0.00	0.00	0.00	0.00
0.6	1.4	−0.10	−0.05	−0.05	−0.05	−0.05	−0.05	−0.05	−0.05	−0.05	0.00	0.00	0.00	0.00	0.00
0.4	1.6	−0.15	−0.10	−0.10	−0.05	−0.05	−0.05	−0.05	−0.05	−0.05	−0.05	0.00	0.00	0.00	0.00
	1.8	−0.20	−0.15	−0.10	−0.10	−0.10	−0.05	−0.05	−0.05	−0.05	−0.05	−0.05	0.00	0.00	0.00
	2.0	−0.25	−0.15	−0.15	−0.10	−0.10	−0.10	−0.10	−0.10	−0.05	−0.05	−0.05	−0.05	0.00	0.00

注：y_2——上层层高变化的修正值，按照 α_2 求得，上层较高时为正值，但对于最上层 y_2 可不考虑；

y_3——下层层高变化的修正值，按照 α_3 求得，对于最下层 y_3 可不考虑。